JN093432

新わかりやすいJava 入門編 第3版

川場 隆［著］
Takashi Kawaba

秀和システム

本書サポートページ

●著者のサポートウェブ
https://k-webs.jp/

●秀和システムウェブサイト
https://www.shuwasystem.co.jp/

●秀和システムサポートページ
https://www.shuwasystem.co.jp/support/7980html/6775.html

注　意

商標等

はじめに

Java言語は、インターネットと共に発展してきたプログラミング言語です。1990年代後半の揺籃期を経て、2000年代はフレームワークの誕生と隆盛の時代でした。Java EEやSpringなどの巨大なフレームワークが市場のニーズを満たし、インターネットを前提とした大規模なシステム開発が行われました。

しかし、2010年代になると、それらの更新やメンテナンスの困難さが認識されるようになり、システム開発の手法が再考されるようになりました。Java言語自体も新しい時代に対応するための新機能が追加され始めました。

そして2020年代、" クラウドネイティブJava" という言葉が、いよいよ現実味を増しています。クラウドに多数の小さなサービスを展開し、それらを統合して大きなシステムを構築するマイクロサービスという開発手法が、大きなトレンドになっています。

本書は、新しいクラウドネイティブな時代のJava入門書です。完全な入門から始めて、DockerやKubernetesを利用したマイクロサービスの開発までを、ワンストップで学習できます。

また、本書は、単なる活字の本ではなく、動画やウェブと連携したメディアミックスな学習を提供します。特に、Part1では、スマートフォンを使って、本書の内容を解説した動画を視聴しつつ本を読む、というスタイルの学習が可能です。60本以上の解説動画や練習問題の解答を、スマートフォンからアクセスできます。

対象とする読者

Java言語を初めて学習する人に最適です。真の入門から始めて、実用的なプログラムを作成するまでの、すべてのコンテンツがここにあります。Java言語の入門から応用、そして実践までを無理なく、網羅的に学習できます。特に、Part1に用意した解説動画は、入門学習を楽しく、わかりやすいものにしてくれるはずです。

次に、新しいJava言語を再学習したい人にもおすすめできます。応用レベルまでの最新の文法を網羅的に解説しました。また、ラムダ式やストリーム処理は、特に手厚く解説しています。最新のコンカレント処理も平易に解説しています。

そして、マイクロサービスについて知りたい、開発してみたいと考えている人にも、本書をお勧めします。本書のPart4では、マイクロサービスの開発と配備、クライアントの開発やテンプレートエンジンによるウェブ作成までを、平易に解説しました。これにより、マイクロサービスの本質と開発の方法を理解し、自信をもって取り組めるようになるでしょう。

最後に、OCJP（Oracle Certified Java Programmer）などの認定試験を受験しようとしている人にも、本書は恰好の学習教材です。OCJPブロンズは、Part2までの学習で受験できます。Part3まで学習すると、OCJPシルバー以上を受験できます。ただし、合格のためには、問題集を1冊用意すると万全でしょう。

本書の内容

本書は、Part1からPart4までの4部構成です。

Part1は、Java言語の基本文法を解説します。プログラムの構造、データ型や変数などから始めて、データ構造、メソッド、実行制御文について解説します。データ構造では、リストやレコードなどもこの段階で解説しています。入門の要となるところなので、すべての解説に動画による解説を付けました。これにより、動画を見てから本を読むというスタイルで、楽しく、効果的に学習できます。

Part 2は、オブジェクトについて解説します。オブジェクトの作り方から始めて、オブジェクトの仕組み、そして継承やポリモーフィズムについて解説します。最後に、インタフェースについて解説し、Part3の内容への繋ぎとしています。

Part3は、応用的な文法です。ラムダ式や例外処理など文法の重要事項に加えて、コレクションフレームワーク、ストリーム処理、列挙型、正規表現、日付と時刻、ファイルI/O、マルチスレッドなど、クラスライブラリの使い方を、詳しく、網羅的に解説しました。Java言語を使って役に立つプログラムを作るために欠かせない実践的な知識です。

Part4は、学習したすべての知識を使って行う、実践的な演習のパートです。DockerやKubernetes（Minikube）などのツールを使って、クラウドネイティブなマイクロサービスの開発にチャレンジします。現代のJava言語の使い方について、新しい視野が広がるはずです。

教材のダウンロードについて

学習を始める前に、サポートウェブ(https://k-webs.jp/java03)から教材.zip ファイルをダウンロードして、Windows ならドライブの直下に、Mac ならホームディレクトリ / Users / < ユーザー名 > / の直下に展開してください。具体的な方法は、右の二次元コードから解説動画を参照してください。

展開すると、java というフォルダができ、その中に教材が入っています。本書では、この java フォルダを＜インストールフォルダ＞と表記して参照するので覚えておいてください。

- **Javaフォルダ(インストールフォルダ)の内容**
  - ・Eclipse（Windows のみ）
  - ・workspace
  - ・JDK(jdk-**) ＜** は、バージョン番号＞
  - ・ライブラリファイル(jp.kwebs.lib.jar)
  - ・データファイル

Eclipse の起動方法

- **Windows**

java/eclipse/eclipse.exe をダブルクリックすると起動しますが、ショートカットを作成しておくと便利です。

- **Mac**

MacOS のセキュリティのため、初回だけ起動方法が違う場合があります。ビデオを見て詳細を確認してください。

目 次

Chapter 3 データ構造

Chapter 4 メソッドの作成

Chapter 5 実行の制御

Part II オブジェクト指向

Chapter 6 オブジェクトの作成

Chapter 7 オブジェクトの仕組み

Chapter 9 抽象クラスと多態性

Chapter 10 インタフェース

Part Ⅲ 応用的な文法

Chapter 11 ラムダ式

Chapter 12 コレクションフレームワーク

Chapter 13 ストリーム処理

Chapter 15 列挙型

Chapter 16 正規表現

Chapter 19 マルチスレッド

Part Ⅳ 実践編

Chapter 20 初めてのQuarkusプロジェクト

Chapter 21 Bookサービスの作成

Chapter 23 Quteによるウェブの作成

補足資料

Part

I

基本的な文法

プログラミング言語は、80 年代に基本的な論理の表現方法について、大きな進歩がありました。そのおかげで、分岐や繰り返しの整然とした構造が言語の仕様に取り込まれ、無秩序な書き方を排除することができました。この時の成果は構造化プログラミングとして現在も引き継がれています。

次の進歩は 90 年代に始まるオブジェクトです。論理とデータのセットにオブジェクトという名前を付けて、オブジェクトをベースにしてシステムを開発するアイデアでした。言語の機能だけでなく、システムの設計方法までオブジェクトの影響を受け、オブジェクト指向という言葉で一世を風靡しました。

オブジェクトをプログラム部品として使うことで、プラモデルを組み立てるように大規模なプログラムの作成が可能になりました。

そのような背景もあって、Java 言語の教育では、構造化プログラミングの分野を基礎として教え、応用としてオブジェクト指向を教えるのが定石でした。本書も第２版まで、その構成でした。しかし、よく考えてみると、すでにオブジェクトを使うのが当たり前になり、オブジェクトを使わないでプログラムを作成するのは現実的ではなくなりました。やや古びてきたオブジェクト指向という考え方よりも、オブジェクトそのものの作り方や使い方が重要です。

そこで、この第 3 版では、Java 言語の基礎もオブジェクトを積極的に使って、より現実的な入門に仕上げることにしました。データ構造の章を設けてレコードやリストといった重要なアイテムを取り上げています。

また、最近は動画でプログラミングを学ぶことも普通になりましたので、本書の Part Ⅰでは、すべての項目に動画の解説を付けました。二次元バーコードにスマートフォンをかざすだけで、60 本以上の解説ビデオを手軽に視聴できます。学習の際は、先に動画を見て、その後、書籍の内容を読み、プログラムを作成して試すという流れで進めるといいでしょう。

Chapter 1

Eclipseの操作

開発ツールのEclipseは、元々、IBMで開発されたことを知っていますか？

IBMはEclipseを、2001年にオープンソース化し、2004年にはEclipse財団を作って無償譲渡しました。それが、今日のEclipseとJavaの隆盛の始まりです。膨大な開発費をかけて作ったツールを無償で提供したのはIBMのJava普及戦略があったのですが、それが見事に的中し、おかげでJavaの世界で頑張るようになった人のいかに多いことか。EclipseはJava言語を世界に広めた偉大な立役者なのです。

本書でもプログラムの作成や実行にはEclipseを使います。この章では、本格的に使用するための準備として、プログラムの作成から実行までの流れを解説します。また、Javaの命令文を簡単に実行して試すことができるJShellの使い方も解説します。

1.1 プログラムの作成手順

解説動画

Eclipseがプログラムの骨格を自動生成してくれるので、プログラム本体の作成に集中できます。簡単なプログラムを作成して、作成手順を覚えましょう。

最初にプロジェクトとパッケージを作成しておく

大規模なシステム開発に利用されるJava言語では、全体で数百のプログラムを作成することも珍しくありません。そのため､全体をいくつかのサブグループに分けて作成します。このサブグループを**package（パッケージ）**といいます。

どんなプログラムでも、何かのパッケージの中に作成しなくてはいけません。そこで、Eclipseでは、システム全体を入れるフォルダを**プロジェクト**と呼び、その中にパッケージとしていくつかのサブフォルダを作成します。

次の図は、Eclipseのプロジェクト全体のフォルダ構成です。プロジェクトフォルダの中にパッケージフォルダがあり、その中に1つ以上の**プログラム**が含まれます。

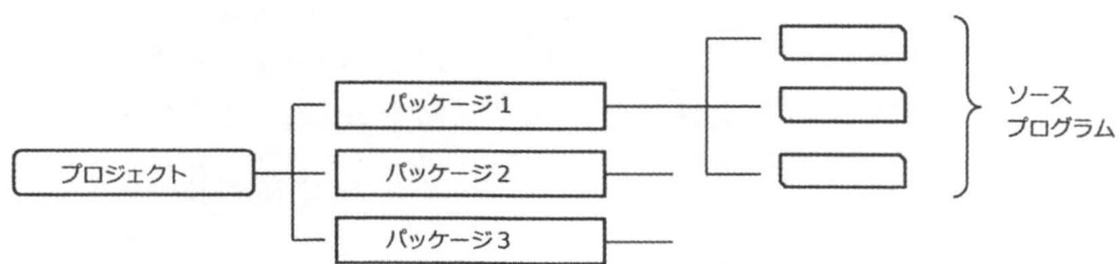

> **ノート**
>
> 作成したプログラムは、単なる文字の集まりですから、**Javaコンパイラ**を使って、コンピュータ上で実行できる形式に変換（コンパイル）する必要があります。コンパイルして作成される実行形式のプログラムを**Javaバイトコード**といいます。
>
> 作成したプログラムは、Javaバイトコードの基になるという意味で、**ソースプログラム**、**ソースコード**などといいます。Eclipseは、ソースプログラムを保存した時に自動的にコンパイルするよう設定されています。

では、次の手順で、part1というプロジェクトとchapter1_1というパッケージを作成してください。

手順１：プロジェクトを作成する

①メニューで、［**ファイル**］⇒［**新規**］⇒［**Java プロジェクト**］と選択する
②作成ダイアログが表示されるので［**プロジェクト名**］欄にpart1と入力する

プロジェクト名(P): part1

③下段の［**完了**］ボタンを押す
④［**新規 module-info.java**］ダイアログが表示されるので、［**作成しない**］を押す
⑤プロジェクトが作成され、左側のパッケージエクスプローラーに表示される

part1
JRE システム・ライブラリー [JavaSE-17]
src

手順２：パッケージを作成する

①［**src**］をクリックして選択する
②上段のツールバーで、［**新規 Java パッケージ**］（）ボタンを押す
③［**名前**］欄にchapter1_1と入力する

パッケージに対応するフォルダーを作成します。
ソース・フォルダー(D): part1/src
名前(M): chapter1_1

④［**完了**］ボタンを押すと図のようにchapter1_1パッケージが作成される

part1
JRE システム・ライブラリー [JavaSE-17]
src
chapter1_1

以上でプロジェクト（part1）とパッケージ（chapter1_1）ができたので、次は、パッケージ内にプログラムを作成します。

簡単なプログラムを作成して起動する

1. クラスの作成

Java 言語は 1 つのプログラムを**クラス**という単位で作成します。Eclipse はプログラムの名前、つまりクラス名を指定すると、プログラムの骨格を自動生成します。

では、次の手順で Sample1 クラスを作成してください。

手順 3：クラスを作成する

①パッケージエクスプローラーで［ chapter1_1 ］パッケージをクリックして選択する
②ツールバーの［ **新規 Java クラス** ］ボタン（ ）を押してダイアログを開く
③［ **名前** ］欄に Sample1 と入力する（ Sample1 の **S は大文字！**）
　※クラス名の先頭文字は大文字にします。小文字にすると警告が表示されます

名前(M): Sample1

④下段の［ **public static void main(・・・)** ］にチェックを入れる

どのメソッド・スタブを作成しますか?
☑ public static void main(String[] args)(V)

⑤［ **完了** ］ボタンを押すと生成されたプログラムが右側のエディタ欄に表示される

Sample1.java

```
1 package chapter1_1;
2
3 public class Sample1 {
4
5     public static void main(String[] args) {
6
7     }
8
9 }
```

2. 命令文を追加する

次に、Hello と表示する命令文を追加します。空行になっている 6 行目に次のように書いてください。

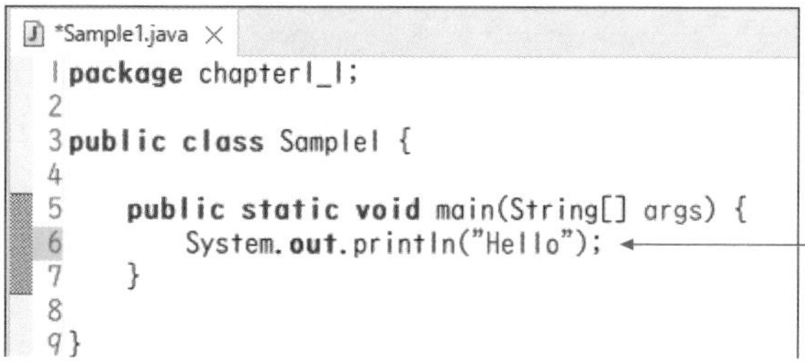

```
*Sample1.java ×
1 package chapter1_1;
2
3 public class Sample1 {
4
5     public static void main(String[] args) {
6         System.out.println("Hello");
7     }
8
9 }
```

挿入した命令
文末尾にはセミコロン（;）をタイプする

具体的には、次のようにします。

手順4：命令文を挿入する

① 6行目の左端（先頭）をマウスでクリックする
② Tab キーをタイプする⇒書き出し位置が右へ移動する
③ System.out.println("Hello"); と書く

次の点に注意してください。

・プログラムの書き出し位置は、空白文字ではなく、Tab キーを押して調整します。
・System の S は大文字です。大文字と小文字はしっかり書き分ける必要があります。
・文の最後を示すために、セミコロン（；）が必要です。
・文字列 Hello を出力するには、"Hello" のように 2 重引用符で囲う必要があります。

3. プログラムを実行する

プログラムが正しく書けていることを確認したら、左上のツールバーで、保存ボタン（ ）を押した後、実行ボタン（ ）を押します。保存ボタンを押さないと、変更が反映されないので注意してください。

実行すると、コンソールウィンドウが現れて、次のように実行結果が表示されます。

```
コンソール ×
<終了> Sample1 [Java アプリケーション] V
Hello
```

Hello が表示される

JShellの利用

解説動画

Eclipseでクラスを作成するほどでもなく、ちょっと機能を試したいだけ、という時はJShellを利用します。JShellは、Java言語の短いフレーズをそのまま実行できる簡易な実行環境です。

Windowsの場合、JShellは、＜インストールフォルダ＞/eclipse/jdk-17.**/bin/にあるjshell.exeをダブルクリックして起動します。

（注）jshell.exeをマウスの右ボタンでクリックして、「ショートカットの作成」を選択し、作成されたショートカットをデスクトップにコピーしておくと簡単に起動できます。

MacOSでは、最初にターミナルを起動し、その中でjshellとタイプして Return キーを押すとJShellが起動します。

WindowsでもMacOSでも、起動時には次のようなメッセージが表示されます。

```
|  JShellへようこそ -- バージョン17.0.2
|  概要については、次を入力してください: /help intro

jshell>
```

そして、println命令を次のように入力し、Enter キーを押してみてください。

```
|  JShellへようこそ -- バージョン17.0.2
|  概要については、次を入力してください: /help intro

jshell> System.out.println("Hello")
Hello
jshell>
```

Helloと表示され、命令が実行されたことがわかります。なお、JShellで実行する場合に限り、行末のセミコロンを省略することができます。

これ以降の解説でも使いますので、起動方法を覚えておいてください。では最後に、**/exit**と入力して Enter キーを押し、JShellを終了してください。あるいは、単にウィンドウを閉じるだけでも終了できます。

Chapter 2

基本的な文法

いわゆる常識にあたる部分の解説です。

だれでも知っていなくてはいけなくて、必ず知っていると思われる知識、それが基本的な文法としてまとめたこの章です。

データ型、変数、メソッドの使用方法など、Java プログラムの基本文法について解説します。解説動画を視聴⇒本書の解説を読む⇒練習問題を作成する、という手順で学習するといいでしょう。

JShell を使った解説では、手元で同じ操作を実行して、動作を確認してください。また、プログラムでの解説は、Eclipse に入力して作成し、実行して結果を確認してください。

2.1 プログラムの構造

Java言語のプログラムは、パッケージ文、クラス、メソッドで構成されます。

Sample1.java

```
1 package chapter1_1;
2
3 public class Sample1 {
4
5     public static void main(String[] args) {
6         System.out.println("Hello");
7     }
8
9 }
```

- 1行目：パッケージ文
- 3行目：クラス宣言
- 5行目：メソッド宣言

では、これらにどんな意味があるのか、簡単に説明しましょう。

パッケージ文

packageキーワードにより、このクラスが属しているパッケージの名前を指定します。あるプログラムを識別するためのフルネームは `chapter1_1.Sample1` のように、パッケージ名とクラス名をドットで連結したものになります。その意味でパッケージ名はとても重要です。なお、パッケージ名も名前の一部になるので、パッケージが異なれば、同じ名前のクラスがあっても構いません。

クラス宣言

クラス宣言では、classキーワードにより、クラスの名前を指定します。また、3～9行目の{ }で囲まれた部分が、クラスの定義内容です。
publicはアクセス修飾子といい、自由に利用できるように公開されていることを示します。アクセス修飾子の詳細は9章で解説します。

メソッド宣言

メソッドは具体的な処理を記述します。
メソッド宣言でメソッドの名前（main）などを定義し、5～7行目の{ }で囲まれた部分がメソッドの処理内容です。例では命令文が1つだけですが、行を追加すればいくつでも命令文を書くことができます。
static、voidは、それぞれメソッドの種類、実行結果として返す値、を示すキーワードです。4章で解説します。

クラスの役割

それにしても、わずか1行の命令文を書くために、パッケージ文、クラス、メソッドと、いろいろな記述が必要なので驚いたかもしれません。おおむね自動生成されるので、面倒ではないはずですが、それでもどうしてこんな重装備なのか、疑問ですね。

実は、Java言語は、**オブジェクト指向言語**といって、オブジェクトを定義、作成し、オブジェクトにより処理を記述する言語です。そして、オブジェクトとは、次の図に示すように、データとプログラム（＝メソッド）を1つのセットにしたものです。

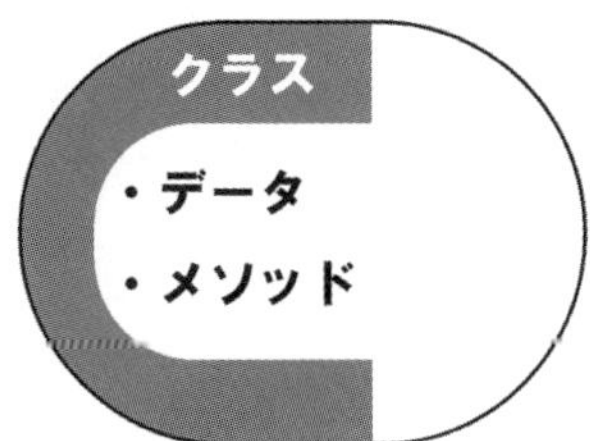

このセットを形造るために、「クラス」という枠組みが必要なのです。クラスは、複数のデータと複数のメソッドを、カプセルのように包み込んでまとめ、全体に名前（クラス名）を付けたものです。クラスはオブジェクトの作成で重要な働きをします。

ただし、本格的なオブジェクトの作成はPart Ⅱで解説しますので、しばらくの間は、main()メソッドがあるだけのクラスを使って、文法の基礎を学習しましょう。

コメント

解説動画 

プログラムの意味がわかりやすいように、コードの途中にコメントを書き加えることができます。次の青字の部分がコメントです。JShellで試してみましょう。

リスト 2-1-1: コメント

```
jshell> System.out.println("Hello"); // Helloと出力する
Hello
```

//を書くと、それ以降、行末までがコメントになります。

これを**1行コメント**と言います。実行結果をみると、コメントは実行に何の影響も与えていないことがわかります。コメントは、プログラムの実行時には無視されるので、説明などを書いておくと、プログラムがわかりやすくなります。

1行コメントの他にも、/* で始まって、*/ までの間をすべてコメントとみなす複数行コメントや、プログラムの説明書を自動作成するためのJavadocコメントがあります。Javadocコメントは4章で解説します。

プログラムの整形

解説動画

Java言語では文の終わりをセミコロン（;）で判定するので、文の終わりで改行する必要はありません。また、2つ以上の連続した空白は、1つの空白で置き換えることができます。したがって、次のように詰めて書いたプログラムでも、エラーにはなりません。

リスト 2-1-2：改行や空白を詰めたプログラム

Sample2.java

```
package chapter2_1;public class Sample2 {
public static void main(String[] args) {System.out.println("Hello");}}
```

しかし、見てわかるように、詰めるととても判読しにくくなります。
そこで、プログラムは、**リスト 2-1-3** のように、

① 文の終わりや { } の前後で改行します
② { } の中を Tab キーで字下げするようにします
③ 適当に空行を入れます

こうすることで、見やすく、意味もわかりやすくなります。

リスト 2-1-3：整形されたプログラム

Sample1.java

```
package chapter2_1;

public class Sample1 {

    public static void main(String[] args) {
        System.out.println("Hello");
    }
}
```

プログラムは、ぜひこのスタイルに整形してください。慣れると簡単にできるようになります。また、Eclipseに**自動整形機能**があるので、プログラムを作成したらこの機能で整

形してみるといいでしょう。

Eclipse による自動整形の手順

① メニューで［**ソース**］⇒［**フォーマット**］と選択する
② 保存ボタン（）を押す

リスト 2-1-2 にこの操作を適用すると正しく整形されます。確かめてみてください。

出力文について— println() と print()

解説動画

println( ) メソッドと似たメソッドとして、ln がない **print( )** メソッドがあります。print( ) メソッドも値をコンソールに出力しますが、出力後に改行しません。次のプログラムで違いを確認しましょう（自分でも書いて確認してください）。

リスト 2-1-4：println() と print()

```
package chapter2_1;
public class Sample3 {
    public static void main(String[] args) {

        System.out.println("答えは");      // 改行する        ❶
        System.out.println(100);                               ❷

        System.out.print("答えは");        // 改行しない      ❸
        System.out.print(100);                                 ❹
    }
}
```

❶と❷は、println( ) による出力です。println( ) は出力後に改行します。最初に「答えは」と出力して改行し、次に 100 を出力して改行するので、次のようになります。

なお、数値を出力する際には、二重引用符で囲む必要がないことに注意してください。

```
答えは
100
```

一方、❸と❹は、print( ) による出力です。最初に「答えは」と出力し、次に 100 を出力しますが、改行しません。その結果、次のように、出力は 1 行に連結されます。

```
答えは100
```

横に並べてデータを出力したい時は、println( ) ではなく print( ) 命令を使います。

2.2 データ型

Java言語で使うデータは、整数、浮動小数点数、文字、文字列、論理値などがあります。このようなデータの種類を**データ型**あるいは単に**型**と言います。

リテラルとは

解説動画

プログラムで使う具体的な値を、**リテラル**といいます。次の表は、リテラルの種類を分類したものです。

種 類	例 示	説 明
整数	1234　　-33　　123_456_479	小数点のない数
浮動小数点数	0.1234　-0.1234　0.123_456	小数点のある数
文字	'a'　　'あ'	1文字
文字列	"abc"　"あいうえお"　"a"　""（空文字列）	文字の集まり
論理値	true（真）　　false（偽）	条件判定に使う値

プログラムで使える値は、**整数**、**浮動小数点数**、**文字**、**文字列**、**論理値**の5種類です。プログラムの中に書く時は、決まった書き方があります。

整数と**浮動小数点数**は、日常使う書き方と同じです。ただ、桁数が多い時は、途中にアンダーバー(_)を挿入してよいことになっています。

文字は、1つの文字です。一重引用符で囲む必要があります。また、**文字列**は、文字の集まりで、二重引用符で囲みます。二重引用符だけ書くと、空文字といって、中身のない文字列を表します。

論理値は、プログラムの中で条件判定に使う値です。具体的な使い方は、後の章で解説しますが、値としては、条件が成立している状態を表すtrueと、成立していない状態を表すfalseだけしかありません。

もともと、論理学で使われていた値なので、trueを真といい、falseを偽ということがあります。

次に、JShellでいろいろな型の値を出力して、使い方や特徴を見てみましょう。

リテラルを表示する

解説動画 

1. 整数と浮動小数点数を出力する

10とか1.5のような具体的な値をリテラルといいます。まず、数値のリテラルを出力してみましょう。

リスト 2-2-1：整数リテラル

```
jshell> System.out.println(1234567890)      ❶
1234567890

jshell> System.out.println(123_456_789)     ❷
123456789
```

※ System.out.printlnとタイプするのが面倒ですが、↑キーをタイプすると、前に入力した命令文を表示できるので、System.out.printlnの()の中だけを書き換えて、Enter キーを押すと簡単に入力できます。

❶は整数の出力、❷はアンダーバー（_）で区切った整数の出力です。_があっても正しく数値として認識され、出力できます。

リスト 2-2-2：浮動小数点数リテラル

```
jshell> System.out.println(0.123)      ❶
0.123

shell> System.out.println(0.123_456)   ❷
0.123456
```

❶は浮動小数点数の出力です。❷は、アンダーバーで区切った浮動小数点数の出力です。

2. その他の型のリテラルを出力する

次は、文字、文字列、論理値のリテラルを出力してみます。

リスト 2-2-3：文字リテラル

```
jshell> System.out.println('A')
A

jshell> System.out.println('あ')
あ
```

文字は一重引用符で囲みます。アスキー文字（半角の文字）、日本語文字（全角文字）の区別はありません。なお、日本語だけでなく、各国の文字を表現できます。

リスト 2-2-4：文字列と論理値のリテラル

```
jshell> System.out.println("今日はFridayです")   ❶ 文字列
今日はFridayです

jshell> System.out.println(true)   ❷ 論理値
true

jshell> System.out.println(false)
false
```

❶はアスキー文字と日本語文字の混じった文字列の出力です。文字列は二重引用符で囲みます。

❷は論理値の true を出力しています。true は文字列ではなく「真」を表す論理型の値なので二重引用符で囲いません。「偽」は false です。

データ型と変数

解説動画

1．データ型

種 類	データ型
整数	int　（イント）
浮動小数点数	double　（ダブル）
文字	char　（チャー）
文字列	String　（ストリング）
論理値	boolean　（ブーリアン）

Java 言語で扱う基本的なデータの種類は、整数、浮動小数点数、文字、文字列、論理値です。

プログラムでは、どの種類のデータかを区別できるように、上の表のような**データ型**が決められています。整数は int 型、浮動小数点数は double 型、文字は char 型、文字列は String 型、そして、論理値は boolean 型といいます。

2．変数の型

これまで出力して見たのはリテラル（具体的な値）でしたが、プログラムでは**変数**も使います。変数は、数学で使う x や y と同じように考えてください。数学では、x=10 とか、y=10.5 のように値を代入したり、y=x+5 のように計算に使ったりしましたが、プログラムでの使い方もほぼ同じです。

ただし、プログラムで使う変数は、整数を入れる変数とか、浮動小数点数を入れる変数のように、**変数の型**を決めなくてはいけません。そして、int 型の変数には、整数しか入れることができず、double 型の変数には、浮動小数点数しか入れることができません。

そのため、変数は、**変数宣言**によって、データ型を決めておく必要があります。次は、int 型の変数 x の変数宣言です。

リスト 2-2-5：変数と変数宣言

```
package chapter2_2;
public class Sample1 {
     public static void main(String[] args) {
         int x;      ❶
         x = 20;     ❷
         System.out.println(x); ❸
     }
}
```

```
20
```

❶が変数宣言です。このように書くと、x は int 型の変数になります。つまり、整数だけを入力できる変数です。どんな変数でも、使う前に変数宣言をしておく必要があります。

変数宣言の後で、x を使うことができます。❷では、x に 20 を代入しています。そして、変数の値を、❸のように println( ) を使ってコンソールに出力できます。実行すると、20 と表示されます。

double、char、String、boolean 型の変数も、同じように変数宣言をして使います。次は、いろいろな変数宣言をしてみた例です。

リスト 2-2-6：いろいろな変数宣言

```
package chapter2_2;
public class Sample2 {
     public static void main(String[] args) {
         double data;      ❶
         data = 1.234;
         System.out.println(data);

         char ch;          ❷
         ch = 'a';
         System.out.println(ch);

         String str;       ❸
         str = "こんにちは";
         System.out.println(str);
```

```
        boolean result; ❹
        result = true;
        System.out.println(result);
    }
}
```

❶はdouble形の変数data、❷はchar型の変数ch、❸はString型の変数str、❹はboolean型の変数resultを宣言しています。

実行すると、次のように値が表示されます。

```
1.234
a
こんにちは
true
```

データ型の詳細

解説動画

種 類	データ型	サイズ	説 明
整数	byte	8	0と1の並びであるバイナリデータ用
	short	16	表現できる値の範囲が小さいので、ほとんど使わない
	int	32	デフォルトの整数型。およそ ±21億の範囲
	long	64	intの範囲を超える整数。およそ ±922京3,372兆の範囲
浮動小数点数	double	64	デフォルトの浮動小数点数型。有効桁数が16桁程度
	float	32	有効桁数が7桁程度。ほとんど使わない
文字	char	16	1つの文字。UTF16で世界中の文字を表現できる

デフォルトの整数型はintですが、表に示すように、整数には4つのデータ型があります。また、デフォルトの浮動小数点型はdoubleですが、他にfloat型があります。

1. 整数のデータ型

まず、表のサイズ欄の値に注意してください。これは、各データ型の表現に必要なメモリーの量を表す数値です。単位はビット（bit）です。どんなデータでも、0と1の並びですが、最低8ビットで1つの値を表し、それを1バイト（byte）といいます。1バイトはコンピュータが扱うデータの基本単位です。

byte型は1バイトのデータを入れるための型です。ただし、1バイトのデータは、整数というより信号情報や、文字やその他の型に変換する前の生データです。そのため、バイナリデータといいます。

short や int、long には、それぞれ2バイト、4バイト、8バイトのデータを入れます。整数のほとんどは4バイトあれば実用上問題がないので、デフォルトでは int 型を使います。short 型は、あまり使われることはありません。long 型は、int では足らないような大きな数を扱う時に使います。

2．浮動小数点数のデータ型

浮動小数点数は、例えば、0.12345 を 12345 × 10^{-5} のように、桁の数を表す仮数部（12345）と、10 の何乗を掛けるのか示す指数部（-5）とに分けて記録しています。double 型は、仮数部に約 16 桁の値を記録できますが、float 型は約 7 桁しか記録できません。そのため、デフォルトでは double 型を使います。float 型を使うことはほとんどありません。

3．char 型

Java 言語は、文字を表現するのに Unicode（ユニコード）を使います。Unicode は世界中のすべての文字を表現できるコード体系です。ただし、1 つの Unicode を何ビットで表現するか、また、固定長にするのか可変長にするのか、などいくつかの方法があります。Java 言語では、固定長 16 ビットで表現する UTF-16 を採用しているので、文字は 16 ビットです。

2.3 変数宣言と変数の使い方

いろいろな変数宣言

解説動画 

変数宣言について、少し復習しましょう。次は、プログラムの中で、int 型の number、double 型の value、String 型の str を宣言する例です。

```
int number;
double value;
String str;
```

これを JShell で実行すると次のようになります。

リスト 2-3-1：変数宣言

```
jshell> int number
number ==> 0

jshell> double value
value ==> 0.0

jshell> String str
str ==> null
```

出力結果を見ると、変数に 0 や 0.0、null などの値が最初から入っていますが、これは JShell だけのもので、プログラムでは、宣言した直後の変数は空で、何も値が入っていません。重要な違いなので覚えておいてください。

なお、変数の名前は x や y のように 1 文字ではなく、ある程度具体的な名前にします。変数の意味や使い方がわかるような名前にするのがいいでしょう。また、原則として英字の小文字を使います。

変数宣言の後、変数には同じ型のリテラルを代入できます。次は、**リスト 2-3-1** に続けて値を代入してみます。変数の型と値の型を同じにしなくてはいけません。

リスト 2-3-2：値の代入

```
jshell> number = 100
number ==> 100

jshell> value = 1.234
value ==> 1.234

jshell> str = "Hello"
str ==> "Hello"
```

リテラルだけでなく、同じ型であれば、変数も代入できます。

リスト 2-3-3：変数も代入できる

```
jshell> int times
times ==> 0

jshell> times = number
times ==> 100
```

また、次のように変数宣言と同時に値を代入することができます。これを**宣言時の初期化**といい、よく使う書き方です。

リスト 2-3-4：宣言時の初期化

```
jshell> int num = 100
num ==> 100

jshell> int price = num
price ==> 100
```

さらに、同じ型の変数なら、まとめて宣言できます。型名の右側に、コンマで区切って変数を並べます。もちろん宣言時の初期化も可能です。

リスト 2-3-5：まとめて変数宣言

```
jshell> int minutes, seconds=30
minutes ==> 0     ←———プログラムでは 0 は入らない
seconds ==> 30
```

seconds だけ 30 を代入して宣言しています。minutes が 0 と表示されますが、これは JShell を使う時だけです。プログラムでは、何も値は入っておらず、空です。これは次の例題で確認する予定です。

変数の使い方

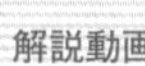

変数は値を代入したり、計算に利用したりできます。また、println( ) などで変数の値を出力することができます。今度はプログラムを書いてみましょう。

リスト 2-3-6：変数の使い方

```
package chapter2_3;
public class Sample1 {
    public static void main(String[] args) {

        int  number = 100;            // 宣言時の初期化 ❶
        System.out.println(number); ❷

        number = 200;                 // 値を変更          ❸
        int times = number + 10;      // 宣言時の初期化で式を代入 ❹
        System.out.println(times); ❺
    }
}
```

❶は、変数宣言です。int 型の times と number を宣言し、number には初期値として 100 を代入します。times は宣言しただけなので値は何も入っていません。

リテラルと同じように、変数も println( ) や print( ) メソッドで値を表示できます。❷で変数 number を出力してみると、number に入っている値が表示されます。

```
100
```

なお、同時に、times を表示しようとすると、**コンパイルエラー**（文法的なエラー）になります。それは、times は宣言しただけで、まだ中身が空だからです。表示される赤い波線の上にマウスポインタを重ねると、「初期化されていない」というエラーメッセージが表示されます。

```
    public static void main(String[] args) {

        int times, number = 100;
        System.out.println(number);
        System.out.println(times);



    }
```

ローカル変数 times が初期化されていない可能性があります
1 クイック・フィックスが使用可能:
変数を初期化します

変数は値を代入するまでは空なので、何か代入しない限り、具体的な処理には使用できないことを覚えておきましょう。

❸は、number に新しい値として 200 を再代入します。つまり、変数の値は変更できます。そして、❹で、number + 10 を変数 times に代入します。number + 10 を計算した結果が代入されるので、times は 210 になります。

確認のため❺で times を出力すると、次のように表示されます。

```
210
```

識別子の作り方

解説動画

クラス名、メソッド名、変数名などの名前を**識別子**といって、プログラマが自由に指定できることになっています。識別子の長さは、事実上、制限はありません。どんな長い名前でも使えます。ただし、識別子に使えない文字や単語が決まっています。

1. 識別子に使えない文字

ドル記号（ $ ）とアンダーバー（ _ ）以外の記号は、識別子の中で使えません。例えば、-、+、#、%、& などを使うとコンパイルエラー（ 文法エラー）になります。

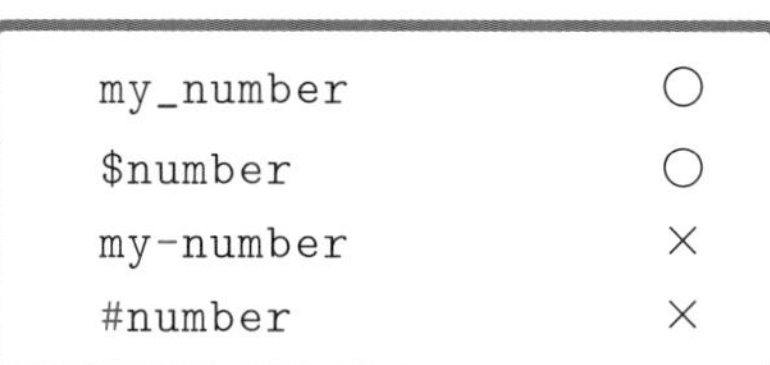

2. アスキー文字だけを使う

Java 言語は文字コードとしてユニコード（ Unicode ）を使います。ユニコードには、欧米のアスキー文字（ 英字、記号、数字 ）や漢字その他の日本語文字、ハングル、アラビア文字など、すべての国や地域の文字が含まれるので、日本語のメソッド名や変数を作ることも可能です。

```
public static void 給与計算(){
    int 給与 = 100;
    ...
}
```

しかし、プログラムはアスキー文字を使うことが暗黙の規約になっているので、可能であっても使うことは避けてください。

3. 数字から始まる名前や予約語は使わない

識別子の先頭文字を数字にはできません。また、class、public、void など Java 言語のキーワードは**予約語**なので、識別子としては使えません。違反するとコンパイルエラーになります。

```
int 100times;                    ×（数字で始まっている）
String public = "OK";            ×（publicは予約語）
```

予約語でも、一部を大文字にしたり、長い単語の一部としてなら使うことができます。

```
String Public = "OK";            ○（Pが大文字）
int public_place = 100;          ○（全体の一部として使っている）
```

※すべての予約語は、巻末資料「予約語一覧」を参照してください。

4. 英字の小文字と大文字は区別される

小文字と大文字は別の文字とみなされるので、次は３つの別々の変数です。

```
String Myname;
String myName;
String myname;
```

5. 長い名前の作り方

複数の単語を組み合わせて長い名前を作ることがあります。その場合、単語と単語の間にアンダーバー（ _ ）を入れるか、２つ目以降の単語の先頭文字を大文字にするのが一般的です。

```
int number_of_Breads;
int numberOfBreads;
```

2.4 自動型変換

変数には同じ型のリテラルや変数を代入しますが、型が違っていても、自動的に変換されて代入できるケースがあります。これを**自動型変換**といいます。

すべての整数型は、浮動小数点型の変数に代入できる

浮動小数点型（double、float）の変数には、すべての整数型の値を代入できます。

リスト 2-4-1：整数から double への自動型変換

```
jshell> double value
value ==> 0.0

jshell> value = 105                ❶ int 型の値
value ==> 105.0

jshell> value = 123456789123L      ❷ long 型の値
value ==> 1.23456789123E11
```

自動型変換が働くので、❶は int 型の値を、❷は long 型の値を代入しています。例はリテラルですが、右辺が変数であっても同じです。

整数型は、より大きなサイズの整数型に代入できる

サイズとは、値を表現するために使うビット数のことです。整数型には、byte、short、int、long があり、それぞれ 8、16、32、64 ビットで値を表現する型です。したがって、次の矢印の方向であれば、自動型変換による代入が可能です。

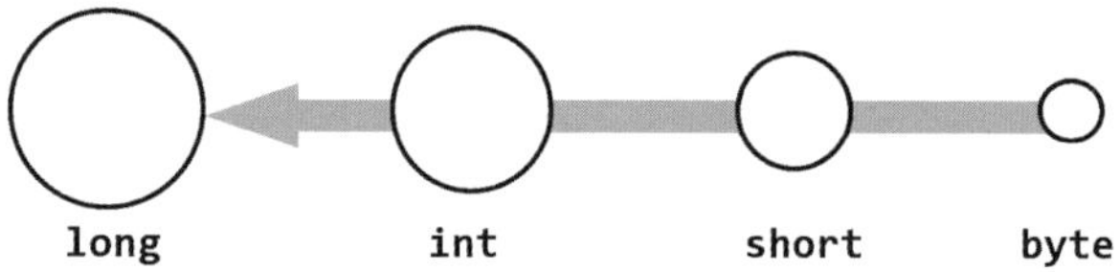

例えば、longNum（long 型）、intNum（int 型）、shortNum（short 型）、byteNum（byte 型）の 4 つの変数がある時、自動型変換により、次のような代入が可能です。

```
longNum  = intNum;                // long ← int
longNum  = shortNum;              // long ← short
longNum  = byteNum;               // long ← byte

intNum   = shortNum;              // int ← short
intNum   = byteNum;               // int ← byte

shortNum = byteNum;               // short ← byte
```

char 型の値は、int 型の変数に代入できる

文字データの実体は、フォントデータではなく、文字に割り当てられた文字番号（0 ～ 65535）です。画面などに表示する時に、文字番号から表示すべきフォントを検索して表示します。したがって、文字番号である文字データは、int 型の値に自動型変換できます。

JShell で試してみましょう。

リスト 2-4-2：文字を整数として出力する

```
jshell> char ch = 'A'     ❶
ch ==> 'A'

jshell> int number = ch   ❷
number ==> 65
```

まず、❶のように変数 ch に文字 'A' を代入しておきます。

次に、❷のように、ch を int 型の変数 number に代入します。この時、char から int への自動型変換が働きますが、表示を見ると、number の値は文字番号である 65 になっていることがわかります。

実際のプログラムでも、文字を int 型の値として扱うことがあるので、このような自動型変換が可能なことを覚えておきましょう。

なお、char 型の値は long や double、float にも代入できますが、意味のない操作なので実際に代入することはありません。また、byte 型や short 型では 0 ～ 65535 の範囲を扱えないので、これらの型の変数 char 型の値は代入できません。

整数と浮動小数点数が混在する式

次は、計算式の中にdouble型の値とint型の値が混在する例です。

リスト2-4-3：式の中の自動型変換

```
jshell> int times = 12times ==> 12

jshell> double value = 1.56 + times
value ==> 13.56
```

1.56はdouble型ですが、timesはint型です。このように、doubleとintが混在している場合は、int型の値はdouble型に自動型変換されて計算が実行されます。

2.5 特殊なリテラル

解説動画

2進数、8進数、16進数

プログラムでは、2進数や8進数、16進数を使うことがあります。

2進数は、0と1だけを使い、8進数は、0から7までを使います。16進数は、0から9までとABCDEFのアルファベットを使います。Aが10を表し、Bが11、Cが12、Dが13、Eが14、Fが15を表します。なお、アルファベットは小文字でも構いません。

	使用する数字
2進数	0 1
8進数	0 1 2 3 4 5 6 7
16進数	0 1 2 3 4 5 6 7 8 9 A B C D E F

2、8、16進数のリテラルは、整数型のリテラルです。プログラムでは、次のように表記します。

	記述例	説 明
2進数	0b11001010　0B11110001	先頭に0bまたは0Bを付ける
8進数	0123　076	先頭に0を付ける
16進数	0x12FF　0XA1D3　0xa1d3	先頭に0xまたは0Xを付ける

次は、10進数への直し方と、10進数での値を示しています。

	例	10進数への直し方	10進数での値
2進数	1110	$1\times2^3+1\times2^2+1\times2^1+0\times2^0$	14
8進数	026	$2\times8^1+6\times8^0$	22
16進数	2E	$2\times16^1+E\times16^0$	46

では、JShellを使っていくつか値を出力してみましょう。

リスト 2-5-1：2、8、16 進数

```
jshell> System.out.println(0b11001010)
202

jshell> System.out.println(0123)
83

jshell> System.out.println(0x12FF)
4863
```

※ [↑] をタイプすると直前に入力した内容が表示されます。println の ( ) 内だけを修正して [Enter] キーを押すと簡単です。

どれも整数なので、10 進数に直した値が表示されます。

文字のユニコード (Unicode) 表現

文字は 'A' のような表記以外に、直接、ユニコード (世界共通規格の文字番号) で表記することもできます。ユニコードは一重引用符で囲んだ中に、¥u に続けて文字番号を指定します。なお、MacOS では ¥ を (バックスラッシュ ＼) に読み替えてください。

▼ 文字コードの例

文字	文字コード表現	同 (MacOS)
'A'	'¥u0041'	'＼u0041'
'漢'	'¥u6F22'	'＼u6F22'

※ unicodelookup.com では、文字や文字列を入力してユニコードを調べることができます。→

JShell で、println( ) に文字コードを指定して表示してみましょう。

リスト 2-5-2：Unicode の出力

```
jshell> System.out.println('¥u0041')
A

jshell> System.out.println('¥u6F22')
漢
```

文字コードも一重引用符で囲むことに注意してください。出力すると、文字が表示されます。

エスケープ文字

特殊な文字として、**エスケープ文字**があります。目に見えない改行やタブ、空白などを表します。なお、¥n、¥t、¥s は 2 文字の表現ですが、2 つで 1 つの文字を表します。

エスケープ文字	意　味
¥n	改行
¥t	タブ
¥s	空白

"123456" という文字列の途中に、これらを挿入して出力してみましょう。

JShell で試すと次のように表示されます。

リスト 2-5-3：エスケープ文字の出力 1

```
jshell> System.out.println("123¥n456")
123
456

jshell> System.out.println("123¥t456")
123	456

jshell> System.out.println("123¥s456")
123 456
```

また、¥ はエスケープ文字に使用され、" と ' は文字列や文字を囲む記号として使われるので、そのままでは文字として出力できません。これらを普通の文字として扱う時は、¥ を付けます。

特殊な文字表現	意　味
¥¥	¥
¥"	"
¥'	'

"123456" という文字列の途中に、これらを挿入して出力してみます。

これも JShell で試すと次のようになります。

リスト 2-5-4：エスケープ文字の出力 2

```
jshell> System.out.println("12¥"34¥'56¥¥")
12"34'56¥
```

テキストブロック

複数行に渡る文字列を作成するには、次のように改行を表す ¥n を途中に挿入します。

```
String str = "おはよう¥nこんにちは¥nこんばんは";
```

しかし、テキストブロックを使うともっと簡単に作成できます。テキストブロックは、その名前の通り、複数行にわたるテキストを定義します。3つの二重引用符を開始記号、終端記号として使います。

```
String str = """
             おはよう
             こんにちは
             こんばんは
             """;
```

次は、テキストブロックを作成して、表示する例です。

リスト 2-5-5：テキストブロック

```
package chapter2_5;
public class Sample1 {
    public static void main(String[] args) {

        String str = """
                おはよう
                こんにちは
                こんばんは
                """;
        System.out.println(str);
    }
}
```

実行すると、次のように表示されます。

```
おはよう
こんにちは
こんばんは
```

テキストブロックは､終端記号（ """ ）を含めて､「 行の左端に一番近い開始位置 」を全体の開始位置とみなします。そこで全部の文字列と終端記号の開始位置を揃えるのが普通です。なお、1 行目には開始記号だけを書きます。

▼ 1行目は開始記号だけを書き、残りの開始位置を揃える

```
String str = """
             おはよう
             こんにちは
             こんばんは
             """;
```

開始位置を揃えるには、空白またはタブのどちらかだけを使って揃えてください。というのも、タブは1文字とカウントされます。空白文字と混在すると、見かけ上は揃っていても、各行の文字数が違っていて揃わなくなる場合があります。

練習 2-5-1

解答

1. 次の空欄に適語を埋めて下さい。

・Java 言語のプログラムは［①］文、［②］、［③］から構成される

・［④］メソッドは実行の開始点にあたるメソッドである

・コメント文には、1行コメントと複数行コメント、それに［⑤］コメントがある

・Java 言語のデータ型は、整数型が、byte、short、［⑥］、［⑦］、浮動小数点型が、［⑧］と［⑨］である。このほかに、文字を表す［⑩］、文字列を表す［⑪］、論理値を表す［⑫］がある。String 型以外を総称して［⑬］型という

・char は［⑭］ビットである。ただし、文字を［⑮］型に入れて使うことがある

・［⑯］型のリテラルの末尾には L または l が必要である

・［⑰］型のリテラルの末尾には F または f が必要である

・2 進数のリテラル 11001110 は、［⑱］と書く

・8 進数のリテラル 77 は［⑲］と書く

・16 進数のリテラル A3FF は、［⑳］と書く

・double 型の変数にはすべての［㉑］型と char 型の値を代入できる

・int 型の変数に代入できる整数型は、int、［㉒］、［㉓］である

2. 次の表のデータを実行結果のように表示するプログラムを作成してください。
ただし、番号と氏名の間の空白はタブ（¥t）を使います。

1000	田中宏
1010	谷川太郎
1020	鈴木誠

▼ 実行結果

```
1000	田中宏
1010	谷川太郎
1020	鈴木誠
```

3. 2 と同じですが、テキストブロックを使って表示してください。
<ヒント>番号と氏名の間のタブは ¥t ではなく、Tab キーでタブを入力します。

注意

練習で作成するプログラムは、exercise パッケージを作成してその中に作成してください。プログラム名は、指定がない限り、**E+ セクション番号 + 問題番号**とします。例えば、練習 2-5-1 の 2 番の問題は E251_2 とします。3 番なら、E251_3 です。
これ以降の練習についても同じ方法でプログラムを作成してください。

2.6 演算子と演算

加減乗除（＋、－、＊、／）のような記号を**演算子**といいます。Java 言語では、代数演算、関係演算、論理演算、代入演算、その他の演算を実行するために、全部で 15 種類、47 個もの演算子が定義されています。

基本的な演算子の概要

解説動画 

次の表に示すのは、もっとも基本的な演算子です。

おおまかな種類でいうと、上から順に、**インクリメント・デクリメント演算子**（++、--）、**算術演算子**（+、-、*、/、%）、**代入演算子**（=、+= など）です。

▼ 基本的な演算子（※基本的なものだけを抜粋した表です）

カテゴリ	優先順位	演算子	名称	結合規則
単項演算子	1	++ --	後置インクリメント 後置デクリメント	左結合
	2	++ -- + -	前置インクリメント 前置デクリメント 符号（プラス） 符号（マイナス）	右結合
	3	（型）	キャスト（型変換）	右結合
二項演算子	4	* / %	乗算 除算 剰余	左結合
	5	+ - +	加算 減算 文字列連結	左結合
	15	= +=　-= *=　/=　%=	代入演算子 複合代入演算子	右結合

1. 演算子のカテゴリ

単項演算子

例えば、－ 10 のような符号を表す演算子 － は、1 つの項（ここでは 10）にだけ作用するので単項演算子といいます。

二項演算子

例えば、10+5 のような加算の + は 2 つの項（10 と 5）に作用するので二項演算子といいます。

三項演算子

3 つの項に作用する演算子です。5 章で解説します。

2. 優先順位

式の中で異なる演算子が使われている時、どれを先に適用するかは**優先順位**で決まります。例えば、10+5＊2 では、+ よりも ＊が優先順位が上なので、先に 5＊2 を計算します。

表は、優先順位が高い順に演算子を並べていますが、単項演算子が二項演算子よりも優先順位が高いことがわかります。

また、優先順位は 1 ～ 15 までありますが、最低の 15 は = などの代入演算子です。それはあらゆる演算の中で、代入は一番最後に行う操作だからです。例えば、ans = 10+5＊2; では、まず右辺の計算を行い、最後に = によって結果の値を ans に代入します。

なお、a=(10+5)＊2 ; のように ( ) を使うと優先順位を変更することができます。

3. 結合規則

例えば、1+2−5 のように、同じ優先順位の演算子が使われている時、これらは**左結合**なので、先に 1+2 を計算し、次にその結果を使って、3−5 の計算します。左から順に、2 項ずつ取って計算するので左結合といいます。

また、代入演算子の = は**右結合**です。a=b=c=1; のように書くと、右端の c=1 から実行し、次に b=c を実行し、最後に a=b を実行します。これは a=(b=(c=1)); と同じです

インクリメント・デクリメント演算子

解説動画

1. 変数の値を 1 だけ増減する演算子

すでに値の入っている変数について、値を 1 だけ増やすのが**インクリメント演算子**（++）で、1 だけ減らすのが**デクリメント演算子**（--）です。

リスト2-6-1：インクリメントとデクリメント

```
package chapter2_6;
public class Sample1 {
    public static void main(String[] args) {
        int num1 = 10, num2=10;
        ++num1;                          // インクリメント ❶
        System.out.println(num1);
        --num2;                          // デクリメント ❷
        System.out.println(num2);
    }
}
```

num1 と num2 には 10 が初期値として代入されています。そのため、❶の ++num1; により num1 は 11 になります。また、❷の --num2; により num2 は 9 になります。したがって、実行すると次のように表示されます。

```
11
9
```

なお、++ と -- は、次のように変数の右側に書くこともできます。

```
num1++;
num2--;
```

変数の左側に付ける場合を**前置**、右側に付ける場合を**後置**といいます。リストのような単純な単項式の形で使うなら、どちらを使っても結果は同じです。

2. 式の値（式の評価値）の違い

ただ、後置の ++ や -- を式の中で使うと少し混乱してしまいます。
次の、int ans = num++; を実行する例を見てみましょう。

リスト2-6-2：後置と式の値

```
package chapter2_6;
public class Sample2 {
    public static void main(String[] args) {
        int ans, num=10;
        ans = num++;                // num をインクリメント ❶
        System.out.println(ans);    // ans の値              ❷
        System.out.println(num);    // num の値              ❸
    }
}
```

実行すると、❶で num をインクリメントした後、❷、❸で ans と num の値が表示されますが、次のようになります。

```
10 ◀──── ans
11 ◀──── num
```

num は 11 になっているのに、ans は 10 です。
不思議な気がしますが、**式の値**（＝式の評価値）を考えると理由がわかるでしょう。

後置：num++　　--- 式の値は num を 1 増やす**前**の値

ans に代入されるのは、num++ の式の値ですから 10 です。その後で、num の値は 1 増えて 11 になります。

ところで、前置の場合は、後置とは式の値が違います。

前置：++num　　--- 式の値は num を 1 増やした**後**の値

どちらでも変数 num の値は 1 増えるのですが、式の値（式の評価値）が異なります。まぎらわしいので、++ と -- を、代入式で使うのは避けた方がいいでしょう。単項式としてだけ使うことを推奨します。

効率よりも安全性

前置／後置の違いは、計算効率を重視する C 言語から継承した機能ですが、ビジネス用途に使う Java 言語では計算効率よりも安全性を重視します。言語の用途の違いを考えると、Java 言語では、前置と後置の違いを利用するプログラムは書かない方がいいでしょう。

四則演算と剰余の演算子

解説動画

1. 加減乗除の演算子

加減乗除の四則演算は、演算子として +、-、*、/ を使います。×と÷は、キーボードから入力しにくいので、* と / を使います。

```
int ans = (number + 5) * 2 / times - 5;
```

整数同士の除算

次の演算で ans はいくつですか？

double ans = 10 / 4;

右辺の 10/4 は、整数同士の除算なので 2 です。これが double に自動型変換され、ans は 2.0 になります。2.5 ではないことに注意してください。double で計算させるには、10/4.0 のように double 型の項を含めます。こうすると、式の中での自動型変換が働いて 10.0/4.0 が計算されるので、ans には 2.5 が代入されます。

JShell で確認すると次のようになります。

リスト 2-6-3：整数同士の除算

```
jshell> double ans = 10/4
ans ==> 2.0

jshell> double ans = 10/4.0
ans ==> 2.5
```

2. 剰余（モジュロ演算）

さて、加減乗除は、すぐに理解できる演算ですが、% を使う**剰余（モジュロ）**は、プログラム特有の演算子です。% は、**割った余り**を求める演算です。これも JShell で試してみましょう。次は、5 を 0 ～ 7 までの値で割った余りを求めています。

リスト 2-6-4：剰余演算子

```
jshell> 5%0
|  例外java.lang.ArithmeticException: / by zero  ❶ 0では割れない
|        at (#1:1)
jshell> 5 % 1
$2 ==> 0
jshell> 5 % 2
$3 ==> 1
jshell> 5 % 3
$4 ==> 2
jshell> 5 % 4
$5 ==> 1
jshell> 5 % 5
$6 ==> 0
jshell> 5 % 6  ❷ 割る数の方が大きいので、これ以降は余りはすべて 5 となる
$7 ==> 5
jshell> 5 % 7
$8 ==> 5
```

0 での除算はできないので、❶のように、剰余もエラーになります。Java では実行時に発生したエラーを「例外」といいます。

剰余演算は、余りが 0 かどうかをチェックするためによく使われます。例えば、ある数を 2 で割った余りが 0 なら、ある数は 2 の倍数（偶数）であることがわかります。

なお、% は double の値でも使うことができます。

リスト 2-6-5：double の値の剰余

```
jshell> 10.5 % 2.5
$9 ==> 0.5
```

文字列連結演算子

解説動画 

1. 文字列連結演算子の機能

＋を使って、2 つの文字列を 1 つに連結できます。

リスト 2-6-6：文字列連結

```
jshell> "答えは" + "100です"
$1 ==> "答えは100です"
```

この＋は、加算の演算子ではなく、**文字列連結演算子**です。

実は、左右どちらかの項が文字列なら、文字列連結演算子とみなされるので、文字列以外の値でも文字列に連結でき、連結した結果は文字列になります。次は、文字列に整数の 100 を連結する例です。

リスト 2-6-6：（続き）

```
jshell> "答えは" + 100
$2 ==> "答えは100"
```

では、プログラムに書いて確認しましょう。

リスト 2-6-7：文字列連結のプログラム

```
package chapter2_6;
public class Sample3 {
    public static void main(String[] args) {
        String msg;
        msg = "答えは" + "100です"; // 文字列同士の連結 ❶
        System.out.println(msg);

        msg = "答えは" + 100;        // 文字以外とも連結できる ❷
        System.out.println(msg);
    }
}
```

❶は文字列同士の連結、❷は文字列と整数（int 型）との連結です。どちらも結果は文字列になり、実行すると次のように表示されます。

```
答えは100です
答えは100
```

2. 加算と文字列連結の混在

＋は、char 型や boolean 型など、あらゆる型の値を文字列と連結できます。ただし、数値の加算と文字列連結の両方を含む式では、どちらも＋を使うので、項の並び順で結果が違ってきます。

例えば、次の式では加算として働く＋はどれですか？

```
100 + 50 + "が答えです"
"答えは" + 100 + 50
```

JShell で実行して、確認しましょう。まず、1 番目の式です。

リスト 2-6-8：加算との混合

```
jshell> 100 + 50 + "が答えです"
$1 ==> "150が答えです"
```

100+50 の部分が 150 になっているので、これは加算の＋として働いています。

その理由は、＋は左結合の二項演算子なので、まず 100+50 の加算を行い、次にその結果を使って、150＋"が答えです"という文字列連結を実行するからです。

次に、2 番目の式を実行してみましょう。

リスト 2-6-8：（続き）

```
jshell> "答えは" + 100 + 50
$2 ==> "答えは10050"
```

100+50 の部分が 10050 になっているので、これは文字列演算子として働いています。

最初に実行されるのは、"答えは"＋100 という文字列連結演算です。次にその結果を使って、"答えは100"＋50 を実行するので、これも文字列連結演算になるわけです。

100+50 を先に計算させたい時は、次のように ( ) を使うとうまくいきます。

リスト 2-6-8：（続き）

```
jshell> "答えは" + (100 + 50)
$3 ==> "答えは150"
```

3. 変数を連結する

リテラルだけでなく、どんな型の変数でも同じように文字列と連結できます。次は、double 型の ans に 55.2 を代入しておき、それを文字列と連結します。

リスト 2-6-9：変数の連結

```
jshell> double ans = 55.2;
ans ==> 55.2
jshell> "答えは" + ans + "です"
$4 ==> "答えは55.2です"
```

「答えは 55.2 です」と文字列連結されます。変数でもリテラルと同じように連結できるわけです。では、プログラムに書いて確認しておきましょう。

リスト 2-6-10：変数を連結するプログラム

```
package chapter2_6;
public class Sample4 {
     public static void main(String[] args) {

         double ans = 55.2;
         String msg = "答えは" + ans + "です";      // 変数と連結 ❶
         System.out.println(msg);
     }
}
```

実行すると、次のように表示されます。

```
答えは55.2です
```

このように、変数を連結できるので、計算結果などをわかりやすく表示できて便利です。また、出力命令の中に、直接、文字列連結を書くと、プログラムも簡単になります。

```
System.out.println("答えは" + ans + "です");
```

簡単になるので、今後はこの方法を使いましょう。

代入演算子と複合代入演算子

解説動画 

代入演算子は、次の形で使います。

```
変数 = 値
```

つまり、代入演算子は「**右辺の値（評価値）を左辺の変数に代入する**」という演算子です。

リスト 2-6-11：代入演算子

```
jshell> int times = 10;
times ==> 10
```

> 右辺は、リテラルのような具体的な値だけでなく、式になるのが普通です。式の場合は、式の値（式の評価値）を計算してその値が代入されます。

リスト 2-6-11：（続き）

```
jshell> int ans = times + 5; // 式の値を計算して結果を代入
ans ==> 15
```

代入演算子には、数学の等号のように、左右両辺が等しいという意味はありません。したがって、ans = ans+5; のように計算した結果を元の変数に代入しても構いません。

リスト 2-6-11：（続き）

```
jshell> ans = ans + 5;  // 再代入 ❶
ans ==> 20
```

最初、ans には 15 が入っています。ans+5 を計算し、その結果をもう一度 ans に代入するので ans は 20 になります。これは、ans を 5 だけ増やしたのと同じです。

❶の書き方は少し冗長なので、普通は**複合代入演算子**を使います。

リスト 2-6-12：複合代入演算子

```
jshell> ans += 5;  // 複合代入演算子 ❷
$6 ==> 20
```

❷の **+=** が複合代入演算子で、ans=ans+5; の短縮した書き方です。
+=5 の部分を「5 増やす」と読むと意味がわかりやすいでしょう。

同様な複合代入演算子は、他に、**-=**、***=**、**/=**、**%=** が定義されています。次の表にまとめていますが、よく使われるのは、+=、-= の 2 つです。

▼ 複合代入演算子

複合代入演算子	意味	元の書き方
a += x	変数aの値を、xだけ増やす	a = a + x
a -= x	変数aの値を、xだけ減らす	a = a - x
a *= x	変数aの値を、x倍にする	a = a * x
a /= x	変数aの値を、xで割った値にする	a = a / x
a %= x	変数aの値を、xで割った余りの値にする	a = a % x

キャスト演算子

解説動画

自動型変換ができないのは、情報の損失が発生する場合でした。しかし、それを承知の上でプログラマの責任で強制的に型変換することもできます。この操作を**キャスト**といい、そのために使う演算子が**キャスト演算子**です。

キャスト演算子は、( ) の中に型名を書いたものです。( ) の中には、変換先の型名を書きます。例えば、情報の損失を承知の上で、doubleの値をint型にキャストするには、次のようにします。

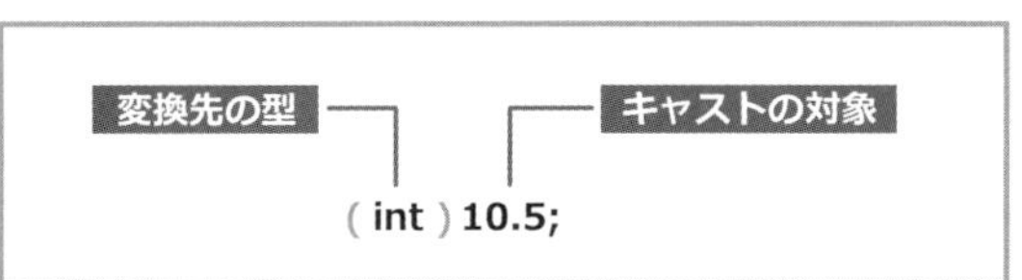

JShellで試してみましょう。

リスト 2-6-13：キャスト演算子

```
jshell> int number = (int)10.5
number ==> 10

jshell> int number = (int)(10 * 1.25)
number ==> 12
```

doubleをintに型変換するので、小数点以下は切り捨てられます。

また、キャスト演算子は優先順位が高いので、式をキャストするには、式全体を ( ) で囲む必要があります。

練習 2-6-1

解答 

1. 次の問に答えてください。

(1) 代数式 (2a + 3b) × c を Java 言語の演算子で書き換えてください。

____

(2) `int a=10, b=10;` の時、次の式を他の演算子を使って簡潔に書き直してください。

A. `a=a+b;` ____________________

B. `a=a-1;` ____________________

C. `a=a*(b-1);` ____________________

(3) `int num=10;` と `double value=2.5;` が宣言されている時、A ～ D はどのように出力されるか答えてください。

A. `System.out.println(num + "/" + 3);` ______________

B. `System.out.println(num + 1 + "/" + 3);` ______________

C. `System.out.println("答えは" + num + value);` ______________

D. `System.out.println("答えは" + (num + value));` ______________

2.7 クラスメソッド

解説動画

数学計算や文字列操作など、誰でもが必要とする処理は、**JDK**（Java Development kit）の中に、**標準クラス**として含まれています。

クラスメソッドを使ってみよう

平方根やべき乗などの数学計算は、標準クラスのひとつである Math クラスの中に、メソッドとして用意されています。

1.Math.sqrt()

例えば、20.5 の平方根を求めるには、Math クラスの sqrt( ) メソッドに、20.5 を指定します。具体的な使い方を見るため、JShell で実行してみましょう。

リスト 2-7-1：Math.sqrt()

```
jshell> Math.sqrt(20.5)
$1 ==> 4.527692569068709
```

Math クラスのメソッドは、Math.sqrt( ) のように、［クラス名］.［メソッド名］の形で使うので、**クラスメソッド**といいます。使い方は、平方根を求めたい値を ( ) 内に指定するだけです。20.5 を指定すると、4.527692569068709 と表示されました。このようなメソッドが返す実行結果の値を**戻り値**といいます。

2.Math.pow()

次に、2 の 10 乗を計算してみましょう。これは、べき乗の計算ですから、Math クラスの pow( ) メソッドを使います。

リスト 2-7-2：Math.pow()

```
jshell> Math.pow(2, 10)
$2 ==> 1024.0
```

Math.pow( ) の ( ) の中に、2 と 10 を指定すると、2 の 10 乗という意味で、戻り値が 1024.0 と表示されます。メソッドでは、( ) の中に指定する値を**引数**といいます。pow( )

メソッドは、引数が2つ必要なメソッドです。

3.Math.random()

引数がないメソッドもあります。次は乱数を求めるrandom()メソッドですが、引数はありません。乱数は予測できない値です。実行するたびに、戻り値は違う値になります。

リスト2-7-3：math.random()

```
jshell> Math.random()
$3 ==> 0.1000665507020233

jshell> Math.random()
$4 ==> 0.0887370376370713
```

4. メソッドの値を変数に代入する

リスト2-7-1～2-7-3で表示される$1～$4は、JShellが自動作成した変数で、戻り値が代入されています。しかし、プログラムで使う時は、次のように、double型の変数を宣言して代入するようにします。

リスト2-7-4：値を変数に代入

```
jshell> double ans = Math.sqrt(20.5)
ans ==> 4.527692569068709
```

以上をプログラムにまとめると次のようになります。クラスを作って、実行してみてください。

リスト2-7-5：クラスメソッドの使い方

```
package chapter2_7;
public class Sample1 {

     public static void main(String[] args) {
         double ans1 = Math.sqrt(20.5);          // 20.5の平方根    ❶
         System.out.println("平方根=" + ans1);

         double ans2 = Math.pow(2, 10);          // べき乗   ❷
         System.out.println("2の10乗=" + ans2);

         double ans3 = Math.random();            // 乱数 ❸
         System.out.println("乱数=" + ans3);
     }
}
```

❶は平方根、❷はべき乗、❸は乱数を求めてそれぞれ変数に代入しています。そして、println( ) メソッドでそれぞれの変数の値を表示します。

実行すると、次のように表示されます。

```
平方根=4.527692569068709
2の10乗=1024.0
乱数=0.985448983825182
```

Math クラスのクラスメソッド

次の表は Math クラスの主なクラスメソッドをまとめたものです。

このような表記を API (Application Programming Interface) といい、メソッドの使い方が一目でわかるようになっています。

▼ MathクラスのAPI

主なクラスメソッド	機　能
double　abs(double a)	aの絶対値を返す
int　abs(int a)	aの絶対値を返す
double　cos(double a)	角度a（ラジアン単位）のコサインを返す
double　sin(double a)	角度a（ラジアン単位）のサインを返す
double　tan(double a)	角度a（ラジアン単位）のタンジェントを返す
double　toRadians(double a)	角度aをラジアンに変換して返す
double　toDegrees(double a)	ラジアンaを角度に変換して返す
double　log(double a)	aの自然対数を返す（底はe）
double　log10(double a)	aの10を底とする対数を返す
double　pow(double a, double b)	べき乗、aのb乗（a^b）を返す
double　max(double a, double b)	aとbで大きい方の値を返す
double　min(double a, double b)	aとbで小さい方の値を返す
int　max(int a, int b)	aとbで大きい方の値を返す
int　min(int a, int b)	aとbで小さい方の値を返す
double　random()	0.0以上で1.0より小さい値をランダムに返す（乱数）
double　sqrt(double a)	aの平方根を返す
long　round(double a)	aの少数点以下を四捨五入したlongの値を返す

※三角関数の引数はラジアン単位の角度です。したがって、例えば 90° のサイン関数の値は、Math.sin(90) ではなく、Math.sin(Math.toRadians(90)) とします。

API は、メソッドの使い方を知らせるためのものです。

そのため、①**戻り値の型**、②**メソッド名**、③**引数の型と変数名**、が書いてあります。ただし引数の変数名は任意で、この通りに書く必要はありません。そして、④**メソッドの目的・機能などの説明**があります。

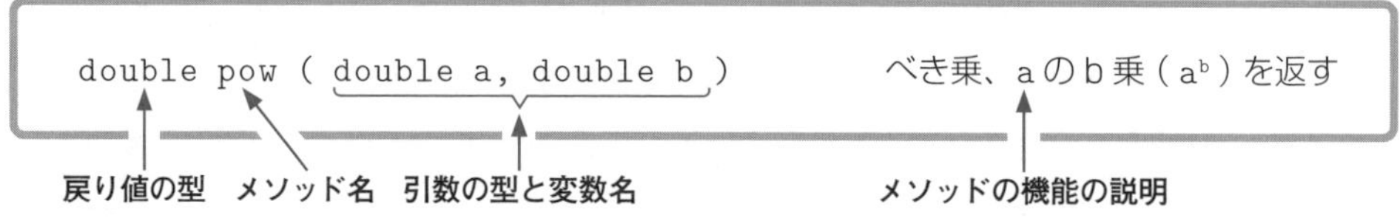

APIを見ると使い方がわかるので、すぐに使用することができます。

例えば、MathクラスのAPIの表で、一番下にあるroundメソッドを見てください。

roundメソッドは「小数点以下を四捨五入」するメソッドで、doubleの値を引数に取って、戻り値はlong型になることがわかります。したがって、long型の変数を宣言して次のように使います。

リスト2-7-6：round() メソッド

```
jshell> long ans = Math.round(34.567)
ans ==> 35
```

では確認のために、abs( )、cos( )、log( )、max( )などをJShellで実行してみてください。

練習2-7-1

解答

1.JShellでMathクラスのメソッドを使って次の値を求めてください。

(1) −26.5の絶対値

(2) コサイン90°の値

(3) 3.57、2.33、3.76のうち最大の値

2.8 外部のクラスの利用（Inputクラス）

標準クラスの他に、さまざまな団体や個人が開発したクラス・ライブラリも利用できます。例えば、**Apache Commons**（https://commons.apache.org/）や **GitHub**（https://github.com/）などの膨大なライブラリがあります。

外部クラスの利用方法

解説動画

そのようなクラス・ライブラリは、**jar ファイル**（jar 形式の圧縮ファイル）として配布されるので、適切な場所にダウンロードしておきます。そして、ソースコードをコンパイルする時に、Java コンパイラにその jar ファイルを使うように指示します。これを**クラスパスの指定**といいます。

例えば、Sample.java クラスで、外部ライブラリの util.jar を利用するには、Java コンパイラ（javac）の起動オプションに、`-cp util.jar` と指定してコンパイルします。

```
javac -cp  util.jar  Sample.java
```

※ Eclipse を使うと、このようなコマンド操作は Eclipse が代行するので、手動でタイプすることはありません。

ここでは、Java 言語の学習に使うクラスとして、`jp.kwebs.lib.jar` ファイルに含まれる Input クラスを使ってみましょう。Input クラスのメソッドを使うと、キーボードをタイプして値を入力できます。

※ jar ファイルの準備
jp.kwebs.lib.jar（Input クラス）は、サポートウェブからダウンロードできますが、《インストールフォルダ》にも入れてあるので、ここではそれを使います。

Eclipse では、プロジェクトにクラスパスを設定しておくと、毎回のコンパイル時に、自動的に使われます。次の手順で、part1 プロジェクトにクラスパスを設定してください。

Eclipse でのクラスパスの指定方法

①プロジェクト（part1）を右ボタンでクリックする
②［**ビルド・パス**］⇒［**ビルド・パスの構成**］と選択してダイアログを開く
③［**ライブラリー**］タブをクリックする
④［**クラスパス**］をクリックする

⑤右端にある［**外部 JAR の追加**］ボタンを押し、ファイル選択ダイアログを開く
⑥《インストールフォルダ》の jp.kwebs.lib.jar を選択して［**開く**］を押す
⑦元のダイアログに、jp.kwebs.lib.jar が表示される
⑧［**適用して閉じる**］ボタンを押す

Input クラスの使い方

解説動画 

設定ができたら、簡単なキーボード入力を行ってみましょう。

リスト 2-8-1：数値の入力

```
package chapter2_8;
import jp.kwebs.lib.Input;  // インポート文 ❶
public class Sample1 {
     public static void main(String[] args) {

          double value = Input.getDouble(); // doubleの値を入力 ❷
          System.out.println( "平方根=" + Math.sqrt(value)); ❸
     }
}
```

❶は Input クラスの**インポート文**です。外部のパッケージにあるクラスを使用する時には必ず書かなくてはいけません。どのパッケージの何というクラスを使うのか、コンパイラに伝える役目があります。

ただ、Eclipse のような IDE を使うと、❷を入力して Enter キーを押した時に自動挿入されるので、手書きすることはありません。

※自動挿入が働かない時は、メニューで［**ソース**］→［**インポートの編成**］と選択すると自動入力できます。

java.lang パッケージのクラスはインポート文が不要

Math クラスなど、java.lang パッケージに含まれる標準クラスは、最も基本的なクラスなのでインポート文は不要になっています。Math クラスのメソッドを使った時、インポート文が挿入されなかったのはそのためです。

❷の getDouble( ) メソッドは、キーボードから double の値を入力するメソッドです。クラスメソッドなので、`Input.getDouble()` と書きます。例では、入力した値を変数 value に代入しています。

次の❸は、入力した値を使って、平方根を計算し、表示します。このように、println( ) の中に Math.sqrt(value) を書くと、平方根を計算した上でその値を表示できます。

では、プログラムを作成し、実行してみてください。次のようになるはずです。

```
double>20.5
平方根=4.527692569068709
```


(1) double> という入力プロンプトがコンソールに表示されます。
(2) そこで、20.5 と入力して Enter キーをタイプします。
(3) すると、入力した値を使って平方根の値が計算され、表示されます。

Input クラスのクラスメソッド

Input クラスには、全てのプリミティブ型の値と String 型の値を入力するクラスメソッドがあります。次の表に Input クラスの API をまとめています。

▼ InputクラスのAPI

主なクラスメソッド	機　能
byte　　getByte()	キーボードをタイプして整数（byte）を入力する
short　 getShort()	キーボードをタイプして整数（short）を入力する
int　　 getInt()	キーボードをタイプして整数（int）を入力する
long　　getLong()	キーボードをタイプして整数（long）を入力する
float　 getFloat()	キーボードをタイプして浮動小数点数（float）を入力する
double　getDouble()	キーボードをタイプして浮動小数点数（double）を入力する
char　　getChar()	キーボードをタイプして文字（char）を入力する
String　getString()	キーボードをタイプして文字列（String）を入力する
boolean getBoolean()	キーボードをタイプして論理値（boolean）を入力する
byte　　getHex()	2桁以下の16進数形式でキーボードをタイプして整数（byte）を入力する
byte　　getBin()	8桁以下の2進数形式でキーボードをタイプして整数（byte）を入力する

では、JShell でメソッドを使ってみましょう。

1. Input クラスを使う準備

JShell で Input クラスのメソッドを使う準備

JShell では、クラスパスの指定と、インポート文を手動で実行する必要があります。Eclipse とは異なる jar ファイルを使います。使用する文字コードが違うためです。

①まず、クラスパスを、/env コマンドで指定します。

```
jshell> /env --class-path  c:¥java¥jp.kwebs.lib_win31j.jar
```

下線部分は jar ファイルを指定しています。ファイルパスを正確に記述します。MacOS では、/users/myhome/java/jp.kwebs.lib_win31j.jar のように、¥ ではなく / で区切ります。

例示のファイルパスは見本です。自分の PC で、実際に jar ファイルのある場所へのパスを指定してください。

②次に、インポート文を入力します。

```
jshell> import jp.kwebs.lib.Input;
```

以上で、Input.getDouble() などを使えるようになります。

準備に手間がかかります。プログラムを書いた方が簡単なのですが、JShell でのインポートの仕方を覚えるためにやってみましょう（2.9 節以降ではプログラムで使います）。

2. Input クラスの機能を試す

getInt( )、getString( )、getBoolean( ) メソッドを実行してみます。入力プロンプトには適当な値を入力してください。

リスト 2-8-2：getInt()、getString()、getBoolean()

```
jshell> Input.getInt()
int>100
$2 ==> 100

jshell> Input.getString()
String>こんにちは
$3 ==> "こんにちは"

jshell> Input.getBoolean()
boolean>true
$4 ==> true
```

見やすいように、アンダーバー(_) やコンマ (,) を区切り文字として入力できます。

リスト 2-8-3：数値入力の区切り文字

```
jshell> Input.getLong()
long>123_456_789_012
$5 ==> 123456789012
jshell> Input.getLong()
long>123,456,789,012
$5 ==> 123456789012
```

引数に文字列を指定すると、入力のプロンプトとして表示されます。

リスト 2-8-4：入力プロンプトの指定

```
jshell> Input.getString("お名前")
お名前>田中宏
$6 ==> "田中宏"

jshell> Input.getInt("年齢")
年齢>20
$7 ==> 20
```

2 進数、16 進数形式で byte 型の値を入力できます。ただし、0b や 0x などを付ける必要はありません。

リスト 2-8-5：2 進数や 16 進数の入力

```
jshell> Input.getBin()
Bin>0101111
$8 ==> 47

jshell> Input.getHex()
Hex>7F
$9 ==> 127
```

練習 2-8-1

解答 

1. キーボードから 2 つの double の値 a、b を入力し、a の b 乗を計算して、次のように表示するプログラムを作成してください。

```
a>1.5
b>8
1.5の8.0乗は25.62890625です
```

2.9 文字列のインスタンスメソッド

文字列はオブジェクトなので、特定の文字列について「全体の文字数を求める」とか、「先頭からn番目の文字を取り出す」などの便利なメソッドを使用できます。これらのメソッドは、具体的な文字列と連結して使うので**インスタンスメソッド**といいます。

インスタンスとは

オブジェクトの具体的な実現値をインスタンスといいます。"superman" や "田中宏" などは、具体的な実現値なのでインスタンスです。

文字列リテラルで使う

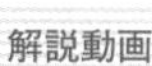

"Superman".**length**() とすると、"Superman" の文字数（長さ）が返されます。

リスト 2-9-1：length() メソッド

```
jshell> "Superman".length()
$1 ==> 8
```

"Superman".**charAt**(3) とすると、0から数えて3の位置にある文字（つまり4番目の文字）を返します。"Superman" では 'e' です。

リスト 2-9-2：charAt() メソッド

```
jshell> "Superman".charAt(3)
$1 ==> e
```

文字列 "Batman" でも同じメソッドを実行してみましょう。

リスト 2-9-3：他の文字列で使用する

```
jshell> "Batman".length()
$1 ==> 6

jshell> "Batman".charAt(3)
$2 ==> 'm'
```

"Batman" では、文字数は6で、0から数えて3の位置にある文字は 'm' であることがわかります。

String 型の変数で使う

解説動画 

このようなメソッドは、文字列が変数に入っていても同じように使えます。変数 name に文字列 "Superman" を入れて、name を使ってメソッドを実行してみます。

リスト 2-9-4：変数で使用する

```
jshell> String name = "Superman"
name ==> "Superman"

jshell> name.length()
$4 ==> 8

jshell> name.charAt(3)
$5 ==> 'e'
```

変数を使えるので、例えば、キーボードから入力した文字列について、length( ) や charAt( ) などを使うことができます。次のようにクラスを作って実行してみましょう。

リスト 2-9-5：文字列のメソッドを使うプログラム

```
package chapter2_9;
import jp.kwebs.lib.Input;
public class Sample1 {
     public static void main(String[] args) {

         String name = Input.getString("お名前");    // 文字列を入力 ❶

         System.out.println( "長さ=" + name.length());    // 長さ ❷
         System.out.println( "先頭文字=" + name.charAt(0));    // 先頭の文字 ❸
     }
}
```

```
お名前>田中宏
長さ=3
先頭文字=田
```

❶でキーボードをタイプして文字列 " 田中宏 " を入力し、❷❸でその長さと先頭文字を出力します。

String クラスのインスタンスメソッド

解説動画 

String 型は、標準クラスの 1 つである **String クラス**で定義されています。String クラスには、すでに見た length( ) や charAt( ) 以外にも、文字列に関する多くのインスタンスメソッドがあります。次に示すのは主なインスタンスメソッドの一覧です。

▼ StringクラスのAPI

主なインスタンスメソッド	機　能
`char charAt(int index)`	0から数えてindexの位置にある文字を返す
`boolean equals(String str)`	文字列strと等しい時にtrueを返す
`int indexOf(String str)`	文字列strが最初に出現する位置を返す
`boolean isBlank()`	この文字列が空白文字注1の時にtrueを返す
`boolean isEmpty()`	この文字列の長さが0の時にtrueを返す
`int length()`	この文字列の長さ（文字数）を返す
`String repeat()`	この文字列をn個連結した文字列を返す
`String replace(String target, String str)`	この文字列の中のtargetをstrに置き換えた文字列を作成して返す
`String substring(int s, int e)`	この文字列の（0から数える）インデックスsからe-1までの部分文字列を作成して返す
`String toLowerCase()`	この文字列の中のすべての英大文字を、小文字にした文字列を作成して返す
`String toUpperCase()`	この文字列の中のすべての英小文字を、大文字にした文字列を作成して返す
`String[] split(String reg)`	正規表現regにマッチする部分を区切り文字として、この文字列を分割し、配列注2にして返す
`String strip()`	この文字列の先頭と末尾にある空白文字列を、すべて削除した文字列を作成して返す

・注1　半角、全角の空白文字と改行文字（¥n）、タブ（¥t）を含みます
・注2　配列は3章で解説します

では、JShellでこれらのメソッドを実行してみましょう。

1.equals()

変数sに"abcdef"を入れておいて、equals()メソッドで、sが"abcdef"に等しいかどうか調べます。実行すると、結果はtrueになります。

リスト2-9-6：equals()

```
jshell> String s = "abcdef"
s ==> "abcdef"

jshell> s.equals("abcdef")
$2 ==> true
```

2.indexOf()

同じ "abcdef" が入った変数 s で、indexOf("cd") を実行します。s の中で "cd" が出現する位置を調べるので、インデックスの値として 2 が返されます。なお、インデックスは 0 から数えることに注意してください。

リスト 2-9-7：indexOf()

```
jshell> s.indexOf("cd")
$3 ==> 2
```

3.isBlank() と isEmpty()

変数 s に 4 個の空白文字を入れておきます。すべて空白文字なので isBlank( ) は true ですが、長さは 0 ではないので isEmpty( ) は false になります。

リスト 2-9-8：isBlank() と isEmpty()

```
jshell> String s = "    "
s ==> "    "

jshell> s.isBlank()
$5 ==> true

jshell> s.isEmpty()
$6 ==> false
```

4.repeat()

変数 s に "ab" を入れ、repeat(3) を実行します。結果は "ab" を 3 つ連結した "ababab" になります。

リスト 2-6-9：repeat()

```
jshell> String s = "ab"
s ==> "ab"

jshell> s.repeat(3)
$8 ==> "ababab"
```

5.replace()

変数 s に "12aa34aab56" を入れておき、`replace("aa", "X")` を実行します。含ま

れるすべての "aa" が "X" に置き換わった文字列 "12X34Xb56" を返します。

リスト 2-9-10：replace()

```
jshell> String s = "12aa34aab56"
s ==> "12aa34aab56"

jshell> s.replace("aa", "X")
$10 ==> "12X34Xb56"
```

6.substring()

同じ変数 s で substring(2,6) を実行します。インデックス 2 の位置から 5（6 は含まない）の位置までの文字列 "aa34" を返します。

リスト 2-9-11：substring()

```
jshell> s.substring(2,6)
$11 ==> "aa34"
```

7.toLowerCase() と toUpperCase()

変数 s に "12abc34ABC 漢字 " を入れて、toLowerCase() を実行します。大文字を小文字に変えた "12abc34abc 漢字 " を返します。

また、toUpperCase() を実行すると、小文字を大文字に変えた "12ABC34ABC 漢字 " を返します。

リスト 2-9-12：toLowerCase() と toUpperCase()

```
jshell> String s = "12abc34ABC漢字"
s ==> "12abc34ABC漢字"

jshell> s.toLowerCase()
$13 ==> "12abc34abc漢字"

jshell> s.toUpperCase()
$14 ==> "12ABC34ABC漢字"
```

8.strip()

文字列の先頭や末尾にある空白を、漢字の空白も含めて除去します。

例えば、"　　abcd " は、先頭に漢字空白 2 つと末尾に半角の空白が 2 つありますが、strip() を実行すると "abcd" だけの文字列になります。

リスト 2-9-13：strip()

```
jshell> "   abcd  ".strip()
$15 ==> "abcd"
```


練習 2-9-1

解答 

1. キーボードをタイプして文字列を入力し変数 str に代入します。
   次に str について、equals("abc")、length()、replace("a", "xxx") を実行し、その結果をコンソールに出力するプログラムを作成してください。

```
String>abcabcd
false
7
xxxbcxxxbcd
```

2.10 書式付出力

書式文字列とは

解説動画

書式文字列とは、値の表示方法を指定する文字列です。値を出力する printf( ) メソッドや、値を編集した文字列を作る formatted( ) メソッドなどで使います。書式文字列を使うと、編集方法や表示する桁幅、小数点以下の桁数などを細かく指定できます。

書式文字列は、次のように、機能が異なるいくつかの文字の組み合わせです。

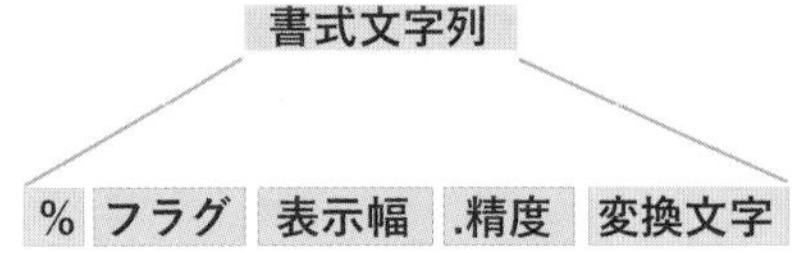

書式文字列は、% に続けて**フラグ**、**表示幅**、**精度**、**変換文字**を組み合わせたものです。このうち、% と変換文字は必須ですが、それ以外は必要なものだけを指定します。

使用する具体的な文字は次のとおりです。

▼ 書式文字

要素	文字	意味
フラグ（編集指定）	-	左揃えにする
	+	＋または－の符号を付ける
	0	表示幅のうち、余った先頭部分を0で埋める
	,	コンマで区切る（ローケル固有の区切り方）
	(	負の値を（）で囲む
表示幅		最低限必要な表示幅を指定する
.精度		小数点以下の桁数　あるいは出力する文字数
変換文字（データ型）	f	浮動小数点型
	d	整数型
	s S	文字列（String）Sは大文字にして出力する
	c C	文字　Cは大文字にして出力する
	b B	論理値　Bは大文字にして出力する

これ以外に日付、時刻を表示するために使う書式文字がありますが、それは17章で解説します。ここでは、表にある書式文字について、printf( ) メソッドと、formatted( ) メソッドでの使い方を解説します。

2

System.out.printf() メソッド

解説動画

printf( ) メソッドは、**printf(** 書式文字列 **,** 表示する値 **)** という形式で使います。書式文字列で、表示する値を編集して出力します。

JShell で具体的な使い方を見てみましょう。

1. 小数点以下の表示桁数を指定する

使用する変換文字は、型により違います。double なら %f です (前出の表を参照)。ここでは、小数点以下の桁数を 2 桁だけ表示したいので、"%.2f" を指定します。

リスト 2-10-1：小数点以下の表示桁数を指定する

```
jshell> double value = 123.456789
value ==> 123.456789

jshell> System.out.printf("%.2f%n", value)
123.46
$2 ==> java.io.PrintStream@7e32c033   ←――PrintStream インスタンスの表示
```

value に 123.456789 を入れて printf("%.2f%n", value) で表示します。小数点以下が 2 桁までに四捨五入されて表示されます。

なお、%n は「改行する」という指定です。print( ) や println( ) では ¥n を使いますが、printf( ) では %n を使います。

注意

プログラムの中で使う場合は問題にならないのですが、printf() メソッドは、値を表示したあと PrintStream 型のインスタンスを返すので、JShell の中で使うと、それも表示されてしまいます。そこで、値を表示した後は改行して、戻り値のインスタンスが次の行に表示されるようにします。そのため、最後に %n を挿入しています。

printStream インスタンスの表示は無視してよいので、以下のリストでは省略します。

2. 文字列を含めて表示する

書式文字列の中に、書式文字以外の文字列を書いておくと、そのまま出力されます。文字列連結を使わなくても、わかりやすい表示ができます。

リスト 2-10-2：文字列を含めて表示する

```
jshell> System.out.printf("答えは%.2fです%n ", value)
答えは123.46です
```

3. 整数の表示幅を指定しコンマ編集する

金額などの表示では、数値の 3 桁ごとにコンマを入れて表示します。それにはフラグとして、,（コンマ編集）を指定します。また、表示幅を指定しておくと右寄せで表示されるので見やすくなります。

リスト 2-10-3：表示幅の指定とコンマ編集

```
jshell> int gaku = 123456789
gaku ==> 123456789

jshell> System.out.printf("%,13d%n", gaku)
  123,456,789
```

数値は、13 桁の表示幅の中で、コンマ編集して右揃えで表示されます。

なお、表示幅を 13 と指定していますが、表示幅が不足する場合は、必要な表示幅で表示されます。例として、コンマを含めて 17 桁必要なケースで、表示幅を 13 と指定してみましょう。

リスト 2-10-3：（続き）

```
jshell> long gaku = 1234567890123L
gaku ==> 1234567890123

jshell> System.out.printf("%,13d%n", gaku)
1,234,567,890,123
```

17 桁の桁幅で表示されたことがわかります。

4. 文字列を左揃えにして表示する

表示幅を指定しておくと、文字列も右揃えで表示されますが、-（左揃えのフラグ）を使うと左寄せにできます。次は、10 桁の表示幅の中に、文字列を左揃えで表示します。

リスト 2-10-4：表示幅の指定と右揃え

```
jshell> String str = "Hello"
str ==> "Hello"

jshell> System.out.printf("%10s%n", str)          右揃え
     Hello
jshell> System.out.printf("%-10s%n", str)         左揃え
Hello
```


formatted() メソッド

解説動画 

メッセージの一部に、文字列や数値などを埋め込むために formatted( ) メソッドを使います。次は、送信するメール本文に、宛名、日時を埋め込んだテキストを返します。

リスト 2-10-5：formatted()

```
package chapter2_10;
public class Sample1 {
    public static void main(String[] args) {

        String msg = """      // テキストのひな型  ❶
                こんにちは %s さん！
                あなたの成績は %d 点でした。
                これからも頑張ってください。
                """;
        System.out.println(msg.formatted("田中宏", 90)); //データを埋め込む  ❷
    }
}
```

❶はテキストブロックで作成したメール文のひな型です。宛先氏名と得点の箇所に、書式文字の %s と %d を書いています。

この文字列の %s と %d に、具体的な値を埋め込むのが、❷の formatted( ) メソッドです。

formatted( ) メソッドの引数には、テキストの中に出てくる書式文字列の順に、対応する値を指定します。msg.formatted( ) の形式で使うことに注意してください。

formatted( ) は String クラスのインスタンスメソッドで、文字列の中に含まれる書式文字列を、具体的な値に置き換えたテキストを返します。

例題では、formatted( ) が返すテキストを、println( ) で出力しているので、次のように表示されます。

```
こんにちは田中宏さん！
あなたの成績は90点でした。
これからも頑張ってください。
```

練習 2-10-1

解答 

1. 乱数の値を取得して、小数点以下 3 桁まで表示するプログラムを作成してください。

2. 次は JSON 形式のテキストに書式文字列を埋め込んだものです。書式文字列を具体的な値に置き換えた文字列を作成し、実行例のように表示するプログラムを作成してください。

```
{
    "番号":%d
    "氏名":"%s"
    "得点":%d
}
```

⇒

```
{
    "番号":12345
    "氏名":"田中宏"
    "得点":90
}
```

※ JSON : JavaScript Object Notation
ウェブアプリケーションでデータを送受信するために使われる形式（⇒ P.449）

Chapter 3

データ構造

Pascal や Modula などを開発して、プログラム言語の発展に大きな足跡を残したニクラウス・ヴィルト氏は、『アルゴリズム＋データ構造＝プログラム』という著名な本を書いています。プログラムには論理だけでなく、データ構造が大切だという意味です。

この章では、Java のデータ構造として、配列とリストとレコードを解説します。重要なのはリストとレコードです。

特にリストは、現代の Java 言語がそれなしでは成立しないといえるほど、重要なデータ構造です。ストリーム、マルチスレッド、データベースなど重要な分野では、リストが全面で活躍します。また、レコードは新しい機能ですが、オブジェクトを手軽に使える便利な機能なので、非常に人気を博しています。

この章の解説により、重要なデータ構造の作り方、使い方を確実に理解してください。

3.1 配列

配列は、同じ型のデータを集めて集合体にしたものです。配列を構成する各データを**配列要素**といい、0から始まる一連番号が振られています。この番号を**要素番号**とか**インデックス**といいます。

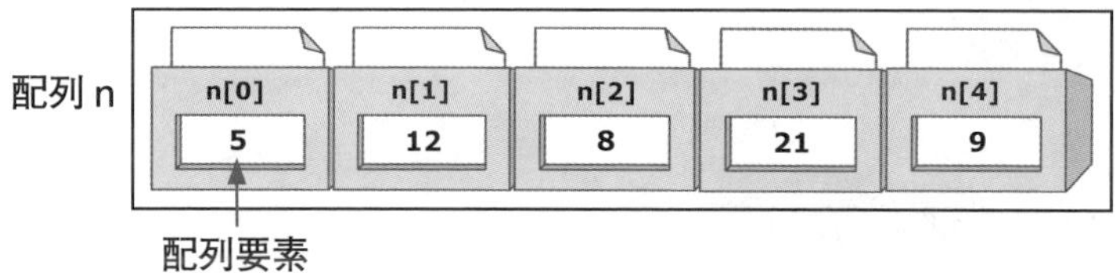

配列は、小規模で個数が決まっているデータの集まりを扱うのに適しています。ここでは、配列の作成方法と、配列要素にアクセスする方法を解説します。

配列の作成と配列要素へのアクセス

解説動画

どんな型の配列でも作成できます。配列の作り方はいくつかありますが、一番よく使うのは、すべての配列要素を書き並べる方法です。要素は、{} の中に {e1, e2, e3, ･･･} のように、コンマで区切って並べます。

> 作り方：　**型** [] **配列名** ＝{e1, e2, e3,･･･};
>
> ・要素番号（インデックス）は 0 から始まる
> ・配列要素は、number[0]、number[1]、number[2]･･･ のように書き表す

JShell でいろいろな型の配列を作成してみましょう。

リスト 3-1-1：いろいろな配列

```
jshell> int[] number = {5, 12, 8, 21, 9};
number ==> int[5] { 5, 12, 8, 21, 9 }

jshell> double[] data = {0.3, 1.05, 2.2}
data ==> double[3] { 0.3, 1.05, 2.2 }

jshell> char[] ch = {'お', 'は', 'よ', 'う'}
ch ==> char[4] { 'お', 'は', 'よ', 'う' }

jshell> String[] str = {"おはよう", "こんにちは", "こんばんは"}
str ==> String[3] { "おはよう", "こんにちは", "こんばんは" }

jshell> boolean[] bool = {true, false, true, true}
bool ==> boolean[4] { true, false, true, true }
```


配列要素は、次のように、配列名［インデックス］でアクセスします。インデックスは0から始まることに注意してください。

リスト 3-1-2：配列要素のアクセス

```
jshell> number[0]
$6 ==> 5

jshell> number[1]
$7 ==> 12

jshell> number[2]
$8 ==> 8

jshell> number[3]
$9 ==> 21

jshell> number[4]
$10 ==> 9
```

拡張 for 文による配列要素のアクセス

解説動画

1. 拡張 for 文とは

すべての配列要素を連続してアクセスするには、**拡張 for 文**という繰り返し処理の構文を使います。

拡張 for 文は、配列要素に直接アクセスするのではなく、一時的な変数を宣言しておいて、その変数に配列要素を取り出します。

リスト 3-1-3：拡張 for 文

```
package chapter3_1;
public class Sample3 {
    public static void main(String[] args) {

        int[] number = {5, 12, 8, 21, 9};

        for(int n : number) {       // 変数n ← 配列number ❶
            System.out.print(n + "¥t"); ❷
        }
    }
}
```

拡張 for 文は、**for(** 要素を代入する変数の宣言 **:** 配列名 **)** という形式の構文です。配列の先頭から順に配列要素を取り出し、宣言した変数に代入します。そして、この動作を、配列要素の最後まで繰り返します。

例では、❶のように、for(int n : number) となっています。これにより、配列 number の要素を、5、12、8、21、9 の順で、毎回 1 つずつ変数 n に取り出します。

❷では、取り出した n を print( ) で出力します。

取り出しと表示の動作は、最後の要素まで自動的に繰り返されます。この繰り返し動作により、最終的に全ての配列要素をコンソールに表示できます。実行すると、次のように表示されます。

```
5	12	8	21	9
```

拡張 for 文の一般的な書式は次のようです。

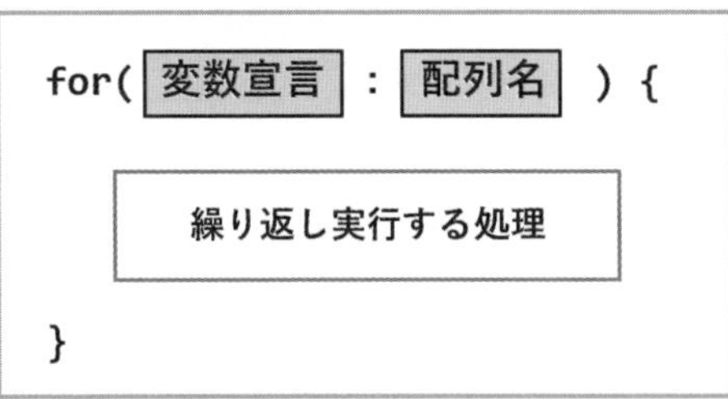

当然ですが、宣言する変数の型は、配列要素の型と同じにします。

2. 拡張 for 文で要素を集計する

要素のアクセス方法が分かったので、配列から取り出した要素をすべて合計してみましょう。また、配列の要素数は、配列名 **.length** で得ることができます。これを使って平均も計算してみます。

リスト 3-1-4：配列要素を集計する

```
package chapter3_1;
// 合計と平均
public class Sample4 {
    public static void main(String[] args) {

        int[] number = {5, 12, 8, 21, 9};
        int total = 0;            // 合計を入れる変数。0 で初期化しておく ❶

        for(int n : number) {     // 要素を取り出して、
            total += n;           // total に加算する ❷
        }

        System.out.println("合計=" + total);                    // 合計 ❸
        System.out.println("平均=" + total/number.length);      // 平均 ❹
    }
}
```

❶で合計を入れる変数 total を宣言して、0 を入れておきます。❷のように、拡張 for 文の中で、複合代入演算子を使って、total に配列要素を加算していくので、初期値として 0 を入れておく必要があります。

❸で合計を表示し、❹で合計を要素数（number**.length**）で割って平均を求めます。配列名 **.length** は、配列の要素数が入っている組み込み変数です。この場合は、5 が入っています。

実行すると、次のように表示されます。

```
合計=55
平均=11
```

練習 3-1-1

解答 

1. double[] data= {0.3, 1.05, 2.2} について、要素の合計と平均を求めて表示するプログラムを作成してください。

3.2 レコード

レコードは、クラスから派生した新ジャンルです。キーワードも class ではなく **record** を使います。Java 16（2021 年）から使えるようになりました。

record とは

解説動画

record は複数のデータをまとめて持ち運ぶ、コンテナのようなオブジェクトです。最初にレコードの定義を作成し、次に、それを使って具体的なオブジェクト（**インスタンス**）を作成します。

1. レコードを定義する

例えば、番号、氏名、メールアドレスの 3 項目からなる名簿データを Meibo レコードとして定義する例を JShell で実行してみましょう。キーワードは class ではなく、**record** です。

リスト 3-2-1：レコードの定義

```
jshell> public record Meibo(int number, String name, String mail){}
|  次を作成しました: レコード Meibo
```

レコード名は Meibo です。public **record** Meibo と宣言して、続く ( ) 内に項目の値を入れる変数を並べます。最後に {} を付けるのを忘れないようにしてください。

2. インスタンスの作成

レコードの定義ができたので、次は、定義から**インスタンス**を作ります。インスタンスは定義をコピーして各項目の変数に具体的な値をセットしたものです。作成には **new 演算子**を使って、次のようにします。

リスト 3-2-2: インスタンスの作成

```
jshell> new Meibo(100, "田中宏", "tanaka@mail.jp")
$2 ==> Meibo[number=100, name=田中宏, mail=tanaka@mail.jp]
```

new Meibo に続く ( ) 内に、項目の具体的な値を指定して Enter キーを押します。これで変数に値がセットされます。なお、インスタンスを作る時は {} は付けません。

ところで、作成したインスタンスは、プログラムの中で何度も使うので、変数に入れておくと使い勝手がよくなります。もう一度やりなおして、インスタンスを変数に代入する形にしましょう。

実は、作成したレコードを扱えるように、自動的に**レコード型**が生成されます。つまり、Meibo レコードを定義すると、Meibo 型が使えるようになります。これは Meibo レコードを表す専用の型ですから、変数の型を Meibo にして、次のように代入します。

リスト 3-2-2（続き）

```
jshell> Meibo meibo = new Meibo(100, "田中宏", "tanaka@mail.jp");
meibo ==> Meibo[number=100, name=田中宏, mail=tanaka@mail.jp]
```

3. ゲッターの利用

レコードの各項目をフィールドといいます。レコードからフィールドの値を取り出すには、フィールド名と同じ名前のメソッドを使います。このようなメソッドを**ゲッター**といい、インスタンスメソッドなので、変数 meibo にドット（.）で連結して使います。

リスト 3-2-3：ゲッターの利用

```
jshell> meibo.number()
$3 ==> 100

jshell> meibo.name()
$4 ==> "田中宏"

jshell> meibo.mail()
$5 ==> "tanaka@mail.jp"
```

4. レコードの簡易出力

確認などのためにインスタンス全体の内容を出力するには、println( ) メソッドの引数に変数を指定します。

リスト 3-2-4：出力

```
jshell> System.out.println(meibo)
Meibo[number=100, name=田中宏, mail=tanaka@mail.jp]
```

record の基本的な使い方は、これだけです。つまり、レコードを定義し、インスタンスを作って、ゲッターを使うだけです。次は、プログラムでやってみましょう。

recordのプログラム

解説動画

Eclipseでrecordを作成するには、図のように、「新規Javaクラス」ボタン（）の▼をクリックして［レコード］を選びます。

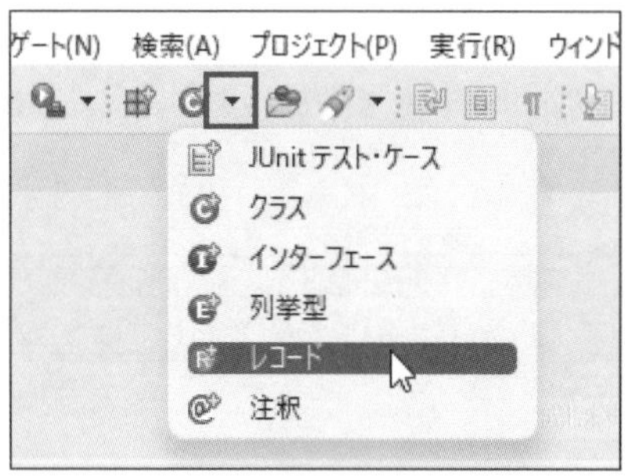

recordキーワードを使って定義しますが、作成されるファイルの拡張子はjavaです。

リスト3-2-5：レコードの定義（Population.java）

```
package chapter3_2;
// 都道府県名、人口、人口増減率のレコード
public record Population(String prefecture, int population, double rate ) {}
```

これは、人口統計データのレコードです。定義が完了するとインスタンスを作成できます。次は、この定義を使って、new演算子でインスタンスを作成し、ゲッターを利用する例です。

リスト3-2-6：レコードの処理プログラム（Sample6.java）

```
package chapter3_2;
public class Sample6 {

  public static void main(String[] args) {
    population p =  new Population("東京都", 13921, 7.1);  // インスタンス作成 ❶

    System.out.println(p.prefecture());   // ゲッターでフィールドを表示 ❷
    System.out.println(p.population());
    System.out.println(p.rate());
  }
}
```

❶でインスタンスを作成し、❷以下では、ゲッターを使ってレコードの内容を取得し、それを表示しています。実行すると次のように表示します。

```
東京都
13921
7.1
```

レコードは、データを受け渡しする際の入れ物として導入されました。いろいろな型のデータを集めてレコードを作成し、変数に入れて利用できます。そのため、普通の変数と同じように、メソッドの引数や戻り値として受け渡しすることもできます。

しかも、一度作成したインスタンスは、後から内容を変更できないという特徴があります。これを**不変性**といいますが、受け渡しの過程で内容が変えられてしまうことがないので安全に使えます。

※ フィールドにオブジェクトを含む場合は、不変性が保たれない場合があります。

練習 3-2-1

解答 

1. 商品コード（String code）、商品名（String name）、価格（int price）、欠品（boolean shortage）の４つのフィールドを持つレコードとして、exercise パッケージに、Product レコードを作成してください。

2. 次の値を持つ Product レコードのインスタンスを作成し、実行結果のように出力するプログラムを作成してください。

商品コード	商品名	価格	欠品
MT890	ステンレスネジ	280	false

▼ 実行結果

```
商品コード　　= MT890
商品名　　　　= ステンレスネジ
価格　　　　　= 280
欠品　　　　　= false
```

3.3 リスト

リストは機能を拡張した配列です。プリミティブ型の値でも、オブジェクトでも、事実上あらゆる型の値を入れることができます。配列のように要素を最初から設定しておく**不変リスト**と、あとから追加・挿入・削除のできる**可変リスト**があります。最初は不変リストから解説します。

簡単なリストの作成

解説動画

JShellを使って、簡単なリストを作成してみましょう。

簡単にリストを作るには、List.of( ) メソッドの引数に要素を列記します。

リスト3-3-1：整数のリストの作成

```
jshell> List.of(10, 20, 30)
$1 ==> [10, 20, 30]
```

これは整数のリストですが、あらゆる型の値を指定できます。次は文字列のリストです。

リスト3-3-1（続き）：文字列のリスト

```
jshell> List.of("apple", "banana", "orange")
$2 ==> [apple, banana, orange]
```

普通は、作成したリストを変数に代入して利用します。その方法を見ましょう。

リスト3-3-2：varによる変数の作成

```
jshell> var numbers = List.of(10, 20, 30)
numbers ==> [10, 20, 30]

jshell> var fruits = List.of("apple", "banana", "orange")
fruits ==> [apple, banana, orange]
```

型名に var を使います。varは具体的な型名ではなく、型の指定をJavaコンパイラに任せる時に使うキーワードです。本当の型※は、コンパイラが**型推論**で決めてくれます。varを使うことにより、プログラムが簡潔になります。

※本当の型は、総称型（⇒P.80）と言って、List<String>とか、List<Integer>のように、リストに含まれる要素の型によって書き分ける必要があります。読みにくい上に面倒なのでvarを使いましょう。

拡張 for 文によるリストの操作

解説動画

リストを作成し、そのすべての要素を出力するプログラムを作成しましょう。要素にアクセスするために、配列と同じように**拡張 for 文**を使います。

リスト 3-3-3：リストの要素を操作する

```
package chapter3_3;
import java.util.List;    // インポート文が必要    ❶
public class Sample3 {
    public static void main(String[] args) {

        var list = List.of(10, 20, 30);// リストを作成        ❷
        for(int n : list) {      // 拡張 for 文で要素にアクセス      ❸
            System.out.println(n);
        }
    }
}
```

List は **java.util** パッケージのクラスで、使うにはインポート文が必要です。

❶は、List を使うためのインポート文です。

ただ、List のインポート文は自動挿入されません。❷を入力した時点では、図のようにエラーが表示されます。

```
5    public static void main(String[] args) {
6
7        var list = List.of(10, 20, 30);
8
```

そこで、Eclipse のメニューから［**ソース**］⇒［**インポートの編成**］と選択します。インポート文が自動挿入され、エラーは解消します。

❷で要素が 3 つある整数のリストを作成します。❸は、リストのすべての要素を出力する処理です。配列と同様に、**拡張 for 文**を使います。

実行すると、次のように表示します。

```
10
20
30
```

リストの要素を集計する

拡張 for 文が使えるので、配列と同じように要素を集計できます。

リスト 3-3-4：リストを集計する

```
package chapter3_3;
import java.util.List;
public class Sample4 {
     public static void main(String[] args) {

         var list = List.of(8, 15, 21, 10, 7);
         int total = 0;    // 合計を入れる変数．0で初期化 ❶

         for(int n : list) {
             total += n;   // 要素を加算  ❷
         }

         System.out.println("合計=" + total); // 合計
         System.out.println(list);      // リスト全体を表示 ❸
     }
}
```

❶で合計を入れる変数 total を宣言し、0 で初期化しておきます。次に、拡張 for 文の中で、❷のように、複合代入演算子を使ってリストの要素を total に累計します。

なお、❸のように変数 list をそのまま出力すると、要素全体を表示できます。実行すると次のように出力します。

```
合計=61
[8, 15, 21, 10, 7]
```

練習 3-3-1

解答 

1. [15.1, 8.75, 10.2] を要素に持つリストを作成し、実行結果のように合計とリストの要素を表示するプログラムを作成してください。

```
合計=34.05
[15.1, 8.75, 10.2]
```

レコードのリスト

解説動画

3.2節で解説したレコードは、データベースから取り出した1件分のデータや、ファイルから取り出した1行分のデータを入れるためによく利用されます。ただ、データベースやファイルには多数のデータがあるので、普通はそれらのレコードをリストに入れて利用します。

リストの利用方法を知るために、レコードを要素に持つリストを作成してみましょう。ここでは、**リスト3-2-5**で定義した、Populationレコードを使います。

3

リスト3-3-5：レコードのリスト

```
package chapter3_3;
import java.util.List;
import chapter3_2.Population;
public class Sample5 {
     public static void main(String[] args) {

         var list = List.of(      // レコードのリスト ❶
                new Population("北海道", 5250, -6.8),
                new Population("東京都", 13921, 7.1),
                new Population("大阪府", 8809, -0.4),
                new Population("福岡県", 5104, -0.7),
                new Population("沖縄県", 1453, 3.9) );

         for(Population p : list) {   // 変数はPopulation型 ❷
            System.out.println(p);
         }
     }
}
```

インスタンスの作成方法は同じです。List.of( )の( )内に、レコードのインスタンスを並べるだけです。そこで、❶のように、new演算子でインスタンスを作成し、コンマで区切って並べます。複数行に分けて書くと見やすくなります。なお、データは次を利用しています。

▼ 都道府県別人口（単位；千人 2021年）

都道府県	人口	増減率
北海道	5,250	-6.8
東京都	13,921	7.1
大阪府	8,809	-0.4
福岡県	5,104	-0.7
沖縄県	1,453	3.9

インポート文は自動挿入されないので、メニューから［**ソース**］→［**インポートの編成**］と選択して挿入します。Population レコードのインポート文も挿入されますが、それは定義が別のパッケージ（chapter3_2）にあるからです。異なるパッケージにあるクラスやレコードを使う時は、常にインポート文が必要です。

❷は、リストの要素を表示する拡張 for 文です。リストには Population レコードが入っているので、取り出しの変数の型は **Population 型**を指定します。そして、変数 p をそのまま println( ) で出力すると簡易形式で表示されます。

拡張 for 文で、5 件のインスタンスを出力するので、次のように表示されます。

```
Population[prefecture=北海道, population=5250, rate=-6.8]
Population[prefecture=東京都, population=13921, rate=7.1]
Population[prefecture=大阪府, population=8809, rate=-0.4]
Population[prefecture=福岡県, population=5104, rate=-0.7]
Population[prefecture=沖縄県, population=1453, rate=3.9]
```

レコードの集計

解説動画 

レコードには、要素の値を取り出すゲッターメソッドがあるので、例えば、人口の値だけを取り出して、合計を取るような処理ができます。

ゲッターは、フィールド名と同じ名前なので、Population レコードから、人口の値を取り出すゲッターは、population( ) です。次はそれを使って人口の合計を求めます。

リスト 3-3-6：レコードの要素の集計

```
package chapter3_3;
import java.util.List;
import chapter3_2.Population;
public class Sample6 {
    public static void main(String[] args) {

        var list = List.of(
            new Population("北海道", 5250, -6.8),
            new Population("東京都", 13921, 7.1),
            new Population("大阪府", 8809, -0.4),
            new Population("福岡県", 5104, -0.7),
            new Population("沖縄県", 1453, 3.9) );

        int total=0;                // 合計を入れる変数 ❶
        for(Population p : list) {
            total += p.population();    // 取り出した人口を加算する ❷
        }
```

```
        System.out.println("人口の合計=" + total);
    }
}
```

リストの作成は**リスト 3-5-5** と同じですが、人口の合計を計算するために、❶で合計用変数 total を宣言して 0 を入れておきます。

拡張 for 文の中で、❷のように、p.population() により人口の値を取り出し、合計を求めるために total に加算します。実行すると次のように合計が表示されます。

```
人口の合計=34537
```

練習 3-3-2

解答 

1. リスト 3-3-6 と同じ Population レコードのリストを使って、都道府県名と人口増減率だけを実行結果のように出力するプログラムを作成してください。

```
北海道(-6.8)
東京都(7.1)
大阪府(-0.4)
福岡県(-0.7)
沖縄県(3.9)
```

3.4 可変リスト

List.of( ) メソッドでは、簡単にリストを作成できましたが、それは内容を変更できない不変リストです。ここでは、要素を追加・変更・削除できる**可変リスト**を作成します。可変リストは、標準クラスの中に **ArrayList** クラスとして定義してあります。

使い方は、まず、ArrayList オブジェクトを new で作成し、変数 (例えば list) に入れます。次に list.**add( )** を使って要素を追加するという手順になります。

可変リストの作成

解説動画

最初に、new 演算子を使って ArrayList のインスタンスを作成します。

リスト 3-4-1：可変リストの作成

```
jshell> var list = new ArrayList()
list ==> []
```

変数の型はコンパイラに型推論させるので var と書いておきます。

このリストには、何でも入れることができますが、入れるデータの型を 1 種類に限定しておかないと、要素から値を取り出す時に、何型かわからなくなってしまいます。そこで、リストを作成する時に、**< >** を使って要素の型を指定しておきます。

リスト 3-4-1 (続き)

```
jshell> var list = new ArrayList<String>()
list ==> []
```

<String> が格納するデータ型の指定です。これで、文字列だけを入れるリストになります。このリストは、String 型のデータだけを入れることができます。

総称型

ArrayList の定義では、入れるオブジェクトの型は **T 型**と定義されています。ArrayList<T> と定義されているのです。実際にリストを作成するとき、T の代わりに具体的な型名を指定します。このような型の指定方法を**総称型**といいます。

プリミティブ型のデータを入れるリスト

解説動画

リストには何でもいれることができると説明しましたが、それは、オブジェクトなら何でも、という意味です。そのため、プリミティブ型のデータは、オブジェクトに自動的に変換して格納されます（**オートボクシング**といいます）。また、取り出す時には、元のプリミティブ型に自動的に逆変換されます。

プリミティブ型のそれぞれに対して、変換されるオブジェクト型が決まっているので、見ておきましょう。変換先のオブジェクト型を**ラッパークラス型**と呼んでいます。

▼ラッパークラス型

プリミティブ型	オブジェクト型
char	Character
byte	Byte
short	Short
int	Integer
long	Long
float	Float
double	Double
boolean	Boolean

ラッパークラス型は、オブジェクトの型で、プリミティブ型の名前の先頭文字を大文字にしたものです。ただし、char と int だけは、Character、Integer と違った名前になるので注意してください。

例えば、int や double を入れるリストなら、Integer や Double を使って、次のように作成します。総称型の指定方法に注意してください。

リスト 3-4-2：ラッパークラス型のリスト

```
jshell> var list1 = new ArrayList<Integer>()
list ==> []

jshell> var list2 = new ArrayList<Double>()
list ==> []
```

リストにデータを追加する

解説動画

リストにデータを入れるには、**add( )** メソッドを使います。インスタンスメソッドなので変数 list に連結して、list.add( ) の形式で使います。int 型の値を追加してみます。

リスト 3-4-3：データを追加する

```
jshell> list.add(25)
$2 ==> true

jshell> list.add(10)
$3 ==> true

jshell> list.add(15)
$4 ==> true

jshell> list
list ==> [25, 10, 15]
```

データは、add( ) メソッドで追加した順番通りにリストに格納されます。

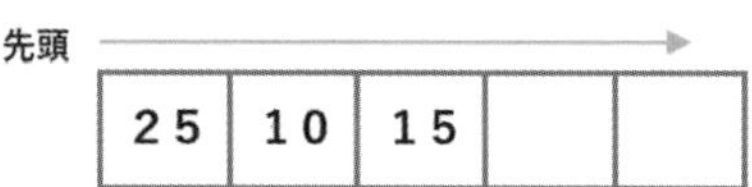

要素数の上限はありません。領域が不足すると自動的に拡張するので、必要なだけデータを追加できます。では、int 型のデータをリストに追加し、最後に内容を表示するプログラムを作成してみましょう。

リスト 3-4-4：リストの追加と表示

```
package chapter3_4;
import java.util.ArrayList; ❶
public class Sample4 {
    public static void main(String[] args) {

        var list = new ArrayList<Integer>(); // 整数のリストの生成   ❷

        list.add(25);   // データを登録する   ❸
        list.add(10);
        list.add(15);

        for(int n : list) { ❹
            System.out.println(n);
        }
    }
}
```

ArrayList もプログラムで使うには、import 文 が必要です。❷を書いた後、[**ソース**] ⇒ [**インポートの編成**] とすると❶が自動挿入されます。

❷では、new 演算子を使って、整数を入れる ArrayList を作成します。

❸からの 3 行は、add( ) メソッドで整数を 3 つリストに入れています。そして、❹の拡張 for 文で、すべての要素を次のように表示します。

```
25
10
15
```

3

練習 3-4-1

解答

1. まず、文字列を入れるリストを作成します。次に、" リンゴ "、" バナナ "、" みかん " の 3 つをリストに追加してください。最後に、全部の要素を次のように表示するプログラムを作成してください。

```
リンゴ
バナナ
みかん
```

リストにレコードを追加する

解説動画

リストにレコードのインスタンスを追加してみましょう。次の例は、new で作成した Population レコードのインスタンスをリストに追加します。

リスト 3-4-5：リストにレコードを追加する

```
package chapter3_4;
import java.util.ArrayList; // インポート文
import chapter3_2.Population;
public class Sample5 {
    public static void main(String[] args) {
        var list = new ArrayList<Population>();  // リスト作成   ❶

        list.add(new Population("北海道", 5250, -6.8));  // レコードを追加  ❷
        list.add(new Population("東京都", 13921, 7.1));
        list.add(new Population("大阪府", 8809, -0.4));
        list.add(new Population("福岡県", 5104, -0.7));
        list.add(new Population("沖縄県", 1453, 3.9));

        for(Population p : list) {   // すべての要素を出力  ❸
            System.out.println(p);
        }
    }
}
```

❶は Population 型のレコードを入れる可変リストの作成です。

❷の add( ) メソッドでは、引数として、new によるレコードの生成を書きます。この書き方は、インスタンスの作成とリストへの追加を同時に行います。

❸ですべての要素を簡易出力するので、実行すると次のように表示されます。

```
Population[prefecture=北海道, population=5250, rate=-6.8]
Population[prefecture=東京都, population=13921, rate=7.1]
Population[prefecture=大阪府, population=8809, rate=-0.4]
Population[prefecture=福岡県, population=5104, rate=-0.7]
Population[prefecture=沖縄県, population=1453, rate=3.9]
```

結果は、**リスト 3-3-5** と同じですが、可変リストなので次の 3-4-5 節で解説するメソッドを使うと、要素の追加、削除、変更が可能です。

練習 3-4-2

解答 

1. 次のようなプログラムを作成してください。
   まず、練習 3-2-1 で作成した Product 型のインスタンスを入れるリストを作成します。
   次に、表に示すデータから 3 つのインスタンスを作成し、リストに追加してください。

商品コード	商品名	価格	欠品
MT890	ステンレスネジ	280	false
MT810	タッピングネジ	160	true
MT900	スクリューネジ	330	true

最後に、各レコードの商品名と価格だけを次のように表示してください。

```
ステンレスネジ    280
タッピングネジ    160
スクリューネジ    330
```

リストで使えるメソッド

解説動画

リストは、登録するデータ数を決めておく必要がないため、全体の件数が分からないファイルデータやデータベース検索の結果などを格納するために、よく使われます。ファイルの場合は、1行分のテキストデータ、データベースでは、1件のレコードが要素になります。

このような用途で利用するために、配列にはない多数のメソッドが用意されています。

ここでは、そのなかでも使用頻度の高いメソッドをまとめて紹介します。この後で使用例を解説しますので、まず、全体に目を通してください。

▼ リストで使える主なメソッド

戻り値型	メソッド	機　能
boolean	add(e)	リストの末尾にeを追加する
void	clear()	すべての要素を削除する
boolean	contains(obj)	objがリストに含まれている時trueを返す
void	forEach(action)	すべての要素に対してactionを実行する
E	get(i)	i番目の要素を返す
boolean	isEmpty()	リストが空の時trueを返す
static List<E>	of(e...)	e...から成る不変リストを返す
E	remove(i)	i番目の要素を削除してその要素を返す
int	size()	リストにある要素の数を返す
void	sort(comparator)	キーを指定してリストを並べ変える
Stream	stream()	リストのストリームを生成して返す

※ E は要素の型です。forEach() と sort() は、12 章、stream() は 13 章で解説します。

リストを生成する of( ) メソッドだけはクラスメソッドなので、List.of( ) の形で使います。それ以外はインスタンスメソッドです。使い方を具体的に見てみましょう。JShell で実行しながら 1 つずつ解説します。

1. リストの作成と要素の追加

要素を追加する add( ) メソッドはすでに使いました。add(e) と書いて、オブジェクト e をリストに追加します。ここでは文字列を追加してみましょう。リストを作成して 4 つのデータを追加し、最後に全体を表示します。

リスト 3-4-6：リストの作成と要素の追加

```
jshell> var list = new ArrayList<String>()
list ==> []

jshell> list.add("banana")
$2 ==> true

jshell> list.add("pineapple")
$3 ==> true

jshell> list.add("grape")
$4 ==> true

jshell> list.add("apple")
$5 ==> true

jshell> list  ←――リストの内容を表示する
list ==> [banana, pineapple, grape, apple]
```

2. 要素数、要素の取り出しと検査

リストに含まれる要素の数は、size( ) メソッドで求めることができます。

リスト 3-4-6（続き）：size() メソッド

```
jshell> list.size()
$7 ==> 4
```

また、リストの中の i 番目のデータを取り出したい時は get(i) を使います。i は 0 から数えるインデックスを指定します。次は、インデックス 1（先頭から 2 番目）の要素を取り出します。

リスト 3-4-6（続き）：get() メソッド

```
jshell> list.get(1)
$8 ==> "pineapple"
```

さらに、contains( ) メソッドを使うと、指定したデータがリストに含まれているかどうかも調べることができます。次は、"apple" がリストに含まれているかどうか調べます。含まれていれば true が返ります。

リスト 3-4-6 (続き) : contains() メソッド

```
jshell> list.contains("apple")
$9 ==> true
```

3. 要素の削除

リストの中の i 番目のデータを削除したいときは、remove(i) です。i はインデックスです。また、remove( ) メソッドは削除したデータを返します。

次は、インデックスが 2 の要素 (先頭から 3 番目) を削除し、最後にリスト全体を表示します。

リスト 3-4-6 (続き) : remove() メソッド

```
jshell> list.remove(2)
$10 ==> "grape"

jshell> list
list ==> [banana, pineapple, apple]
```

また、リストの全要素を削除して、空にしたい時は、clear( ) メソッドを使います。次は、すべての要素を削除し、確認のためにリストを表示します。

リスト 3-4-6 (続き) : clear() メソッド

```
jshell> list.clear()

jshell> list
list ==> []
```

4. リストが空かどうかの検査

リストが空かどうかは isEmpty( ) メソッドで調べることができます。1 つも要素が含まれていないとき true が返ります。

リスト 3-4-6 (続き) : isEmpty() メソッド

```
jshell> list.isEmpty()
$14 ==> true
```

5. リストのメソッドを使うプログラム

最後に、以上の操作を行うプログラムを示します。実行して、結果を確認してください。

リスト 3-4-7：リストのメソッドを使う

```
package chapter3_4;import java.util.ArrayList;
public class Sample7 {
    public static void main(String[] args) {

        var list = new ArrayList<String>();  // 文字列を入れるリストの作成
        list.add("banana");   // 要素を追加する
        list.add("pineapple");
        list.add("grape");
        list.add("apple");
        System.out.println(list);

        System.out.println(list.size());                    // 要素数
        System.out.println(list.get(1));                    // インデックス 1 を取得する
        System.out.println(list.contains("apple"));         // "apple" が含まれるか

        System.out.println(list.remove(2));                 // インデックス 2 を削除する
        System.out.println(list);

        list.clear();                                       // 全要素を削除する
        System.out.println(list);

        System.out.println(list.isEmpty());                 // リストは空か
    }
}
```

```
[banana, pineapple, grape, apple]
4
pineapple
true
grape
[banana, pineapple, apple]
[]
true
```

練習 3-4-3

解答

1. 空欄を適切に埋めてプログラムを完成してください。

```
var list1 = [     ①     ];
list1.add("Java");
var list2 = [     ②     ] (1, 2, 3);
```


2. 文字列を入れるリストとして list があり、すでに 3 つの要素 "rabbit"、"cat"、"dog" が、この順番で登録されています。この時、次の空欄に当てはまるメソッドを答えてください。

```
// "bear" を新しい要素として追加する
list.[     ①     ]("bear");

// 要素番号（インデックス）が 1 の要素を取得して表示する
System.out.println(list.[     ②     ]);

// リストに "cat" が含まれるかどうか調べて、true か false を表示する
System.out.println(list.[     ③     ]);

// 先頭の要素を削除し、削除した要素を表示する
System.out.println(list.[     ④     ]);

// リストに含まれる要素数を表示する
System.out.println(list.[     ⑤     ]);
```

Chapter 4

メソッドの作成

プログラムのアルゴリズムは、最終的にメソッドの形になります。どんな大規模なプログラムでも、たくさんのメソッドから作られています。メソッドは、プログラムの基本単位であり、オブジェクトの構成要素であり、プログラマの思考がまさに形になる場所です。

メソッドが作れるようになると、ようやくプログラマーとして歩き出すことができます。この章では、メソッドの考え方、作り方、使い方を詳しく解説します。

必ず、ソースコードを入力して、実行し、結果を確認してください。

4.1 メソッドの基本

メソッドの役割

解説動画 

クラスにはいくつでもメソッドを作ることができますが、メソッドの中で最初に実行されるのは、main( ) メソッドと決まっています。

ただ、main( ) メソッドにすべての処理を書くと大変なので、main() メソッドの処理をいくつかのパートに分割して、それぞれを他のメソッドに任せるようにします。そして、main( ) メソッドは、他のメソッドを呼び出して実行することにより、全体の処理を組み立てます。

次は、main( ) メソッドから、message( ) メソッドを呼び出して実行する例です。

リスト 4-1-1：メソッドとは

```
package chapter4_1;
public class Sample1 {

    public static void main(String[] args) {
        System.out.println("Start");      ❶
        message();         // メソッドを実行  ❷
        System.out.println("End");        ❸
    }

    public static void message() {    // メソッド     ❹
        System.out.println("Hello!");
    }
}
```

main( ) メソッドは、❶で "Start" と表示した後、❷で message( ) メソッドを呼び出して実行します。このように、実行したいメソッドの名前を書くだけで、そのメソッドを呼び出して実行できます。

❷により、❹の message( ) メソッドが実行されるので、コンソールに "Hello" と表示されます。これで message( ) メソッドの実行は終了します。処理 は main( ) メソッドに戻って、❸で "End" と出力し、プログラムは終了します。

したがって、実行すると次のように表示されます。

```
Start
Hello!
End
```

※ビデオでは、プログラムの実行順序をデバッガーを使って１ステップずつトレースしています。ビデオを見て動作を確認してください。

引数のあるメソッド

解説動画

リスト 4-1-1 の message( ) メソッドは "Hello" と表示するだけでしたが、どんなメッセージを表示するか指定できるようにしたいですね。例えば、"Welcome" と表示したいときは、message( ) メソッドを次のように使えると便利です。

```
message("Welcome");
```

そこで、**リスト 4-1-1** をこのように書き換えてみてください。すると、残念ながらエラーになります。

```
public static void main(String[] args) {
    message("Welcome");
}
                          対応がとれていないのでエラーになる
public static void message() {
    System.out.println("Hello");
}
```

これは、message( ) メソッドが値を受け取るようになっていないからで、値を受け取れるように書き換えると、エラーは解消します。次のように変更します。

```
public static void main(String[] args) {
    message("Welcome");    ❶
}

public static void message(String msg) {  ❷
    System.out.println("Hello");
}
```

❶で文字列を渡すように指定しているので、❷のように、値を受け取る String 型の変数 msg を指定します。この時、❶の "Welcome" を**実引数**、❷の msg を**仮引数**といいます。値を受け渡しする実引数と仮引数は同じ型でないといけません。

なお、型を合わせておけば、仮引数の変数名は、自由に決めて構いません。

これで message( ) メソッドは、表示するメッセージを msg に受け取ることができるので、出力の println 文でも "Hello" の代わりに msg を表示するようにしましょう。

リスト 4-1-2；引数のあるメソッド

```
package chapter4_1;
public class Sample2 {

    public static void main(String[] args) {
        message("Welcome"); // 実引数        ❶
    }

    public static void message(String msg) { // 仮引数      ❷
        System.out.println(msg);       // msgを出力        ❸
    }
}
```

❶で実引数を指定すると、❷で message( ) メソッドがそれを変数 msg に受け取り、❸で msg を表示します。実行すると、次のように表示されます。

```
Welcome
```

message( ) メソッドは、呼び出しで指定されたいろいろな文字列を表示できるようになりました。このように、メソッドが引数を持つようにすると、いろいろなデータを渡して処理させることができるので便利です。

複数の引数

解説動画

メソッドにはいくつでも、そして、どんな型の引数でも指定できます。次は、calc( ) メソッドに、2 つの double の値を指定しています。

リスト 4-1-3：複数の引数

```
package chapter4_1;
public class Sample3 {

    public static void main(String[] args) {
        calc(10.5, 2.35); // 2つの実引数      ❶
    }

    public static void calc(double x1, double x2) {  // x1とx2に受け取る ❷
        System.out.println(Math.sqrt(x1 + x2));  // x1+x2の平方根を表示❸
    }
}
```

❶では、calc( ) メソッドに 10.5 と 2.35 を渡し、それが❷で x1 と x2 に受け取られます。calc( ) メソッドは、❸で x1+x2 の平方根の値を表示するので、実行すると次のようになります。

```
3.5846896657869842
```

値を返すメソッド

解説動画

リスト 4-1-3 の calc( ) メソッドは、計算結果を表示するだけでしたが、計算した値を main( ) メソッドで受け取ることができれば便利です。つまり、次のように書けるといいですね。

```
double ans = calc(10.5, 2.35);
```

リスト 4-1-3 をこのように書き換えてみてください。すると、やはりエラーになりますが、原因は、calc( ) メソッドが元々計算結果を返すようになっていないからです。

calc( ) メソッドが計算結果を返すようにするには、メソッドの最後に **return 文**を書いて計算結果を指定します。

return は、「呼び出し元のメソッドに戻る」という命令文ですが、`return x;` のように変数など（リテラル、式でもよい）を書き添えると、「その値を持って呼び出し元に戻る」という意味になります。そこで、計算結果を変数 x に入れるように書き換えて、それを return 文で返すようにします。次を見てください。

```
public static void calc(double x1, double x2) {
    // System.out.println(Math.sqrt(x1+x2));
    double x = Math.sqrt(x1 + x2);
    return x;
}
```

あるいはもっと簡単に、次のように書くこともできます。

```
public static void calc(double x1, double x2) {
    return  Math.sqrt(x1 + x2);
}
```

ただ、これでもまだエラーになります。それは calc( ) メソッドの宣言に void が指定してあるからです。

```
public static void calc(double x1, double x2)
```

この部分は**戻り値型の指定**といって、voidを指定すると「何も値を返さない」という意味になります。今は、doubleの値を返すようにしたいので、これをdoubleに書き換えなければいけません。

```
public static double calc(double x1, double x2) {
   return  Math.sqrt(x1 + x2);
}
```

これでエラーは解消します。
次の**リスト4-1-4**が完成したリストです。

リスト4-1-4：値を返すメソッド

```
package chapter4_1;
public class Sample4 {
    public static void main(String[] args) {

        double ans = calc(10.5, 2.35); // ansに結果の値を受け取る    ❶
        System.out.println(ans);       // 戻り値を表示    ❷
    }

    public static double calc(double x1, double x2) {     // 戻り値型はdouble    ❸
        return  Math.sqrt(x1+x2);    // 計算結果を返す    ❹
    }
}
```

main()メソッドでは、❶で、平方根の値（double型）をansに受け取り、❷で受け取った値をコンソールに表示します。

一方、calc()メソッドは、平方根の値（double型）を返す必要があるので、❸で戻り値型をdoubleと指定します。そして、❹で引数から平方根の値を計算し、その値を戻り値として返しています。

なお、戻り値型がdoubleなので、returnで返す値もdouble型でなければいけません。
実行すると、次のように表示されます。結果は**リスト4-1-3**と同じですが、main()メソッドで表示しているところが違います。

```
3.5846896657869842
```

最後に、自動型変換が働くので、❶の実引数に整数を使うことができます。

```
double ans = calc(10, 2);
```

この場合、10 は 10.0、2 は 2.0 に自動型変換されて、calc( ) メソッドの仮引数 x1 と x2 に渡されます。

練習 4-1-1

解答 

1. main( ) メソッドに次のようなメソッド呼び出しが書いてあるとき、正しい howmany( ) メソッドの定義は A ～ E のどれですか？

```
int times = howmany(2, "count");
```

```
A. public static void howmany(int a, String s){
      return 10.5;
   }

B. public static double howmany(double a, String s){
      return 10.5;
   }

C. public static int howmany(String s, double a){
      return 10;
   }

D. public static int howmany(double a, String s){
      return 10;
   }

E. public static int howmany(int a){
          return 10;
   }
```

2. 次のような main() メソッドがあります。

```
public static void main(String[] args){
    double weight = Input.getDouble("体重");
    double height = Input.getDouble("身長");
    double value = bmi(weight, height);
    System.out.printf("BMI指数=%.2f", value);
}
```

このmain()メソッドの下に続けて、bmi()メソッドを作成してください。bmi()メソッドは、体重（kg）と身長（cm）を受け取って、肥満度を表すBMI指数を計算して返します。
BMI指数は次の計算式で計算します（BMI指数は25を超えると肥満です）。

BMI指数＝ 体重kg ÷（身長cm ÷ 100）^{2}

次の実行例も参考にしてください。

実行例

```
体重>68
身長>175
BMI指数=22.2
```

オーバーロード

解説動画 

同じ名前のメソッドを作ることを**オーバーロード**といいます。引数が違えば、いくつでも同じ名前のメソッドを作成できます。

次は、図形の面積を計算するメソッドとして、menseki()というメソッドをオーバーロードした例です。1つは円の面積を計算し、もう1つは四角形の面積を計算しますが、面積を計算することは同じなので、使いやすいように、同じ名前にします。違うのは引数だけです。

リスト4-1-5：メソッドのオーバーロード

```
package chapter4_1;
public class Sample5 {

    public static void main(String[] args) {
        double ans1 = menseki(5.5);    ❶
        double ans2 = menseki(12, 2.5);    ❷

        System.out.printf("円の面積 = %.2f%n" ,ans1);
        System.out.printf("四角形の面積 = %.2f" ,ans2);
    }

    public static double menseki(double hankei) {        ❸
        double s = Math.pow(hankei, 2) * Math.PI;
        return s;
    }

    public static double menseki(double height, double width) {      ❹
        double s = height * width;
        return s;
    }
}
```

❶は引数が1つなので、❸の menseki( ) メソッド（円の面積）が実行されます。❷は引数が2つなので、❹の menseki( ) メソッド（四角形の面積）が実行されます。したがって、実行すると正しく計算され、次のように表示されます。

```
円の面積 = 95.03
四角形の面積 = 30.00
```

つまり、同じ名前のメソッドの中から、合致する**引数構成**を持つメソッドが実行されるのですが、引数構成とは引数の**数**、**並び順**、**型**の違いを言います。逆にいうと、引数構成が違っていれば、同じ名前のメソッドをオーバーロードできる、ということです。

オーバーロードの条件：次のどれかが成立していること

- 引数の数が違う
- 引数の並び順が違う　例：引数が（int, double）なら（double, int）でオーバーロードできる
- 引数の型が違う

戻り値の型や引数の変数名などは無関係です。オーバーロードできるかどうかは、引数構成が違うかどうかだけで判断されます。

オーバーロードが必要な理由

例えば、引数の絶対値を返す Math.abs(a) メソッドには、Math.abs(double a)、Math.abs(float a)、Math.abs(int a)、Math.abs(long a) と4つのオーバーロードがあります。引数の型に関わらず、絶対値を計算するのは同じなので、使いやすいように、同じ名前のメソッドにしてあるわけです。標準クラスにはこのようなオーバーロードが非常にたくさんあります。

練習 4-1-2

解答 

1. 次の doit メソッドが定義されているとき、オーバーロードするメソッドとして正しくないものはどれですか？

```
public static int doit(double a, String b){return 0;}
```

```
A. public static int doit(int a, String name) {return 0;}
B. public static int doit(String b, double a) {return 0;}
C. public static int doit() {return 0;}
D. public static double doit(double weight, String name) {return 0;}
```

E. public static double doit(String name) {return 0;}

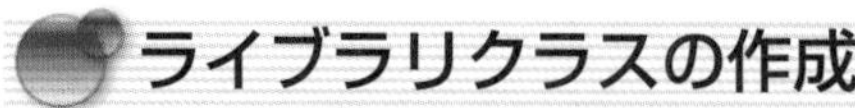

ライブラリクラスの作成

解説動画

作成したメソッドを他のプログラムでも利用したい時は、**メソッドだけを集めたクラス**を作成します。他のプログラムでは、そのメソッドを呼び出して利用します。

ライブラリ・クラス を作成する

```
public calss Util {

  public static double menseki(double a, double b){
      retur a * b;
  }

  public static double bmi(double w, double h){
      return w / Math.pow(h/100, 2);
  }

  ...
}
```

他のクラスで利用する

```
public calss Exec {

    public static void main(String[] args){
        double x = Util.bmi(67.5,  178.2);
        ...
    }
}
```

次は、Util クラスを作成して、**リスト 4-1-5** から面積を計算する 2 つのメソッドをコピーしたものです。

リスト 4-1-6：ライブラリクラス

```
package chapter4_1;
public class Util {

    public static double menseki(double height, double width) {
        double s = height * width;
        return s;
    }

    public static double menseki(double hankei) {
        double s = Math.pow(hankei, 2) * Math.PI;
        return s;
    }
}
```

main( ) メソッドがなく、メソッドだけを集めたクラスは、作成したメソッドを他のプログラムに公開するためのクラスです。**ライブラリクラス**ということもあります。

他のプログラムでは、**クラス名.メソッド名**の形でメソッドを呼び出して実行できます。次は、Sample6 クラスの中で、Util クラスの menseki( ) メソッドを実行する例です。

リスト 4-1-7：ライブラリクラスの使い方

```
package chapter4_1;
public class Sample6 {
    public static void main(String[] args) {

        double ans = Util.menseki(5.5);  // クラス名.メソッド名
        System.out.printf("円の面積 = %.2f%n" ,ans);

    }
}
```

Util.menseki(5.5) のように、**クラス名.メソッド名**の形で呼び出します。これは、Math クラスと同じように使える自作のライブラリクラスです。使い方も Math クラスと同じです。**クラス名.メソッド名**のように、クラス名と連結した形で使うので**クラスメソッド**と言います。実行すると、次のように表示されます。

```
円の面積 = 95.03
四角形の面積 = 30.00
```

Javadoc の作成

解説動画 

ライブラリクラスを作成したので、利用する人のために使い方を説明した **API ドキュメント**が必要です。そこで、Util クラスに javadoc コメントを追加して、API ドキュメントを生成しましょう。

1.Javadoc コメント

javadoc コメントは、/** から */ までの複数行にわたるコメントです。**リスト 4-1-8** のように、Util クラスのクラス宣言とメソッド宣言の直前に javadoc コメントを挿入しましょう。

リスト 4-1-8：javadoc コメント

```
package chapter4_1;
/**
 * ユーティリティクラス
 * <p>         ❶
 * 便利なメソッドを集めたクラスです。<br>     ❷
 * これからもいろいろなメソッドを追加していく予定です。
 *
 * @version 1.0    ❸
 * @author 川場 隆
 */
public class Util {
     /**
      * 円の面積を計算する    ❹
      *
      * @param hankei 円の半径
      * @return       円の面積
      */
     public static double menseki(double hankei) {
        double s = Math.pow(hankei, 2) * Math.PI;
        return s;
     }

     /**
      * 四角形の面積を計算する
      *
      * @param height 高さ
      * @param width  幅
      * @return       四角形の面積
      */
     public static double menseki(double tate, double yoko) {
        double s = height * width;
        return s;
     }
}
```

クラス宣言の直前で /** をタイプして Enter キーを押すと、次のような javadoc コメントが挿入されます。

```
/**
 *
 * @author kawaba
 *
 */
public class Util {
```

ここに、**リスト 4-1-8** のように、クラスの名称や目的などをコメントとして書き込みます。

最初の 1 行目はタイトルになるので、❶のように <p> を追加して次の行とは別の段落にします。<p> は段落として区切るという意味です。
3 行目以降は、クラスの説明として表示されます。途中で改行したいときは、❷のように
 を挿入します。

@version や @author は Javadoc タグ といい、バージョンや著者名を記述します。Eclipse は @author だけを自動挿入しますので、必要な場合は❸のように @version を追加します。

次は、メソッドです。
引数が 1 つある menseki( ) メソッド宣言の直前で /** をタイプして Enter キーを押すと、次のような Javadoc コメントが挿入されます。

```
/**
 *
 * @param hankei
 * @return
 */
```

リスト 4-1-8 の❹のように、最初の 1 行目にメソッドの説明を書きます。必要なら、<p> を挿入して次の段落を作り、クラスの Javadoc コメントにならって、詳細な説明を追加することができます。

@param はメソッドの引数の説明です。また、@return はメソッドの戻り値の説明です。それぞれ**リスト 4-1-8** のように、説明を追記します。
説明を追記しないと、API ドキュメントの生成処理でエラーになるので、必ず追記してください。引数が 2 つある menseki( ) メソッドも同様にします。

2.API ドキュメントの生成

Javadoc の準備ができたら、いよいよそれを元にして API ドキュメントを生成します。
次の手順で生成してください。

(1) Javadoc 生成ダイアログで Javadoc.exe を指定する

①パッケージ・エクスプローラーで、Util.java をワンクリックして選択状態にする
②メニューで、[**プロジェクト**] ⇒ [**Javadoc の生成**] と選択する
⇒ Javadoc 生成ダイアログが開く
③ Javadoc コマンド欄の右端にある [**構成**] ボタンを押す
⇒エクスプローラーが開く
④《インストールフォルダ》/eclipse/java17.0.3/bin/ を開く
※ Java のバージョン番号は異なる場合があります
⑤ javadoc.exe を探してクリックし、[**開く**] ボタンを押す

(2) javadoc オプションを指定する

⑥画面下段で [**次へ**] ⇒ [**次へ**] とボタンを押す
⇒ Javadoc 引数を構成するダイアログが開く
⑦ [**追加の Javadoc オプション**] 欄に、次のように記入する

VM オプション (「-J」の接頭部が付く (たとえば、大きいヒープ・スペースの場合は -J-Xmx180m))(V):

追加の Javadoc オプション (空白文字を含むパス名は引用符で囲む必要があります)(X):

-encoding UTF-8 -charset UTF-8 -docencoding UTF-8

```
-encoding UTF-8  -docencoding UTF-8  -charset UTF-8
```

（注）-encoding　ソースコードの文字コード
docencoding------ 出力するウェブページの文字コード
charset------ HTML のメタタグに埋め込む charset 属性の内容

(3)javadoc を生成する

⑧ [**完了**] ボタンを押す

以上で、API ドキュメントが生成されます。

※コンソールに赤色でログが表示されます。「～を生成中」で表示が停止していますが、この状態で終了しているので、コンソールを閉じてください。

Eclipse のパッケージエクスプローラーに doc フォルダーが生成され、中にドキュメントがあります。**index.html** を右ボタンでクリックし、**[次で開く] ⇒ [Web ブラウザー]** と選択すると、生成された API ドキュメントを見ることができます。

練習 4-1-3

解答 

1. 練習 4-1-1 の 2 で作成した E411_2 クラスから bmi() メソッドだけを Util クラスにコピーし、Javadoc コメントを作成してください。そして、API ドキュメントを作成し直してください。

4.2 メソッドの引数と戻り値

メソッドの引数や戻り値には、どんな型でも指定できます。ここでは、配列やレコードを使う場合について解説します。

配列を引数にする

解説動画 

次は、引数に配列を使う例です。calc( ) メソッドの引数として、❶で配列 numbers を指定しています。calc( ) メソッドは、それを❷のように、整数型の配列、int[ ] num で受け取ります。

リスト 4-2-1：配列を引数に持つメソッド

```
package chapter4_2;
public class Sample1 {

    public static void main(String[] args) {
        int[] numbers = {10, 20, 30};
        calc(numbers);        // 配列 ❶
    }

    public static void calc(int[] num) { // 引数は int[] 型    ❷
        for(int n : num) {  ❸
            System.out.print(n + " ");
        }
    }
}
```

❷で num に配列を受け取っているので、後は、普通の配列の処理です。❸の拡張 for 文で配列要素をコンソールに出力します。次が実行結果です。

```
10 20 30
```

可変長引数

解説動画 

可変長引数を使うと、メソッドの引数の個数を決めないで、「同じ型なら、いくつでも指定してよい」というフレキシブルな形にできます。

次の例は、calc() メソッドに対して、整数の引数を3つ指定したり（❶）、4つ指定したり（❷）していますが、正常に機能します。それは、❸のように可変長引数を使っているからです。

リスト4-2-2：可変長引数を持つメソッド

```
package chapter4_2;
public class Sample2 {

    public static void main(String[] args) {
        calc(10, 20, 30);          // 引数が3つ   ❶
        calc(10, 20, 30, 40);      // 引数が4つ   ❷
    }

    public static void calc(int... numbers) {    // 可変長引数=配列と同等    ❸
        for(int n : numbers) {    ❹
            System.out.print(n + " ");
        }
    }
}
```

可変長引数は、int... とか、double... のように、型名に ... を付けて引数を宣言します。こうすると、複数の値を受け取ることができます。実際には、引数を int[ ] とか、double[ ] などと宣言したのと同じで、配列として受け取ることになります。

ただ、メソッドを利用する側の書き方は、ずいぶんフレキシブルになります。❶や❷のように、値を好きなだけ並べるスタイルで書けるからです。

一方、calc() メソッドでは、int... numbers を int[ ] numbers として扱います。❹のように拡張 for 文で、渡されたデータにアクセスします。そのため、実行すると、次のように表示されます。

```
10 20 30
10 20 30 40
```

練習 4-2-1

解答 

1. 可変長引数を持ち、引数の合計を返す sum() メソッドを作成してください。また、main() メソッドを作成して、sum(10, 20, 30, 40 ,50) の値をコンソールに出力してください。

リストを引数にする

解説動画 

リストは、Java 言語でもっとも多く利用されるデータ構造です。そのため、リストをメソッドの引数にすることはめずらしくありません。次は、リストを message( ) メソッドの引数として渡す例です。

リスト 4-2-3：List を引数に持つメソッド

```
package chapter4_2;
import java.util.List;
public class Sample3 {

    public static void main(String[] args) {
        var list = List.of("one", "two", "three");    // リストを作成 ❶
        message(list);    // 引数として渡す ❷
    }

    public static void message(List<String> list) {    // リスト型の引数 ❸
        for(String n : list) {    ❹
            System.out.print(n + " ");
        }
    }
}
```

❶で文字列を要素に持つ不変リスト list を作成し、❷でそれを message( ) メソッドに渡しています。

一方、message( ) メソッドは、それを❸で List 型の引数で受け取ります。引数の型が List<String> となっているのは、リストの要素が String 型であることを示します。このように型を合わせることに注意してください。

message( ) メソッドでは、引数 list を使って、❹のように普通のリスト処理を実行できます。例では拡張 for 文を使って、リストの要素をコンソールに出力しているので、実行すると次のように表示されます。

```
one two three
```

練習 4-2-2

解答 

1. 次は、作成したリスト（ list ）について、sumList() メソッドで要素の合計を取得して表示するプログラムです。sumList() メソッドの戻り値の型は何でしょう。また、引数リストの要素の型は何でしょうか。

▼ ［　　　］の中を埋めて、プログラムを完成してください。

```
package exercise;
import java.util.List;
public class E422 {

    public static void main(String[] args){
        var list = List.of(15, 123, 26, 99, 31);        // リスト作成
        int total = sumList(list);                       // 要素の合計を取得する
        System.out.println("合計=" + total);
    }

    public static [　　　] sumList( List<[　　　]> list ){
        int total = 0;
        [　　　　　　　　　　]                 // 合計を計算する

        return total;
    }
}
```

※３章のラッパークラス型の表を参考にしてください。

リストを戻り値にする

解説動画 

リストを作成して返すメソッドも、プログラムではしばしば使われます。多くの場合、リストの要素はレコードのようなオブジェクトです。そこで、レコードのリストを返すメソッドを作成してみましょう。

リスト 4-2-4：レコードのリストを返すメソッド

```
package chapter4_2;
import java.util.List;
import chapter3_2.Population;    // インポートします

public class Sample4 {

    public static void main(String[] args) {
        var list = getList();    // 人口レコードのリストを受け取る    ❶

        for(Population p : list) {    ❷
            System.out.println(p.prefecture() + "¥t" + p.population());
        }
    }
```

```
    public static  List<Population> getList() {    // 戻り値は List 型    ❸
        var list = List.of(   ❹
                new Population("北海道", 5250, -6.8),
                new Population("東京都", 13921, 7.1),
                new Population("大阪府", 8809, -0.4),
                new Population("福岡県", 5104, -0.7),
                new Population("沖縄県", 1453, 3.9) );

        return list;    // 人口レコードのリストを返す    ❺
    }
}
```


まず、下段の getList( ) メソッドを見てください。

❸のように、戻り値型が **List<Population>** となっています。これは、「Population 型のレコード」を要素に持つリスト、という意味でした。

実際、❹では、Population 型のレコードのリストを作成し、❺の return 文でそれを戻り値として返しています。

一方、main( ) メソッドでは、❶の `var list = getList();` により、戻り値を変数 list に受け取ります。変数の型は、getList( ) メソッドから型推論されるので、var を使って構いません。

ただ、リストの型情報をより明確にしたい、という時は、❶を次のように書いてもいいでしょう。

```
    List<Population> list = getList();        // 人口レコードのリストを受け取る
```

main( ) メソッドでは、この変数 list を使って、いろいろな処理を作成できますが、例では、レコードのゲッターを使って、❷のように都道府県名と人口だけを、コンソールに表示しています。

したがって、実行すると次のように表示されます。

```
北海道   5250
東京都   13921
大阪府   8809
福岡県   5104
沖縄県   1453
```

練習 4-2-3

解答 

1. 次の表は、3 件の Product レコードのデータです（練習 3-4-2 を参照）。

商品コード	商品名	価格	欠品
MT890	ステンレスネジ	280	false
MT810	タッピングネジ	160	true
MT900	スクリューネジ	330	true

リスト 4-2-4 を参考にして、main() メソッドと getList() メソッドを作成してください。ただし、getList() メソッドは Product レコードのリストを返します。また、main() メソッドでは、getList() メソッドからリストを受け取り、商品名と価格だけを、次の実行結果のように表示してください。

```
ステンレスネジ    280
タッピングネジ    160
スクリューネジ    330
```

Chapter 5

実行の制御

すでに使われなくなって長い年月が経つ命令語にGOTOがあります。プログラムの流れを自由自在に制御できるスーパーワードでしたが、「書いた人しかわからないプログラムになってしまう」という危険な命令語でもありました。

1960年代に、GOTOはマズイと、世界に向かって警鐘をならしたのは、ダイクストラという有名な先生です。その甲斐あって、やがてプログラムは基本的な3つの構造（順接、分岐、反復）だけを使って書くべきだ、という構造化プログラミングの思想が広く支持されるようになりました。

これまでに作成したプログラムは、上から順に実行する順接構造が主でしたので、この章では、いよいよ分岐と反復の構造について本格的に解説します。ダイクストラ先生の時代から何十年も経った現在、これらの基本構造は、for、while、if、switchなどのスマートな構文として使われています。

5.1 条件を作成する演算子

これまで、**算術演算子**や**代入演算子**を学習しましたが、値の比較や条件の判定を行うのが**関係演算子**です。関係演算子は大小関係や同値（等しいかどうか）を調べる演算子です。

関係演算子

解説動画 

関係演算子は次の 6 種類です。優先順位は 7、8 位ですから、算術演算子よりも優先度の低い演算子です。

▼ 関係演算子

優先順位	関係演算子	使用例	意　味
7	>	a > b	aはbより大きい（超える）
	<	a < b	aはbより小さい（未満）
	>=	a >= b	aはbより大きいか等しい（以上）
	<=	a <= b	aはbより小さいか等しい（以下）
8	==	a == b	aとbは等しい
	!=	a != b	aとbは等しくない

1. 関係式の値

関係演算子による演算の結果は、true（真）か false（偽）のどちらかになります。ただ、すぐにはピンと来ないかもしれませんね。ここは、JShell で確かめてみましょう。

次は、変数 a に 10 を代入しておいて、関係演算子を適用した例です。

リスト 5-1-1：関係式と式の値

```
jshell> int a=10    aに10を代入しておく
a ==> 10
```

a に 10 を代入しておいて、a にいろいろな関係演算子を適用してみます。

リスト 5-1-1（続き）

```
jshell> a==10    aは10に等しい
$2 ==> true
```

a==10は、「aは10に等しい」という関係式です。等号（=）を2つ書きます。aは実際に10なので、この関係式は成立していて、関係式の値はtrue（真）になります。

リスト5-1-1（続き）

```
jshell> a<10            aは10より小さい
$3 ==> false
```

a<10は、「aは10よりも小さい」という関係式です。aは10なのでこれは成立せず、関係式の値は、false（偽）になります。

リスト5-1-1（続き）

```
jshell> a>10            aは10より大きい
$4 ==> false
```

aは10なのでa>10も成立せず、関係式の値はfalseになります。

リスト5-1-1（続き）

```
jshell> a!=10       aは10ではない
$5 ==> false
```

最後のa!=10は、「aは10ではない」という関係式です。aは10ですから、これもfalseになります。

リスト5-1-1（続き）

```
jshell> a<=10           aは10以下（10または10より小さい）
$6 ==> true
```

a<=10は、「aは10以下（10または10より小さい）」です。aは10なので成立していて、関係式の値はtrueになります。

リスト5-1-1（続き）

```
jshell> a>=10           aは10以上（10または10より大きい）
$7 ==> true
```

a>=10は、「aは10以上（10または10より大きい）」ですから、これも成立していて、関係式の値はtrueです。

5

2. 関係式と演算子の優先順位

関係演算子は、算術演算子よりも優先順位が低いので、関係式の中で、算術演算の式を ( ) で囲む必要はありません。これも JShell で確認しましょう。

リスト 5-1-2：演算子の優先順位

```
jshell> int a=5, b=10          まず、a、b を宣言して値を代入しておく
a ==> 5
b ==> 10
```

演算を実行してみるために、あらかじめ、a と b に 5 と 10 を代入しておきます。

リスト 5-1-2（続き）

```
jshell> a > b+10               (b+10) と書かなくてもよい
$3 ==> false
```

次に、a>b+10 と入力します。> よりも + の方が優先順位が高いので、a>(b+10) のように書く必要はありません。( ) が無くても、先に b+10 を演算します。

算術演算子のすべてが、関係演算子より優先順位が高いので、一般に算術式を ( ) で囲む必要はありません。

3. 文字の比較

文字の実体は文字番号なので、整数とみなして関係演算子で比較できます。その際、大小関係はユニコード表に記載された順番になります。

文字番号は、一般に、a、b、c、・・・の順で値が大きくなります。ただし、a と A では小文字の a の方の文字コードが大きくなっているので注意してください。巻末にユニコード表の一部を掲載しているので、見てみるといいでしょう。

リスト 5-1-3：文字の比較

```
jshell> char ch = 'b'          ch に文字 'b' をいれておく
ch ==> 'b'
```

まず、文字変数 ch に、小文字の 'b' を代入しておきます。

リスト 5-1-3（続き）

```
jshell> ch > 'a'            chは'a'より大きい
$2 ==> true
```

関係式 ch>'a' は、「ch は 'a' より大きい」ですが、ch は 'b' なので式の値は true です。

リスト 5-1-3（続き）

```
jshell> ch > 'B'            chは'B'より大きい
$3 ==> true
```

また、ch>'B' は、「ch は 'B' より大きい」ですが、ユニコード表では、小文字は大文字の後に掲載されているので、小文字の方の値が大きいことになります。そのためこれも true になります。

4. 文字列の比較

解説動画 

文字列はオブジェクトなので、関係演算子は使いません。文字列のメソッドを使って比較します。56 ページの「String クラスの API」の表を参照してください。上から2つ目に equals( ) メソッドがあります。これを使って、同じ内容の文字列かどうか判定します。

リスト 5-1-4：文字列の比較

```
jshell> String str = "apple"        strに"apple"を代入
str ==> "apple"
```

まず、str に "apple" を代入しておきます。

リスト 5-1-4（続き）

```
jshell> str.equals("apple")         equals()メソッドで同じかどうか調べる
$2 ==> true
```

次に、str の内容が "apple" と同じかどうか調べるために、str.equals("apple") としています。equals( ) メソッドは、文字列のインスタンスメソッドで、引数の文字列と同じ内容であれば true を返します。ここでは、同じですから、結果は true になります。

文字列に対する == の働き

文字列 a と b について、a==b という関係式を作れないわけではありません。しかし、これは正しい比較を行えるのでしょうか。

実は、オブジェクトの仕組みから、a==b では、a と b の「内容」が同じかどうかという比較にはなりません。その代わり、a と b の「メモリー上の位置」が同じかどうかを調べます。true になるのは同じ場所にある時だけで、自分を自分と比較した時に限ります。

普通、調べたいのは、別々の場所にある２つの文字列 a 、b について、「内容」が同じかどうかです。ところが、別々の場所にあれば、a==b は常に false になり、たとえ内容が同じであっても false ですから、正しい比較は行えません。

したがって、文字列の内容が同じかどうかを調べたいときは、必ず equals() メソッドを使うようにしてください。

論理演算子

解説動画 

例えば、身長が 170cm 以上で、かつ、体重が 80kg 以下のような条件は、２つの関係式を組み合わせないと表現できません。ここで使うのが、**論理演算子**です。論理演算子は関係式を組み合わせて複雑な条件を作るために使います。次のような種類があります。

▼ 論理演算子

優先順位	論理演算子	呼び名	意　味
2	!	否定	trueならfalseに、falseならtrueに反転する
10	^	排他的論理和	片方がtrueでもう片方がfalseのときtrueとする
12	&&	かつ、and	両方がtrue（正しい）のときのみ、trueとする
13	||	または、or	両方、またはどちらか1方がtrueならtrueとする

優先順位の高い順に並べています。単項演算子で否定の ! を除くと、どれも関係演算子よりも低い優先順位です。排他的論理和の ^ は、ほとんど使う機会がないので、!、&&、|| の３つを JShell で試してみましょう。

1. &&（and 演算、かつ）

&& は「かつ」で、２つの関係式が両方とも true の時だけ true を返します。

リスト 5-1-5：論理演算子

```
jshell> int a = 170            aに170を代入
a ==> 170
```

まず、変数 a に 170 を入れておいて、&& 演算子を試します。

リスト 5-1-5（続き）

```
jshell> a>100 && a<200         aは100より大きく、かつ、200より小さい ❶
$2 ==> true
```

❶は、「a は 100 より大きく、かつ 200 より小さい」という意味です。
a は 170 ですから、次のように true && true となり、結果は true になります。

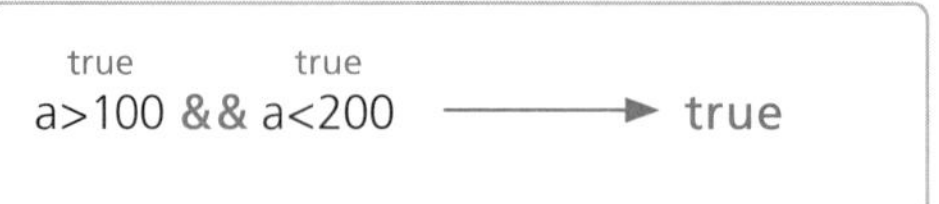

なお、(a>100) && (a<200) と書く必要はありません。関係演算子(>、<)の方が論理演算子よりも優先順位が高いので、先に a>100 や a<200 が実行されます。

リスト 5-1-5(続き)

```
jshell> a>100 && a<150          a は 100 より大きく、かつ、150 より小さい ❷
$3 ==> false
```

❷は、「a は 100 より大きく、かつ、150 より小さい」という意味です。
a は 170 ですから、次のように true && false となり、結果は false になります。

```
true      false
a>100 && a<150 ──────▶ false
```

2. ||(or 演算、または)

|| は、両方あるいはどちらか一方の関係式が ture なら、true を返します。つまり片方だけが true でも全体の関係式は true になります。

リスト 5-1-5(続き)

```
jshell> a>100 || a<200          a は 100 より大きいか、または、200 より小さい ❸
$4 ==> true
```

❸は、「a は 100 より大きいか、または、200 より小さい」という意味です。
a は 170 ですから、次のように true || true となり、結果は true になります。

リスト 5-1-5(続き)

```
jshell> a>100 || a<150      a は 100 より大きいか、または、150 より小さい ❹
$5 ==> true
```

❹は、「a は 100 より大きいか、または、150 より小さい」という意味です。
a は 170 ですから、次のように true || false となり、結果は true になります。

```
true      false
a>100 || a<150  ───→  true
```

3. !（not 演算、否定）

！は単項演算子で、関係式の左側に付け、関係式の値を反転する働きがあります。つまり、true なら false に、false なら true にします。優先順位が 2 と高いので、関係式を否定するには、式全体を（）で囲んでおく必要があります。

リスト 5-1-5（続き）

```
jshell> !(a>100)                「a は 100 より大きい」ではない（大きくない） ❺
$6 ==> false
```

❺は、「a は 100 より大きい」の否定です。
a は 170 ですから、次のように !(true) となり、結果は false になります。

なお、() を付けずに、!a>100 とすると、!a を先に評価します。a は int で boolean 型ではないため、コンパイルエラーになってしまいます。

リスト 5-1-5（続き）

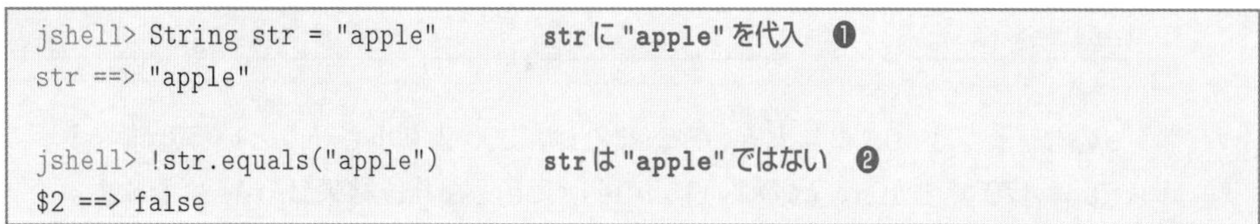

```
jshell> String str = "apple"        str に "apple" を代入 ❶
str ==> "apple"

jshell> !str.equals("apple")        str は "apple" ではない ❷
$2 ==> false
```

❶で str に "apple" を代入しておいて、❷では、equals( ) メソッドを使って「str は "apple" ではない」という形にしています。！を equals( ) メソッドの左に付けます。
str は "apple" なので、結果は false になります。

条件演算子

解説動画

条件演算子は、2つの値のうちどちらかを返す演算子です。**条件によって違う値を返す演算子**と覚えてください。

具体的に示すと、次のような演算子です。

○○？A：B　「もしも○○ならA、そうでなければB」

つまり、○○は関係式で、○○がtrueの時はAを返し、falseならBを返します。AやBにはどんな値（式でもよい）でも書くことができます。

○○、A、Bと3つの項を使うので、Java言語では唯一の**3項演算子**です。演算子の優先順位は14位です。代入演算子が15位なので、ほとんどすべての演算子よりも、優先順位が低い演算子ということになります。

では、使い方をJShellで確認しましょう。

リスト5-1-6：条件演算子

```
jshell> int a = 10          aに10を代入 ❶
a ==> 10
```

まず、❶でaには10を代入しておきます。

```
jshell> a>0 ? "apple" : "peach"          もしもa>0なら"apple"、そうでなければ"peach" ❷
$2 ==> "apple"
```

条件演算子を使って、❷のように書くと、「aが0より大きければ式の値は"apple"、そうでなければ"peach"」という意味になります。

aは10ですから、a>0はtrueになり、そのため式の値は"apple"になります。

```
true
a>0 ? "apple" : "peach"  ────→ "apple"
```

演算子の優先順位が関係式よりも低いので、`(a>0) ? "apple" : "peach"`のように関係式を()で囲む必要はありません。

リスト 5-1-6（続き）

```
jshell> String b = a>0 ? "apple" : "peach"          結果の値をbに代入する ❸
b ==> "apple"
```

❸は、❷と同じ式を、b に代入しています。条件演算子を使った式は値を返すので、普通はこのように、返された値を変数に代入して利用します。

練習 5-1-1

解答 

1. 次の関係式を書いてください。
ただし、number は int 型、ch は char 型、value は double 型、str は String 型の変数です。

（1） number は 100 以上 ＿＿＿＿＿＿＿＿＿＿
（2） value の平方根は 2.0 よりも大きい ＿＿＿＿＿＿＿＿＿＿
（3） number は 100 以上かつ 500 未満 ＿＿＿＿＿＿＿＿＿＿
（4）「number は 3 の倍数かまたは 11 の倍数」かつ、「number は 100 よりも小さい」 ＿＿＿＿＿＿＿＿＿＿
（5） ch は 'd' よりも小さい ＿＿＿＿＿＿＿＿＿＿
（6） str は "abc" ではない ＿＿＿＿＿＿＿＿＿＿

＜ヒント＞
・&& は || よりも優先順位が上なので同時に使う時は、( ) が必要な場合があります
・整数 n が m の倍数なら、n を m で割った余りは 0 です

2. キーボードから入力した文字列が "OK" であれば、" おめでとう " と表示し、それ以外なら、" 残念 " と表示するプログラムを作成してください。

＜ヒント＞
・ 文字列の equals () メソッドと条件演算子を使って、表示する文字列を決定します
つまり、次のようにします。

```
String str = Input.getString();
String msg = ・・・・;              // 条件演算子と str を使って、msg を作成
System.out.println(msg);
```

5.2 if文

プログラムは、**順次**、**選択**、**反復**という３つの基本構造の組み合わせで構成できます。

プログラムの基本３構造

順次　Aの次はB、Bの次はCといった具合に、順に実行します
反復　Aの処理を繰り返し何度も実行します
選択　AかBのどちらかを選択して実行します

これまでに解説したプログラムのほとんどが順次構造でしたが、拡張for文は反復構造でした。そして、これから解説する**if文**が、最後に残った選択構造です。

if文

解説動画

if文は、指定した条件がtrueの時だけ、処理を実行します。書き方を図示すると次のようです。

```
if( 条件 ){
    条件が true の時に実行する処理
}
```

使用例として、次のおみくじプログラムを見ましょう。このプログラムでは、取得した乱数の値（0.0～1.0未満）が0.9以上の時だけ、「大吉」と表示します。

リスト5-2-1：条件がtrueの時だけ実行する

```
package chapter5_2;
public class Sample1 {
    public static void main(String[] args) {

        double value = Math.random(); // 乱数を取得する
        if(value>=0.9){             // if文        ❶
            System.out.println("大吉");            ❷
        }
    }
}
```

❶の if 文の条件は、value>=0.9 という**関係式**です。関係式の値は true か false です。if 文は、関係式が true の時だけ❷を実行します。例では、❷は「大吉」を出力するだけですが、必要な場合には、何行でも命令文を追加できます。

乱数は、0～1.0 未満のランダムな値です。実行してみると、10 回に 1 回程度しか「大吉」と表示されません。多くは、何も表示されませんが、それは、value の値が 0.9 以上でない場合は、「なにもしない」プログラムだからです。

```
大吉
```

では、もう 1 つ、例を見ましょう。次は、単語を当てるゲームプログラムです。

リスト 5-2-2：条件が true の時だけ実行する

```
package chapter5_2;
import jp.kwebs.lib.Input;
public class Sample2 {
    public static void main(String[] args) {

        String word = Input.getString();  // 単語を word に入力
        if(word.equals("cat")){           // 条件は equals() メソッドで表現  ❶
            System.out.println("大当たり");
        }
    }
}
```

この例では、キーボードをタイプして単語を入力しますが、単語が "cat" だった時だけ、「大当たり」と表示します。しかし、cat 以外の文字列を入力すると何も表示しません。

```
String>cat
大当たり
```

```
String>dog
```

❶の if 文の条件が関係式ではなく、**equals( ) メソッド**になっていることに注意してください。equals( ) メソッドは、word が、引数の文字列と同じなら true を返し、そうでなければ false を返します。つまり、true か false を返すので、関係式と同じ役割を果たします。

一般に、boolean 型の戻り値を持つメソッドは、if 文の ( ) 内に条件として書くことができます。

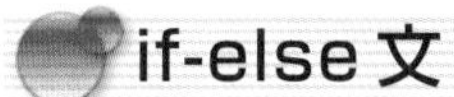

if-else 文

解説動画

条件が true でない時は別の処理を実行したい、という場合は、if-else 文を使います。次のように、if 文に else が追加された構文です。条件が成立している場合と、そうでない場合で、それぞれ異なる処理を実行します。

```
if( 条件 ){
    条件が true の時に実行する処理
}else{
    条件が false の時に実行する処理
}
```


次は、おみくじプログラムに else を追加して、条件が true なら " 大吉 "、そうでない場合は、" 吉 " と表示するようにしています。

リスト 5-2-3：条件によって 2 つの処理のどちらかを選択する

```
package chapter5_2;
public class Sample3 {
    public static void main(String[] args) {

        double value = Math.random();
        if(value>=0.9){                     // value が 0.9 以上なら    ❶
            System.out.println(" 大吉 ");
        }else {                             // そうでなければ          ❷
            System.out.println(" 吉 ");
        }
    }
}
```

この if-else 文は、❶を「もしも value が 0.9 以上なら」と読み、❷を「そうでなければ」と読むことができます。

つまり、❶の if により、もしも value が 0.9 以上なら " 大吉 " と表示しますが、そうでなければ❷の else へ降りて行って、" 吉 " と表示します。

実行すると、どちらか一方だけが表示されます。条件によって、2 つの処理のどちらか一方を選択したわけです。

```
大吉
```

```
吉
```

では、単語当てゲームのプログラムも、if-else で書き直してみましょう。次の例では、「大当たり」か「はずれ」のどちらか一方だけを表示します。

リスト 5-2-4：条件によって 2 つの処理のどちらかを選択する

```
package chapter5_2;
import jp.kwebs.lib.Input;
public class Sample4 {
     public static void main(String[] args) {

        String word = Input.getString();
        if(word.equals("cat")){              // wordが "cat" なら ❶
           System.out.println("大当たり");
        }else {                              // そうでなければ ❷
           System.out.println("はずれ");
        }
     }
}
```

❶の if により、「もしも word が "cat" なら」"大当たり" と表示し、「そうでなければ」❷の else に降りて行って、"はずれ" と表示します。

```
String>cat
大当たり
```

```
String>dog
はずれ
```

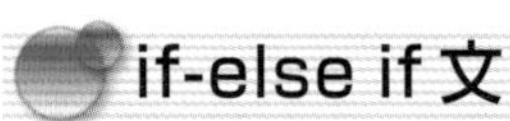

if-else if 文

解説動画

選択肢が複数ある場合は、if-else if 文を使います。

if-else if 文は、次に示すように、if と else の間に、いくつかの else if を追加した構文です。条件 1、条件 2、… を、上から順に調べて行って、最初に true になった条件の処理だけを実行します。

```
if( 条件 1 ){
    条件 1 が true の時に実行する処理
}else if(条件 2){
    条件 2 が true の時に実行する処理
            ⋮
}else{
    すべて false の時に実行する処理
}
```

次は、if-else if を使って、おみくじプログラムに「中吉」や「小吉」となる場合を追加しています。

リスト 5-2-5：条件の中で最初に true になったものを選択する

```
package chapter5_2;
public class Sample5 {
    public static void main(String[] args) {

        double value = Math.random();
        if(value>=0.9){                    // 0.9以上 ❶
            System.out.println("大吉");
        }else if(value>=0.7) {             // 0.9以上ではないが、0.7以上 ❷
            System.out.println("中吉");
        }else if(value>=0.5) {             // 0.7以上ではないが、0.5以上 ❸
            System.out.println("小吉");
        }else {                            // それ以外 ❹
            System.out.println("吉");
        }
    }
}
```

if-else if 文を使って、❶、❷、❸と 3 つの条件がリストアップされています。これを上から順に、1 つずつチェックしていくのが、if-else if 文の特徴です。そして、最初に true になる条件が見つかると、そこに書いてある処理だけを実行し、残りのチェックはスキップします。

また、❶、❷、❸のどの条件も true にならなかった場合は、❹の else に書いてある処理を実行します。

例示のプログラムは、❶で、value が 0.9 以上であれば、「大吉」と表示します。そうでなければ、下の❷に降りて行って、value>=0.7 かどうか調べます。ただし、❷に降りてくるのは、value<0.9 の場合だけであることに注意してください。

そのため、❷の条件はこれだけで、

```
value<0.9 && value>=0.7
```

と書いたのと同じです。つまり、value<0.9 を条件に含める必要はありません。

さて、❷が true だったら「中吉」と表示して、残りのチェックはスキップします。しかし、❷が true でなかった場合は、さらに下の❸に降りて行って、value>=0.5 を調べます。

❸で true になったら「小吉」と表示して、残りのチェックはスキップしますが、そうでなかった場合は、❹の else に降りて行って、「吉」と表示し、if-else if 文は終了します。

if-else if 文の使いどころ

たくさんの条件を並べて選択できるところはいいのですが、条件を上から 1 つずつチェックしていくので、条件の数が多すぎると処理が遅くなります。条件の数があまり多くならない場合に使うのがいいでしょう。

条件の数が多い場合は、次節で解説する switch 文や switch 式を使います。これは、値によって実行する処理を選択するので、選択肢が多くても高速です。ただ、if-else if 文のように、関係式を使って条件を作成できないなどの制限があります。

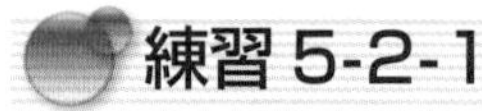

練習 5-2-1

解答 

if 文は重要な構文です。すべての練習問題に解答して使い方に慣れましょう。

1.（else を使わない）if 文の練習

ある美術館では、入館料は 1 人 1000 円です。しかし、5 人以上同時に入館すると団体割引が受けられ、30% 引きになります。人数をキーボードから入力すると、入館料の合計金額を計算して表示するプログラムを作成してください。

```
人数>2
2,000円
```

```
人数>6
4,200円
```

＜ヒント＞

- 最初に人数× 1000 で入館料を計算しておき、人数が 5 人以上の時だけそれに 0.7 を掛けて入館料とします。
- 書式に %,d を使って、printf() で結果を表示してください。, は 3 桁ごとにコンマを挿入するフラグです。

2.if-else 文の練習

西暦年を入力し、うるう年なら「うるう年です」と表示し、そうでない場合は「うるう年ではありません」と表示するプログラムを作成してください。

ただし、うるう年は、次のどちらかの条件を満たす年（西暦年）です。

・4 で割り切れ、かつ、100 では割り切れない年

・400 で割り切れる年

年を y とすると、`y%4==0 && y%100!=0 || y%400==0` で判定します。

```
西暦年>2023
うるう年ではありません
```

```
西暦年>2024
うるう年です
```

3.if-else if の練習

月を入力すると、冬、春、夏、秋のどのシーズンにあたるか表示するプログラムを作成して下さい。ただし、月とシーズンは次の表のように決めるものとします。

冬	春	夏	秋
12月と1～2月	3～5月	6～8月	9～11月

月を入力すると、対応するシーズンを表示しますが、月として正しくない値（1 未満または、12 を超えている）の場合は、「月の値が不正です」と表示してください。

```
月>11
秋
```

```
月>0
月の値が不正です
```

＜ヒント＞

- 最初に 1 未満または 12 を超えているかどうか調べると簡単になります。

5.3 switch文とswitch式

switch文

解説動画

switch文は、多数の選択肢がある時に使う構文です。
書き方の例を示します。

リスト5-3-1：switch文の書き方

```
package chapter5_3;
import jp.kwebs.lib.Input;
public class Sample1 {
    public static void main(String[] args) {

        int s = Input.getInt();
        switch( s ){
            case   100        -> System.out.println("正常終了");
            case   200, 201   -> System.out.println("ページが存在しない");
            default           -> System.out.println("内部エラー");
        }
    }
}
```

1. switch(s)

キーワードswitchを書き、その引数に評価する変数や式を書きます。switch文は、引数の値が何かによって実行する処理を選択する構文です。ただし、引数の型には制限があります。long、double、float型は使えないので覚えておきましょう。この例では、引数sはint型です。

2. case

switchに続く{ }の中に、いくつかのcaseを書いて場合分けをします。caseの後には、1つ以上の値をコンマで区切って書き並べます。例えば、case 100は「sが100の場合」で、case 200, 201は「sが200か201の場合」を意味します。

caseの後に書けるのは、具体的な値（リテラル）だけで、変数や式などは書くことができません。

（注）switchはパターンマッチ機能により、オブジェクトの型の判定にも使えます。パターンマッチはここで解説した使い方とは異なる用法なので、9章で解説します。

3. default

最後にある **default** は、「どれにも当てはまらない場合」の選択です。

default は、必要がない場合は省略できます。また、case と default の並び順に規則はありません。default が先頭にあってもよいのですが、普通は見やすく、理解しやすいように並べます。

（注）switch によるパターンマッチの場合は順序を考慮しなくてはいけないケースがあります。

4. ->

case や default に続けて -> を書き、それぞれの場合で実行する処理を書きます。なお、**リスト 5-3-1** では、処理が 1 行だけですが、次の**リスト 5-3-2** のように、{ } を使ってブロックにすると、複数行に渡る処理を書くことができます。

リスト 5-3-2：switch 文でブロックを使う

```
package chapter5_3;
import jp.kwebs.lib.Input;
public class Sample2 {
    public static void main(String[] args) {

        int s = Input.getInt();
        switch( s ){
            case      100 -> {
                System.out.println("正常終了");
                System.out.println("ステータス番号 : " + s );
            }
            case      200, 201   -> System.out.println("ページが存在しない");
            default              -> System.out.println("内部エラー");
        }
    }
}
```

以上から switch 文の一般形は次のようになります。

```
switch (s) {
    case  <値の並び 1>  ->  処理 1
    case  <値の並び 2>  ->  処理 2
    ...
    default             ->  処理 n
}
```

- 値の並びで、値が複数ある時はコンマで区切って並べます
- s は、long、double、float 以外の型の変数、式、あるいはリテラルです
- 処理は、1 つの命令文、またはブロックです
- default は省略できます

switch 文の使用例

解説動画 

では、具体的な使用例を示します。次は、自分の星座の番号を入力すると、星座占い（朝日新聞 DIGITAL の星座占い）での占いの結果を表示します。switch 文は、このように選択肢が多い場合に使うと効果的です。

リスト 5-3-3：星座占い

```
package chapter5_3;
import jp.kwebs.lib.Browser; // 外部クラスなのでインポートする
import jp.kwebs.lib.Input;
public class Sample3 {
    public static void main(String[] args) {

        String fname;
        String seiza = Input.getString("星座（ひらがな）");        ❶

        switch(seiza) {                                           ❷
            case  "おひつじざ"  -> fname = "aries";                ❸
            case  "おうしざ"    -> fname = "taurus";
            case  "ふたござ"    -> fname = "gemini";
            case  "かにざ"      -> fname = "cancer";
            case  "ししざ"      -> fname = "leo";
            case  "おとめざ"    -> fname = "virgo";
            case  "てんびんざ"  -> fname = "libra";
            case  "さそりざ"    -> fname = "scorpio";
            case  "いてざ"      -> fname = "sagittarius";
            case  "やぎざ"      -> fname = "capricorn";
            case  "みずがめざ"  -> fname = "aquarius";
            case  "うおざ"      -> fname = "pisces";
            default        -> {                                   ❹
                System.out.println("入力エラーです");
                fname = "index";
            }
        }

        String url = "https://www.asahi.com/uranai/12seiza/";   // 星座占いの URL ❺
        Browser.openWindow(url + fname + ".html");              // ページを指定して開く ❻
    }
}
```

❶で、変数 seiza に星座名をひらがなで入力します。

❷の switch で、星座名を評価して、case 文に分岐します。❸以下の case 文では、星座名の英語名を変数 fname に代入します。ただし、星座名が正しくなかった時は、❹で「入力エラーです」と表示して、"index" を代入します。なお、index は占いの見出しページの名前です。

❺の url は、朝日新聞 DIGITAL の星座ごとの占いページ（トップページアドレス）です。❻では、url + " 英語星座名 " + ".html" として、各星座ごとの占いページのアドレスを作成し、`Browser.openWindow()` メソッドの引数に指定して実行します。

`Browser.openWindow()` メソッドは、引数に指定した URI のウェブページを開くユーティリティメソッドで、Input メソッドと同じく、jp.kwebs.lib に含まれています。

リスト 5-3-3 を実行すると、次のように占いのウェブページが開きます。

この例のように、switch 文は、多数の処理に分岐する処理に向いています。if 文は、関係式を評価するのに対して、switch 文は値を評価します。値の評価は関係式の評価よりもはるかに速く終わるので、switch 文の速度は高速です。

同じ処理を if 文で作成することは可能ですが、分岐の数が多い時は、switch 文の方が処理速度が高速な上に、よりシンプルに書けます。

switch 式

解説動画 

switch は、値を返す式としても使えます。次は、**リスト 5-3-1** の switch 文を **switch 式**に書き換えたものです。

リスト 5-3-4：switch 式

```
package chapter5_3;
import jp.kwebs.lib.Input;
public class Sample4 {
    public static void main(String[] args) {

        int s = Input.getInt();
        String msg = switch( s ){        ❶
            case      100          -> "正常終了";    ❷
            case      200, 201     -> "ページが存在しない";
            default                -> "内部エラー";      // 省略できない
        };
        System.out.println(msg);   ❸
    }
}
```

switch 式は、式なので、❶のように**代入文の形**で使い、❸のように、末尾にセミコロンが必要です。

switch 式は、case によって異なる値を返す式です。switch 文と書き方は似ていますが、-> の右側には、処理ではなく、❷のように戻り値だけを書きます。ここに書いた値が式の値になります。

例では、s が 100 の場合は、" 正常終了 " を返し、200 または 201 の場合は、" ページが存在しない " を返します。そして case にマッチしないときは、" 内部エラー " を返します。

注意しなくてはいけないのは、switch 式は必ず値を返さねばならないため、**default を省略できない**ことです。default がないとコンパイルエラーになります。

また、次の**リスト 5-3-5** のように、switch 式でもブロックを使えます。

ただし、ブロックの中で値を返すには、return ではなく、❶のように、キーワード **yield** を使います。

リスト 5-3-5：switch 式でブロックを使う

```
        String msg = switch( s ){
            case       100         -> "正常終了";
            case       200, 201    -> "ページが存在しない";
            default                -> {
                System.out.println("ステータス番号 : " + s );
                yield "内部エラー";    // yieldで返す値を指定する ❶
            }
        };
```

では、リスト 5-3-3 を switch 式で書き換えてみましょう。

リスト 5-3-6：switch 式による星座占い

```
package chapter5_3;
import jp.kwebs.lib.Browser;
import jp.kwebs.lib.Input;
public class Sample6 {
    public static void main(String[] args) {

        String seiza= Input.getString("星座(ひらがな)");
        String fname = switch(seiza) {    // 式の値を変数fnameに代入する ❶
            case       "おひつじざ"   -> "aries";        ❷
            case       "おうしざ"     -> "taurus";
            case       "ふたござ"     -> "gemini";
            case       "かにざ"       -> "cancer";
            case       "ししざ"       -> "leo";
            case       "おとめざ"     -> "virgo";
            case       "てんびんざ"   -> "libra";
            case       "さそりざ"     -> "scorpio";
            case       "いてざ"       -> "sagittarius";
            case       "やぎざ"       -> "capricorn";
            case       "みずがめざ"   -> "aquarius";
            case       "うおざ"       -> "pisces";
            default         -> {    // 省略できない ❸
                System.out.println("入力エラーです");
                yield "index";    // yieldで"index"を返す ❹
            }
        };
        String url = "https://www.asahi.com/uranai/12seiza/";
        Browser.openWindow(url + fname + ".html");
    }
}
```

❶のように、変数 fname への代入文の形で switch 式を書きます。❷以下の case では、-> の右側に戻り値であるファイル名だけを書きます。また、必ず❸の default を書き、戻

り値を指定しておきます。

なお、このようにブロックを使った場合には、❹のように yield で戻り値を指定しなくてはいけません。

練習 5-3-1

解答 

1. 練習 5-2-1 の 3 で作成した月からシーズンを決定する問題を、switch 文で書き換えてください。問題作成の指示内容は同じです。

2. 同様に、練習 5-2-1 の 3 を switch 式で書き換えてください。

3. 次は、商品コードと価格の対応表です。

コード	a100	a110	b100	b110	b120	c100	c110	d100
単価	100	200	100	210	250	200	210	100

　キーボードをタイプして、商品コードと個数を入力すると、合計金額を表示するプログラムを作成してください。ただし、商品の単価は、switch 式を使って、商品コードから求めるようにします。

　また、間違った商品コードを入力すると「商品コードが間違っています」と表示して合計金額は表示しません。

```
商品コード>a100
個数>5
合計金額=500
```

```
商品コード>b220
商品コードが間違っています
```

<ヒント>

・最初に商品コードだけを入力して、switch 式で単価を求めます
・switch 式では、商品コードが間違っている場合は、メッセージを表示して 0 を返します
・単価が 0 でないときだけ、個数を入力し、単価と掛け合わせて合計金額を表示します

5.4 for文

繰り返しの回数を指定する for 文

解説動画 

すでに **拡張 for 文** を学習しましたが、ここではもう１つの for 文について解説します。それは、繰り返しの回数を指定する for 文で、次のような形式です。

```
for(int i=0; i< 回数 ; i++){
    繰り返し実行したい処理
}
```

この for 文では、青字の部分はいつもこの通りに書いてください。変えるのは、回数 だけにします。では、簡単な例を見ましょう。

リスト 5-4-1：繰り返しの回数を指定する for 文

```
package chapter5_4;
public class Sample1 {
    public static void main(String[] args) {

        for (int i = 0; i < 3; i++) {      // 3回繰り返す
            System.out.println("Hello!");
        }
    }
}
```

回数 は整数で指定します。このプログラムでは 3 にしているので、実行すると "Hello!" が 3 回表示されます。

```
Hello!
Hello!
Hello!
```

この形式の for 文は、もともと、配列の各要素に値を代入するために使うものでしたが、3 章で学習したように、配列の代わりにリストを使うようになったので、現在では出番が少なくなりました。

しかし、配列とは関係なく、「○回繰り返す」という処理には、このfor文が便利なので、今でも、時々、使います。

繰り返し回数を指定するfor文の仕組み

解説動画 

for文の中の変数iを**カウンタ変数**といいます。for文の中で、カウンタ変数がどのように変化するか見るため、出力してみましょう。

リスト5-4-2：カウンタ変数の変化

```
package chapter5_4;
public class Sample2 {
    public static void main(String[] args) {

        for (int i = 0; i<3; i++) {          // 3回繰り返す
            System.out.println("i=" + i);      // カウンタ変数を出力
        }
    }
}
```

```
i=0
i=1
i=2
```

実行すると、カウンタ変数は、0、1、2と変化しています。これはfor文が次の図のように働くからです。

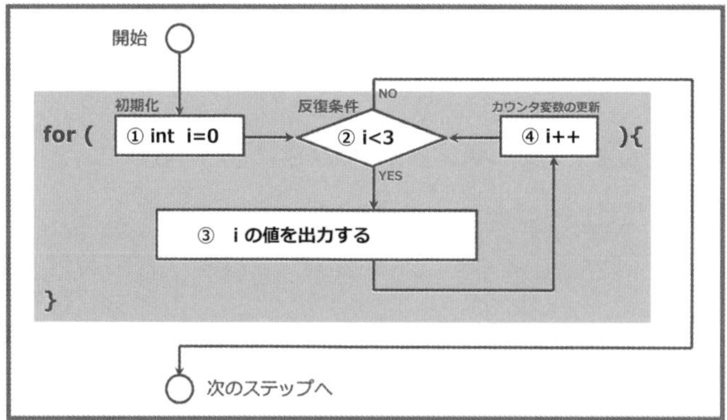

for文は、①でカウンタ変数を0に初期化した後、②で繰り返し条件がtrueかどうか調べます。 trueなら③の繰り返し処理を実行しますが、falseならfor文を終了して次のス

テップへと進みます。

③の処理を実行した場合は、④に戻ってカウンタ変数の値を 1 増やします。そしてまた、②で条件をチェックする、という繰り返しになります。

動作は複雑ですが、使う場合は、回数を変えるだけで、いつも同じ書き方をしてください。最近はあまり出番のない for 文ですが、**繰り返し回数を指定する単純なループを作成したい時は**、一番、簡単な方法です。

練習 5-4-1

解答 

1. 回数を指定する for 文を使って、整数を 5 回入力して、合計を計算し、結果を次のように出力するプログラムを作成してください。

```
整数>12
整数>8
整数>21
整数>18
整数>5
合計=64
```

5.5 while文

while文とは

解説動画

while文は、次のような形式です。

```
while( 条件 ❶ ) {
    繰り返し実行したい処理 ❷
}
```

毎回、繰り返しの先頭で条件（❶）をチェックし、条件がtrueだった場合だけ処理（❷）を実行します。また、falseであれば、while文を終了し、次のステップへ進みます。

つまり、while文は、次の図のように❶と❷を繰り返します。

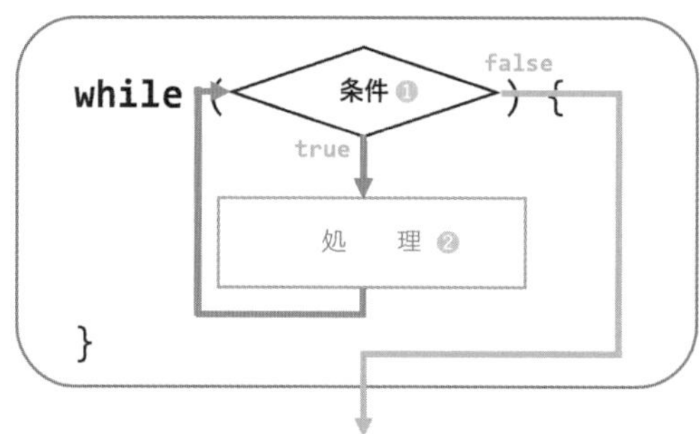

while文の主な用途は、**ファイルやキーボードなどからのデータ入力**です。最後のデータになるまで、繰り返し入力し、そのたびに入力したデータで何かの処理を行う、というのが定番の使い方です。

では、キーボードから連続して値を入力する例を使って、while 文の使い方と書き方を解説します。

キーボード入力の方法

キーボードから入力した文字列をコンソールに出力するには、

```
String str = Input.getString();
System.out.println(str);
```

としますが、この動作を何度も繰り返すにはどうすればいいでしょう。

ただ、何回繰り返すかは決まっていません。その代わり、何か決まった値を入力した時に、終了することにします。

終了を表す文字列として、"end" などの文字列を使ってもいいのですが、それでは "end" を入力できなくなります。このような場合、よく使われるのは null です。null を入力した時、終了するようにすると、文字列なら何でも入力できます。

では、null をどうやって入力するのかという問題がありますが、Input.getString( ) は、何も入力せず Enter キーだけをタイプすると、null を入力する仕様になっています。

while 文で、入力された文字列が null でない間繰り返すようにするには、条件を次のようにします。

```
String str = Input.getString();    ❶
while(str!=null){                  ❷
    …
}
```

❶で文字列 str を入力し、❷の while 文で、str が null でない間繰り返すわけです。これに str を出力する処理を追加すると、次のようです。

```
String str = Input.getString();    ❶
while(str!=null){                  ❷
    System.out.println(str);       ❸
}
```

これでいいでしょうか？

確かに、❸で str を出力できますが、str に次の文字列を入力する処理がありません。そこで、Input.getString( ) を処理の最後に追加します。

```
String str = Input.getString();   ❶
while(str!=null){                 ❷
    System.out.println(str);      ❸
    str = Input.getString();      ❹
}
```

❹の Input.getString( ) で str に次の文字列を入力し、❷の while( ) に戻って、str が null でないことをチェックします。null なら終了し、null でなければ、❸の println( ) で str を出力して、また、❹の入力を実行します。

これなら、うまくいきそうです。プログラムを作成して実行してみましょう。

リスト 5-5-1：while() による繰り返し

```
package chapter5_5;
import jp.kwebs.lib.Input;
public class Sample1 {
    public static void main(String[] args) {
        String str = Input.getString();   ❶
        while(str!=null) {
            System.out.println(str);
            str = Input.getString();      ❷
        }
    }
}
```

```
String>dog ↵
dog
String>cat ↵
cat
String> ↵ ←―――― Enter キーだけをタイプして null を入力
```

"dog"、"cat" と入力し、Enter キーだけをタイプすると繰り返しは終了しました。うまく動くことが確かめられました。

ただ、❶と❷で、Input.getString( ) を 2 度も実行するところが、冗長な気がします。実は、同じ処理をもっと簡単に書けるので、ほとんどのプログラマーは、これを次のように書きます。比べてみてください。

リスト 5-5-2：while() による繰り返しー改良版

```
package chapter5_5;
import jp.kwebs.lib.Input;
public class Sample2 {
    public static void main(String[] args) {
        String str;
        while((str=Input.getString())!=null) {
            System.out.println(str);

        }
    }
}
```

while( ) の条件が、(str=Input.getString( ))!=null となっています。

これは、青字の () で囲まれた部分をまず実行し、その結果が null でない間、という条件です。

5

つまり、str=Input.getString( ) をまず実行します。その結果 str に文字列が入力され、それが null でない間繰り返す、という条件になります。

(str=Input.getString())!=null	() 内の式が先に実行される（＝ str に値が入力される）
str!=null	「結果である str の値が null でない」という条件

詳しく言うと、str=Input.getString( ) は代入式です。

代入式の値（評価値）は、左辺の変数の値と決まっているので、str の値が ( ) 内の式全体の値（評価値）になります。そのため、最終的に、str!=null を判定することになるのです。

一見複雑なこの書き方は、while 文の ( ) の中で、文字列の入力と、文字列の判定を同時に行うので、繰り返し実行したい内容だけを {} の中に書くことができます。書き方に慣れる必要もありますが、結果的に、簡潔でわかりやすいプログラムになります。

練習 5-5-1

解答

1. Input.getString( ) メソッドを使って、キーボードから繰り返し文字列を入力し、入力した文字列を 1 つの文字列に連結してください。ただし、最後を示す値として、null を入力すると、繰り返しを終了し、連結した文字列を表示するようにします。

   ＜ヒント＞

   連結した文字列を buffer とすると、buffer += str; で連結できます。
   buffer は、buffer=" "; と空文字で初期化しておく必要があります。

2. while 文を使って、キーボードから繰り返し int の値を入力し、合計を計算します。最後に、合計を表示して終了するプログラムを作成してください。ただし、最後を示す値として、0 を入力すると、繰り返しを終了するようにします。

   ＜ヒント＞

   ・`Input.getInt()` は、Enter キーだけをタイプすると 0 が入力されるので、
   `(int n=Input.getInt())!=0` を while 文の繰り返し条件にします。

5.6 breakとcontinue

for や while の繰り返し処理の中で、ある条件が発生した場合には、繰り返し処理を中止したり、あるいは、後続の処理をスキップして次のターンから始めたい、ということがあります。このような時に使うのが、break と continue です。

繰り返しを中止するbreak

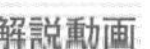

break 文は、for や while によるループを途中で中止し、ループの外へ脱出します。break するかどうかは、if 文で判定します。

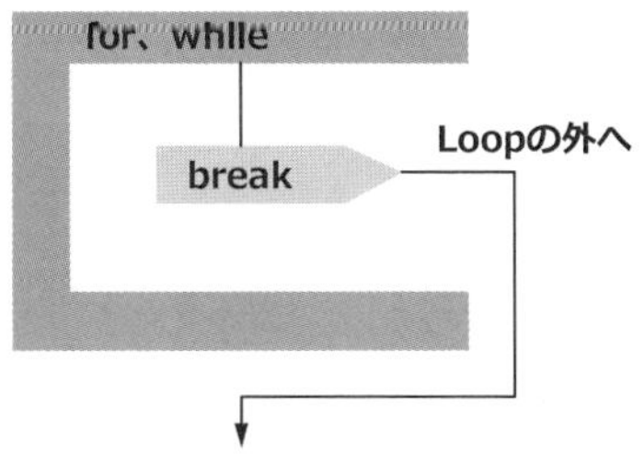

リスト 5-6-1：break 文の機能

```
package chapter5_6;
import java.util.List;
public class Sample1 {
    public static void main(String[] args) {

        var numbers = List.of(150, 88, 91, -27, 55);
        for(int n : numbers) {
            if(n<0) { ❶
                break; // 負の値なら繰り返しを中止する ❷
            }
            System.out.print(n + "¥t");// nを出力
        }
    }
}
```

これは、整数のリスト numbers から、要素を 1 つずつ取り出してコンソールに出力するだけのプログラムです。しかし、❶で要素が負かどうか調べて、負の場合は、❷の break 文により for 文を脱出します。

実行してみると 91 まで出力した後、for 文を脱出していることがわかります。

```
150	88	91
```

後続の処理を skip する continue

解説動画

continue 文は、for や while によるループの途中で、後続の処理をスキップし、ループの先頭に戻ります。continue するかどうかは、if 文で判定します。

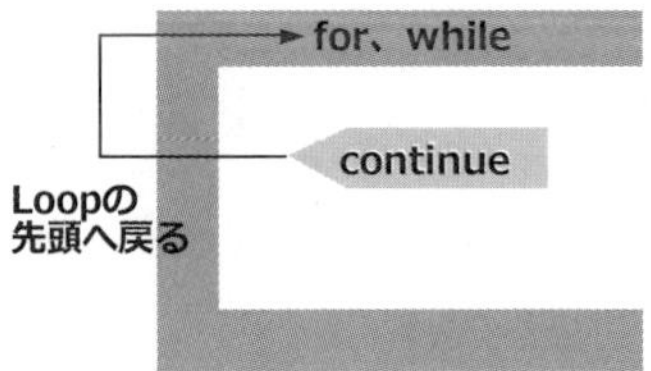

リスト 5-6-2：continue 文の機能

```
package chapter5_6;
import java.util.List;
public class Sample2 {
    public static void main(String[] args) {

        var list = List.of(150, 88, 91, -27, 55);
        for(int n : list) {
            if(n<0) {  ❶
                continue;  // 負の値なら後続の処理をスキップする  ❷
            }
            System.out.print(n + "¥t");// nを出力
        }
    }
}
```

これは、**リスト 5-6-1** と同じプログラムですが、❶で要素が負かどうか調べて、負の場合は、❷の continue 文により、後続の処理をスキップして、for 文の先頭に戻ります。

実行してみると -27 の表示処理だけがスキップされていることがわかります。

```
150	88	91	55
```

練習 5-6-1

解答 

1. 次のような文字列のリストがあります。

```
var names = List.of("apple", "Blackberry", "Lime",  "Mango", "Watermelon");
```

continue を使って、リストから 6 文字以上の名前だけをコンソールに出力するプログラムを作成してください。

```
Blackberry
Watermelon
```

＜ヒント＞長さが 6 文字未満ならスキップします。

2. 次のような氏名と得点のレコードがあります。

```
public record Score (String name, int score){}
```

また、次は Score レコードのリストです。

```
var scores = List.of(
     new Score("田中", 85),
     new Score("鈴木", 66),
     new Score("斎藤", 82),
     new Score("木村", 57),
     new Score("山下", 77) );
```

scores から、1 件ずつレコードを取り出し、コンソールに出力するプログラムを作成してください。ただし、得点（score）が 60 未満のレコードがあれば、break 文を使って、「60 点未満です」と表示して、そこで処理を終了します。

```
Score[name=田中, score=85]
Score[name=鈴木, score=66]
Score[name=斎藤, score=82]
60点未満です
```

5.7 その他の構文

do-while

解説動画

do-while は、次のような構文です。

```
do {
    繰り返し実行したい処理
} while ( 条件 );
```

処理の実行と条件のチェックを while 文とは逆にした形です。最初に「繰り返し実行したい処理」を実行し、その後で、条件をチェックして繰り返すかどうか決めます。while 文にはできない制御構造なので意義はあるのですが、現実には、あまり使う機会はありません。参考程度に知っておけば十分です。

簡単な例を示します。

リスト 5-7-1：do-while

```
package chapter5_7;
import jp.kwebs.lib.Input;
public class Sample1 {
    public static void main(String[] args) {

        String sw;
        do {
            sw = Input.getString("続けますか？(yes=Enter, no=otherkey)"); ❶
        }while(sw==null);       // swがnullなら繰り返す ❷

        System.out.println("End");
    }
}
```

```
続けますか? (yes=Enter, no=otherkey)>
続けますか? (yes=Enter, no=otherkey)>
続けますか? (yes=Enter, no=otherkey)>n
End
```

このプログラムは、❶で sw に文字列を入力し、❷の while で sw==null という条件の判定をします。つまり、sw が null なら繰り返しを継続し、そうでなければ do-while の繰り返しを終了します。

実行例では、Enter キーだけをタイプして null を入力し、3 回目に "n" を入力したので、繰り返しが終了して "End" と表示されたことがわかります。

なお、次のように変数 sw を、{ } の内側で宣言すると、while(sw==null) がコンパイルエラーになります。sw の有効範囲が { } の中だけになるからです。判定に使う変数は、**リスト 5-7-1** のように、{ } の外側で宣言しなくてはいけません。

```
do {
        String sw;
        sw = Input.getString("続けますか? (yes=Enter, no=otherkey)");
} while(sw == null); ←――コンパイルエラー
```


レガシーな switch 文

解説動画

5.3 で解説した switch 文は、Java 14（2020 年）から正式に使えるようになった構文です。そのため、古い形式の switch 文を目にすることがあるかもしれません。使うことはありませんが、理解だけはできるように、新旧を対比してみます。

次の**リスト 5-7-2 を**、古い switch 文で書き換えるとどうなるか見てみましょう。

リスト 5-7-2：新しい switch 文

```
package chapter5_7;
import jp.kwebs.lib.Input;
public class Sample2 {
    public static void main(String[] args) {
        int number = Input.getInt();

        switch(number) {
            case      10, 20 -> System.out.println("10か20です");
            case      30     -> System.out.println("30です");
            default          -> System.out.println("その他です");
        }
    }
}
```

古い switch 文では、次のように冗長な書き方をしなくてはいけません。

リスト 5-7-3：レガシーな switch 文

```
package chapter5_7;
import jp.kwebs.lib.Input;
public class Sample3 {
     public static void main(String[] args) {

          int number = Input.getInt();
          switch(number) {
              case 10:
              case 20:      System.out.println("10か20です");
                            break;
              case 30:      System.out.println("30です");
                            break;
              default:      System.out.println("その他です");
          }
     }
}
```

違いは次の通りです。

① case 10 -> と書くところを、case 10: と書く
② case 10, 20 -> と書く代わりに、case 10: と case 20: の 2 つを書き並べる
③ 各 case に対応した処理の最後には、必ず break; と書かなければいけない

古い switch 文では、break; を書き忘れると、下の命令文まで実行してしまいます。試しに、どれかを削除して実行してみてください。

古い形式の switch 文は冗長な上に、break; を書き忘れる可能性があり危険です。文法として残ってはいますが、使う理由はありません。

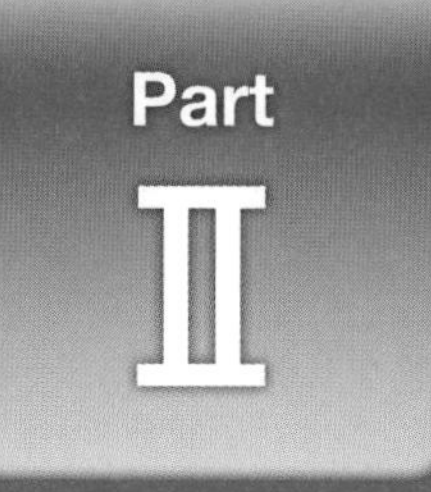

オブジェクト指向

オブジェクトがどういうものかを知っていても、自分で作ろうとすると戸惑います。これまでのプログラミングと違い、オブジェクトの定義から始めなくてはいけないからです。オブジェクトを定義し、それを使って目的の処理を実行します。逆にいうと、目的の処理を実行するためには、どういうオブジェクトを定義したらよいか、それが問題です。

オブジェクトの作り方にも公式のようなものがあります。そこで、Part Ⅱでは、最初に作り方の解説をして、オブジェクトを作れるようにします。目的に合ったオブジェクトを作れるようになれば、後は簡単です。

とはいえ、オブジェクトはどういう仕組みなのか、一通りは知っておかないと応用が利かないので、次は、オブジェクトの仕組みについて解説します。覚えることも多いのですが、特に難しいことは何もありません。実は、このあたりまでが一番大事なところです。

次に、継承といって、オブジェクト指向の仕組みというよりも「仕掛け」に近い知識を解説しますが、大きなシステムを設計する時などは、この継承に関わる「仕掛け」をよく知っている必要があります。余程大きなシステムの設計にかかわる場合ですが･･･。

現実には、何かのフレームワーク（ミドルウェア）を利用する時、「あ、ここで継承するんだね」と気がついて、意味がわかる程度で十分です。

ただし、このパートの最後に出てくるインタフェースには気を付けてください。インタフェースは、継承よりも余程使い出のある技術です。いろいろなところで使います。

そして何より、Part Ⅲで学習するラムダ式の理解にインタフェースは欠かせません。ラムダ式によって可能となったいろいろな方法は、現代のJava言語による開発では極めて重要な部分で、これなしでは、開発できないほどです。しっかり読み解いて、理解するようにしてください。

Chapter 6

オブジェクトの作成

大量生産される工業製品の多くは、規格化した小さな部品を組み合わせて製品を作ります。情報システムでも、コンピュータの性能が向上して大規模な開発が可能になると、同じ方法が模索されました。つまり、プログラムの部品化です。小さな機能単位のプログラム部品を組み合わせて、大きな情報システムを作成しようというわけです。

オブジェクトは、まさにそのために考案されたプログラム部品です。特徴は、データとそれを操作するメソッドを1つにまとめたことです。従来バラバラだったプログラムとデータをセットにすることにより、目的と機能を明確にし、部品としての独立性を高めることができます。

Java言語では、クラスを使ってオブジェクトの内容を定義し、定義したクラスから実際のオブジェクトを生成します。この章では、基本的なオブジェクトの作成を通して、クラスを定義する考え方と方法、インスタンス（定義から生成したオブジェクト）の作り方、そして、インスタンスの使い方について解説します。

6.1 オブジェクト・モデリング

オブジェクトがどういう機能を実現するのか、それにはどういうデータが必要で、どういうメソッドを作るべきかなどを考えることをオブジェクト・モデリングといいます。ここでは、具体的なオブジェクト・モデリングの過程を示して、オブジェクトの考え方や作り方を解説します。

オブジェクトの種類

オブジェクトは大きく2つのタイプに分けることができます。

1つは、「**データを集めたオブジェクト**」で、例えば、3章のレコードがそれです。このタイプは、データの入れ物(コンテナ)であり、複数のデータ項目を1つにまとめて、メソッド間で受け渡しするために使います。

もう1つのタイプは、「**何かの機能を実現するオブジェクト**」です。Java標準ライブラリのほとんどがこれに当たり、例えば、Stringは文字列の機能を実現するオブジェクトでした。このタイプは、システムを構成する部品として使われるオブジェクトです。以下ではこのタイプのオブジェクトを作成します。

クラスを使ってオブジェクトを定義する

オブジェクトを作るには、オブジェクトを定義しておく必要があります。レコードでも、最初にレコードの定義を作成したことを思い出してください。ただし、一般的なオブジェクトは、recordではなく、classキーワードを使って「クラス」として定義します。

そして、オブジェクトはデータとメソッドを集めて1つにまとめたものですから、定義したクラスの中に、データを定義し、メソッドを定義します。では、具体的な手順を見ていきましょう。

(手順1) オブジェクトの名前を考えてクラスを作る

最初は、「～の機能を実現するオブジェクト」という切り口で、～の部分を具体的なコトバで埋めてみることから始めます。ここでは簡単な例として、「所得税を計算する機能を実現するオブジェクト」を考えます。

最初に考えるのは、オブジェクトの名前です。わかりやすい名前がいいので、ここでは、Taxとします。そこで、Taxという名前の**クラス**を次の手順で作成してください。

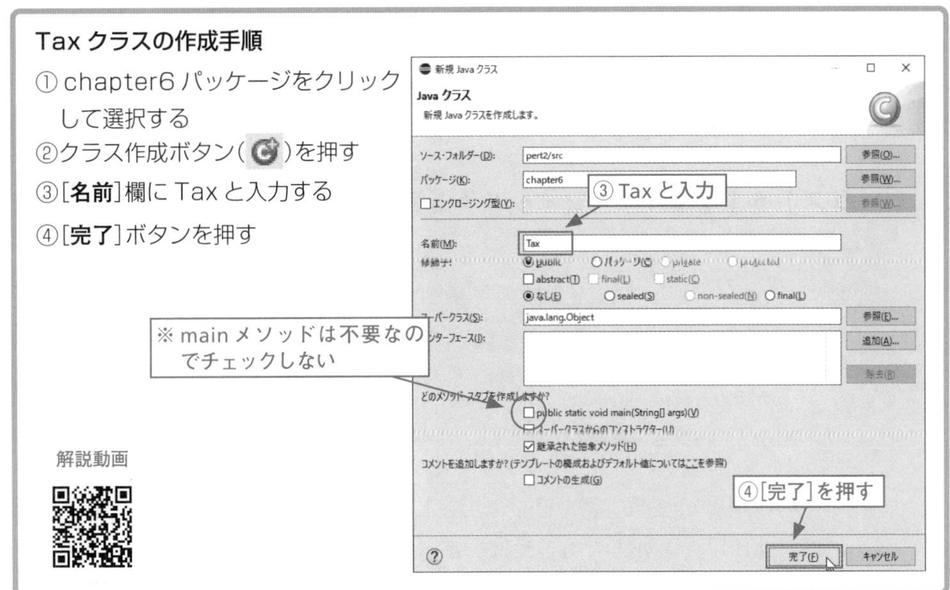

mainメソッドは不要です。Eclipseのクラス作成ダイアログでは、[public static void main(･･･)]に<u>チェックを入れない</u>ようにします。これにより、次のようなクラスの骨格が生成されます。

リスト6-1-1：オブジェクトの定義

```
package chapter6;
public class Tax {
}
```

※6章はchapter6パッケージだけを作成します

(手順2)必要なデータを決める

次に、Taxオブジェクトには、「**どんなデータが必要か**」を考えます。

誰かの所得税を計算するので、納税者番号や氏名は必須ですね。また、所得税の金額は、次のように計算するので、これから必要な他のデータを決めることができます。

(所得額－所得控除額[経費など]) × 決められた税率

税率は法律で決まっているので、所得額と控除額があれば計算できます。
そこで、データとして、次の項目をクラスの中に定義しましょう。

納税者番号 int number	氏名 String name	所得額 int shotoku	控除額 int koujo

定義は次のようにします。

リスト6-1-1(続き):フィールドを定義する

```
package chapter6;
public class Tax {
    private int number;          // 納税者番号
    private String name;         // 氏名
    private int shotoku;         // 所得額
    private int koujo;           // 控除額
}
```

クラスの中に、変数宣言を直接、記述します。変数名は自由に決めて構いませんが、ここでは、前出の表に示したものを使います。

これらのデータ項目を**フィールド**といい、対応する変数を**フィールド変数**と言います。定義は、フィールドの型と変数名を列記するだけなので簡単です。定義を元に、オブジェクトを作成する時、これらの変数に具体的な値がセットされます。

なお、フィールド変数には、**private**修飾子を付けます。privateはpublicの逆で、「公開しない」という意味です。これで、他のプログラムからはアクセスできない変数になります。

privateを付けて外部からのアクセスを禁止しておくと、オブジェクトの独立性が増すので、保守や改訂が容易になる効果があります。

(手順3)機能を実現するメソッドを作成する

「所得税を計算する機能を実現するオブジェクト」なので、所得税を計算して返すメソッドを作成しましょう。メソッドの名前を**zeigaku()**とします。簡単にするために税率は10%と決められていることにします。すると、所得税額は次のように計算できます。

(所得額 − 控除額)× 0.1

所得額と控除額は、フィールドとして定義しました。オブジェクトを作成する時、フィールドに具体的な値が代入されるので、それを使って、税額を計算するわけです。

理解を助けるため、どうやってオブジェクトを作るのか、先に説明しておきましょう。作成方法は、レコードの作成と同じです。次のように、new 演算子を使って作成します。

```
new Tax(100, "田中宏", 300000, 100000);
```

やり方はレコードの作成と同じです。これでオブジェクトが生成され、フィールドには引数に指定した値がセットされます。

したがって、所得税額を計算するzeigaku( )メソッドは、フィールドのshotokuとkoujoを使って税額を計算し、戻り値として返します。クラスの中に次のように定義しましょう。

リスト6-1-1(続き):メソッドを定義する

```
package chapter6;

public class Tax {
    private int number;     // 納税者番号
    private String name;    // 氏名
    private int shotoku;    // 所得額
    private int koujo;      // 控除額

    public int zeigaku(){                           // 所得税額を計算して返す ❶
        return (int)(shotoku - koujo)*0.1);     // int型にキャスト ❷
    }
}
```

❶がzeigaku( )メソッドです。int型の所得税額を返します。メソッド宣言にstaticを付けないことに注意してください。

❷ではreturn文で返す値をint型にキャストしています。これは、0.1を掛ける処理で値がdouble型になってしまうからです。int型にキャストすると、小数点以下を切り捨てて整数にすることができます。

以上で、Taxオブジェクトを定義することができました。
オブジェクト・モデリングというと難しく聞こえますが、「〜の機能を実現するクラス」の、〜の部分を、コトバで埋めてみるとアイデアが具体的になります。後は、名前を決め、データを決め、メソッドを作る、という3つの手順で、簡単に定義できることがわかりました。

6.2 インスタンスの作成とインスタンスメソッドの実行

以上でオブジェクトの定義ができたので、試しにTaxオブジェクトを作成してみましょう。Sample1クラスを作って、main( )メソッドの中で作成します。

もっとも、次のようにプログラムを書いてみると、なんと、コンパイルエラーになってしまいます。

リスト6-2-1：オブジェクトの作成

```
package chapter6;
public class Sample1 {
    public static void main(String[] args) {
        // コンパイルエラー ?
        Tax tax = new Tax(100, "田中宏", 300000, 100000);    ❶
    }
}
```

レコードでは、このやり方でオブジェクトを作成できたのですが、コンパイルエラーになってしまうのは、一体、何が原因なのでしょうか。

実は、プログラム自体に間違いはありません。レコードと同じように、Taxクラスを定義すると、Tax型を使えるようになります。❶は正しい書き方です。

コンストラクタを作成する

リスト6-2-1で、赤いエラーマークの上にマウスのポインタを重ねて、エラーメッセージを見ましょう。

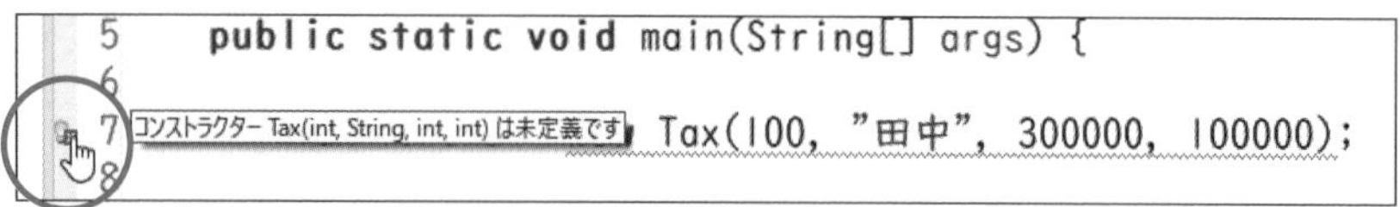

「コンストラクタTax(int, String, int, int)は未定義です」

と表示されます。

つまり、「コンストラクタが定義されていない」ことがエラーの原因です。コンストラクタは、Tax クラスの機能で、オブジェクトを作成する時に、フィールドに初期値をセットします。レコードでは、自動生成されるのですが、一般的なオブジェクトでは、プログラマが作成しなくてはいけません。これを作成していなかったことが原因でした。

そこで、Tax クラスの中にコンストラクタを作成しましょう。Eclipse の機能で自動生成できるので、作成は簡単です。次の手順で作成してください。

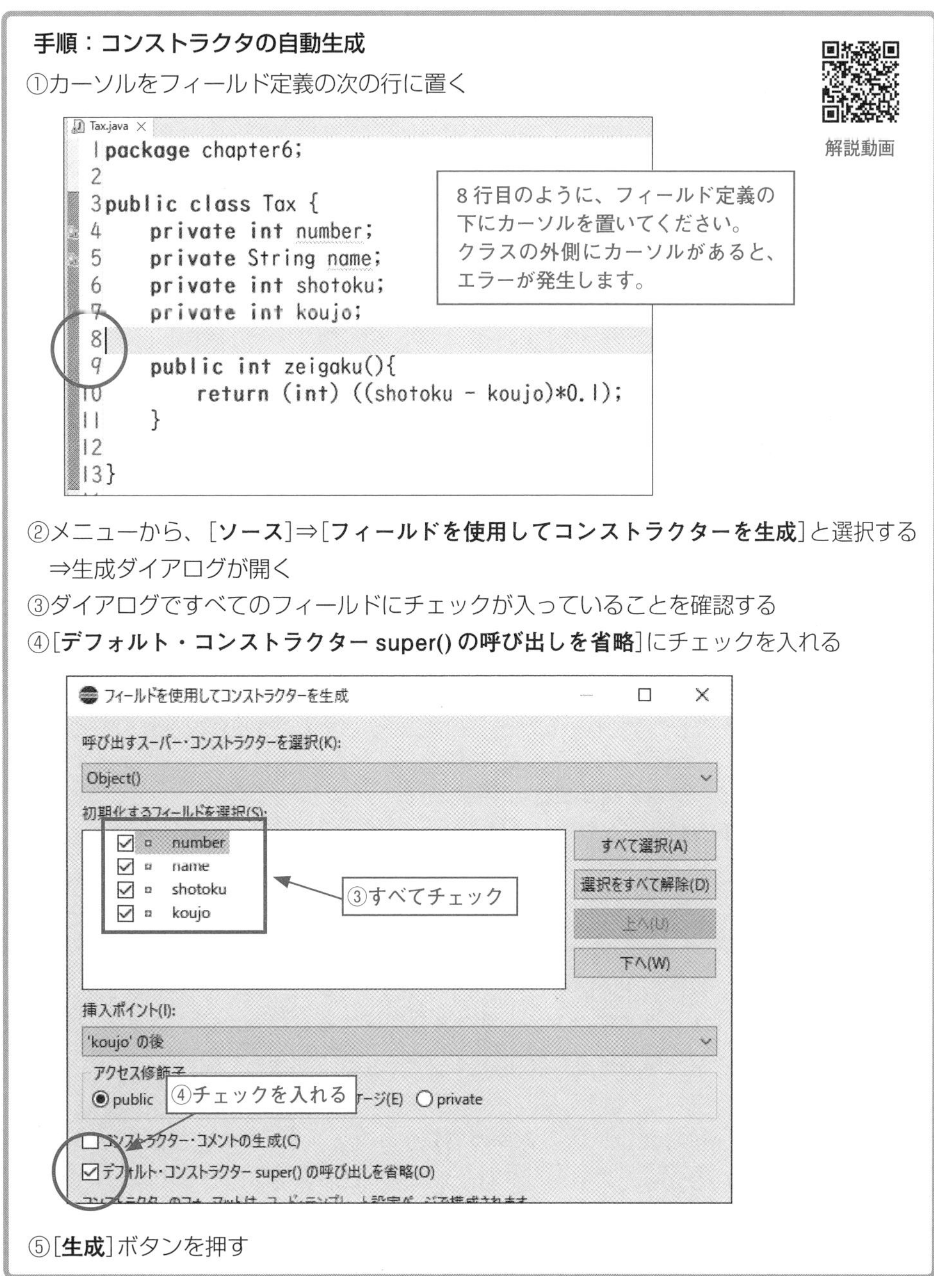

以上で、次のようにコンストラクタが生成されます。

リスト6-2-2：コンストラクタを定義

```
package chapter6;
public class Tax {
    private int number;      // 納税者番号
    private String name;     // 氏名
    private int shotoku;     // 所得額
    private int koujo;       // 控除額
    // コンストラクタ
    public Tax(int number, String name, int shotoku, int koujo) {   ❶
        this.number = number;
        this.name = name;
        this.shotoku = shotoku;
        this.koujo = koujo;
    }

    public int zeigaku(){      // 所得税額を計算して返す
        return (int)(shotoku - koujo)*0.1);     // int型にキャスト
    }
}
```

❶が生成されたコンストラクタです。このように、フィールド定義の直下にコンストラクタ定義を置くのが一般的な記述スタイルです。

コンストラクタ

コンストラクタはnew演算子と一緒に使い、その機能は、オブジェクトに初期値を設定することです。コンストラクタはメソッドに似ていますが、メソッドではありません。コンストラクタという独自のプログラム部品です。次のような特徴があります。

- **クラス名と同じ名前**
- **戻り値型がない**

メソッドではないので、戻り値型はありません。戻り値型にvoidと書くこともできません。

こうしてTaxクラスにコンストラクタを作成すると、Sample1クラス（**リスト6-2-1**）のコンパイルエラーは解消されます。

実は、Sample1では、次の青枠の部分がコンストラクタの呼び出しなのですが、それが定義されていなかったので、コンパイルエラーになっていたのです。

オブジェクト生成の仕組み

オブジェクトは、new**演算子**と**コンストラクタ**を使って作成しますが、次の図は、オブジェクトが作成されるまでの流れを示しています。

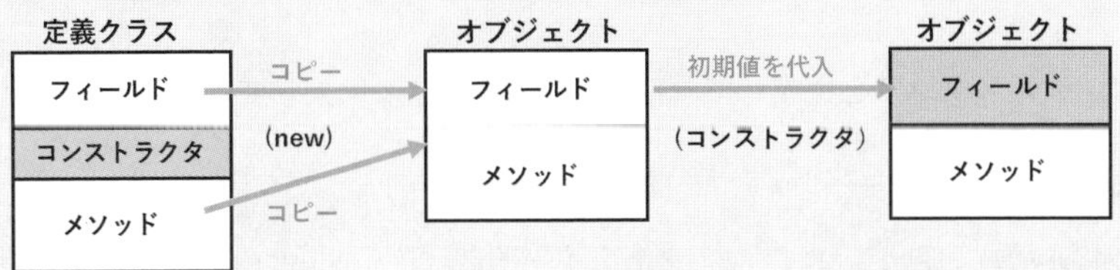

まず、コンストラクタの名前からオブジェクトの定義クラスが判断されます。次に、new演算子が、オブジェクトの定義クラスからフィールドとメソッドだけをメモリーに**コピー**します。コンストラクタはコピーされません。

最後に、コンストラクタが**初期値を代入**して完成です。

さて、❶のコンストラクタをもう一度見てください。処理内容はどれも、引数をフィールド変数に代入する代入文です。ただ、引数がフィールド変数と同じ名前なので、区別するために、フィールド変数には**`this.`**を付ける規則になっています。

フィールド変数とは違う名前の引数にするとthis.は不要ですが、そうすると、引数とフィールド変数の対応関係がわかりにくくなってしまいます。

`this`は、生成されるオブジェクトを指すキーワードで、「**このオブジェクト**」という意味です。したがって、例えば、this.numberは「このオブジェクトのnumber」という意味になります。

インスタンスメソッドを実行してみる

リスト6-2-1でオブジェクトを生成できたので、さらに、zeigaku( )メソッドを実行し、税額を表示してみましょう。Sample1クラスに、❶に続けて、❷を追記してください。

リスト 6-2-3：所得税額の計算

```
package chapter6;
public class Sample1 {
    public static void main(String[] args) {

        Tax tax = new Tax(100, "田中", 300000, 100000);  ❶ // インスタンスの生成
        System.out.println(tax.zeigaku());               ❷ // 所得税額
    }
}
```

❶は、**インスタンス**を生成して、Tax型の変数taxに代入しています。

インスタンス

new演算子で作成したオブジェクトを**インスタンス**(instance)と言います。instanceは「実例」という意味です。new演算子で作成したものは、オブジェクトではなくインスタンスと呼ぶのが普通です。

zeigaku( )メソッドは、インスタンスが持つメソッド、つまり**インスタンスメソッド**ですから、❷のようにインスタンスを入れた変数taxとドットで連結して、tax.zeigaku( )のように使います。

実行すると、次のように税額が表示されます。

```
20000
```

オブジェクト指向の方法

オブジェクト指向では、まず、「～の機能を実現するオブジェクト」を定義します。そして、new演算子とコンストラクタにより、定義からインスタンスを作成し、インスタンスに初期値を設定します。最後に、インスタンスが持つメソッド(インスタンスメソッド)を使って処理を実行します。

練習 6-2-1

解答 

1. 次は 3 人分の所得データを表にしています。

納税者番号	氏名	所得額	控除額
110	木村一郎	300000	90000
120	鈴木浩二	250000	120000
130	斎藤渉	400000	180000

この表から 3 つの Tax インスタンスを作成し、それぞれの所得税額を実行結果のように表示してください。

```
21000
13000
22000
```

2. 次の 3 つの手順に従って、「四角形の面積を計算する機能を実現するオブジェクト」を定義します。[　　] の中を適切に埋めたうえで、クラスを作成してください。

(手順 1) オブジェクトの名前を考えてクラスを作る
⇒ [　　] という名前のクラスを作成する

(手順 2) 必要なデータを決める（ここでは、面積は底辺×高さで求めることにします）
⇒ [　　] と [　　] をフィールドとして定義する

(手順 3) 機能を実現するメソッドを作成する
⇒ [　　] という名前のメソッドを作る

※コンストラクタも忘れずに作成してください。

3. 2 で作成したクラスを使って、四角形の面積を計算して実行結果のように表示するプログラムを作成してください。なお、四角形のインスタンスを作成するためのデータは、各自で指定してください。

```
面積=54.9
```

6

6.3 共通メソッドを追加する

Tax クラスでは、オリジナルのメソッドとして zeigaku( ) メソッドを作りましたが、この他に、作成されることの多い共通のメソッドがいくつかあります。絶対に必要なわけではありませんが、インスタンスを操作するために、作っておくと便利です。

共通メソッドとは

次のようなものがあります。一般的なので、どれも Eclipse で自動生成できます。

▼共通メソッド

メソッド	機能
ゲッター	フィールドの値を返す
セッター	フィールドの値を変更する
`toString()`	すべてのフィールドの値を表示用に編集した文字列を返す
`equals()`	他のインスタンスと同じかどうか調べる。同じならtrueを返す
`hashCode()`	インスタンスのハッシュ値を計算して返す

「データを集めたオブジェクト」では、これらのメソッドが必須です。レコードではセッター以外のメソッドが最初から自動生成され、組み込まれていますが、一般的なオブジェクトとして定義する場合は、これらを自作しなくてはいけません。

なお、レコードを使わずに「データを集めたオブジェクト」を作成するには、単にフィールドと共通メソッドだけを定義します。

equals() と hashCode()

2つのインスタンスが equals( ) で true なら（つまり同じなら）、hashCode( ) の値も同じでなくてはいけない、という規則があるので、2つをセットで定義します。たくさんのオブジェクトを作ってリストなどに入れ、検索や並び替えを行いたいという場合には、両方のメソッドを必ず作成しなくてはいけません。

Eclipse の機能で自動生成しますが、どのフィールドを使って「等しい」と判定したり、ハッシュ値を計算したりするのか、使用するフィールドを指定するだけで自動生成できます。

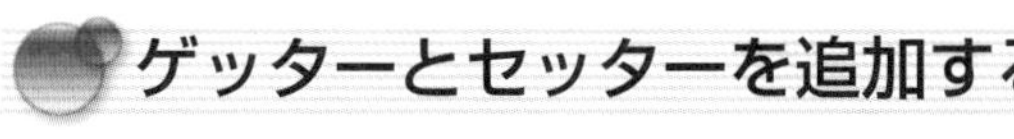

ゲッターとセッターを追加する

Tax クラスにゲッターとセッターを追加して、使ってみましょう。

1. ゲッター、セッターの作成

自動生成の手順

解説動画

①カーソルをクラス内に置く（ここでは zeigaku() の下）

```
    public int zeigaku(){
        return (int) ((shotoku - koujo)*0.1);
    }

}
```

②メニューで、[**ソース**]⇒[**getter および setter の生成**]と選択する
⇒生成ダイアログが開く

③ダイアログの[**すべて選択**]ボタンを押す

getter および setter の生成

作成する getter および setter の選択(S):

- koujo
- name
- number
- shotoku

すべて選択(A)
選択をすべて解除(D)
getter の選択(G)

★ゲッターだけを作成したいときは、[**getter の選択**]ボタンを押します。
また、セッターだけを作成したいときは[**setter の選択**]ボタンを押します

④ダイアログの[**ソート順**]で[**最初に getter、次に setter**]を選択する

挿入ポイント(I):
'zeigaku()' の後
ソート順(O):
最初に getter、次に setter
アクセス修飾子
public　protected　パッケージ(F)　private

⑤下段の[**生成**]ボタンを押す

以上で、Tax クラスに次のコードが挿入されます。

リスト6-3-1：ゲッターとセッターの生成

```
package chapter6;
public class Tax {

    … フィールド、コンストラクタ、zeigaku() メソッドの記載を省略 …

    public int getNumber() {
        return number;
    }
    public String getName() {
        return name;
    }
    public int getShotoku() {                    // ゲッター ❶
        return shotoku;
    }
    public int getKoujo() {
        return koujo;
    }

    public void setNumber(int number) {
        this.number = number;
    }
    public void setName(String name) {
        this.name = name;
    }                                            // セッター ❷
    public void setShotoku(int shotoku) {
        this.shotoku = shotoku;
    }
    public void setKoujo(int koujo) {
        this.koujo = koujo;
    }
}
```

❶がゲッター、❷がセッターです。どちらもインスタンスメソッドですが、名前の付け方が規則で決まっています。規則では、get、setにフィールド変数名を連結し、フィールド変数名の先頭を大文字にします。

> ゲッター：get＋フィールド変数名　例 getNumber()
> セッター：set＋フィールド変数名　例 setNumber(int number)

レコードでは、ゲッターはフィールド変数と同じ名前で "get" が付きません。命名規則が違うことに注意してください。また、レコードにはセッターはありません。

ゲッター、セッターの役割は、他のプログラムが間接的にフィールド変数にアクセスできるようにすることです。フィールド変数はprivateになっているので、他のプログラムは、直接的にはフィールド変数にアクセスできません。

多くの場合、ゲッターは必須ですが、他のプログラムからフィールドの値を変更されたくないなどの理由で、セッターは作成しないこともあります。

2. ゲッター、セッターの利用

リスト6-2-3のSample1クラスを少し書き換えて、ゲッターを利用するコードを追加します。ゲッターを使って、フィールドの値を取得して表示します。

リスト6-3-2：ゲッターを使う

```
package chapter6;
public class Sample1 {
    public static void main(String[] args) {

        Tax tax = new Tax(100, "田中宏", 300000, 100000);

        System.out.println("納税者番号=" + tax.getNumber()); ❶
        System.out.println("氏　名=" + tax.getName());      ❷
        System.out.println("所得額=" + tax.getShotoku());   ❸
        System.out.println("控除額=" + tax.getKoujo());     ❹

        System.out.println("所得税=" + tax.zeigaku());
    }
}
```

❶～❹は納税者番号、氏名、所得額、控除額を取得して表示する処理です。インスタンスメソッドなので、変数taxにドットで連結して使います。実行すると、次のように表示されます。

```
納税者番号=100
氏　名=田中宏
所得額=300000
控除額=100000
所得税=20000
```

次はセッターで控除額を100000から120000に変更する例です。

リスト 6-3-3：セッターを使う

```
package chapter6;
public class Sample2 {
    public static void main(String[] args) {

        Tax tax = new Tax(100, "田中宏", 300000, 100000);
        tax.setKoujo(120000);   ❶

        System.out.println("控除額=" + tax.getKoujo());
    }
}
```

tax インスタンスを生成した後、❶で控除額を 120000 に変更します。実行すると、変更した控除額が表示されます。

```
控除額=120000
```

toString() を追加する

1.toString() の作成

レコードでは、println( ) でインスタンスの内容を一括表示できました。一般的なオブジェクトでも、toString( ) メソッドを作成しておけば同じことができます。

自動生成の手順

①カーソルをクラス内(ゲッター、セッターの後など)に置く
②メニューで、[**ソース**]⇒[**toString() 生成**]と選択する
　⇒ダイアログが開く
③すべてのフィールドが選択されていることを確認する

解説動画

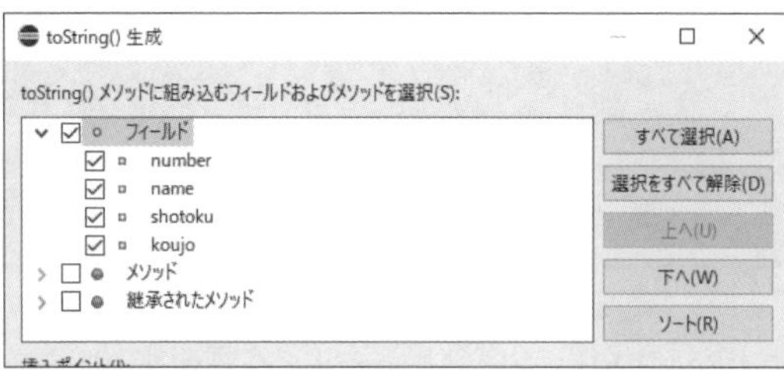

④[**生成**]ボタンを押す

以上で、Tax クラスに次のコードが挿入されます。

リスト 6-3-4：toString() の生成

```
package chapter6;
public class Tax {

    … toString 以外のコードの記載を省略 …

    @Override    ❶
    public String toString() {    ❷
        return "Tax [number=" + number + ", name=" + name +
                    ", shotoku=" + shotoku + ", koujo=" + koujo + "]";
    }
}
```

❶の @Override は、アノテーションというキーワードの 1 つです。既存のメソッドを上書きするメソッドには、**@Override** アノテーションを付けます。

すべてのクラスで、コンパイル時に既定の toString( ) メソッドが自動的に追加されるのですが、残念ながら既定の toString( ) は、意味のある文字列を生成できません。自動生成で作成した toString( ) メソッドは、それを上書きするので、Eclipse が自動的に @Override アノテーションを付加しています。

@Override を付けておくと、既定のメソッドと比較して、戻り値型や引数型などが正しく書かれているかコンパイラがチェックしてくれます。自動生成のコードなので実際には不要ですが、このままにしておきましょう。

❷が toString( ) メソッドですが、コードをよく見ると、単にフィールドの値を取り出して、文字列にしているだけです。表示形式を変更したい時は、これを自由に書き換えて構いません。

2.toString() の効果

print、println、printf などでインスタンスをそのまま出力すると、実際には、インスタンスの toString( ) メソッドを呼び出して、返される文字列を表示するようになっています。

次のリストを実行して、toString( ) の効果を確かめてください。

リスト 6-3-5：toString() の効果

```
package chapter6;
public class Sample3 {
    public static void main(String[] args) {

        Tax tax = new Tax(100, "田中宏", 300000, 100000);
        System.out.println(tax);     ❶// インスタンスを出力
    }
}
```

Tax インスタンスを作成して、❶のようにそのまま println( ) で出力します。

println( ) は、内部で tax.toString( ) を呼び出してその戻り値を出力するため、実行すると次のように表示されます。

```
Tax [number=100, name=田中宏, shotoku=300000, koujo=100000]
```

つまり、System.out.println(tax.toString()); と同じ結果になります。

レコードでも同じことができて便利でしたが、レコードでは最初から toString( ) が自動生成されているのです。

equals() と hashCode() を追加する

1.equals() と hashCode() の自動作成

2 つのインスタンスは、そのフィールドの値が等しい場合に限り、互いに「等しい」といいます。この判定は、関係演算子(==)ではできないので、**equals()** メソッドを使うように決まっています。

equals( ) メソッドは、インスタンスのフィールドを比較して同じかどうか判定するメソッドです。しかし、どんなフィールドがあるのかはオブジェクト毎に違うので、オブジェクト毎に equals( ) メソッドを作成して上書きしておく必要があります。

また、**hashCode()** メソッドは、インスタンスのハッシュ値を返すメソッドです。ハッシュ値とは、一定の計算式でフィールドから計算した値で、等しいインスタンス同士は、同じハッシュ値を持ちます。hashCode( ) メソッドもフィールドの値を使うので、オブジェクト毎に作成して上書きしておく必要があります。

Eclipse では、equals( ) と hashCode( ) を同時に自動生成できます。次の手順で生成してみてください。

自動生成の手順

①カーソルをクラス内(toString() の後など)に置く
②メニューで、[**ソース**]⇒[**hashCode() および equals() の作成**]と選択する
　⇒ダイアログが開く
③ダイアログで、使用するフィールド(number)にチェックを入れる

hashCode() および equals() の生成
hashCode() および equals() メソッドにインクルードされるフィールドを選択します(F):
koujo
name
number
shotoku
すべて選択(A)
選択をすべて解除(D)

④[**生成**]ボタンを押す

解説動画

以上から、次のように2つのメソッドが挿入されます。

リスト 6-3-6：equals() と hashCode()

```
package chapter6;
import java.util.Objects;
public class Tax {

    … equals() と hashCode() 以外は記載を省略 …

    @Override
    public int hashCode() {
        return Objects.hash(number);
    }
    @Override
    public boolean equals(Object obj) {
        if (this == obj)
            return true;
        if (obj == null)
            return false;
        if (getClass() != obj.getClass())
            return false;
        Tax other = (Tax) obj;
        return number == other.number;
    }
}
```

手順の③で、すべてのフィールドにチェックを入れるか、特定のフィールドだけにするかは、等しいとみなす基準によって判断します。Tax クラスでは、同じ納税者番号(number)を持つなら同じインスタンスとみなすことにするので、number にだけチェックを入れます。

recordのequals()とhashCode()

レコードでは、equals( )とhashCode( )が自動生成されますが、すべてのフィールドにチェックが入っています。つまり、すべてのフィールドが同じなら「等しい」と判定します。

特定のフィールドだけを使うよう変更したい場合は、クラスと同じ方法で、equals( )とhashCode( )を再作成します。新しく作ると、既存のメソッドは上書きされるので問題ありません。

なお、equals( )とhashCode( )にも@Overrideアノテーションが付いています。実はこれらも既定のメソッドが自動的に作られているのですが、どんなフィールドがあるか事前にはわからないので、インスタンスのメモリーアドレスの値を使います。そのため、正しい動作は期待できません。必ず、新規に作成してください。

2.equals()とhashCode()を使ってみる

Taxインスタンスを2つ作り、equals( )とhashCode( )を実行してみましょう。

リスト6-3-7：同値の判定

```
package chapter6;
public class Sample4 {
    public static void main(String[] args) {

        Tax t1 = new Tax(100, "田中宏", 300000, 100000);
        Tax t2 = new Tax(100, "田中", 280000, 120000);

        if(t1.equals(t2)) {                         ❶
            System.out.println("等しい");
        }

        System.out.println(t1.hashCode());          ❷
        System.out.println(t2.hashCode());          ❸
    }
}
```

```
等しい
131
131
```

インスタンスt1とt2は、納税者番号だけが同じで、後のフィールドは異なっていますが、❶のif文では、「等しい」と表示されます。

また、❷、❸では、t1、t2のハッシュ値を表示していますが、どちらも同じ値です。

練習 6-3-1

解答 

1.「三角形の面積を計算する機能を実現するオブジェクト」を作成します。ただし、三角形の面積 S は 3 辺の長さを a、b、c とする時、次の公式で求めることにします。

$$s = \frac{a+b+c}{2}$$

とすれば、

$$S = \sqrt{s(s-a)(s-b)(s-c)}$$

問 1 オブジェクトの名前を Triangle として、Triangle クラスを作成してください。
クラスには、コンストラクタとゲッター、さらに三角形の面積を計算して返す menseki( ) メソッドを作成します。

問 2 main( ) メソッドで a=2.5、b=3.0、c=5.1 としてインスタンスを作成し、実行結果のように表示してください。

```
面積=2.61
(a,b,c)=(2.5, 3.0, 5.1)
```

＜ヒント＞出力には printf メソッドを使います。

問 3 三角形ができるためには、3 辺 a、b、c は次の条件を満たさなければいけません。

b+c >a かつ a>|b-c|

そこで、Triangle クラスに、この条件をチェックして三角形ができる場合は true、そうでなければ false を返す isTriangle( ) メソッドを作成してください。

6

Chapter 7

オブジェクトの仕組み

フィールド、コンストラクタ、ゲッター・セッターなど、オブジェクトには装備すべきアイテムが満載なのですが、いったいどうしてそうなったのか、まずはその辺りを見ていきます。カプセル化という言葉がキーワードです。

次は、main メソッドやクラスメソッドに代表される static な世界と、いつでも、何度でも再生できるインスタンスの世界の違いをしっかり認識することです。基本的なことですが、ここで立ち止まって理解しておきましょう。それは、オブジェクトについての深い理解につながるからです。

そして最後は「参照」にたどり着きます。多くの人が「えっ、そうだったのかぁ」と思うはずです。それはノンフィクションだと思っていたものが、実はフィクションだったと知った時の驚きと似ています。ここで、インスタンスについての理解を、もう一段深く立て直す必要があります。

結局、この章はオブジェクトとインスタンスの実像を理解し、正しく使えるようになるための章です。この章を終えれば、ようやく、オブジェクトの運転免許証をもらったことになります。

7.1 カプセル化

従来、バラバラに扱われていたデータとメソッドを、1つのクラスにまとめてしまうことを**カプセル化**といいます。カプセル化は、継承、多態性(ポリモーフィズム)と並んで、オブジェクト指向の3大要素の1つです。

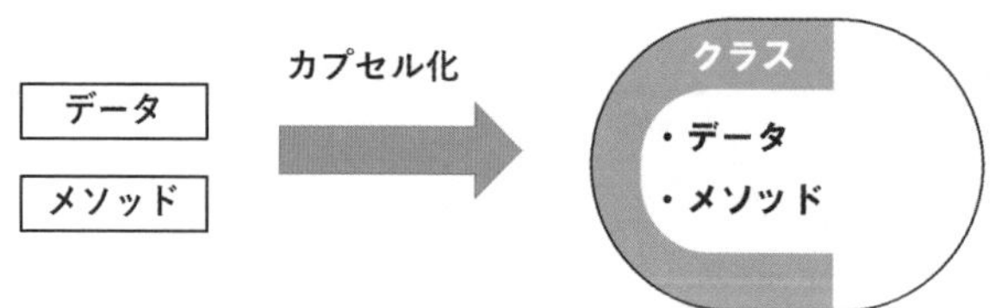

クラスは、内部にデータとメソッドを定義して、カプセル化を実現するために用意された仕組みです。

カプセル化の特徴は、公開する情報を制限できることです。例えば、フィールド変数をprivateにして、外部のクラスが使えないように制限します。その上で、ゲッターやセッターなど、外部のクラスに利用してもらいたいメソッドだけをpublicにして公開します。

つまり、詳細を隠して、必要なメソッドだけを公開するという方針で、クラスをデザインするわけです。この操作を**情報隠ぺい**(または**データ隠ぺい**)といいます。

フィールドではなくゲッター・セッターを使わせる理由

外部のクラスがフィールド変数を直接利用していると、変数の名前を変えたいと思ってもそれは不可能です。しかし、外部のクラスがゲッターやセッターだけを使っている場合は、メソッドの処理を変えるだけで対応できます。

例えば、フィールド変数名をnumberからbangoに変えた場合、次のようにゲッターを変更するだけで、外部のクラスに影響を与えずに対応できます。

```
public int getNumber(){
    return number;
}
```

➡

```
public int getNumber(){
    return bango;
}
```

つまり、メソッドだけを公開しておくことで、変更に強いクラスになるわけです。

結局、カプセル化とは、データとメソッドを1つにまとめ、情報隠ぺいを施すことです。カプセル化したクラスは、変更に強いクラスとなり、その結果、独立性の高いプログラム部品として使えるようになります。

7.2 コンストラクタ

コンストラクタは、インスタンスの生成に重要な役割を果たします。特に、コンストラクタのオーバーロードやthisキーワードによる簡単化、そしてデフォルトコンストラクタの生成などは、覚えておくべき機能です。

コンストラクタのオーバーロード

1.Joiningクラスを例にして

Joiningクラスは、CSV形式(コンマなどで区切られた形式)の文字列を作成する機能を実現します。次は、Joiningクラスのインスタンスを作成して、いくつかの文字列を連結し、CSV形式の文字列を作成しています。

リスト7-2-1：文字列の連結 ※実行するには、次ページのJoiningクラスを先に作成してください

```
package chapter7_1;
public class Sample1 {
    public static void main(String[] args) {
                          文字列の初期値      区切り文字
        Joining j = new Joining( "" , "," );    // Joiningインスタンスを作成 ❶
        j.add("apple");                          // 文字列を連結する ❷
        j.add("banana");
        j.add("peach");
        System.out.println(j.getCsv());          // CSV文字列を取り出して表示する ❸
    }
}
```

```
apple,banana,peach
```

Joiningクラスのインスタンスは、CSV文字列の初期値と、区切り文字(コンマなど)を引数にして生成します。❶では、初期値は空文字("")で、連結に使う区切り文字はコンマ(",")を指定しています。

❷からは、add( )メソッドを使って、初期値の空文字("")に、"apple"、"banana"、"peach"を順に連結する処理です。そして❸で、getCsv( )メソッドを使って連結の結果を取得し、コンソールに表示します。

Joiningクラスは、コンマのような区切り文字を付加して文字列を連結するので、CSV形式の文字列を簡単に生成できます。区切り文字はコンストラクタの引数で指定でき、例えば、"-"やタブ、空白などに変えることもできます。

2. オーバーロードの必要性

ただ、コンストラクタで、毎回、文字列の初期値と区切り文字を指定するのは、少し面倒です。そこで、文字列の初期値を指定しない時は、既定値として、空文字を初期値として使うようにすると、インスタンスの生成が簡単になります。

```
Joining j = new Joing(",");                  // 区切り文字だけ指定する
```

また、区切り文字も指定しない時は、既定値としてコンマを使うようにすれば、コンストラクタに引数を指定する必要がなく、さらに簡単になります。

```
Joining j = new Joining();                   // 引数なしで生成する
```

このようにいろいろな方法でインスタンスを生成できるようにしたい場合は、メソッドと同じように、コンストラクタをオーバーロードします。その方法を理解するために、まず、コンストラクタをオーバーロードする前のJoiningクラスを見ましょう。

リスト7-2-2：Joiningクラス

```
package chapter7_1;
public class Joining {
    private String csv;          // CSV形式の文字列    ❶
    private String delimiter;  // 区切り文字( , など)  ❷

    public Joining(String csv, String delimiter) {   ❸
        this.csv = csv;
        this.delimiter = delimiter;
    }
    public void add(String s) {    // sを連結する    ❹
        csv += csv.isEmpty() ?  s : delimiter + s;    // 区切り文字を付けて連結
    }
    public String getCsv() {    // CSV文字列を返す    ❺
        return csv;
    }
}
```

❶、❷のように、Joiningクラスのフィールドは、作成するCSV形式の文字列csvと、区切り文字を入れるdelimiterです。そのため❸のように、コンストラクタには2つの引数があります。

❹は引数の文字列sをcsvに連結するadd( )メソッド、❺は連結結果であるcsvを返すgetCsv( )メソッドです。このgetCsv( )はcsvのゲッターです。

❹の内容が少し複雑に見えるかもしれませんが、条件演算子を使っているのでそう見えるだけです。if文に直すと次のように簡単なものです。

```
if(csv.isEmpty()){    // csvが空文字 "" の時、isEmpty()はtrueを返します
    csv += s;
}else{
    csv += delimiter + s;
}
```

つまり、csvが空文字なら区切り文字を付けずに連結する、という処理です。ここで使っている**isEmpty()**はStringクラスのメソッドで、csv.isEmpty( )のように使うと、csvが空文字列の時、trueを返します(⇒P.56)。

3. コンストラクタをオーバーロードする

では、引数が1つのコンストラクタと、引数のないコンストラクタをオーバーロードしましょう。次は、❶が元のコンストラクタ、❷、❸がオーバーロードしたものです。

リスト7-2-3：コンストラクタのオーバーロード

```
package chapter7_2;        // (注)chapter7_2パッケージに作成します
public class Joining {
    private String csv;
    private String delimiter;

    public Joining(String csv, String delimiter) {     ❶
        this.csv = csv;
        this.delimiter = delimiter;
    }
    public Joining(String delimiter) {     ❷
        this.csv = "";              // 空文字を既定値とする
        this.delimiter = delimiter;
    }

    public Joining() {     ❸
        this.csv = "";                 // 空文字を既定値とする
        this.delimiter = ",";          // コンマを既定値とする
    }

    … add()とgetCsv()の記載を省略 …
}
```

❷では、引数はdelimiterだけで、csvには、初期値として空文字を代入しています。また、❸では、引数はなく、csvに空文字、delimiterにはコンマ(",")を初期値として代入しています。

❶、❷、❸により、3つの方法でインスタンスを作成できるようになります。

オーバーロードの条件

コンストラクタをオーバーロードする条件は、メソッドのオーバーロードと同じです。つまり、少なくとも、**引数の型、個数、並び順**のどれか1つが異なっていることが条件です。

コンストラクタのオーバーロードは特殊な事例ではありません。Java言語ではほとんどのクラスでコンストラクタがオーバーロードされます。自作するクラスでも、コンストラクタをオーバーロードしなくてよいかどうか、常に考えるようにしましょう。

練習 7-2-1

解答 

注：exerciseパッケージに作成します。Joiningクラスを使うには、インポート文が必要です。
`import chapter7_2.Joining;` を挿入してください。

1. 引数が1つのコンストラクタを使って、Joiningクラスのインスタンスを作成し、"apple"、"banana"、"peach"を連結してください。引数には、区切り文字として"-"を指定します。また、連結した文字列を取得して実行結果のように表示してください。

```
apple-banana-peach
```

2. 引数のないコンストラクタを使って、Joiningクラスのインスタンスを作成し、"apple"、"banana"、"peach"を連結してください。また、連結した文字列を取得して実行結果のように表示してください。

```
apple,banana,peach
```

this によるコンストラクタの簡単化

this() を使うと、コンストラクタの中から、他のコンストラクタを呼び出すことができます。これを利用すると、**リスト 7-2-3** に示したコンストラクタは、もっと簡潔に記述できます。

リスト 7-2-4：他のコンストラクタを呼び出す

```
package chapter7_3;            // (注)chapter7_3 パッケージに作成します
public class Joining {
    private String str;
    private String delimiter;

    public Joining(String str, String delimiter) {      ❶
        this.str = str;
        this.delimiter = delimiter;
    }
    public Joining(String delimiter) {
        this("", delimiter);    ❷
    }
    public Joining() {
        this("", ",");    ❸
    }

    … add() と getStr() の記載を省略 …
}
```

this() は、コンストラクタ内で、他のコンストラクタを呼び出す書き方です。どのコンストラクタを呼び出すかは、コンパイラが引数を見て自動的に判断します。

❷の this("", delimiter) は、引数型が (String, String) なので、❶が呼び出されます。元のコンストラクタの引数に、("", delimiter) を指定して実行するわけです。

同様に、❸のコンストラクタも this("", ",") により、❶のコンストラクタを呼び出していることがわかります。

複数のコンストラクタをオーバーロードする時、他のコンストラクタを呼び出す形でオーバーロードすると記述が簡単になるだけでなく、間違いも少なくなり安全です。可能な場合は、是非この形にしてください。

7

デフォルトコンストラクタ

コンストラクタの役割は、インスタンスに初期値を設定することですから、フィールドがないクラスや、フィールドを初期化する必要がないクラスでは、本来、コンストラクタは不要です。実際、そのような場合は、コンストラクタを作成しません。

ただ、インスタンスを作る時、new演算子はコンストラクタの名前からオブジェクトの定義クラス名を知るので、コンストラクタがないとインスタンスを作れません。そこで、コンストラクタを1つも作成しない場合は、コンパイル時に、引数のないコンストラクタが自動生成されます。これを**デフォルトコンストラクタ**といいます。

1. フィールドの無いクラス

試してみましょう。次はフィールドのないNoFieldクラスです。

リスト7-2-5：フィールドのないクラス

```
package chapter7_4;        // (注)chapter7_4パッケージに作成します
public class NoField {
    public void print() {
        System.out.println("NoFieldクラス");
    }
}
```

コンストラクタは定義していません。デフォルトコンストラクタを使ってインスタンスを作成し、print()メソッドを実行しましょう。デフォルトコンストラクタは、コンパイル時に作成され、ソースコード上は見えませんが、引数のないコンストラクタです。

リスト7-2-6：デフォルトコンストラクタを使う

```
package chapter7_4;
public class Sample1 {
    public static void main(String[] args) {
        NoField nf = new NoField();    // デフォルトコンストラクタを使う ❶
        nf.print();  ❷
    }
}
```

❶でデフォルトコンストラクタを使っています。引数には何も書きません。インスタンスが生成されるので、❷でnf.print()を実行しています。次のように表示されます。

```
NoFieldクラス
```

2. フィールドを初期化する必要のないクラス

フィールドがあっても、初期化する必要がなければ、やはりコンストラクタは作成しません。そのかわり、自動生成されるデフォルトコンストラクタを使うことができます。次の NoConstructor クラスで試してみましょう。

リスト 7-2-7：フィールドがあってコンストラクタがないクラス

```
package chapter7_4;
public class NoConstructor {
    private int number;                              ❶
    private String str="***";       // 直接代入による初期化 ❷

    public int getNumber() {        ❸
        return number;
    }
    public String getStr() {        ❹
        return str;
    }
}
```

この NoConstructor クラスには、コンストラクタはありません。

しかし、❶、❷のようにフィールドがあります。このうち、❷は最初から "***" を代入しています。フィールドでは、このような**コンストラクタを使わない初期化**も可能です。

また、❸、❹はフィールドのゲッターです

では、デフォルトコンストラクタを使ってインスタンスを生成し、ゲッターでフィールドの値を見てみましょう。

リスト 7-2-8：コンストラクタで初期化しないフィールドの値

```
package chapter7_4;
public class Sample2 {
    public static void main(String[] args) {
        NoConstructor nc = new NoConstructor();
        System.out.println(nc.getNumber());
        System.out.println(nc.getStr());
    }
}
```

実行すると、次のように表示されます。

```
0
***
```

7

フィールドに初期値を書き込んでおいたstrは"***"が入っています。しかし、初期化していないはずのnumberが0になっています。

これはコンストラクタの働きではありません。new演算子でインスタンスの実体がメモリー上に作成される時、存在するフィールドには**既定の初期値**がセットされるのです。既定の初期値は、型により次のように決まっています。

▼ インスタンスの既定の初期値

型	既定の初期値
int、double、charなどの数値型	0
boolean型	false
Stringなどのオブジェクトの型	null

※ nullは無効なオブジェクトを意味する値です（⇒P.190）

コンストラクタの役割は、この既定の初期値を、コンストラクタの引数に指定された値で上書きして、更新することなのです。

練習 7-2-2

解答 

1. 次のクラスに、引数が1つのコンストラクタと引数のないコンストラクタをオーバーロードしてください。ただし、引数が1つのコンストラクタは、aには既定値として10をセットします。引数がないコンストラクタは、aには10、bには5を既定値としてセットします。

```
package exercise;
public class Function {
    private int a;
    private int b;
    public Function(int a, int b) {
        this.a = a;
        this.b = b;
    }
    public void result() {
        System.out.println(a + "x + " + b);
    }
}
```

7.3 クラスメンバ

クラスメンバとは

フィールドとメソッドを**クラスメンバ**といいます。それは、オブジェクトの実質的な構成要素だからです。なお、コンストラクタはインスタンスの中には含まれません。つまり、クラスメンバではありません。コンストラクタは、インスタンスの生成時に、インスタンスの初期化に使うプログラム部品です。

```
public class Joining {                                   フィールド
        private String str;
        private String delimiter;
        public Joining(String str, String delimiter) {
                this.str = str;
                this.delimiter = delimiter;
        }                                                メソッド
        public String add(String s) {
                str += str.isEmpty() ?  s : delimiter + s;
                return str;
        }
        public String getStr() {
                return str;
        }
}
```

クラスメンバ

スタティックメンバとインスタンスメンバ

本来、Java言語のクラスには、static修飾子の付くメンバと付かないメンバがあります。staticが付くものを**スタティックメンバ**(あるいはクラスメンバ)といい、付かないものを**インスタンスメンバ**といいます。

インスタンスメンバは、インスタンスの中に含まれるメンバですから、インスタンスを作成した後で使うことができます。これに対してスタティックメンバは、インスタンスとは無関係です。プログラムの実行開始前にメモリーにロードされ、最初から実行できる状態になっています。

インスタンスメンバとスタティックメンバの違いを理解するため、**リスト7-2-2**に掲載したJoiningクラスと、それをスタティックメンバだけで書き換えたStaticJoiningクラスを比較してみましょう。

(再掲)リスト 7-2-2：Joining クラス

```
package chapter7_1;
public class Joining {
    private String csv;                                    // フィールド      ❶
    private String delimiter;                                                 ❷

    public Joining(String csv, String delimiter) { // コンストラクタ ❸-A
        this.csv = csv;
        this.delimiter = delimiter;
    }
    public void add(String s) {                            // 連結する       ❹
        csv += csv.isEmpty() ?  s : delimiter + s;
    }
    public String getCsv() {                               // csvのゲッター ❺
        return csv;
    }
}
```

リスト 7-3-1：スタティックメンバだけのクラス

```
package chapter7_5;          // (注)chapter7_5パッケージに作成します
public class StaticJoining {
    private static String csv;                              // フィールド      ❶
    private static String delimiter;                                          ❷

    public static void init(String _csv, String _delimiter) { // 初期化 ❸-B
        csv = _csv;
        delimiter = _delimiter;
    }

    public static String add(String s) {                    // 連結する       ❹
        csv += csv.isEmpty() ?  s : delimiter + s;
        return csv;
    }
    public static String getCsv() {                         // csvのゲッター ❺
        return csv;
    }
}
```

❶～❺をそれぞれ比較してみてください。

どれもstaticの有無だけの違いで、処理は同じです。ただ、❸-Aはコンストラクタですが、下段の❸-Bでは、単にフィールドを初期化する初期化メソッドです。

実質的に、staticの有無だけの違いですが、大きな違いは使い方です。次のリストで、それぞれの使い方の違いを見てください。なお、実行した結果は同じになります。

(再掲)リスト 7-2-1：インスタンスメソッドを使う

```
package chapter7_1;
public class Sample1 {
    public static void main(String[] args) {

        Joining j = new Joining("",",",""); // インスタンス生成+初期化  ❶-A

        j.add("apple");                    // インスタンスメソッドを使う ❷-A
        j.add("banana");
        j.add("peach");
        System.out.println(j.getStr());
    }
}
```

```
apple,banana,peach
```

❶-Aでは、Joiningクラスのインスタンスを作成し、変数jに代入します。この時、コンストラクタでフィールドに初期値がセットされます。❷-Aは、生成されたjのインスタンスメソッドを使って処理を実行します。

リスト 7-3-2：スタティックメソッド(＝クラスメソッド)を使う

```
package chapter7_5;
public class Sample1 {

    public static void main(String[] args) {

        StaticJoining.init("", ",");      // 初期化                ❶-B

        StaticJoining.add("apple");       // スタティックメソッドを使う ❷-B
        StaticJoining.add("banana");
        StaticJoining.add("peach");
        System.out.println(StaticJoining.getCsv());
    }
}
```

```
apple,banana,peach
```

一方、❶-Bは、インスタンスの作成ではありません。スタティックメンバは、プログラムの実行開始前にメモリーにロードされるので、**最初から使える状態で存在しています。**そのため、init()メソッドでは、単にフィールドに初期値を代入しています。

❷-Bでも、最初からadd()メソッドやgetCsv()メソッドがメモリーにロードされてい

るので、呼び出すだけで実行できます。スタティックメソッド=クラスメソッドなので、クラス名と連結してメソッドを呼び出します。

スタティックメンバとインスタンスメンバの違い

次の表で、スタティックメンバとインスタンスメンバの違いを確認しましょう。

▼メンバの種類と機能の違い

	スタティックメンバ	インスタンスメンバ
static修飾子	あり	なし
ロードされるタイミング	実行開始前	実行中、インスタンスを作成した時
可用性	常に使用できる	インスタンスを作成すると使用できる

スタティックメンバは、プログラムの実行開始前にメモリーにロードされ、いつでも使えるようになっているメンバです。一方、インスタンスメンバは、インスタンスに含まれるメンバなので、プログラム実行中に、インスタンスを作成した時に初めて、使えるようになります。

オブジェクトを使わないプログラムでは、プログラムを作成すれば、すぐに実行できましたが、それは、main( )メソッドをはじめ、すべてのメンバがスタティックメンバだったからです。

一方、オブジェクト指向のプログラムでは、インスタンスを作成して、そのインスタンスメンバを使って処理を組み立てます。
最初に、インスタンスを作成しなければ何もできないので、不便なように見えますが、オブジェクトは独立性の高いプログラム部品です。つまり、安全性を検証された独立性の高い部品を組み合わせてプログラムを作成できます。その結果、より安全に、高機能でメンテナンスが容易なプログラムを作成できるのです。

メンバの混在

ひとつのクラスの中に、スタティックメンバとインスタンスメンバを混在させることができます。よくあるのは、オブジェクトを定義するクラスの中に、main( )メソッドを作成することです。
次のように、Joiningクラスの中にmain( )メソッドを作成してみてください。

リスト 7-3-3：スタティックメンバの混在

```
package chapter7_6;        // (注)chapter7_6パッケージに作成します
public class Joining {
    private String str;
    private String delimiter;

    public Joining(String str, String delimiter) {
        this.str = str;
        this.delimiter = delimiter;
    }
    public String add(String s) {
        str += str.isEmpty() ?  s : delimiter + s;
        return str;
    }
    public String getStr() {
        return str;
    }

    public static void main(String[] args) {   // スタティックメソッド   ❶
        Joining j = new Joining("",",");   // インスタンスの作成   ❷

        j.add("apple");   // インスタンスメソッドの実行   ❸
        j.add("banana");
        j.add("peach");
        System.out.println(j.getStr());
    }
}
```


Joiningクラスは、インスタンスメソッドだけからなるオブジェクトの定義クラスでしたが、❶のようにmainメソッドを追加しました。もちろん、コンパイルエラーにはなりません。

このJoiningクラスを実行すると、mainメソッドが実行され、次のように表示します。

```
apple,banana,peach
```

main( )メソッドはスタティックメソッドなので、プログラムの実行開始前にメモリーにロードされ、いつでも実行できる状態です。この時、他のインスタンスメンバはすべて無視され、ロードの対象になりません。次の図のようにロードされるのはstaticの付いたmain( )メソッドだけです。

❶

main()

しかし、❷で、new 演算子によりインスタンスを作成すると、このとき、Joining クラスのフィールドとメソッドがメモリーにコピーされ、インスタンスができます。ただし、new 演算子がコピーするのはインスタンスメンバだけです。スタティックメンバである main( ) メソッドは無視され、コピーされません。

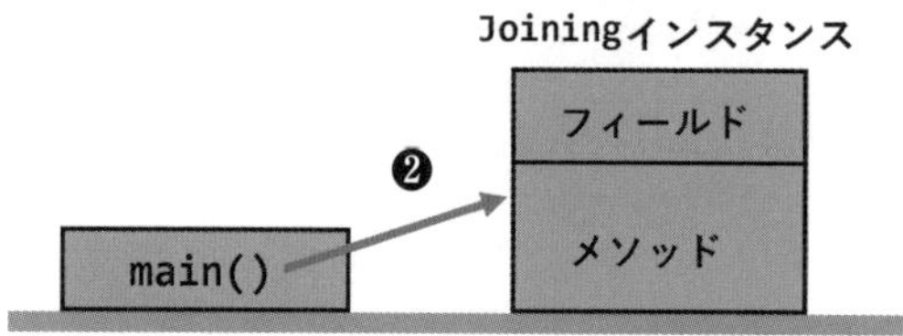

次に❸により、Joining インスタンスの add( ) メソッドと getCsv( ) メソッドが実行されるので、コンソールに、"apple,banana,peach" と表示して、実行は終了します。

つまり、プログラム実行開始前にはスタティックメンバ(main( ))だけが、メモリーにロードされ、インスタンスメソッドは無視されます。また、実行中に Joining クラスのインスタンスが作成される時は、インスタンスメンバだけがメモリーにコピーされ、スタティックメンバは無視されます。

このように、スタティックメンバとインスタンスメンバが同じクラス内に混在していても、何の問題もありません。むしろ、このように main( ) メソッドを作成すると、簡単なクラスのテストができて便利です。

練習 7-3-1

解答

1. 練習 7-2 で示した Function クラスをコピーして、Function2 クラスを作成し、さらに main() メソッドを追加してください。main() メソッドでは、インスタンスを作成し、result() メソッドを実行します。ただし、a=12、b=3 でインスタンスを作成してください。

```
12x + 3
```

7.4 参照と不変性

参照とは

次は、Tax クラスのインスタンスを作成して変数に代入する式です。

```
Tax tax = new Tax(100, "田中宏", 300000, 100000);
```

これで、変数 tax には、作成したインスタンスが代入されるわけですが、実際には、次の図に示す操作が行われています。

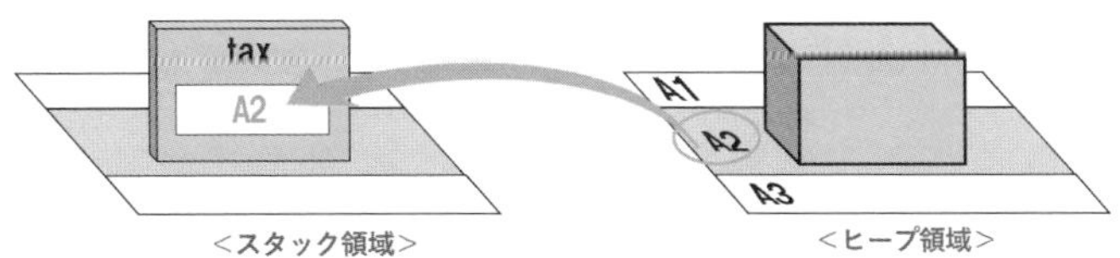

作成した Tax 型のインスタンスは、メモリー上の**ヒープ**(heap)という領域に置かれます。ヒープ領域の区画には番号が付いていて、図では仮に A2 と示されています。インスタンスは、不要になって削除されるまで、この場所から移動することはありません。

一方、変数 tax は**スタック**領域に作成されます。スタックは、メソッド内で作成された変数が置かれる場所です。tax にはインスタンスを入れることができないので、代わりにインスタンスが置かれているヒープ領域の区画番号が代入されます。

この区画番号を、Java 言語では**参照**と呼んでいます。
まとめると、次のようです。

> **Tax 型の変数 tax には、インスタンスの場所を示す参照が入っている**

参照はインスタンスのある場所を示す値ですから、参照が分かっていればインスタンスにアクセスできます。参照を使ってインスタンスにアクセスする処理は、Java システム(JVM、Java Virtual Machine)が自動的に行うので、気にする必要はありません。これまで通り、変数にはインスタンスが入っていると考えてプログラムを書くことができます。

参照の型

参照にも型があります。

例えば、次の式で、変数taxはTax型ですから、taxに入っている参照は**Tax型の参照**です。

```
Tax tax = new Tax(100, "田中宏", 300000, 100000);          // クラス型
```

また、レコードもオブジェクトです。次の式で、変数pはPopulation型ですから、pに入っている参照は**Population型の参照**です。

```
Population p =  new Population("東京都", 13921, 7.1);       // record型
```

さらに、配列もJava言語ではオブジェクトです。次の式で、変数namesはString[]型(String配列型)ですから、namesに入っている参照は**String[]型の参照**です。

```
String[] names = {"tanaka", "suzuki", "sasaki"};
```

このように、オブジェクトを入れる変数には、特定の型の参照が入っています。そこで、総称的な言い方として、taxやp、namesのような変数を、**参照型の変数**ということがあります。

当然ですが、同じ参照型の変数同士でも、型が違うと互いに代入はできません。例えば、Population型の変数pに、Tax型の変数taxは代入できません。

nullとは

特別な参照として**null**があります。参照は、オブジェクトがどこにあるのか、その場所を示す値ですが、nullは、どんなオブジェクトにも結び付かない参照です。つまり、**無効な参照**です。

一般に、nullは、一時的な変数の初期化や、「終了」や「異常」などを示すための値として利用されています。

nullは、参照型の変数なら、どんな型の変数にでも代入できます。例えば、Tax型のtaxやPopulation型のpにnullを代入できます。

ただ、次のようにnullを代入した変数taxを使ってオブジェクトにアクセスしようとすると、エラーになります。

リスト 7-4-1：null の入った変数

```
package chapter7_7;          // (注)chapter7_7パッケージに作成します
import chapter6.Tax;
public class Sample1 {
    public static void main(String[] args) {
        Tax tax = null;
        System.out.println( tax.getName() ); ←実行できるがエラーになる
    }
}
```

```
Exception in thread "main" java.lang.NullPointerException: Cannot
invoke "chapter6.Tax.getName()" because "tax" is null
   at chapter7_7.Sample1.main(Sample1.java:7)
```

このエラーメッセージは、「tax が null なので、tax を使って tax.getName( ) という呼び出しはできない」という意味です。

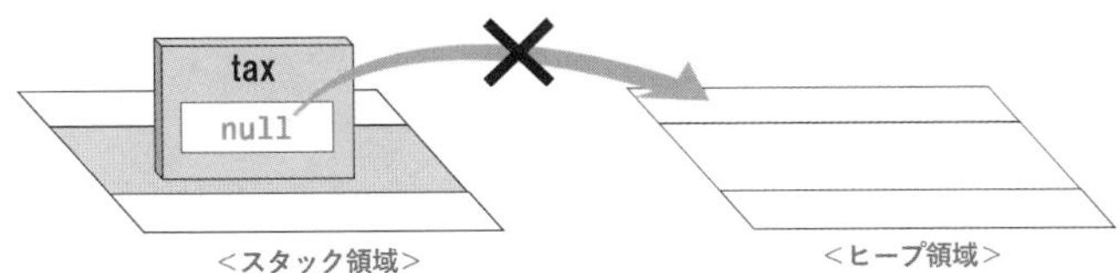

結局、コンパイルエラー(文法エラー)にはならないのですが、実行すると、オブジェクトにアクセスできず、実行時例外(14章)を発生して、プログラムが停止しました。

7.5 イミュータブルなオブジェクト

代入では参照がコピーされる

インスタンスを生成して変数aに代入し、さらに、aを他の変数bに代入すると、bには何が入るのでしょうか。

試してみましょう。

次は、Tax型のインスタンスを生成して変数taxに代入し、❶で、それを他の変数mytaxに代入しています。

リスト7-5-1：参照の受け渡し

```
package chapter7_7;
import chapter6.Tax;
public class Sample2 {
    public static void main(String[] args) {
        Tax tax = new Tax(100, "田中宏", 300000, 100000);
        Tax mytax = tax;      ❶

        mytax.setNumber(200);          ❷
        System.out.println(tax);       ❸
        System.out.println(mytax);     ❹
    }
}
```

taxには、Tax型の参照が入っています。したがって、❶でmytaxに代入されるのは、インスタンスではなく、参照です。taxからmytaxへ参照がコピーされるのです。

すると、taxもmytaxも同じ参照を持つので、次の図のように、同じインスタンスにリンクするようになるはずです。

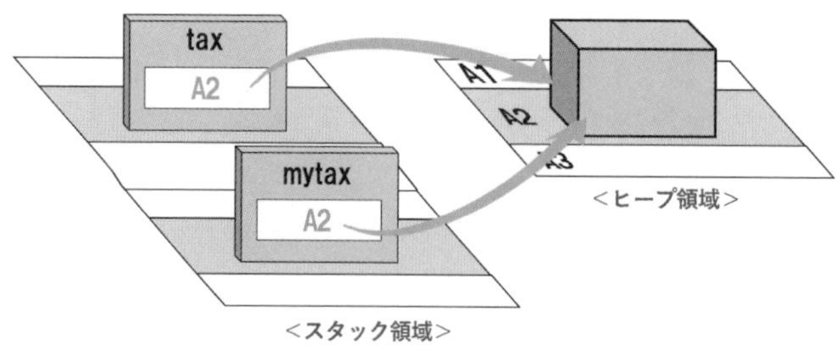

そこで、❷で mytax を使って、number（納税者番号）の値を 200 に変更し、❸と❹で、tax と mytax を表示してみました。

次のように、結果はどちらも number の値が 200 になっていて、まったく同じです。

```
Tax [number=200, name=田中宏, shotoku=300000, koujo=100000]
Tax [number=200, name=田中宏, shotoku=300000, koujo=100000]
```

これで、tax から mytax へ参照がコピーされたことが確認できました。

メソッドへの受け渡しでも参照がコピーされる

変数を他のメソッドへ受け渡す場合はどうでしょう。試してみましょう。

次は、❶で、tax を引数にして、sub( ) メソッドを呼び出しています。sub( ) メソッドは、❸のように、tax を mytax という仮引数に受け取ります。この時、tax から mytax に参照がコピーされるはずです。

リスト 7-5-2：メソッド間の受け渡し

```
package chapter7_7;
import chapter6.Tax;
public class Sample2 {

    public static void main(String[] args) {
        Tax tax = new Tax(100, "田中宏", 300000, 100000);
        sub(tax);                          // taxをsub()メソッドに渡す   ❶
        System.out.println(tax);                                        ❷
    }
    public static void sub(Tax mytax) {    // taxをmytaxに受け取る      ❸
        mytax.setNumber(200);          // mytaxの納税者番号を200に変更する ❹
    }
}
```

sub( ) メソッドは、❹で、セッターを使って mytax の number を 200 に変更し、main メソッドに戻ります。次に main( ) メソッドで、❷のように tax を表示してみると、number が 200 に変わっていることがわかります。

```
Tax [number=200, name=田中宏, shotoku=300000, koujo=100000]
```

これで、メソッド間の受け渡しでも、参照のコピーが渡されることが確認できました。

イミュータブルなオブジェクト（基本編）

参照型の変数をメソッド間で受け渡しすると、参照のコピーが渡され、同じインスタンスを共有することになります。同じ参照を持つので、結局、他のメソッドで、インスタンスのフィールドを書き換えられてしまうかもしれません。

これを防ぎたい場合は、定義クラスの作成にあたり、次の３つの指針に従います。また、このような対策によりフィールドの値を変更できないようにしたクラスは、**イミュータブル**な（不変の）クラスといいます。

イミュータブルにする方法
①セッターメソッドを作らない
②フィールド変数に final 修飾子を付ける
③クラス宣言に final 修飾子を付ける

（注）フィールドにオブジェクトを持つクラスでは注意が必要です。そのオブジェクトがイミュータブルでないと、上記の対策を施しても値を変更できてしまうからです。それを防ぐ方法は次の節で解説します。

①のセッターを作らないという対策は、必須です。ただ、セッターと同じような機能を持つメソッドを作れば変更できてしまうので、②のように、フィールドに final 修飾子を付けます。

final を付けた変数は、１度、値をセットすると、それ以降変更できなくなります。つまり、インスタンスを作成した後での変更は、一切できないということです。

③のクラス宣言に final を付けるのは、次章で解説する継承という操作をできないようにするためです。継承を使うと、クラスの構成を変更した新しいクラスを作成できるので、そのような変更を禁止します。

なお、レコード（３章）では、上記の①～③が最初から実施されているので、**レコードオブジェクトは基本的に、イミュータブル**です。

では、Tax クラス（６章）に、①～③の対策を施してみましょう。

リスト 7-5-3：イミュータブルな Tax クラス

```
package chapter7_8;            // (注)chapter7_8パッケージに作成します
import java.util.Objects;

public final class Tax {

    private final int number;
    private final String name;
    private final int shotoku;
    private final int koujo;

    public Tax(int number, String name, int shotoku, int koujo) {
        this.number = number;
        this.name = name;
        this.shotoku = shotoku;
        this.koujo = koujo;
    }
    public int zeigaku() {
        return (int) ((shotoku - koujo)*0.1);
    }
    public int getNumber() {
        return number;
    }
    public String getName() {
        return name;
    }
    public int getShotoku() {
        return shotoku;
    }
    public int getKoujo() {
        return koujo;
    }
}
```

クラスとフィールドに final を付け、セッターを作らないだけです。

フィールドにオブジェクトがある場合は、さらに対策が必要ですが、文字列の String、日付の LocalDate などよく使う標準クラスは、元からイミュータブルなクラスなので対策は必要ありません。

さらなる対策が必要なケースの多くは、自作したオブジェクトをフィールドに持つ場合です。

イミュータブルなオブジェクト(実践編)

次のTaxクラスは、イミュータブルになるように、セッターを作らず、クラスとフィールドにfinalを付けています。ただ、番号と名前のフィールドの代わりに、Id型のインスタンス(そのフィールドに番号と名前を持つ)を持っています。

リスト7-5-4：フィールドにId型のオブジェクトを持つ場合

```
package chapter7_9;                    // (注)chapter7_9パッケージに作成します
public final class Tax {
    private final Id  id;              // Id型のフィールド        ❶
    private final int shotoku;
    private final int koujo;

    public Tax(Id id, int shotoku, int koujo) {
       this.id =  id;
       this.shotoku = shotoku;
       this.koujo = koujo;
    }
    public int zeigaku(){
       return (int) ((shotoku - koujo)*0.1);
    }
    public Id getId() {
       return id;
    }
    public int getShotoku() {
       return shotoku;
    }
    public int getKoujo() {
       return koujo;
    }
    @Override
    public String toString() {
       return "Tax [id=" + id + ", shotoku=" + shotoku +
                                        ", koujo=" + koujo + "]";
    }
}
```

❶がId型のフィールドidです(Idクラスは次のページを参照)。

❶は、`private final Id id;`となっているので、後から他のIdインスタンスを代入し直すことはできません。ただし、idのメンバフィールド(number、name)を後からセッターで変更することは可能です。

それは、idに入っているのが、参照であることを考えれば当然のことです。finalで禁止されるのは、idに入っている値(参照)を変更することです。その参照でアクセスできるインスタンスのフィールドを変更することまでは禁止できないのです。

Id型を定義するIdクラス(**リスト7-5-5**)を見ましょう。
次のような普通のクラスです。

リスト7-5-5：イミュータブルでないIdクラス

```
package chapter7_9;
public class Id {
    private int number;        // 番号
    private String name;       // 氏名

    public Id(int number, String name) {
       this.number = number;
       this.name = name;
    }

    public int getNumber() {
       return number;
    }
    public String getName() {
       return name;
    }
    public void setNumber(int number) {
       this.number = number;
    }
    public void setName(String name) {
       this.name = name;
    }
    @Override
    public String toString() {
       return "Id [number=" + number + ", name=" + name + "]";
    }
}
```

Idクラスは、番号(`int number`)と氏名(`String name`)をフィールドに持ち、ゲッターやセッターもある普通のクラスで、イミュータブルではありません。

では、Taxインスタンスを作って、そのidフィールドについて、メンバの値であるid.number(番号)とid.name(氏名)を変更できるかやってみましょう。

リスト7-5-6：idのフィールドを変更する

```
package chapter7_9;
public class Sample1 {
    public static void main(String[] args) {

        Id id = new Id(100, "田中宏");                        ❶
        Tax tax = new Tax(id, 300000, 100000);               ❷
        System.out.println(tax);                              ❸

        tax.getId().setNumber(200); // idのnumberフィールド(id.name)を変更する  ❹
        System.out.println(tax);                                              ❺

    }
}
```

❶でId型のインスタンスを作成してidに入れます。そして❷で、それを使ってTax型のインスタンスを作成し、変数taxに入れます。❸でtaxを出力すると、次のように表示されます。

```
Tax [id=Id [number=100, name=田中宏], shotoku=300000, koujo=100000]
```

青字の部分は、Idクラスのto String( )メソッドが返す値が埋め込まれています。idは、numberが100、nameが"田中宏"となっています。

次の、❹は、`Id a = tax.getId()`と`a.setNumber(200)`を短縮して、1つにまとめた書き方です。つまり、taxからidを取り出し、idのセッターを使ってnumberを200に変更します。

最後に❺でtaxを出力すると次のようになります。

```
Tax [id=Id [number=200, name=田中宏], shotoku=300000, koujo=100000]
```

なんと、numberの値が200に変更されてしまいました。
したがって、このままでは、Taxクラスはイミュータブルとはいえません。

このように、フィールドにイミュータブルでないオブジェクトを持つクラスは、対策を講じないとイミュータブルにできません。イミュータブルにするには、次のようにします。

フィールドにイミュータブルでないオブジェクトがある場合の対策
①コンストラクタでは、オブジェクトのコピーを受け取るようにする
②ゲッターでは、オブジェクトのコピーを返す

Id クラス自体をイミュータブルに書き換えれば、このような対策は不要ですが、外部から取得したクラスでは、ソースコードがないことが少なくありません。ここでは、利用する側のクラスで対策を行うことにします。

①は、コンストラクタにオブジェクトを受け取る時、②はゲッターでオブジェクトを返す時、それぞれ「コピーを受け渡しする」ということです。コピーをやり取りすれば、自身のフィールドが書き換えられることはありません。

Tax クラスを書き換えて、試してみましょう。

リスト 7-5-7：id のコピーを受け渡しするように変更した Tax クラス

```
package chapter7_9;
public final class Tax {
     private final Id  id;
     private final int shotoku;
     private final int koujo;

     public Tax(Id id, int shotoku, int koujo) {
        this.id = new Id(id.getNumber(), id.getName());        ❶
        this.shotoku = shotoku;
        this.koujo = koujo;
     }

     public int zeigaku(){
        return (int) ((shotoku - koujo)*0.1);
     }

     public Id getId() {
        return new Id(id.getNumber(), id.getName());           ❷
     }

     … 以下省略 …
}
```

❶と❷が変更点です。

❶では、コンストラクタの引数で受け取ったidから、そのコピーを作成して、フィールドに代入します。また、❷のゲッターでは、idをそのまま返すのではなく、コピーを作成して返します。

7

以上により、Taxインスタンス内のidフィールドは、外部で値を変更されることはありません。このように変更した上で、**リスト7-5-6**をもう一度、実行してみてください。次のように、idのnumberフィールドが変わらないことを確認できるはずです。

```
Tax [id=Id [number=100, name=田中宏], shotoku=300000, koujo=100000]
Tax [id=Id [number=100, name=田中宏], shotoku=300000, koujo=100000]
```

練習7-5-1

解答 

1. 商品在庫を表すStockクラスは、商品を表すProduct型のフィールドを持つので、このままではまだイミュータブルなクラスではありません。Stockクラスを完全にイミュータブルなクラスに直してください。

```
package exercise;
public final class Stock {
   private final Product product;     // 商品
   private final int number;          // 在庫数
   public Stock(Product product, int number) {
      this.product = product;
      this.number  = number;
   }
   public Product getProduct() {
      return product;
   }
   public int getNumber() {
      return number;
   }
}
```

```
package exercise;
public class Product {
   private int number;        // 商品番号
   private int price;         // 価格
   private String name;       // 商品名

   public Product(int number, int price, String name) {
      this.number = number;
      this.price = price;
      this.name = name;
   }
   public int getNumber() {
      return number;
   }
```

```
    public int getPrice() {
        return price;
    }
    public String getName() {
        return name;
    }
    public void setNumber(int number) {
        this.number = number;
    }
    public void setPrice(int price) {
        this.price = price;
    }
    public void setName(String name) {
        this.name = name;
    }
}
```

7.6 内部クラス

内部クラスとは

クラスのメンバとして、フィールドやメソッドを定義しますが、実は、クラスを定義することもできます。つまり、クラスＡのメンバとして、クラスＢを定義できます。

```
public class A {
    …
    …
    private class B {                    // クラスAのメンバとして
            …
    }
}
```

この時、クラスＡを**外部クラス**といい、メンバの１つとして定義されたクラスＢを**内部クラス**といいます。内部クラスＢは、外部クラスＡのすべてのメンバにアクセスできます。

クラスＢを一般のクラスとして宣言せず、内部クラスにする理由は、クラスＡの中でしか使われないからです。クラスＡでしか使わないのであれば、クラスＡの中に定義しておくのがよい、というわけです。

一般に、内部クラスとすることで、関連のあるクラスをまとめることができるので、コードの管理が楽になり、理解もしやすくなります。

なお、クラスにはprivate修飾子は使えませんが、内部クラスだけはprivateにすることができます。privateにすると、クラスＡの中だけで使えるという位置づけを明確にできます。

内部クラス
- クラス内のメンバとして定義されたクラス
- 囲んでいるクラス(外部クラス)のすべてのメンバーにアクセスできる
- privateアクセスにすることができる

内部クラスには、スタティックメンバとしてstaticを付けて定義する**静的内部クラス**もあります。静的内部クラスは、スタティックメンバなので、外部クラスのスタティックメンバだけしかアクセスできません。

この他に、メソッドの中に定義する**メソッドローカル内部クラス**がありますが、ほとんど使われません。また、クラス定義と同時にインスタンスを生成できる**匿名内部クラス**もありますが、ラムダ式（11章）が使えるようになったので必要性がなくなりました。

内部クラスを使ってみる

内部クラスの機能と使い方を理解するための簡単な例を示します。

リスト7-6-1：内部クラスを定義する

```
package chapter7_9;
public class Outer {
    private int number;
    public Outer(int number) {
        this.number = number;
    }
    public void print() {
        Inner inner = new Inner();                  // 内部クラスのインスタンスを作成   ❶
        System.out.println(inner.msg());            // メソッドを使う                   ❷
    }
    private class Inner {                           // メンバとして内部クラスを定義     ❸
        public String msg() {
            return "number is " + number;           // Outerのフィールドを使用できる   ❹
        }
    }
}
```

Outerという（外部）クラスの中に、内部クラスInnerを定義しています（❸）。Innerクラスはprivateなので、❶のように、Outerクラスのメソッドの中でインスタンスを生成します。❷は、生成したインスタンスのmsg( )メソッドを使う例です。

Innerクラスのmsg( )メソッドを見ると、❹のように、Outerクラスのprivateなフィールドであるnumberを使っています。このように、内部クラスからは、外部クラスのすべてのメンバを使用できます。

では次に、このOuterクラスの使用例を見ましょう。

7

リスト 7-6-2：内部クラスを持つクラスの使用例

```
package chapter7_9;
public class Sample2 {
    public static void main(String[] args) {
       Outer outer = new Outer(102);     ❶
       outer.print();                    ❷
    }
}
```

```
number is 102
```

❶で Outer クラスのインスタンスを作成し、❷でその print( ) メソッドを実行しています。print( ) メソッドを実行すると、**リスト 7-6-1** の❶により、内部クラスのインスタンスが作成され、その msg( ) メソッドが起動されます。

このように外部クラスが他のクラスから利用される時、private な内部クラスを利用するコードは書けません。外部クラスの内部でインスタンスが生成され、実行されるだけです。これは、実装の詳細を隠蔽するカプセル化の効果と言えるでしょう。

1 つのプログラムファイルに複数のクラスを書く

1 つのファイルに、2 つ以上のクラスを記述することができます。これは内部クラスではなく、単に複数のクラスを 1 つのファイルに書くだけのことです。ソースコードを提示する目的でこのように書くことがありますが、開発実務では使いません。

A.java

```
public class A {
    …
}

class B {
    …
}

class C {
    …
}
```

注意

①ファイル名は public を付けたクラス名と同じにする
②どれか 1 つクラスだけを public にできる
③どれにも public をつけなければ、ファイル名は何でもよい
④実行ファイルは別々に作成される

複数のクラスを記述する場合は、ファイル名は public を付けたクラスと同じでなければいけません（A.java）。そのため、public を付けることができるのは、どれか 1 つのクラスだけです。コンパイル後に作成される実行ファイルは、それぞれ別に作成されます。例では、A.class、B.class、C.class ファイルが作成されます。

Chapter 8

継承

継承には見かけ以上に大きな仕掛けが隠されています。

継承自体は単純な仕組みなので、これは便利だ、と思うでしょう。そして、大体みんなその辺りで満足してしまうのですが、実はそれは勘違いというものです。そこで止まってしまうなら、継承ではなく移譲という仕組みの方がよほどマシです。

後半になって、アップキャスト、オーバーライドという言葉が出てきたら注意してください。この２つが結び付いた時、あっと驚く仕掛けが待っているからです。仕掛けを知ると、思いがけない継承の働きに気が付くでしょう。

8.1 クラスの継承

クラス図

継承の理解を助けるためにクラス図を使いますので、最初に解説しておきます。

クラス図は、クラスを簡潔に表すための記法で、UML（統一モデリング言語、Unified Modeling Language）の一部です。クラスのメンバ構成やクラス同士の関係を視覚的に表すことができます。

次は、スポーツジムの会員管理システムで、一般会員を表すGeneralMemberクラスと、それをクラス図で表したものです。比較してみましょう。

GeneralMemberクラス

```
public class  GeneralMember {
    private long id;
    private String name;

    public GeneralMember(long id, String name){
        this.id = id;
        this.name = name;
    }

    public int kai_hi(){
        return 1000;
    }

    public long getId(){
        return id;
    }
    public String getName(){
        return name;
    }
    public void setId(long id){
        this.id = id;
    }
    public void setName(String name){
        this.name = name;
    }
}
```

クラス図

GeneralMember
-id:long -name:String
+kai_hi():int +getId():long +getName():String +setId(id:long):void +setName(name:String):void

左のGeneralMemberクラスではフィールドとメソッド宣言を青字で書いていますが、この部分を抜き出したものがクラス図です。右のクラス図は、三段に区切られていて、上から、クラス名、フィールド名、メソッド名を書きます。

この図では書かれていませんが、コンストラクタも書いておきたい場合は、一番下のメソッドと同じ欄に書きます。

クラス図では、簡略化のために、public を＋で、private を－で表します。

型の書き方もプログラムとは逆になっていて、**変数名：型名**のように書きます。メソッドの戻り値も同様で、**メソッド名：戻り値型名**のように書きます。

継承とは

システム開発では、同じようなオブジェクトをたくさん作成しなくてはいけないことがあります。例えば、スポーツジムの会員管理システムでは、図のような、一般会員、学生会員、シニア会員などのオブジェクトが必要になるかもしれません。

▼オブジェクトのフィールドとメソッド

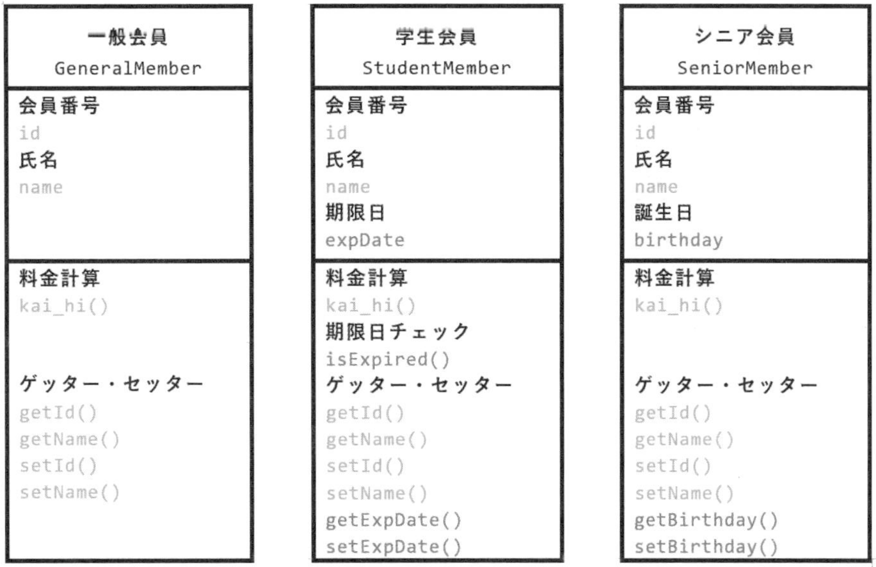

一般会員 GeneralMember	学生会員 StudentMember	シニア会員 SeniorMember
会員番号 id **氏名** name	**会員番号** id **氏名** name **期限日** expDate	**会員番号** id **氏名** name **誕生日** birthday
料金計算 kai_hi() **ゲッター・セッター** getId() getName() setId() setName()	**料金計算** kai_hi() **期限日チェック** isExpired() **ゲッター・セッター** getId() getName() setId() setName() getExpDate() setExpDate()	**料金計算** kai_hi() **ゲッター・セッター** getId() getName() setId() setName() getBirthday() setBirthday()

ただ、青字で示す一般会員を構成するメンバ(会員番号、氏名、料金計算、ゲッターとセッター)は、学生会員やシニア会員のクラスにも共通するメンバです。他のクラスのメンバは、これにいくつかのメンバを追加したものになっています。

これらは明らかに同じ種類のオブジェクトです。オブジェクト指向の方法では、このように同種のオブジェクトがいくつかある時は、それらを同系統のグループとみなします。

そこで、学生会員やシニア会員を、一般会員の一種(亜種)と見て、一般会員のクラスから派生させて作成します。この方法を**継承**と言います。以下ではその具体的な方法を見ていきましょう。

スーパークラスとサブクラス

継承では、ベースになるオブジェクトの定義クラスを**スーパークラス**といい、それを継承して作成するクラスを**サブクラス**といいます。例では、一般会員クラスがスーパークラス、学生会員クラスとシニア会員クラスがサブクラスです。

1. スーパークラス

まず、スーパークラスである GeneralMember クラスを作成します。

リスト 8-1-1：一般会員クラス（GeneralMember）

```
package chapter8_1;
public class GeneralMember {

    private long id;                    // 会員番号              ❶
    private String name;                // 氏名                  ❷
    public GeneralMember(long id, String name) {                 ❸
        this.id = id;
        this.name = name;
    }
    public int kai_hi() {               // 会費を計算して返す      ❹
        return 1000;
    }

    public long getId() {               // ここからゲッターとセッター ❺
    return id;
    }
    public String getName() {
        return name;
    }
    public void setId(long id) {
        this.id = id;
    }
    public void setName(String name) {
        this.name = name;
    }
}
```

GeneralMember クラスのフィールドは、❶会員番号（ id ）と❷氏名（ name ）です。そして、❸がコンストラクタ、❹は会費の金額を返すkai_hi()メソッドで、他にゲッターとセッターがあります。特に変わったところは何もありません。

2. サブクラス

では、次にGeneralMemberクラスを継承してStudentMemberクラスを作成しましょう。継承では、**スーパークラスのすべてのメンバが、コンパイル時に自動的に取り込まれる**ので、スーパークラスと重複するメンバは定義しません。そのため、定義はとても簡潔になります。

リスト8-1-2：学生会員クラス（StudentMember）

```
package chapter8_1;
import java.time.LocalDate;

public class StudentMember extends GeneralMember { //継承の宣言          ❶

    private LocalDate expDate;                         // 期限日         ❷

    public StudentMember(long id, String name, LocalDate expDate) {
        super(id, name);     // スーパークラスのコンストラクタを実行する   ❸
        this.expDate = expDate;
    }

    public boolean isExpired() {             // 期限日かどうか          ❹
        LocalDate today = LocalDate.now();
        return today.isAfter(expDate);
    }

    public LocalDate getExpDate () {         // ここからゲッターとセッター   ❺
        return expDate;
    }
    public void setExpDate (LocalDate expDate) {
        this.expDate = expDate;
    }
}
```

※LocalDate型はJava標準クラスの1つで、日付を表すために使います。詳細は17章で解説しますが、日付の作成や比較が簡単になります。ここでは、必要な事項に限って解説しますので、「**5.LocalDateの使い方**」を参照してください。

StudentMemberクラスでは、❶のように、クラス宣言に`extends`キーワードを付けます。extendsは、継承のキーワードです。`extends GeneralMember`と書くと、「GeneralMemberクラスを継承する」と宣言したことになります。

継承によりGeneralMemberクラスのすべてのメンバが取り込まれるので、StudentMemberクラスで定義するメンバは、❷のexpDate(期限日)と、❹のisExpired()メソッド、それにexpDateのゲッターとセッターだけです。これは、P.207の図のStudentMember固有の部分です。

このクラスから生成されるオブジェクトの構造を次の図に示します。
GeneralMemberのすべてのメンバを含んでいる点に注意してください。

StudentMemberオブジェクトの構成

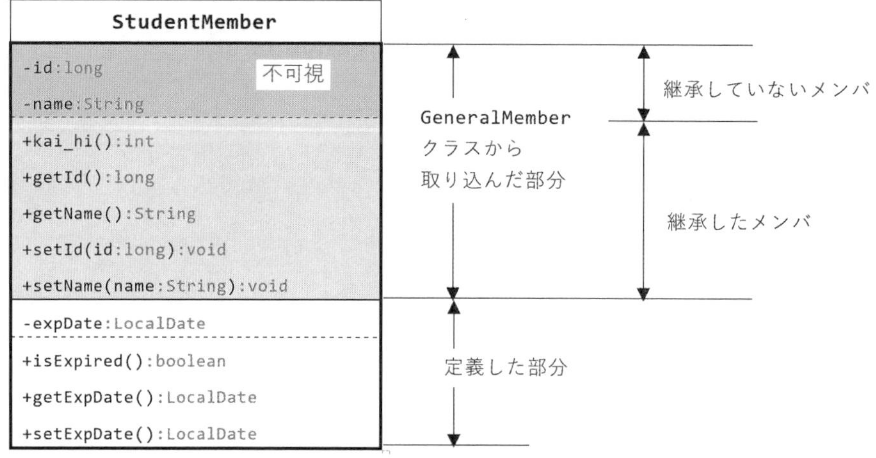

図の中で「不可視」とされているのは、GeneralMemberクラスのフィールドです。
ただ、GeneralMemberクラスのprivateメンバなので、取り込んではいてもStudentMemberクラスでは、直接にはアクセスできません。ゲッターやセッターを使ってアクセスします。

不可視のフィールドは、直接にはアクセスできないので、取り込んでいても継承していないメンバという位置づけになります。

3.super()

リスト8-1-2の❸を見てください。この`super(id, name)`は、スーパークラスのコンストラクタ呼び出しです。this()が自クラスのコンストラクタ呼び出しだったのと同様に、super()はスーパークラスのコンストラクタを呼び出します。
このように書くのは次の規則があるからです。

規則
サブクラスのコンストラクタでは、最初にスーパークラスのコンストラクタを呼び出さなければいけない。

したがって、サブクラスのコンストラクタの引数は、次のようにスーパークラスのコンストラクタで必要な引数を含みます。

```
public StudentMember(String id, String name, LocalDate expDate)
```

ただ、Eclipseでは、これまでのようにコンストラクタを自動生成するだけで、常に、super( )を含む適切なコンストラクタが作成されるので簡単です。

4. 引数のないsuper()は省略できる

なお、スーパークラスのコンストラクタが引数を持たない場合に限り、super( )の記述を省略できます。例えば、スーパークラスでコンストラクタを定義せず、デフォルトコンストラクタ（⇒ P.180）に任せている場合は、サブクラスのコンストラクタでsuper( )を省略できます。

```
public class NoField {
    public void print() {
        System.out.println("NoFieldクラス");
    }
}

public class Sub extends NoField {
    private int number;
    public Sub(int number){
        super();  ← 省略できる
        this.number = number;
    }
}
```

5.LocalDateの使い方

LocalDateは、Java言語で日付を表現する標準の方法です。使い方を示します。

リスト:8-1-3：日付の作成と比較

```
package chapter8_1;
import java.time.LocalDate;    ❶
public class LocalDateExamples {
    public static void main(String[] args) {

        LocalDate today = LocalDate.now();             // 今日の日付を作成   ❷
        LocalDate day = LocalDate.of(2022, 12, 1);     // 特定の日付を作成   ❸

        if(today.isAfter(day)){    // 日付の比較   ❹
            System.out.println(today+"は"+day+"よりも後の日付");
        }else {
            System.out.println(today+"は"+day+"よりも前の日付");
        }
    }
}
```

- **インポート文**

LocalDateを使うには、❶のインポート文が必要です。Eclipseでは、メニューで、[**ソース**]⇒[**インポートの編成**]と選択すると、自動入力されます。

- **日付オブジェクトの作成**

今日を表す日付オブジェクトは、❷のように`LocalDate.now()`で作成できます。引数はありません。また、特定の日付は、❸のように`LocalDate.of()`メソッドで、引数に西暦年、月、日をこの順序で指定します。

- **日付の比較**

❹のように、日付の前後関係を`isAfter()`メソッドで調べることができます。引数に指定した日付が後の日付の時trueを返します。逆に、前かどうかを調べるには、`isBefore()`メソッドを使います。

リスト8-1-3は実行すると次のように表示します。

```
2022-05-28は2022-12-01よりも前の日付
```

※表示は実行した日時によって変わります

練習8-1-1

解答

1. P.207の図を見て、GeneralMemberクラスを継承したSeniorMemberクラスを作成してください。後で使う予定なので、exerciseパッケージではなく、chapter8_1パッケージに作成してください。

継承を確認する

StudentMemberクラスは、GeneralMemberクラスを継承しているので、GeneralMemberクラスのすべてのメソッドを使えるはずです。インスタンスを作成して、継承したメソッドを使ってみましょう。

リスト8-1-4：継承したメソッドを実行する

```
package chapter8_1;
import java.time.LocalDate;
public class Sample1 {
    public static void main(String[] args) {

        var expDate = LocalDate.of(2026, 3, 31);
        var st = new StudentMember(100, "田中宏", expDate);

        System.out.println("id=" + st.getId());                ❶
        System.out.println("name=" + st.getName());            ❷
        System.out.println("会費=" + st.kai_hi());              ❸

        System.out.println("期限日か=" + st.isExpired());       ❹
        System.out.println("期限日 =" + st.getExpDate());       ❺

    }
}
```

❶❷❸は、GeneralMemberから継承したメソッドです。また、❹❺はStudentMemberで定義したメソッドです。どちらも正常に実行でき、次のように表示されます。

```
id=100
name=田中宏
会費=1000
期限日か=false
期限日 =2026-03-31
```

以上から、GeneralMemberクラスのメンバを継承していることがわかりました。なお、継承したセッターは実行していませんが、実行できるはずです。自分で試してみてください。

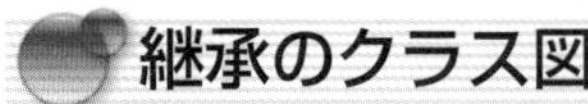

継承のクラス図

これまでのまとめとして、クラス図で継承関係を表現してみましょう。

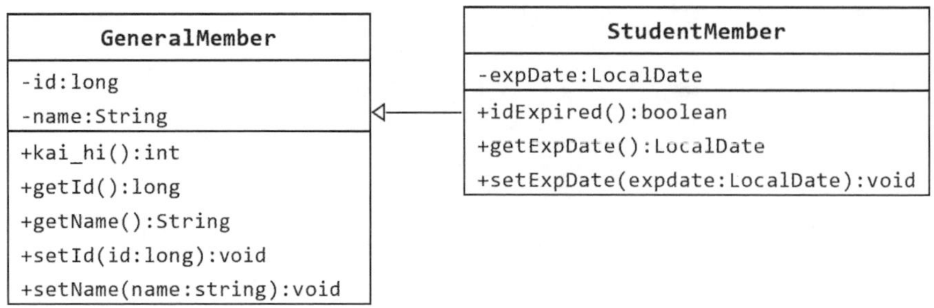

クラス図で継承関係を示すには、サブクラスからスーパークラスへ向かって、白抜きの矢印を引きます。上記でも、StudentMember から GeneralMember へ向かって矢印が引かれています。

継承によって、StudentMember は GeneralMember から private でないすべてのメンバを継承します。そのため、StudentMember のクラス図では、新規に追加したメンバだけを書きます。

練習 8-1-2

解答

1. GeneralMember と StudentMember のクラス図に、SeniorMember クラスを書き加えてください。

8.2 Objectクラスと継承の連鎖

Objectクラス

java.langパッケージにある**Objectクラス**は、Javaのすべてのクラスのスーパークラスです。クラス宣言に、extends Objectと書かなくても、あらゆるオブジェクトに自動的に継承されています。

Objectクラスにはフィールドはありませんが、すべてのオブジェクトに必須の11個のメソッドがあります。それは、オブジェクトの比較やコピー、マルチスレッドに関するメソッドです。

▼ オブジェクトクラスのメソッド

メソッド	機　能
equals(Object o)	オブジェクトの比較を行う
hashCode()	オブジェクトのハッシュコードを返す
toString()	オブジェクトの文字列表現を返す
clone()	オブジェクトのコピーを返す
getClass()	オブジェクトについてのClass型のオブジェクトを返す
notify()	スレッドを再開する
notifyAll()	全てのスレッドを再開する
wait()	スレッドを待機させる
wait(long time)	スレッドを待機させる。timeはタイムアウトの時間
wait(long time, int nano)	スレッドを待機させる。time、nanoはタイムアウトの時間

※finalize()メソッドは非推奨になっているので掲載していません

青色で示したメソッドは、そのまま使うのではなく、サブクラスで再定義(**オーバーライド**)して使います。このうち、equals()、hashCode()、toString()はEclipseで自動生成できることを学習しました。clone()は自動生成できないので手動で作成します。

継承の連鎖とクラス図

クラスは継承することにより、親クラス－子クラス－孫クラスのように、連鎖していきます。これを1つのクラス図にすると次のようになります。

なお、Objectクラスはクラス図には書きません。

8

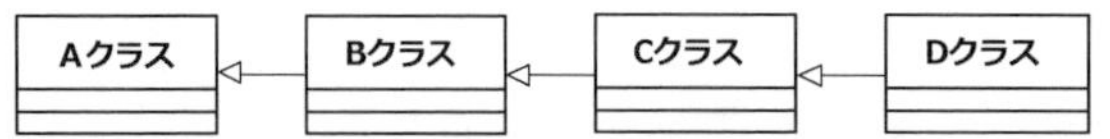

継承では、1つのスーパークラスしか継承できません。これを**単一継承**といいます。

例えば、次の図のBクラスのように、2つ以上のクラスを同時に継承することはできません。

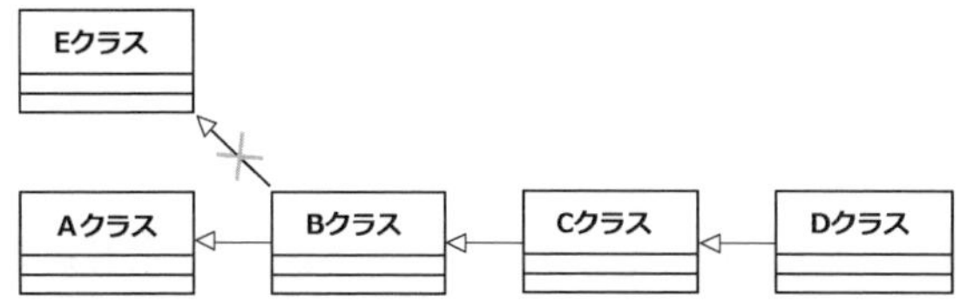

このため、継承ツリーは1本の直線的な連鎖として表現されます。

次のような図が示されている場合は、2本のツリーをまとめて描いただけです。

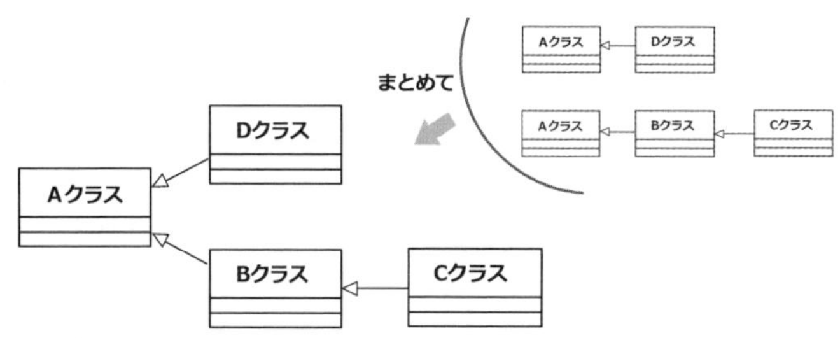

また、次の図に示すように、サブクラスはスーパークラスのメンバを取り込むので、徐々にメンバが増え、オブジェクトは肥大化していきます。

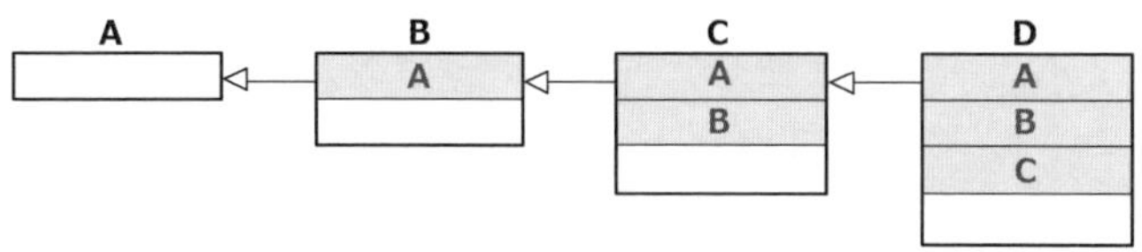

is-aとhas-aの関係

1.is-aの関係

継承は同じ種類のオブジェクトであることが前提です。Aをスーパークラス、Bをサブクラスとする時、正しい継承かどうかは、「**BはAの一種(亜種)**」と言えるかどうかで判断できます。これをis-aの関係といいます。

例えば、「学生会員は一般会員の一種(亜種)」と言えるので、is-aの関係が成り立っていて、正しい継承です。

ところで、スポーツジムには、水泳やゴルフなどの個人レッスンのプログラムがあります。そこで、レッスンプログラムを表すオブジェクトとして、Lessonオブジェクトを作成し、次のように継承するのはどうでしょうか？

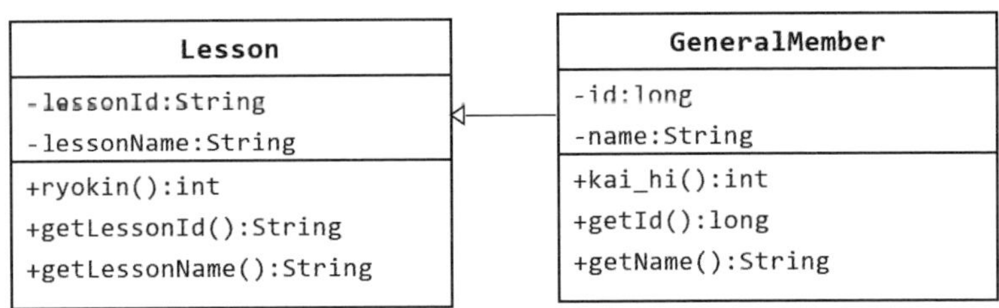

※簡略化のためにセッターは作成しないものとします

この継承では、「一般会員はレッスンプログラムの一種」ということになり、明らかに間違いです。2つは同じ種類のオブジェクトではありません。

2.has-aの関係

「一般会員はレッスンを受講する」という関係は、次のように、GeneralMemberオブジェクトがLessonオブジェクトをフィールドに持つようにすると、正しく表現できます。クラス図で示すと次のようです。

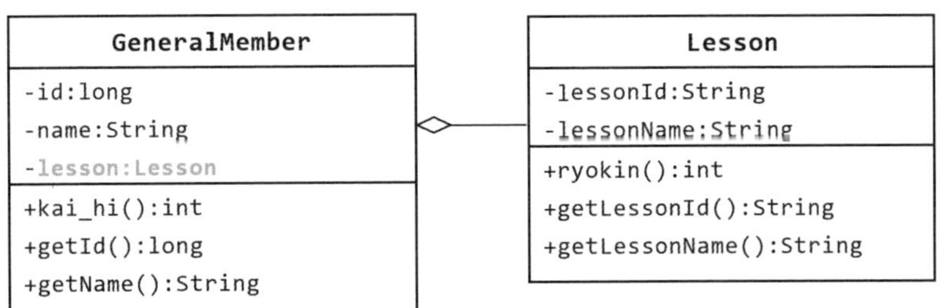

これは「Memberオブジェクトが Lessonオブジェクトを所有している」ので、has-aの関係といいます。クラス図では、◇———を使って関係を表現します。

なおLessonオブジェクトの定義クラスは次のようです。

フィールドには、レッスンのIDと名前があり、メソッドは、レッスン料金を計算して返すメソッド(簡単にするため計算していません)とゲッターです。

リスト8-2-1：Lessonクラス

```
package chapter8_2;
public class Lesson {
    private String lessonId;      // レッスンID
    private String lessonName;    // レッスン名

    public Lesson(String lessonId, String lessonName) {
      lessonId = lessonId;
      lessonName = lessonName;
    }
    public int ryokin() {         // レッスン料金を計算して返す(簡略にしています)
      return 1000;
    }
    public String getLessonId() {
      return lessonId;
    }
    public String getLessonName() {
      return lessonName;
    }
}
```

3. 委譲メソッド

GeneralMemberオブジェクトがLessonオブジェクトをメンバに持つ場合、ある会員が受講しているレッスンコースの名前や料金などは、どうやって知ることができるでしょうか？

それには2.で示したクラス図は不十分で、実際には次のようにする必要があります。

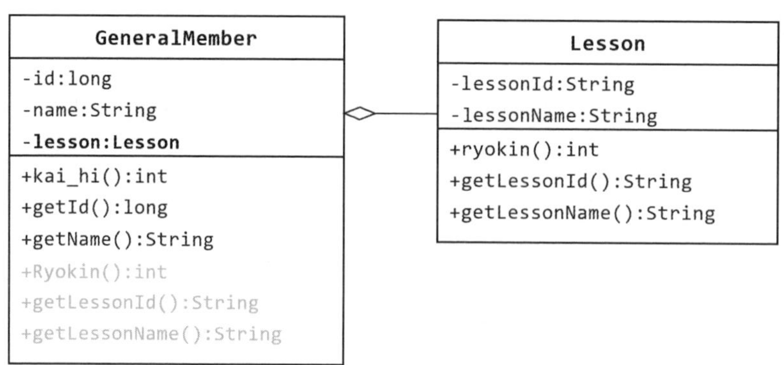

青字のように、レッスンのIDやレッスン名、料金計算などをするメソッドをGeneralMemberオブジェクトの中に作成します。これらは元々はLessonオブジェクトのメソッドですが、GeneralMemberオブジェクトでそれを利用できるようにするだけです。

実際のコードは次のようになります。

リスト8-2-2：委譲メソッド

```
package chapter8_2;
public class GeneralMember {
    private long id;
    private String name;
    private Lesson lesson;      // レッスンオブジェクト

    public GeneralMember(long id, String name, Lesson lesson) {
       this.id = id;
       this.name = name;
       this.lesson = lesson;
    }
    public int kai_hi() {
       return 1000;
    }
    public long getId() {
       return id;
    }
    public String getName() {
       return name;
    }
    public int ryokin() {
       return lesson.ryokin();                ❶
    }
    public String getLessonId() {
       return lesson.getLessonId();           ❷
    }
    public String getLessonName() {
       return lesson.getLessonName();         ❸
    }
}
```

❶❷❸は、それぞれLessonオブジェクトのメソッドを呼び出しているだけです。これらのメソッドは、Lessonオブジェクトの機能をGeneralMemberオブジェクトで代行しているだけなので、**委譲メソッド**といいます。

Eclipseでは、フィールドにオブジェクトがある場合、その委譲メソッドを自動生成できます。いちいち手書きするのは面倒なので、ぜひ利用しましょう。

8

委譲メソッドの自動生成

①メニューから[**ソース**]⇒[**委譲メソッドの生成**]と選択する
⇒ダイアログが開く

②ダイアログで必要なメソッドにチェックを入れ[**生成**]を押す

解説動画

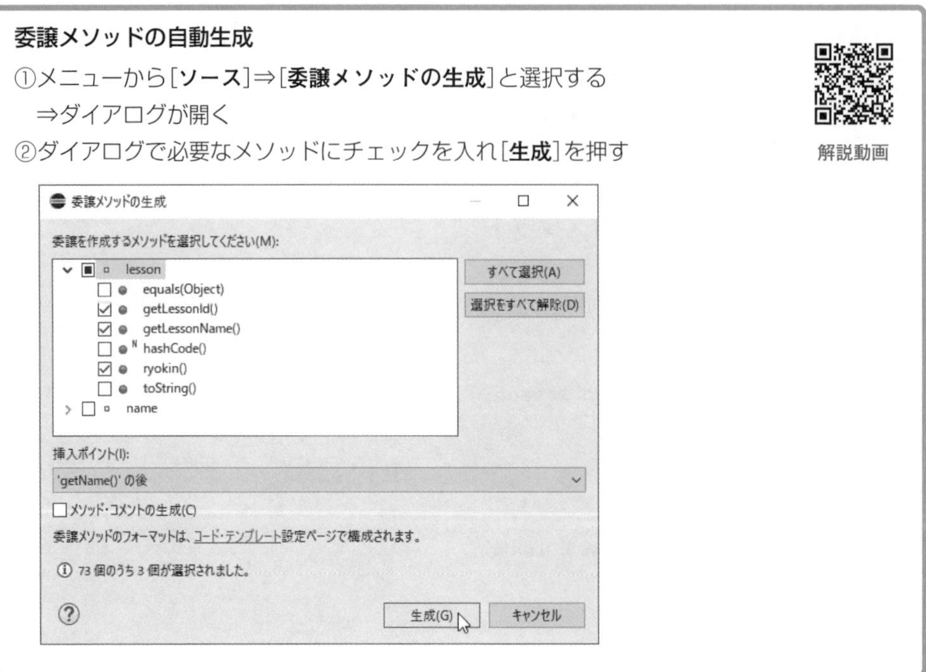

練習 8-2-1

解答 

1. 次のデータにより Lesson オブジェクトと GeneralMember オブジェクトのインスタンスを作成してください。また、GeneralMember オブジェクトのインスタンスを使って、会員氏名、レッスン名、レッスン料金を実行結果のように表示してください。

・一般会員データ ･･････････ 会員 ID:**100**、氏名 : **田中宏**
・受講しているレッスン ････ レッスン ID：**G101**、レッスン名：**ゴルフ**

```
会員氏名=田中宏
受講しているレッスン=ゴルフ
レッスン料金=1000
```

＜ヒント＞ レッスン名とレッスン料金の表示には委譲メソッドを使います。

8.3 アップキャストによる操作

継承を使うと、サブクラスで必要なメンバを追加するだけで新しいクラスを作成できます。しかし、単なる差分プログラミングと理解してしまうのは間違いです。差分プログラミングとして使うだけなら、継承(is-a)ではなく、has-aの関係に置き換える方がよいことが経験的に知られています。

継承が本領を発揮するのは、これから解説するオーバーライドやアップキャストを利用する場合です。これにより、単なる差分プログラミングではなく、汎用的な処理を作成できることがわかるでしょう。

オーバーライド

1. オーバーライドとは

オーバーライドとは、サブクラスでスーパークラスのメソッドの内容を書き換えることです。すでに、toString( )、equals( )、hashCode( )など、Objectクラスのメソッドをオーバーライドしましたが、同じことが、一般のメソッドについても可能です。

次は、GeneralMemberクラスとStudentMemberクラスのクラス図を再掲したものです。この継承関係で、オーバーライドを試してみましょう。

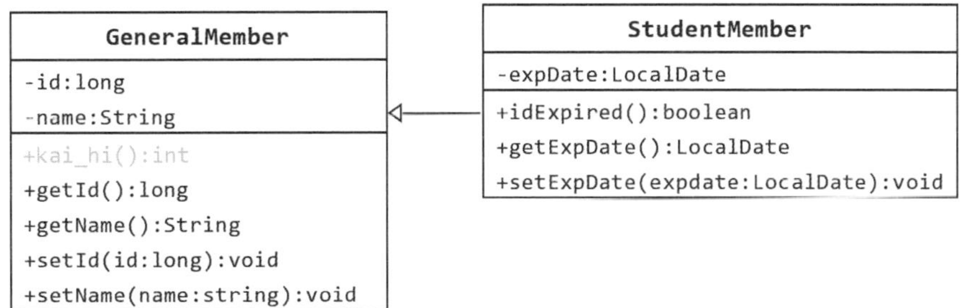

クラス図から、GeneralMemberクラスのkai_hi( )メソッドは、StudentMemberクラスに継承されています。これは会費を計算して返すメソッドで、次のような内容でした。

```
  public int kai_hi() {                          // 会費を計算して返す
    return 1000;
  }
```

簡単にするために、計算せずに定額を返す内容になっています。

2. オーバーライドの方法

GeneralMember クラスと StudentMember クラスで会費が同じという設定は、現実的ではありません。そこで、StudentMember クラスで、kai_hi( ) メソッドをオーバーライドにより再定義することにしましょう。

リスト 8-3-1：StudentMember クラスで kai_hi() をオーバーライド

```
package chapter8_3;
import java.time.LocalDate;
import chapter8_1.GeneralMember; // スーパークラスをchapter8_1からインポートします
public class StudentMember extends GeneralMember {

    private LocalDate expDate;

    public StudentMember(long id, String name, LocalDate expDate) {
        super(id, name);
        this.expDate = expDate;
    }
    @Override
    public int kai_hi() {          // オーバーライド        ❶
        return 500;
    }
    public boolean isExpired() {
        LocalDate today = LocalDate.now();
        return today.isAfter(expDate);
    }
    public LocalDate getExpDate() {
        return expDate;
    }
    public void setExpDate(LocalDate expDate) {
        this.expDate = expDate;
    }
}
```

❶がオーバーライドした kai_hi( ) メソッドです。500 円を返すように変更しています。

オーバーライドでは、内容以外は変えません。つまり、アクセス修飾子(public)、戻り値型(int)、メソッド名(kai_hi)、引数構成(引数の型、数、並び順)はスーパークラスのメソッドと同じにします。ただし、若干の例外があります。

オーバーライドの条件

①アクセス修飾子、戻り値型、メソッド名、引数構成を変えない
②アクセス修飾子は、公開範囲を広くすることはできる
③戻り値型がオブジェクト型の場合、そのオブジェクトのサブクラス型にしてもよい

②は、private を public に変えてもよい、という意味です。

※アクセス修飾子は、ほかにもパッケージアクセスと protected アクセスがあります。9章で詳しく解説しますが、private ＜ パッケージアクセス ＜ protected ＜ public の順で、公開範囲が広くなります。

③は、例えば戻り値として GeneralMember 型のオブジェクトを返すメソッドがある時、それをオーバーライドして、サブクラスである StudentMember 型のオブジェクトを返すようにしてもよい、ということです。

注意 @Override アノテーション

ところで、オーバーロードは、同じ名前で引数構成だけが異なるメソッドを作成することでしたが、スーパークラスのメソッドをサブクラスでオーバーロードできます。
そのため、オーバーライドするつもりでも、誤ってメソッドの引数構成を変えてしまうと、オーバーロードとみなされてしまいます。だだ、コンパイルエラーではないので、エラーは表示されず、間違いに気づかない可能性があります。

このような誤りを防ぐには、オーバーライドメソッドに @Override アノテーションを付けておきます。これにより、正しいオーバーライドかどうか、コンパイラがチェックします。間違いの場合は、エラーが表示されるようになり安全です。

後で使う予定があるので、練習 8-1-1 で作成した SeniorMember クラスを chapter8_3 パッケージにコピーし、kai_hi( ) メソッドをオーバーライドしておきましょう。次のように 700 円を返すようにします。

リスト 8-3-2：SeniorMember クラスでのオーバーライド

```
package chapter8_3;
import java.time.LocalDate;
import chapter8_1.GeneralMember;   // スーパークラスをchapter8_1からインポートします

public class SeniorMember extends GeneralMember {
```

```
    private LocalDate birthday;

    public SeniorMember(long id, String name, LocalDate birthday) {
        super(id, name);
        this.birthday = birthday;
    }
    @Override
    public int kai_hi() {        // オーバーライド
        return 700;
    }
    public LocalDate getBirthday() {
        return birthday;
    }
    public void setBirthday(LocalDate birthday) {
        this.birthday = birthday;
    }
}
```

3. StudentMember クラスでのオーバーライドの確認

では、オーバーライドを確認するために、**リスト 8-1-4** を同じパッケージにコピーして実行してみましょう。

リスト 8-3-3：StudentMember クラスでのオーバーライドの確認

```
package chapter8_3;   // chapter8_1からコピー
import java.time.LocalDate;
public class Sample1 {
    public static void main(String[] args) {
        var expDate = LocalDate.of(2026, 3, 31);
        var st = new StudentMember(100, "田中宏", expDate);

        System.out.println("id=" + st.getId());
        System.out.println("name=" + st.getName());
        System.out.println("会費=" + st.kai_hi());// オーバーライドメソッド  ❶
        System.out.println("期限日か=" + st.isExpired());
        System.out.println("期限日 =" + st.getExpDate());
    }
}
```

❶は、**リスト 8-1-4** では継承したメソッドを確認するために実行しました。ここでは、オーバーライドしたメソッドを実行することになります。実行すると、次のように会費が500 円と表示されるので、オーバーライドが有効になっていることがわかります。

```
id=100
name=田中宏
会費=500
期限日か=false
期限日 =2026-03-31
```

4. オーバーライドのあるオブジェクトの構造

StudentMember クラスで kai_hi( ) メソッドをオーバーライドすると、インスタンスの中には、次の図の❶❷のように、２つの kai_hi( ) メソッドが存在します。

▼ StudentMemberオブジェクトの構成

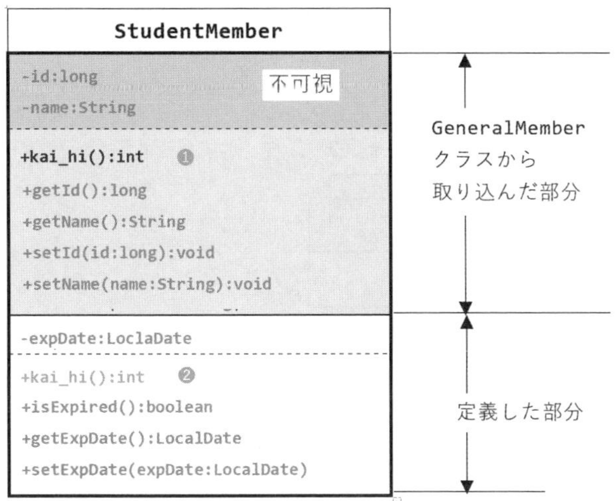

❶は GeneralMember クラスから継承したメソッドで、❷はそれをオーバーライドしたメソッドです。このように、メソッドを再定義するといっても、元のメソッドがなくなるわけではありません。起動する際に、StudentMember クラスでオーバーライドした❷が優先される、ということです。

アップキャスト ― 参照型の自動型変換

継承関係のあるオブジェクトでは、サブクラスをスーパークラスへ代入できます。それはサブクラス型からスーパークラス型への変換になるので、アップキャストといいます。

1. アップキャストとは

例えば、StudentMemberのインスタンスを作成したら、それをスーパークラス型であるGeneralMember型の変数に代入できます。具体的には、次のようにします。

```
StudentMember stm =
    new StudentMember(100, "田中宏", LocalDate.of(2026, 3, 31));   ❶
GeneralMember gem = stm;            ❷          // アップキャスト
```

まず、❶によって、変数stmには、作成したStudentMember型のインスタンスの参照が入っています。そして❷は、代入によって、それをstmからgemにコピーしていることになります。この代入操作がアップキャストです。

次の図を見て、アップキャストの意味を考えてみましょう。

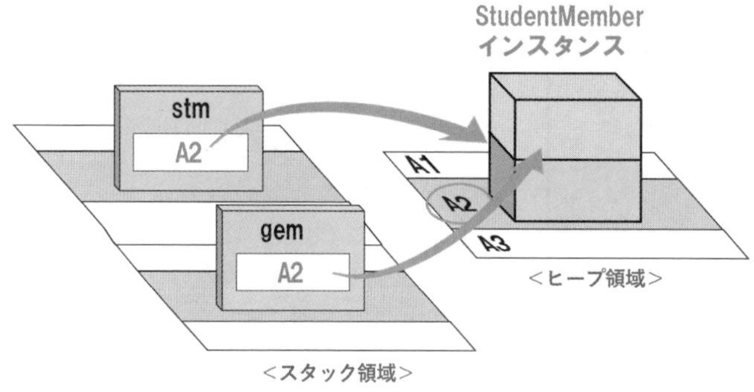

代入により、図に示すように、stmもgemも同じ参照を持ち、同じインスタンスにアクセスすることになります。ただし、gemはGeneralMember型なのでインスタンス全体をアクセスできるわけではありません。アクセスできるのは、図の青色で示した部分だけです。この青色の部分は、継承によりGeneralMemberから取り込んだ部分です。

実際、次の図のようにStudentMember型のインスタンスは、GeneralMemberから取り込んだ部分と自分で拡張した部分からできています。青色の部分は、その取り込んだ部分にあたります。

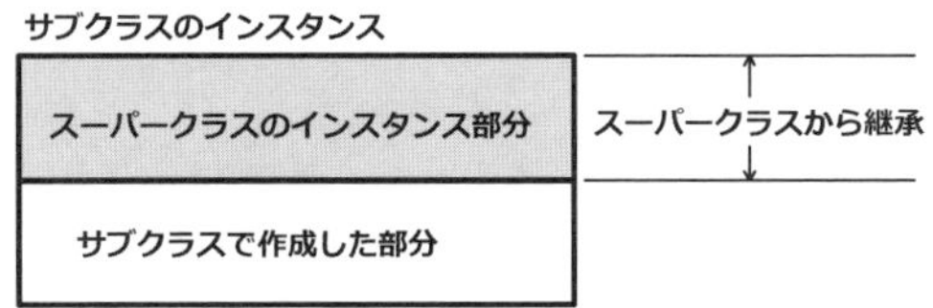

結局、青色の部分があるので、その部分だけを使用することにすれば、**サブクラスのインスタンスをスーパークラスのインスタンスとみなして使うことができる**、というわけです。それがアップキャストの意味です。

参照について解説した7章では、参照にも型があると説明しました。アップキャストの意味を型の観点から言い直すと、アップキャストにより、参照の型が**StudentMember型からGeneralMember型へと自動型変換**されるので、インスタンスのアクセスできる範囲がスーパークラス部分だけになる、ということです。

2. 直接代入によるアップキャスト

アップキャストでは、サブクラスをスーパークラスへ、直接代入する書き方がよく使われます。次のように、newで生成したインスタンスを直接、スーパークラス型の変数に代入します。

```
GeneralMember gem =
        new StudentMember(100, "田中宏", LocalDate.of(2026, 3, 31));
```


このアップキャストの書き方では、図の様に、ヒープにサブクラスのインスタンスが生成され、その参照がスーパークラス型の変数に代入されます。

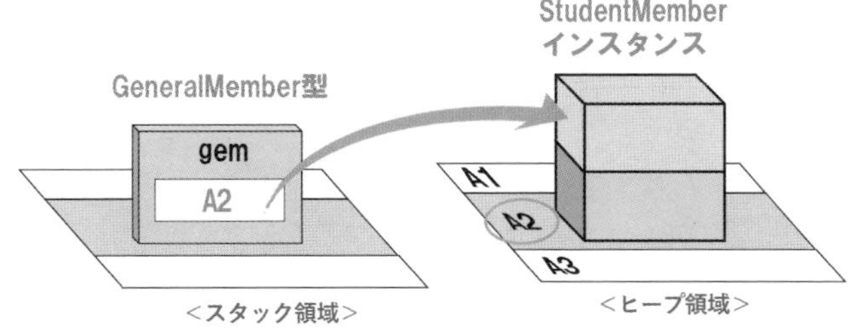

この場合も、参照がスーパークラス型に自動型変換されます。変数gemはスーパークラス型なので、gemによってアクセスできるのは、青く塗った部分だけになります。

アップキャストの働き

アップキャストでは、サブクラスのインスタンスのうち、スーパークラスから継承したメンバだけにアクセスできます。それを次のプログラムで確かめてみたいと思います。

リスト8-3-4：アップキャストの効果

```
package chapter8_3;
import java.time.LocalDate;
import chapter8_1.GeneralMember;
public class Sample2 {
    public static void main(String[] args) {
        GeneralMember gem
            = new StudentMember(100, "田中宏", LocalDate.of(2026, 3, 31)); ❶

        System.out.println("ID=" + gem.getId());              ❷
        System.out.println("氏名=" + gem.getName());           ❸
        System.out.println("会費=" + gem.kai_hi());            ❹
    // System.out.println("期限日か=" + gem.isExpired());       ❺
    // System.out.println("期限日=" + gem.getExpDate());        ❻
    }
}
```

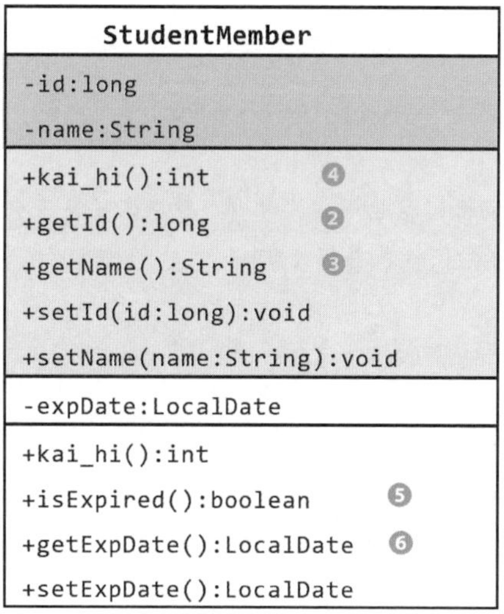

StudentMember
-id:long -name:String
+kai_hi():int ❹ +getId():long ❷ +getName():String ❸ +setId(id:long):void +setName(name:String):void
-expDate:LocalDate
+kai_hi():int +isExpired():boolean ❺ +getExpDate():LocalDate ❻ +setExpDate():LocalDate

まず、左は、StudentMemberインスタンスの模式図です。青い部分は、GeneralMemberから取り込んだ部分で、アップキャストではこの継承した部分(薄い青)だけにアクセスできます。

リストでは、❷❸❹が継承した部分のメソッドを使用しています。セッターは使っていませんが、同じように使えるので省略しています。

❷❸❹はコンパイルエラーにならないので、正常に使えることが確認できます。

次に、❺❻は、サブクラスであるStudentMemberのメソッドです。コメントを外すとこれらはコンパイルエラーになります。セッターは省略しましたが、同じです。

この結果から、アップキャストした変数gemを使うと、サブクラスで作成したメソッドは使えないことがわかりました。実行すると、スーパークラスから継承したメソッドが実行され、次のようになります。

```
ID=100
氏名=田中宏
会費=500
```

オーバーライドメソッドの起動規則

前節の実行結果で、会費が500円と表示されていることに気づきましたか？

本来、GeneralMemberのkai_hi( )メソッドの出力であれば、1000円と表示されなくてはいけません。500円は、StudentMemberでオーバーライドしたkai_hi( )メソッドの出力です。

StudentMember	
-id:long	
-name:String	
+kai_hi():int	❶
+getId():long	
+getName():String	
+setId(id:long):void	
+setName(name:String):void	
-expDate:LocalDate	
+kai_hi():int	❷
+isExpired():boolean	
+getExpDate():LocalDate	
+setExpDate():LocalDate	

左に、StudentMemberの内容を示す模式図を再掲します。

❶は、GeneralMemberのkai_hi( )メソッドで、❷は、それをStudentMemberでオーバーライドしたメソッドです。

確認のため、**リスト8-1-1**と**リスト8-3-1**を確認してください。❶は、1000円を返し、❷は500円を返すようになっているはずです。

つまり、**リスト8-3-4**の実行結果からわかることは、❶ではなく、❷のkai_hi( )メソッドが起動したということです。これには、オーバーライドメソッドに関する**ダイナミックバインディング**という仕組みが関係しています。

> **ダイナミックバインディング**
>
> オーバーライドメソッドは、実行時に、（変数の型ではなく）インスタンスの実際の型を調べて、その定義クラスでオーバーライドされたメソッドが起動される。

これを**リスト 8-3-4** に当てはめてみると、

「gem.kai_hi( ) の実行では、変数 gem の型は GeneralMember 型だが、インスタンスの実際の型は StudentMember 型なので、StudentMember クラスでオーバーライドした kai_hi( ) メソッドが起動する」

ということです。

継承関係にあるオブジェクトは、アップキャストが可能なため変数の型と実際の型が食い違うことがありますが、オーバーライドしたメソッドだけは、変数の型ではなく、インスタンスの本当の型を調べて、その定義クラスでオーバーライドしたメソッドを実行する仕組みになっているのです。

サブクラスをスーパークラス型で処理する

スポーツジムの会員管理システムでは、一般会員、学生会員、シニア会員を扱うために、GeneralMember、StudentMember、SeniorMember という 3 つの会員クラスがありますが、現実には、多くの処理で 3 つの会員を個別に扱うのではなく、まとめて扱う必要があります。

例えば、全会員が支払う会費の総額を求める場合を考えてみましょう。すべての会員のインスタンスをリストに入れ、1 件ずつ取り出して会費を集計するというプログラムを書きたいのですが、可能でしょうか？

問題はリストに含まれる要素の型をどうするかです。型は 1 つに決めなくてはいけません。では、GeneralMember、StudentMember、SeniorMember のどの型にすべきでしょうか？

アップキャストとオーバーライドについて学習したので、1 つの可能な方法は、インスタンスをすべて GeneralMember 型として扱うことです。次のプログラムで試してみましょう。

リスト 8-3-5：GeneralMember 型のリストを集計する

```
package chapter8_3;
import java.time.LocalDate;
import java.util.List;
import chapter8_1.GeneralMember;
public class Sample3 {
    public static void main(String[] args) {

        List<GeneralMember> list = List.of(    ❶
            new GeneralMember(200, "木村一郎"),
            new StudentMember(100, "田中宏", LocalDate.of(2026, 3, 31)),
            new SeniorMember(150,"鈴木浩二",LocalDate.of(1960, 3, 31))
        );

        int total = 0;
        for(GeneralMember gem : list) { // 会費の合計を求める    ❷
            total += gem.kai_hi();    ❸
        }

        System.out.println("合計=" + total);    ❹
    }
}
```

❶はリストを作成する処理です。

要素には、3つの型が混在していますが、List<GeneralMember>と指定しているので、GeneralMember 型のリストになります。

そのため、全ての要素はスーパークラス型にアップキャストされ、GeneralMember 型として扱われます。

❷は、リストから要素を取り出して、会費を集計する拡張 for 文です。要素の型として GeneralMember 型を指定します。❸で gem.kai_hi( ) メソッドにより会費の額を取得します。オーバーライドされたメソッドなので、インスタンスの本当の型に合わせて、それぞれのサブクラスでオーバーライドした kai_hi( ) メソッドが起動します。

最後に❹で合計を表示すると、次のようになり、正しく集計できたことがわかります。

```
合計=2200
```

8

オーバーライドを予定してスーパークラスを設計する

いろいろなサブクラスを、スーパークラス型にアップキャストして扱っても、オーバーライドメソッドだけはサブクラス固有の働きをすることがわかりました。オーバーライドメソッドを前提とする限り、スーパークラス型では、機能が異なるサブクラスを同じ方法で扱えるのでとても便利です。

そこで、クラスを設計する際、サブクラスごとに内容の異なる共通メソッドは、スーパークラスでメソッドの形だけ作っておく、という方法が採られます。具体的には、スーパークラスでは処理内容をダミーにしておき、サブクラスでオーバーライドする計画です。

スポーツジムの会員管理システムをこの方針で設計し直してみましょう。ダミーメソッドを持つスーパークラスを新に作成するので、全体のクラスと継承関係は次のようになるでしょう。

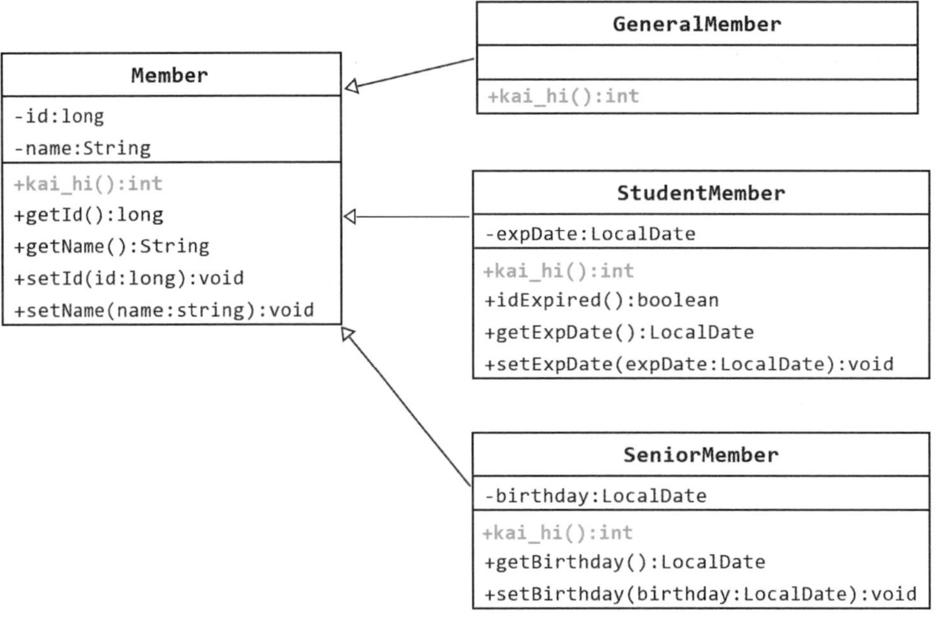

Memberクラスがすべてのスーパークラスで、サブクラスに共通なメンバをすべて持っています。ただし、kai_hi( )メソッドだけは、サブクラスで内容をオーバーライドする計画なので、処理内容はダミーです(例えば単に0を返すようにします)。

そして、各サブクラスは次のように作成します。

まず、GeneralMemberクラスはMemberクラスを継承し、オーバーライドするkai_hi( )メソッドだけを持つサブクラスです。

また、StudentMemberクラスとSeniorMemberクラスも、Memberクラスを継承するクラスになり、kai_hi( )メソッドをオーバーライドします。

クラス継承を使うシステムでは、単なる差分プログラミングは推奨されません。その用途にはhas-aの関係を作って委譲メソッドを使うべきです。

継承を使う場合は、このようにスーパークラスにダミーの共通メソッドを定義しておいて、サブクラスでそれをオーバーライドするのが一般的な使い方です。

また、スーパークラスには、次章で解説する**抽象クラス**を使います。抽象クラスでは内容が空のメソッド(抽象メソッド)を定義でき、サブクラスが抽象メソッドを必ずオーバーライドするように強制する仕組みがあります。

そこで、次章では、Memberクラスを抽象クラスとして定義する方法を解説します。

練習 8-3-1

解答 

1. 前ページに示したクラス図から、4つのクラスをexerciseパッケージに作成してください。ただし、Memberクラスは普通のクラスとして作成し、そのkai_hi( )メソッドは、0を返すだけにします。

2. **リスト 8-3-5**のプログラムを、Memberクラスのリストを使うように変更して作成し直してください。

Chapter 9

抽象クラスと多態性

抽象クラスに対して普通のクラスは具象クラスといいます。抽象クラスは具象クラスを派生するために使いますが、前章までの解説で明らかになったように、それは派生したサブクラスを使うのではなく、サブクラスがオーバーライドしたメソッドを、スーパークラスとして利用するためです。それが、継承による多態性（ポリモーフィズム）を実現する方法なのです。

一歩踏み込んだ言い方をするなら、継承を使ってシステムを設計する場合は、抽象クラスから始めるといいでしょう。それは複雑で巨大なシステムを、オブジェクト指向の方法で設計する際のガイドラインです。

もっとも、この10年ほどの間に、いろいろなシステム設計の手法が登場し、巨大な一体型のシステムだけでなく、分散型のシステム開発も始まっています。すべてがオブジェクト指向の方法だけで解決できる時代ではなくなりつつあることも、覚えておきましょう。

9.1 抽象クラスによる継承

前章で、継承のスーパークラスには**抽象クラス**を使うと説明しました。ここではそれを実際にやってみて、普通のクラス（**具象クラス**という）とどう違うのか理解しましょう。

抽象クラスとは

抽象クラスは、サブクラスに継承されることを前提にしたクラスで、**abstract** class 〜と宣言して作成します。継承が前提なので、抽象クラスからインスタンスを作成することはできませんが、メソッドの名前だけを定義した**抽象メソッド**を持つことができます。抽象メソッドはサブクラスでオーバーライドするためのメソッドです。

1. 抽象クラスの作成

前章の Member クラスを抽象クラスとして作成すると次のようです。

リスト 9-1-1：抽象クラス

```
package chapter9_1;
public abstract class Member {     // 抽象クラス宣言          ❶
    private long id;
    private String name;
    protected Member(long id, String name) {
       this.id = id;
       this.name = name;
    }
    protected abstract int kai_hi();// 抽象メソッド          ❷
    public long getId() {
       return id;
    }
    public String getName() {
       return name;
    }
    public void setId(long id) {
       this.id = id;
    }
    public void setName(String name) {
       this.name = name;
    }
}
```

Member
-id:long -name:String
+kai_hi():int +getId():long +getName():String +setId(id:long):void +setName(name:string):void

abstract は“抽象”を定義するキーワードです。❶のように、abstract を付けてクラス宣言すると、抽象クラスになります。

抽象クラスはサブクラスに継承されることを前提にしているので、インスタンスを作れません。インスタンスは、継承したサブクラスで、初めて作成できます。

❷は抽象メソッドです。abstract を付け、メソッド宣言だけを書きます。サブクラスでのオーバーライドが前提なので、具体的な処理内容は、継承したサブクラスで定義します。

2.protected 修飾子

抽象クラスのコンストラクタと抽象メソッドには、アクセス修飾子として protected を付けます。アクセス修飾子は、無用な公開を避け、可能な限り狭い範囲となるようにするのが原則ですが、protected は、「サブクラス、または同じパッケージのクラスで使用できる」というアクセス制限です。

Protected を付ける理由

コンストラクタも抽象メソッドもサブクラスでしか使われないからです。

コンストラクタは、継承したサブクラスがインスタンスを作成する時、super(～); によってサブクラスから呼び出されるだけです。また、抽象メソッドもサブクラスで内容をオーバーライドするのが前提ですから、サブクラスでしか使いません。ただし、オーバーライドしたメソッドは、public に変更できます(**リスト 9-1-2** を参照)。

アクセス修飾子の種類

アクセス修飾子は次の 4 種類です。

修飾子	記号	意　味
public	+	アクセス制限はない
protected	#	サブクラスの中、および、同じパッケージにあるクラス内で使用できる
なし	～	同じパッケージにあるクラス内で使用できる。パッケージアクセスという
private	−	そのクラスの中だけで使用できる

記号欄は、クラス図での記号を示します。

アクセス修飾子を付けない場合、パッケージアクセスといい、同じパッケージ内のクラスだけからアクセスできます。protected はサブクラス以外に、同じパッケージ内からもアクセスできるので、公開範囲は次の順序で広くなります。

private < パッケージアクセス < protected < public

★ class は public かパッケージアクセスだけで、protected と private は使えません。

抽象クラスによる継承

Member クラスは、次のクラス図のように継承されます。
クラス図では、抽象クラス名と抽象メソッド名は斜体字で表記しなくてはいけません。

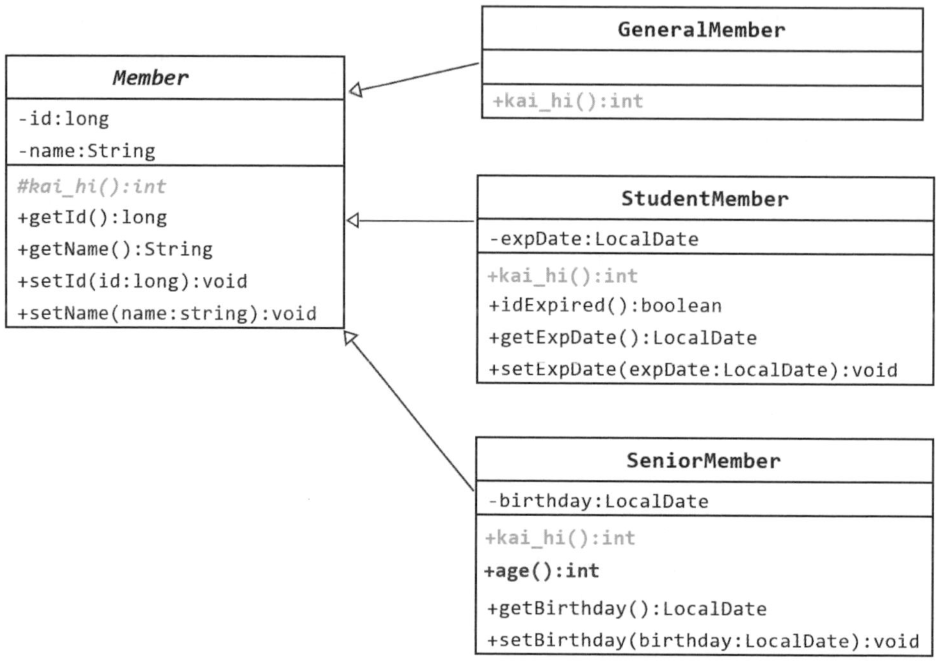

※誕生日から年齢を求める age() メソッドを追加しています

では、クラス図によって、右側にあるサブクラスを作成しましょう。

リスト 9-1-2：GeneralMember クラス

```
package chapter9_1;
public class GeneralMember extends Member {

    public GeneralMember(long id, String name) {
       super(id, name);
    }
    @Override
    public int kai_hi() {
       return 1000;
    }
}
```

GeneralMemberクラスは、kai_hi( )メソッドをオーバーライドするだけです。アクセス修飾子をprotectedからpublicに変更しています。

リスト9-1-3：StudentMemberクラス

```
package chapter9_1;
import java.time.LocalDate;
public class StudentMember extends Member {

    private LocalDate expDate;

    public StudentMember(long id, String name, LocalDate expDate) {
        super(id, name);
        this.expDate = expDate;
    }

    @Override
    public int kai_hi() {                    // オーバーライド ❶
        return isExpired() ? 1000 : 700; // isExpired()は下に定義している
    }

    public boolean isExpired() {
        LocalDate today = LocalDate.now();
        return today.isAfter(expDate);
    }
    public LocalDate getExpDate() {
        return expDate;
    }
    public void setExpDate(LocalDate expDate) {
        this.expDate = expDate;
    }
}
```

9

❶のように、StudentMemberクラスもkai_hi( )メソッドをオーバーライドし、アクセス修飾子をpublicに変更しています。
ただし、サブクラスの機能を使ってオーバーライドメソッドの処理を組み立ててもよいことを示すために、これまでと少し内容を変えています。

オーバーライドでは、isExpired( )を使って、学生会員の期限日(expDate)を過ぎていないかどうか調べ、過ぎていれば1000円、過ぎていなければ700円を返すようにしました。

練習 9-1-1

解答 

1. Member クラスを継承した SeniorMember クラスを chapter9_1 パッケージに作成してください。kai_hi( ) メソッドでは、年齢を計算し、70 才以上なら会費を 300 円とし、それ以外は 700 円を返すようにします。

なお、クラス図には、年齢を求めるメソッド age( ) があります。age( ) メソッドは、フィールドの誕生日（birthday）と今日の日付から、現在の年齢を返すメソッドです。

age( ) は次のように作成してください。

```
public int age() {
    var today = LocalDate.now();
    return (int)(ChronoUnit.YEARS.between(birthday, today));
}
```

※ ChronoUnit.YEARS は列挙型で、between() メソッドで年数を計算します。詳細は 17 章で解説します。

サブクラスをスーパークラス（抽象クラス）型で処理する

リスト 8-3-5 では、全てのインスタンスを GeneralMember 型にアップキャストしたリストを使って、会費の合計を求めました。ここでは、全てのインスタンスを Member 型にアップキャストしたリストを使って、会費の合計を求めてみましょう。

リスト 9-1-4：Member 型にアップキャストして集計する

```
package chapter9_1;
import java.time.LocalDate;
import java.util.List;
public class Sample1 {
    public static void main(String[] args) {
        List<Member> list = List.of(    ❶
                new GeneralMember(200, "木村一郎"),
                new StudentMember(100, "田中宏", LocalDate.of(2026, 3, 31)),
                new SeniorMember(150,"鈴木浩二",LocalDate.of(1960, 3, 31))
        );
        int total = 0;
        for(Member member : list) {    // 会費の合計を求める    ❷
            total += member.kai_hi();
        }
        System.out.println("合計=" + total);
    }
}
```

※ chapter9_1 パッケージには、練習 9-1-1 で作成した SeniorMember クラスが必要です。

❶により、リストの要素は、すべてスーパークラス型のMember型とみなされます。そこで、❷の拡張for文では、Member型のインスタンスとして取り出し、集計します。

member.kai_hi( )で会費を取得しますが、kai_hi( )は、サブクラスでオーバーライドされているので、実際のインスタンスの型に応じて、適切なkai_hi( )メソッドが実行されます。実行すると、次のように表示され、正しく計算できたことがわかります。

```
合計=2400
```

varによる型推論について

リスト9-1-4は、varを使って次のように書くことができます。

リスト9-1-5：varの使用

```
package chapter9_1;
import java.time.LocalDate;
import java.util.List;
public class Sample2 {
    public static void main(String[] args) {
        var list = List.of(    ❶
                new GeneralMember(200, "木村一郎"),
                new StudentMember(100, "田中宏", LocalDate.of(2026, 3, 31)),
                new SeniorMember(150,"鈴木浩二",LocalDate.of(1960, 3, 31))
        );
        int total = 0;
        for(var member : list) {    ❷
            total += member.kai_hi();
        }
        System.out.println("合計=" + total);
    }
}
```

❶では、List<Member>をvarに変更しています。varとすると、自動型推論が働いて、リストの要素の型は、共通のスーパークラス型であるMember型とみなされます。

また、❷でもMemberをvarに変更していますが、❶でlistの型がList<Member>型と推論されているので、このvarはMember型であると自動型推論されます。

ただ、コードの上で型を明確にしておきたい場合は、**リスト9-1-4**のように、あえてvarを使わず、本来の型を書いておくといいでしょう。

9

9.2 多態性(ポリモーフィズム)

多態性(ポリモーフィズム、Polymorphism)は、多態性、多相性などとも言われ、カプセル化、継承と共に、オブジェクト指向の3大特徴の1つです。

Java言語の多態性とは

1. ポリモーフィックなオブジェクト

インスタンスの型を「**本当の型**」、それを代入する変数の型を「**宣言された型**」と言って区別します。本当の型とは、オブジェクトの作成時に指定した型です。

本当の型に対して、宣言された型(変数の型)は異なることがあります。
例えば、次の代入文では、本当の型はGeneralMember、宣言された型はスーパークラス型のMemberです。

```
Member member = new GeneralMember(…)
```

本当の型は、オブジェクトの作成時から一貫して不変ですが、宣言された型は、アップキャストによりスーパークラス型に変更できるので、変わる場合があります。

多態性(ポリモーフィズム)とは、代表的な意味では、このように1つのオブジェクトがいろいろな型(宣言された型)として扱えることを言います。
Java言語のすべてのオブジェクトは、アップキャストにより本当の型の他に、Object型やその他のスーパークラス型としても扱えるので、**ポリモーフィックなオブジェクト**と言います。

2. オーバーロード

メソッドのオーバーロードも、もう1つの多態性です。引数構成を変えるだけで、同じ名前のメソッドをいくつでも作ることができました。オーバーロードメソッドでは、メソッドに指定した引数に応じて、どれか一つのメソッドが起動します。

3. 総称型

可変リストを作成する時に、次のようにしました。

```
var list = new ArrayList<String>();
```

要素の型を＜＞の中に指定するわけですが、これは**総称型**という仕組みです。

ArrayListのクラス定義では、class ArrayList<T>となっていて、TはArrayListのインスタンスを作る時に具体的な型を指定することになっています。

総称型は、クラスなどを定義する時には<T>としておいて、インスタンスを作る時に使いたい型を指定する仕組みで、このような汎用的な型付けも多態性の1つです。

instanceof演算子

次はMember型の変数memberを、StudentMember型にキャストして使う例ですが、安全な使い方でしょうか？

※使用しているクラスはP.238の継承図にあるクラスです

```
Member member = new …;
…
StudentMember stm = (StudentMember)member;        // ダウンキャスト   ❶
System.out.println("期限日=" + stm.getExpDate());                   ❷
```

❶は、スーパークラスをサブクラスに代入しているので**ダウンキャスト**といいます。ダウンキャストでは、単に、StudentMember stm = member;のように代入するとコンパイルエラーになるので、❶のように、キャスト演算子を使わなければいけません。

ただ、もしもmemberの本当の型が、GeneralMember型やSeniorMember型なら、getExpDate()メソッドを持たないので（継承図を参照）、❷で実行時例外が発生して、プログラムが停止します。

そこで、❶❷を実行する前に、本当にStudentMember型にダウンキャストできるかどうか確かめておく必要があります。このような時に使うのが、**instanceof**演算子です。

instanceof演算子は次の形式で使います。instanceofは、変数1の「本当の型」を調べて、**指定した型にキャストできる場合**にだけtrueを返します。

9

変数 1 instanceof 型 [変数 2]

※[変数 2] は省略可能です

変数 2 は省略できます。しかし、書いておくと instanceof が true を返した時に、プログラムの中で**変数 2** 使うことができます。次の例で、効果を確認してください。

リスト 9-2-1：instanceof 演算子の使い方

```
package chapter9_1;
import java.time.LocalDate;
public class Sample3 {
    public static void main(String[] args) {

    // Member member = new GeneralMember(200, "木村一郎");

       Member member =
          new StudentMember(100, "田中宏", LocalDate.of(2026, 3, 31));

    // Member member =
    //        new SeniorMember(150,"鈴木浩二",LocalDate.of(1960, 3, 31));

       if(member instanceof StudentMember stm) {                    ❶
          System.out.println("期限日=" + stm.getExpDate());   ❷
       }
    }
}
```

Member 型の変数 member に、どのサブクラスのインスタンスを代入しておくか、選んで試せるように、3 種類の代入文が書いてあります。試したい代入文だけコメントを外して実行します。

❶の青字の部分は、instanceof を使って、変数 member の本当の型が Student Member 型かどうか調べています。

結果が true なら、❷のように menber の代わりに、stm を使うことができます。それは、stm=(StudentMember)member という型変換が、裏で実行されるからです。stm を書いていなかった場合は、自分でこのような型変換の式を書く必要があるので、その手間を省くことができます。

実際、実行すると次のように表示され、stm がちゃんと機能したことがわかります。

```
期限日=2026-03-31
```

instanceof 演算子の働き

この演算子は、変数の本当の型が指定した型と同じかどうか調べるものではありません。変数が指定した型にキャストできるかどうか調べるだけです。キャストできる場合、変数の本当の型は、指定した型と同じかあるいはそのサブクラス型です。

switch によるパターンマッチ

前節では、変数 member が StudentMember 型にキャストできるかどうかだけを調べました。しかし、GeneralMember 型、StudentMember 型、SeniorMember 型のどれにキャストできるか調べて、それぞれの場合で適切な処理を実行したい時は、どうすればいいでしょう？

もちろん、if-else if 文と instanceof を使ってできないことはありませんが、複数の型のどれかを判定するのであれば、switch 文や switch 式を使うことができます。

switch は、元々、何かの値によって処理に分岐する構文ですが、Java17 から、オブジェクトの型によって処理に分岐する**パターンマッチ機能**が追加されました。

リスト 9-2-2：switch によるパターンマッチ

```
package chapter9_1;
import java.time.LocalDate;
public class Sample4 {
  public static void main(String[] args) {

  // Member member = new GeneralMember(200, "木村一郎");

     Member member =
         new StudentMember(100, "田中宏", LocalDate.of(2026, 3, 31));

  // Member member =
  //        new SeniorMember(150,"鈴木浩二",LocalDate.of(1960, 3, 31));

     String msg = switch(member) {  ❶
       case  GeneralMember gem -> "一般会員です";                          ❷
       case  StudentMember stm -> "学生会員です 期限日="+stm.getExpDate(); ❸
       case  SeniorMember  sem -> "シニア会員です 年齢="+sem.age();        ❹
       default                 -> "会員ではありません";
     };

     System.out.println(msg);
  }
}
```

switchの( )の中には、整数型、String型などの変数を書きますが、オブジェクトの型を判定する時は、❶のように、( )には参照型の変数を書きます。指定しているmemberはMember型の変数です。

caseには、❷❸❹のように、キャストできるかどうか判定する型と、変数を書きます。例えば、❷は、GeneralMember型にキャストできるかどうか調べ、trueの場合は、gemにキャストした値が入ります。->の右側では、その変数を利用できます。

実際、❸❹では、変数を使ってstm.getExpDate( )やsem.age( )などのメソッドを実行しています。例えば、memberがStudentMember型にキャストできる場合、実行すると次の様に表示されます。

```
学生会員です 期限日=2026-03-31
```

ガードパターンとcaseの並び順

特定の型にキャストできるかどうかだけでなく、それに何らかの条件を付けて判定することもできます。このような書き方をガードパターンといいます。

例えば、SeniorMemberにキャストできて、かつ、70才以上かどうか判定したい場合は、次の❶のように書きます。

Java19以降は、&&の代わりにwhenを使うように変更されました。

```
String msg = switch(member) {
  case GeneralMember gem     -> "一般会員です";
  case StudentMember stm     -> "学生会員です 期限日="+stm.getExpDate();
  case SeniorMember sem && sem.age()>=70 -> "70才以上のシニア会員です";   ❶
  case SeniorMember  sem     -> "シニア会員です";    ❷
  default                   -> "会員ではありません";
};
```

❶の&&に続けて書いた関係式がガードパターンの書き方です。
複数の「&&＋関係式」を追加できます。また、&& (･･･)のように関係式全体を( )で囲うと、その中に、論理演算子や括弧を使って複雑な条件でも記述できます。

ただ、パターンマッチのswitchでは、caseが上から下へ向かって順にチェックされるので、❶と❷はこの順序で並べる必要があります。❶と❷では、❷の方がより対象範囲が広いからです。もしも❷を先に置くと❶がチェックされないため、コンパイルエラーになります。

同じことは、caseの右に書く型名についても言えます。A⇒Bという継承関係にある場合は、case Aをcase Bよりも先に書きます。つまり、サブクラスが先です。

練習 9-2-1

解答

1. 次の4つのクラスを exercise パッケージに作成してください。

```
class Root {}
class Foo extends Root {}
class Bar extends Root {}
class Bas extends Root {}
```

次に**リスト 9-2-2** に倣って、`Root r = new Bar();` と代入し、r の型を調べる switch 式を作成してください。switch 式は、" ～型です " という文字列を返します。
また、switch 式が返す値をコンソールに表示してください。
プログラムは exercise パッケージに作成します。

9.3 継承に関するその他の文法

シールクラス（封印されたクラス）

作成できるサブクラスの名前を最初から指定しておくことができます。それ以外の名前のサブクラスを作成することはできません。こうすると、クラス階層を設計者が完全に管理できます。不用意な継承ができないので、Is-a の関係も確実なものになります。

リスト 9-3-1：シールクラス

```
package chapter9_2;
public sealed class Member permits StudentMember, ChildMember {
    // 省略
}
```

class の前にキーワード **sealed** を付けてシールクラスであることを示します。そして、キーワード **permits** に続けて、許可するサブクラス名を列挙します。したがって、この例では、StudentMember と ChildMember だけをサブクラスとして作成できます。

※ sealed と書いて"シール"と読むのは変ですが、"シールド"にすると、shield（盾）と間違う可能性があるのでこのようなネーミングになっています。日本語では「封印された」と言う方が意味的には正確です。

一方、サブクラスは、**final**、**sealed**、**non-sealed** のどれかを付けて宣言します。

リスト 9-3-2: シールクラスのサブクラス

```
package chapter9_2;
public final class StudentMember extends Member {
    // 省略
}
```

```
package chapter9_2;
public non-sealed class ChildMember extends Member {
    // 省略
}
```

キーワードの意味は次のようです。

final	このサブクラスは継承できない
sealed	このサブクラスを封印されたクラスにする
non-sealed	このサブクラスは継承できる

なお、シールクラスのサブクラスは必ず作成しなくてはいけません。作成しないとコンパイルエラーになります。

また、スーパークラスとサブクラスは、互いにアクセスできるようになっている必要があります。そのため、同じパッケージ(またはモジュール)に入れる必要があります。

※モジュールについてはOracle社のサイトを参照してください。
https://www.oracle.com/jp/corporate/features/understanding-java-9-modules.html

シールクラスを使うケース

継承を制限するので、クラスの検索が早くなり、実行速度が若干速くなると報告されています。設計が明確で、継承を制限しても問題が起こらないと予想されるのであれば、シールクラスを使うといいでしょう。また、オーバーライドを使うと、継承によりメソッドの機能を変えることができるので、それを防ぎたい場合も、シールクラスを使う十分な理由になります。

なお、インスタンスの値を制限する列挙型(15章)と似ていますが、シールクラスは型を制限するので本質的に別のものです。

継承されないもの

すでに述べたように、**final**を付けて宣言したクラスは継承されません。finalはクラス、メソッド、フィールド変数につけることができますが、それぞれ次のような意味になります。

finalの効果

- クラス宣言に付ける ・・・・・・ 継承できないクラスになる
- メソッド宣言に付ける・・・・・ オーバーライドできないメソッドになる
- フィールド変数に付ける・・・ 初期値を変更できない変数になる

クラスのメンバでない**コンストラクタ**は、そもそも継承の対象になりません。コンストラクタはインスタンス生成時に、インスタンスを初期化するために使われるだけです。

また、**staticメンバ**は、インスタンスに含まれないので、継承の対象になりません。インスタンスメンバでも、**private**修飾子が付いているメンバは、サブクラスに取り込まれますが、アクセスできないので、継承していないメンバです。

継承されないもの

- コンストラクタ・・・・・・・・・・・・・・・・・・・・・・ メンバではないから
- staticメンバ・・・・・・・・・・・・・・・・・・・・・・・ インスタンスに含まれないから
- privateアクセスのインスタンスメンバ・・ サブクラスでアクセスできないから

9

Chapter 10

インタフェース

インタフェースは、型の違ういろいろなクラスに、同じ機能を持たせるための仕組みです。継承は親戚のようなクラス同士の関係ですが、インタフェースは無関係なクラス同士の関係です。

プログラミングでは、インタフェースを適用すると、無関係なクラス同士が同じインタフェース型を持つことになります。1つのクラスが2つの型を持つわけですから、これはポリモーフィズムの使いどころです。インタフェースのポリモーフィズムを利用すると、メソッドの一部のアルゴリズムだけを自由に入れ替えたりすることが可能になります。

インタフェースは、継承のように重厚長大ではなく、手軽に使えてとても便利なアイテムです。そのため、あちこちで使われるようになり、その勢いが次章で解説するラムダ式につながったと言えるでしょう。

10.1 インタフェースとは

継承関係のないオブジェクト同士でも、何か共通の側面(=**インタフェース**)を持つことができます。それはいろいろなオブジェクトに共通する機能と言ってもいいでしょう。

例えば、オブジェクトの並び替え処理では、2つのオブジェクトを比較する処理が必ず必要になります。比較処理の内容はオブジェクトごとに違っても、それを実行するメソッドは必ず必要なので、どれも同じ名前のcompareTo( )というメソッドを使うように決まっています。

このcompareTo( )メソッドのような共通機能を定義するのが、ここで解説する**インタフェース**です。インタフェースは、オブジェクトの垣根を越えて、共通に持つことができる規格化された機能を定義します。

インタフェースの定義

例えば、あるeラーニングシステムでは、Userクラスとそれから派生した教師(Teacher)、学生(Student)、聴講生(AuditingStudent)のクラスがあります。

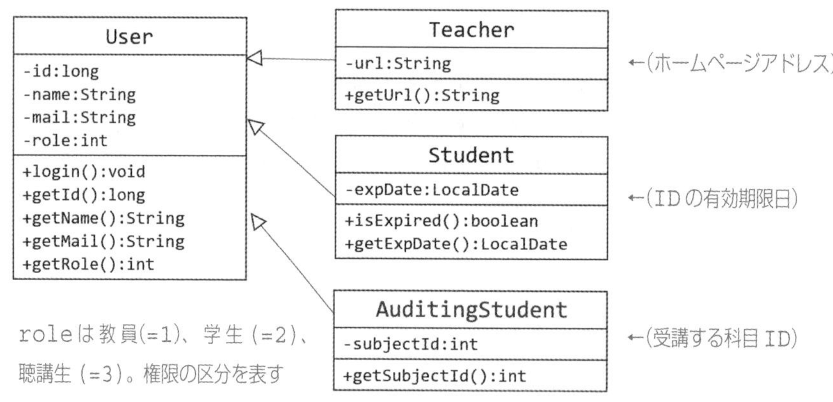

ただし、StudentとAuditingStudentは、出席報告に関する共通の機能(記録、参照など)が必要なのですが、すでにUserを継承しているので、単一継承の原則から新たな継承はできません。そこで、出席に関する共通機能をインタフェースとして定義することにします。

ここでは出席に関する機能をAttendableという名前で、インタフェースとして定義しましょう。インタフェースは、次のように定義します。

リスト10-1-1：Attendableインタフェース

```
package chapter10_1;
public interface Attendable {            ❶
    void writeAttendance();    // 出席をデータベースに記録する    ❷
    void readAttendance();     // データベースから出席データを読み出す    ❸
}
```

❶のように、キーワード`interface`を使って定義します。❷❸は共通機能であるメソッドです。抽象メソッドとして宣言します。メソッドの中身は、このインタフェースを利用するクラスで作成します。

抽象クラスと似ていますが、継承とは無関係な共通機能の定義ですから、どんなクラスでも利用できる点が大きな違いです。

なお、メソッドにはアクセス修飾子が書かれていません。これは、インタフェースメソッドは公開が原則ですから、何も書かなくても自動的にpublicになるからです。

Eclipseでのインタフェースの作成方法

解説動画

①インタフェースを作成するパッケージをクリックして選択する
②クラス作成ボタン(Ⓒ)の右にある▼マークをクリックする
③選択肢からインタフェースを選択する

ング(T) ナビゲート(N) 検索(A) プロジェクト(P) 実行(R) ウィ
JUnit テスト・ケース
クラス
インターフェース
列挙型
レコード
注釈

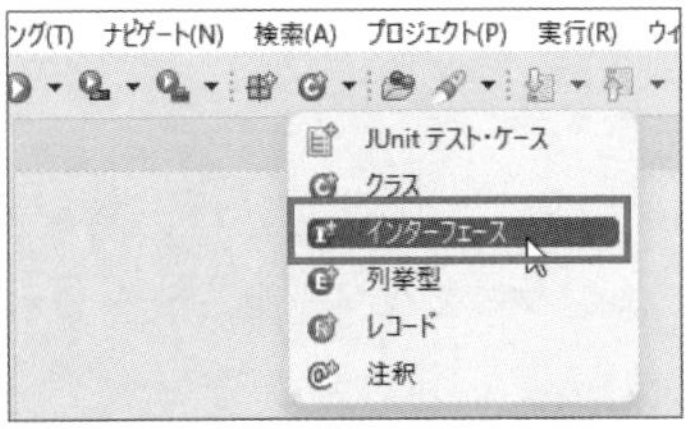

④表示されるダイアログで、[**名前**]欄にインタフェース名を入力して[**完了**]を押す

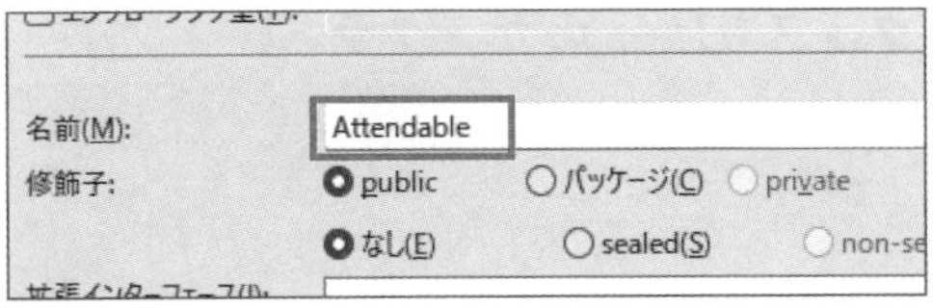

名前(M): Attendable
修飾子: public　パッケージ(C)　private
なし(E)　sealed(S)　non-se

ところで、このインタフェースを使う前に、UserクラスとTeacherクラスを作成しておきます。特にUserクラスはスーパークラスなので、先に作っておかないと他のサブクラスを作成できません。

リスト10-1-2：User クラス（スーパークラス）

```
package chapter10_1;
public class User {
    private int id;
    private String name;
    private String mail;
    private int role;         // 役割(管理者=1、一般=2)
    public User(int id, String name, String mail, int role) {
        this.id = id;
        this.name = name;
        this.mail = mail;
        this.role = role;
    }
    public void login() {                         // ログインメソッド(ダミー)
        System.out.println("ログインしました");
    }
    public int getId() {
        return id;
    }
    public String getName() {
        return name;
    }
    public String getMail() {
        return mail;
    }
    public int getRole() {
        return role;
    }
}
```

User クラスは４つのフィールドと、login( ) メソッドがあるだけの簡単なクラスです。login( ) メソッドの内容は問題ではないので、コンソールにメッセージを表示するだけのダミーメソッドです。

あとは、コンストラクタとゲッターがあるだけです。

リスト10-1-3：Teacher クラス（User のサブクラス）

```
package chapter10_1;
public class Teacher extends User {

    private String url;       // 講義用ホームページアドレス

    public Teacher(int id, String name, String mail, int role, String url) {
        super(id, name, mail, role);
        this.url = url;
    }
```

```
    public String getUrl() {
        return url;
    }
}
```

Teacherクラスは、Userクラスを継承し、ホームページアドレスのフィールドを追加しています。後は、コンストラクタとゲッターしかありません。

では、準備ができたので、StudentクラスとAuditingStudentクラスを作成し、Attendableインタフェースを適用してみましょう。

インタフェースの実装

インタフェースの適用は、継承ではなく**実装**といいます。そして、クラスへの実装は、キーワードimplementsを使って次のように書きます。

リスト10-1-4：StudentクラスにAttendableインタフェースを実装する

```
package chapter10_1;
import java.time.LocalDate;
public class Student extends User implements Attendable {  // 実装宣言  ❶

    private LocalDate  expDate;   // IDの有効期限日

    public Student(int id, String name, String mail, int role,
                                        LocalDate expDate) {
        super(id, name, mail, role);
        this.expDate = expDate;
    }
    public boolean isExpired() {   // 有効期限内かどうか(true/false)
        LocalDate today = LocalDate.now();
        return today.isAfter(expDate);
    }
    public LocalDate getExpDate() {   // ゲッター
        return expDate;
    }

    @Override
    public void writeAttendance() {
        System.out.println("出席報告を完了しました");
    }                                                  // 抽象メソッドを実装  ❷
    @Override
    public void readAttendance() {
        System.out.println("出席情報を読み込みました");
    }
}
```

10

❶のように、継承宣言の後に、implementsでインタフェースの実装を宣言します。

❷が実装した2つのメソッドです。抽象メソッドのオーバーライドなので、@Overrideを付けています。また、メソッドは必ずpublicにします。

なお、ここでは処理の内容は重要ではないので、メッセージを出力するだけのダミーメソッドにしています。

Eclipseで、実装するインタフェースを指定してクラスを作成する方法

クラス作成のダイアログで、次のように継承するUserクラスと実装するAttendableインタフェースを指定します。指定するには、右端の[**参照**]や[**追加**]ボタンを押します。クラスやインタフェースの名前の一部を入力すると、選択肢に実際の名前が表示されます。

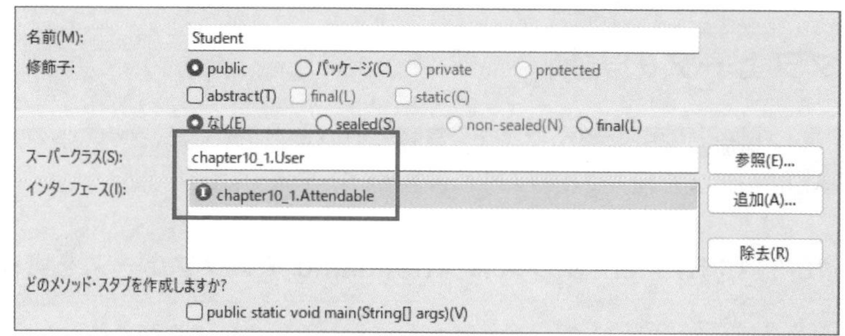

この後で[**完了**]ボタンを押すと、クラス宣言と実装するメソッドのスケルトンが自動生成されます。

Student.java

```
package chapter10_1;

public class Student extends User implements Attendable {

    @Override
    public void writeAttendance() {
    }

    @Override
    public void readAttendance() {
    }

}
```

解説動画

なお、エラー表示がありますが、スケルトンの状態なので、まだ、コンストラクタを作成していないためです。作成すれば消えます。

では、同様にして、AuditingStudentクラスを作成しましょう。

リスト 10-1-5：AuditingStudent クラス

```
package chapter10_1;
public class AuditingStudent extends User implements Attendable { //実装宣言 ❶

    private int subjectId;    // 受講科目番号

    public AuditingStudent(int id, String name,
                               String mail, int role, int subjectId) {
        super(id, name, mail, role);
        this.subjectId = subjectId;
    }
    public int getSubjectId() {
        return subjectId;
    }

    @Override
    public void writeAttendance() {
        System.out.println("聴講科目の出席報告を完了しました");
    }
    @Override
    public void readAttendance() {
        System.out.println("聴講科目の出席情報を読み込みました");
    }
}
```

❷ // 抽象メソッドを実装

❶がクラス宣言と継承、インタフェース実装の宣言です。Student クラスと同じです。

また、❷が実装したメソッドですが、メッセージを出力するだけの簡単な内容にしています。

インタフェース型として使う

Attendable インタフェースを実装した Student、AuditingStudent クラスのインスタンスは、次のような構造です。

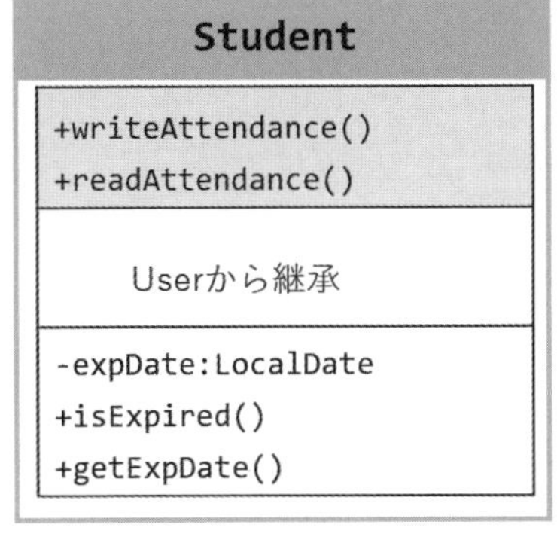

AuditingStudent
+writeAttendance()
+readAttendance()
Userから継承
-subjectId:int
+getSubject()

青い部分が実装したインタフェースメソッドで、その下にスーパークラス User から継承した部分と自クラスで追加した部分があります。

重要なことは、これらのインスタンスは、Attendable 型としても扱えるということです。もちろん、Attendable 型にキャストすると、次の図のようにアクセスできるのは、実装した Attendable のメソッドに限られます。

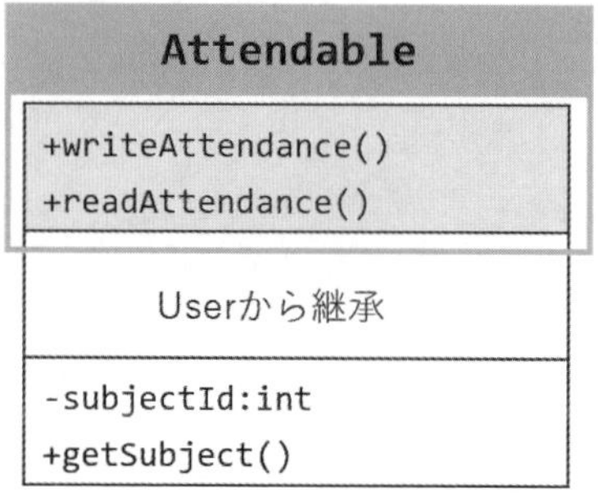

実際、instanceof 演算子を使うと、1 つのインスタンスがクラス型とインタフェース型の 2 つの型を持つことを確認できます。次は Student クラスで確認する例です。

リスト 10-1-6：instanceof 演算子で型を確認する

```
package chapter10_1;
import java.time.LocalDate;
public class Sample1 {
    public static void main(String[] args) {

        Student student =
           new Student(10, "田中博", "tanaka@mail.jp", 2, LocalDate.of(2000, 1, 1));

        if (student instanceof Student) {          // Student 型として使えるか
           System.out.println("Student 型です");
        }
        if (student instanceof Attendable) {       // Attendable 型として使えるか
           System.out.println("Attendable 型です");
        }
    }
}
```

実行すると、次のように表示され、両方の型を持つことがわかります。

```
Student型です
Attendable型です
```

したがって、Student型やAuditingStudent型のインスタンスを、次のように、Attendable型の変数に代入できます。

リスト10-1-7：インタフェース型へキャストできる

```
package chapter10_1;
import java.time.LocalDate;
public class Sample2 {
    public static void main(String[] args) {

        Attendable at1 =
           new Student(10, "田中博", "tanaka@mail.jp", 2, LocalDate.of(2000,1,1));

        Attendable at2 =
           new AuditingStudent(20, "木村健", "kimura@mail.jp", 3, 112);
    }
}
```

また、次の例は、StudentとAuditingStudent型のインスタンスを、同じリストに入れて一括して処理する例です。リストの中では、どれもAttendable型とみなされます。

リスト10-1-8：インタフェース型の要素を持つリスト

```
package chapter10_1;
import java.time.LocalDate;
import java.util.List;
public class Sample3 {
    public static void main(String[] args) {

        // 要素がAttendable型の不変リスト        ❶
        var list = List.of(
           new Student(10, "田中博", "tanaka@mail.jp", 2, LocalDate.of(2000,1,1)),
           new AuditingStudent(20, "木村健", "kimura@mail.jp", 3, 112),
           new Student(12, "森下樹", "morishita@mail.jp", 2, LocalDate.of(2004,7,1))
        );
        // インタフェースのメソッドを実行
        for(Attendable att : list) {     ❷
           att.readAttendance();
        }
    }
}
```

❶のように、同じリストにStudent型とAuditingStudent型のインスタンスを入れると、それらは共通型のAttendable型とみなされます。

そこで、要素を取り出す際には、❷のようにAttendable型として取り出します。どの要素も Attendable 型なので、readAttendance( ) メソッドを実行できます。

実行すると次のように表示します。

```
出席情報を読み込みました
聴講科目の出席情報を読み込みました
出席情報を読み込みました
```

このような処理ができるのが、インタフェース型の利点です。

いろいろなクラスに共通する機能がある時は、このようにインタフェースとしてまとめておくといいでしょう。インタフェース型として扱うことで、継承にとらわれず、クラス横断的な処理が可能になるからです。

練習 10-1-1

解答 

ソフトウェアのバージョンを返すVersionableインタフェースが次のように定義されています。

```
public interface Versionable {
    String version();
}
```

1. このインタフェースをChapter10_1パッケージに作成してください。

2. Teacher、Student、AuditingStudentクラスに、Versionableインタフェースを実装してください。各クラスは、version()メソッドでは次の文字列を返します。

   Teacherクラス............Teacher ver 1.0
   Studentクラス............Student ver 1.0
   AuditingStudentクラス ...AuditingStudent ver 1.0

   なお、Student、AuditingStudentクラスでは、次のように実装するインタフェースをコンマで区切って並べます。

```
public class Student extends User implements Attendable, Versionable {
    ...
```

3. Sample4クラスを作成し、main()メソッドで、Sample3と同様なリストを作成します。ただし、Teacherクラスのインスタンスが含まれるようにします。

```
var list = List.of(
    new Student(10, "田中博", "tanaka@mail.jp", 2, LocalDate.of(2000,1,1)),
    new AuditingStudent(20, "木村健", "kimura@mail.jp", 3, 112),
    new Teacher(12, "岡田晃", "okada@mail.jp", 1, "https://server.jp/okada/")
);
```

次に、listをVersionable型の要素を持つリストとみなして、次の拡張for文を作成し、実行してください。

```
for(Versionable v : list) {
    System.out.println(v.version());
}
```

10

10.2 インタフェースの応用

アルゴリズムを差し替える

税額を計算するzeigaku( )メソッドは、いろいろな条件から税率を計算し、それを使って税額を計算します。ところが、税率の計算方法がしばしば変わるので、そのたびに処理を書き換えなくてはいけません。

これを解決する1つの方法は、税率を計算する処理を外部のメソッドにしておくことです。つまり、税率計算のtaxRate( )メソッドを作って、税額計算とは別の処理にします。ただ、これでもtaxRate( )メソッドを時々書き換えなければいけないことに変わりはありません。

```
zeigaku() {
    ...
    rate = TaxRate();
    ...
}
```

```
double TaxRate(){
    ...
}
```

もっとスマートな解決策は、税率計算メソッドそのものを、zeigaku( )メソッドの引数として渡すことです。引数としてアルゴリズム（メソッド）を渡すので、メソッド呼び出しのような依存関係がなく、より改定のしやすいシステムになるからです。

ただ、Java言語では引数として、メソッドを渡す方法はありません。そこで、代わりに、メソッドを持つインスタンスを渡します。

例えば、Rate1クラスに税率計算のtaxRate( )メソッドを定義しておいて、Rate1クラスのインスタンスを渡します。zeigaku( )メソッドでは、インスタンスを引数rに受け取って、r.taxRate( )により税率を計算します。

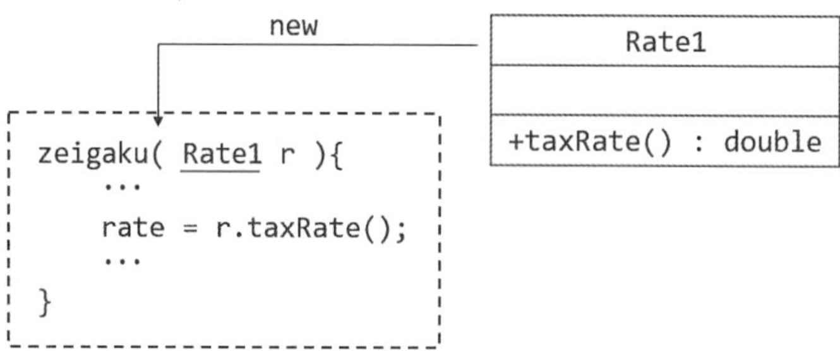

税率の計算方法が変わった時は、新たにRate2クラスを作成し、そのインスタンスをzeigaku( )メソッドに渡します。

ただ、Rate1ではなくRate2を渡すとなれば、zeigaku( )メソッドの引数型をRate1からRate2に変えなくてはいけません。さすがにそれでは意味がないので、zeigaku( )メソッドの引数をインタフェース型に変更しましょう。

次の図を見てください。

右端はtaxRate( )メソッドを持つRateIntfインタフェースです。また、Rate1、Rate2クラスはRateIntfインタフェースを実装しています。一方、図の左端に示すように、zeigaku( )メソッドの引数型はRateIntf型に変更します。

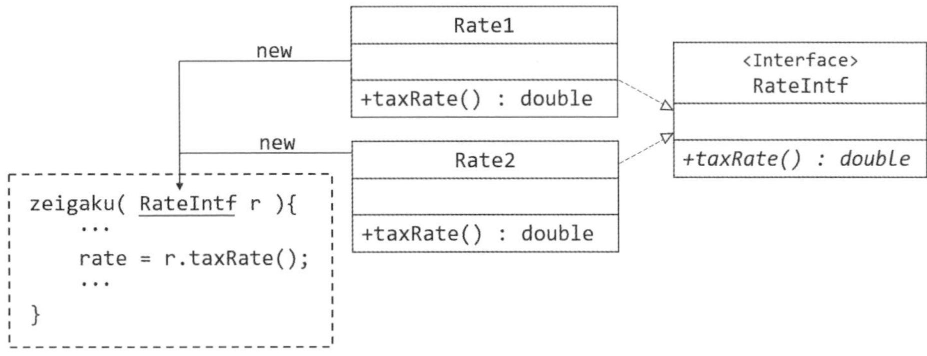

こうすると、zeigaku( )メソッドは、引数型を変更することなく、Rate1でもRate2でも受け取れるようになります。

zeigaku( )メソッドの引数型を、インタフェース型にしておくことで、税率計算のアルゴリズムを簡単に差し替えることができ、変更に強いシステムになります。このようにメソッドの引数をインタフェース型にすることは、インタフェースの応用としてとても重要です。

10

アルゴリズムを差し替えるプログラム

では、zeigaku( )メソッドやRateIntfインタフェースを実際に作成して、プログラムの動作を確認しましょう。まず、RateIntfインタフェースです。

リスト 10-2-1：インタフェース RateIntf

```
package chapter10_2;
public interface RateIntf {
    double taxRate(double gaku);     // 所得額(gaku)により、税率を計算して返す❶
}
```

❶のように taxRate( ) メソッドを定義しています。

次は、税率を計算する Rate1 クラスです。

リスト 10-2-2：税率計算メソッドを持つ Rate1 クラス

```
package chapter10_2;
public class Rate1 implements RateIntf {       ❶

    @Override
    public double taxRate(double gaku) {       ❷
        return gaku>100 ? 0.1 : 0.05; // 所得額が 100 より大なら 0.1、それ以外は 0.05
    }
}
```

Rate1 クラスは、❶のように RateIntf インタフェースを実装し、❷で taxRate( ) メソッドを実装しています。内容は、税額(gaku)が 100 より大きければ 0.1、そうでなければ 0.05 を税率として返します。簡単にするために条件演算子を使っています。

Rate1 クラスの定義はこれだけです。taxRate( ) メソッドを引き渡すためのクラスですから、他には何も定義しません。

次は、zeigaku( ) メソッドを持つ Tax クラスです。税額計算を扱うこのクラスは、6 章でも使いましたが、ここでは少し簡単にしています。

リスト 10-2-3：Tax クラス

```
package chapter10_2;
public class Tax {
    private long number;
    private String name;
    private int shotoku;

    public Tax(long number, String name, int shotoku) {
        this.number = number;        // 納税者番号
        this.name = name;            // 氏名
        this.shotoku = shotoku;      // 所得額
    }
```

```
    public int zeigaku(RateIntf r) {    ❶
        return (int)(shotoku * r.taxRate(shotoku)); // 所得税額の計算    ❷
    }
    public long getNumber() {              // 以下はゲッター
        return number;
    }
    public String getName() {
        return name;
    }
    public int getShotoku() {
        return shotoku;
    }
    // 表示のためのtoString()メソッド
    @Override
    public String toString() {
        return "Tax [number=" + number + ", name=" + name + ", shotoku=" + shotoku + "]";
    }
}
```

まず、税額を計算する❶の zeigaku( ) メソッドですが、引数型は Rate1 型ではなく、(Rate1 が実装している)インタフェースの RateIntf 型です。このようにしておくことで、RateIntf インタフェースを実装しているクラスなら、どんなクラスでも、引数に受け取ることができます。

では、Tax クラスを使って、税額(zei)を計算してみましょう。

リスト 10-2-4：税額計算 1

```
package chapter10_2;
public class Sample1 {
    public static void main(String[] args) {

        Tax tax = new Tax(100, "田中宏", 150);                ❶
        int zei = tax.zeigaku(new Rate1());                  ❷
        System.out.println(tax.getName() + "¥t" + zei);      ❸
    }
}
```

❶で Tax インスタンスを作成し、❷でそれを使って税額を計算します。❷では Rate1 クラスのインスタンスを作成して、zeigaku( ) メソッドの引数として渡している点に注意してください。

zeigaku( ) メソッドでは、インスタンスはRateIntf型として受け取られ、taxRate( ) メソッドを呼び出して税率を計算します。

最後に❸のように、氏名と税額を表示します。実行結果のように表示されます。

```
田中宏　15
```

では、税率計算の方法が変わった場合をシミュレートしましょう。

税率の計算方法が、所得が80を超えたら0.12、それ以外は0.04とするよう変更されたとします。そこで、これに対応するために、次のようにRate2クラスを作成します。

リスト10-2-5：税率計算メソッドの変更

```
package chapter10_2;
public class Rate2 implements RateIntf {

    @Override
    public double taxRate(double gaku) {
        return gaku>80 ? 0.12 : 0.04;      // 新しい税率計算 ❶
    }
}
```

Rate2クラスでは、❶のように税率計算の方法を変更しています。

では、Taxクラスのzeigaku( ) メソッドに、Rate2クラスのインスタンスを渡して、税額(zei)を計算してみましょう。

リスト10-2-6：税額計算2

```
package chapter10_2;
public class Sample2 {
    public static void main(String[] args) {

        Tax tax = new Tax(100, "田中宏", 150);
        int zei = tax.zeigaku(new Rate2());    // Rate2を使って計算 ❶
        System.out.println(tax.getName() + "¥t" + zei);
    }
}
```

```
田中宏　18
```

❶のように、zeigaku( ) メソッドの引数にRate2のインスタンスを渡します。

実行すると、税額は18となり、新しい税率で計算されていることがわかります。

練習 10-2-1

解答 

chapter10_2 パッケージで次のプログラムを作成してください。

1. RateIntf を実装する Rate3 クラスを作成します。
   `taxRate(double gaku)` の実装では、gaku が 160 よりも小さい時は、0.001875 × gaku、それ以外は 0.3 を返すようにします。

2. **リスト 10-2-6** と同じ内容の Sample3 クラスを作ります。
   ただし、Rate3 クラスのインスタンスを使って税額を計算し、結果を表示してください。

インタフェースの具象メソッド

すでに多くの人が使っているインタフェースについて、抽象メソッドを増やしたいと思ってもそれはほぼ不可能でした。抽象メソッドを増やした途端、そのインタフェースを利用していた既存システムのすべてがエラーになってしまうからです。インタフェースを利用するには、すべての抽象メソッドを実装する必要があることを思い出してください。

そこで、インタフェースに抽象メソッドとそれを実装した具象メソッドの両方を定義して、具象メソッドをデフォルトメソッドと呼ぶことにしました。デフォルトメソッドはインタフェースを利用するクラスが、抽象メソッドを実装しなかった場合に、代わりに使われます。妙手というより奇手というべき解決策でしたが、使ってみると案外便利なことも事実です。現在では、インタフェースの中にスタティックメソッドやプライベートメソッドも定義できるようになりました。

10

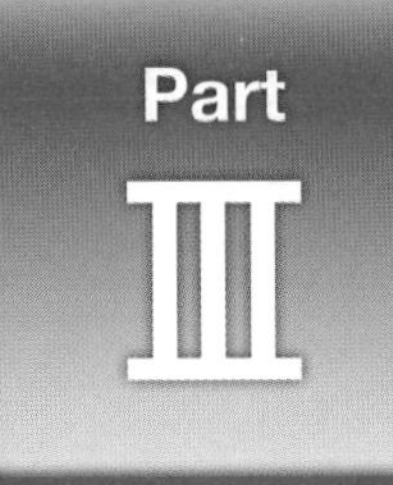

応用的な文法

文法を学習し、オブジェクトについても知識を得た上で、まだ学習することがあるのかと思った人がいるかもしれません。実は現在の知識では、実用的なプログラムはほとんど作れないのです。今はまだ入り口のあたりで、何かを作る準備をこれから始めようというレベルだと思ってください。

そのため、このパートでは実用的な知識がどんどん出てきます。多くは、ライブラリクラスの使い方の解説で、本書の中で最も長いパートです。ここで解説するライブラリクラスを、「プログラム部品」として使うことにより、実用的なプログラムを簡単に作成できるようになります。

このパートを終了すると、OCJP（Oracle Certified Java Programmer）などの Java 言語の検定試験を受けることができるでしょう。受験を考えている人は本書の他に受験用の問題集を１冊買って準備すると万全です。

ただ、このパートを学習する最も大きな意義は、最後の Part Ⅳを読めるようになることです。Part Ⅳでは、現代の Java 言語がどういう使われ方をしているのか、そして、実用プログラムをどういう風に作るのかを知ることができます。

プロフェッショナルな Java 言語の実践に向けて、あと少し学習を続けましょう。

Chapter 11

ラムダ式

華々しく登場してからおよそ20年、Java言語が大きく変わったのは、2014年のJava 8からでした。ラムダ式はこの時初めてJava言語の文法に取り込まれ、さまざまな新機能が後に続くことになります。同時に、世界中でJava 8の解説書が出版され、大変な話題になりました。

ラムダ式は文法としてみればとても簡単なものですが、Java言語の各分野で、従来の方法からラムダ式を使った書き方へ大きなパラダイムシフトが起きました。このような変化は、ラムダ式と同時に発表されたストリーム処理（13章）を併用することで、ほとんど言語全体へ波及しています。

それほど重要な文法ですが、心配はいりません。繰り返しますが、文法としてはいたって簡単です。書き方が斬新なので、少し驚くだけです。すぐに慣れて、あなたも今日からラムダ式使いの仲間入りができるでしょう。

11.1 ラムダ式とは

解説を始めるにあたり、**ラムダ式**とはどんなものなのか、簡単に説明しておきます。

ひと言でいうと、ラムダ式は、**インタフェース型のインスタンスを生成して返す式**です。
簡略化した記述により、1つの式で、インタフェースを実装するクラスを定義し、さらに、そのインスタンスを作成して返します。

これまでは、インタフェースを実装したクラスのインスタンスを作成するには、

①インタフェースを実装したクラスを作成する
②そのクラスに new 演算子を適用してインスタンスを生成する

という、2段階の手続きが必要でした。しかし、ラムダ式を使うと、このような手順は不要になります。実装クラスを作成せずに、ラムダ式を書くだけでインスタンスを作成できるからです。

この手軽さから、ラムダ式の主な用途は、メソッド呼び出しの引数として使うことです。メソッドにインスタンスを渡す場合、これまでも `method( new Obj( ) );` のような生成式を書くことがありましたが、インタフェース型のインスタンスを渡す時は、今後は、ラムダ式を使うことができます。

所得税の計算 ― ラムダ式の機能を知る

簡単な例を示します。
10章では、将来、変更される可能性のある処理を、インタフェースで定義しておくことで、変化に柔軟に対応できることを示しました。具体的には、所得税の計算で、税率の計算をインタフェースで定義しておいて、将来、変更があった時に差し替えられるようにしました。

解説したあらすじを簡単に振り返ってみましょう。
まず、税率計算を定義する RateIntf インタフェースを次のように作成します。

```
public interface RateIntf {
    double taxRate(int gaku);       // 税率を返す
}
```

次に、RateIntf を実装するクラスとして Rate1 クラスを作成します。

```
public class Rate1 implements RateIntf {
    @Override
    public double taxRate(int gaku) {
        return gaku>100 ? 0.1 : 0.05;
    }
}
```

一方、所得税を計算する zeigaku( ) メソッドは、RateIntf 型のインスタンスを引数に受け取り、税率を計算するために使います。

インタフェース型のインスタンス

```
public int zeigaku(RateIntf r) {
  return (int)(shotoku * r.taxRate(shotoku)); //引数 r の税率計算メソッドを使う
}
```

以上の準備により、zeigaku( ) メソッドの引数に、Rate1 クラスのインスタンスを渡すと、RateIntf 型として受け取られます。

```
Tax tax = …;
int zei = tax.zeigaku(new Rate1()); // RateIntf型として受け取られる
System.out.println(tax.getName() + "¥t" + zei);
```

これにより、zeigaku( ) メソッドは、Rate1 クラスで実装した税率計算を利用して、所得税を計算します。将来、税率計算の方法が変わっても、RateIntf インタフェースを実装した新しいクラスを作成して、Rate1 の代わりに使うだけで、zeigaku( ) メソッド自体は変更する必要がありません。

ラムダ式への書き換え

zeigaku( ) メソッドの引数型は RateIntf インタフェース型なので、new Rate(1) という記述を、ラムダ式に置き換えることができます。

準備として、part3 プロジェクトに、chapter11_1 パッケージを作成します。そして、chapter10_2 パッケージから、RateIntf、Tax、Sample1 をコピーします（Rate1 クラスは不要です！）。

ただ、そのままではエラーになるので、Sample1 をラムダ式を使うように書き換えます。（このラムダ式の意味は、あとで説明します）。

リスト 11-1-1：ラムダ式の適用

```
public static void main(String[] args) {
    Tax tax = new Tax(100, "田中宏", 150);
    int zei = tax.zeigaku( gaku->gaku>100 ? 0.1 : 0.05 ); //ラムダ式に書き換え
    System.out.println(tax.getName() + "¥t" + zei);
}
```

よく見ると、このラムダ式は、RateIntf インタフェースの taxRate( ) メソッドの処理内容と同じに見えませんか？ Rate1 クラスでの実装と比べてみてください。

インタフェースをどう実装するか記述すると、それを実装したインスタンスを戻り値として返す式、それがラムダ式なのです。

では、書き換えた Sample1 を実行し、本当にそうなのか確かめてください。

```
田中宏　15
```

ラムダ式の意味

ラムダ式を使うと、Rate1 のようなインタフェースの実装クラスが不要なので、インタフェース型のインスタンスを、簡単に生成できました。

それができるのは、Rate1 クラスでの実装と同等の内容がラムダ式の中に含まれていたからです。ここでは、それを検証しましょう。

まず、RateIntf インタフェースは、次のように taxRate( ) メソッドだけを定義するインタフェースです。

```
interface RateIntf {
    double taxRate(double gaku);
}
```

これを実装するRate1クラスは、次のように書かれていました。

```
public class Rate1 implements RateIntf {
    @Override
    public double taxRate(int gaku) {
        return gaku>100 ? 0.1 : 0.05;  //gakuが100を超えると0.1、それ以外は0.05を返す
    }
}
```

青字の部分に注目してください。引数を含めて、青字の部分だけを取り出すと、ラムダ式になります。

```
gaku -> gaku>100 ? 0.1 : 0.05
```

これは、taxRate( )メソッドの実装のエッセンスで、**引数と実装内容を表す式を、->で結んだもの**です。意味は、「引数はgakuで、gakuが100を超えると0.1を返し、それ以外は0.05を返す」ようにメソッドを実装する、ということです。

そして、記述した式の内容に従って、インタフェース型のインスタンスが作成され、それが式の値(戻り値)になります。

ラムダ式の基本形は次のようです。

引数 -> 式 (注)

引数の型は不要です。書くこともできますが、インタフェースの定義から、引数型が型推論されるので、書く必要はありません。なお、わかりやすいように引数名としてgakuを使いましたが、aやbなど任意の変数名を使えます。

(注)後の節で解説しますが、{ }を使って、式の部分をブロックにすると、1行の式だけでなく、複数の文を記述できます。ただし、ブロックではreturn文で返す値を指定します。

ラムダ式と関数型インタフェース

ラムダ式は、インタフェースの実装方法を記述した式で、記述の内容によりインスタンスを生成して返します。

ラムダ式の主な用途は、メソッドの引数にラムダ式を書いて、生成したインスタンスをメソッドに渡すことです。

このようなラムダ式で扱えるインタフェースは、1つのメソッドだけを持つインタフェースでなければいけません。なぜなら、複数のメソッドを持つと、ラムダ式がどのメソッドの実装を表すのか、決めることができないからです。

抽象メソッドを1つだけしかもたないインタフェースを、**関数型インタフェース**といいます。ラムダ式で利用するインタフェースは、すべて、関数型インタフェースです。

練習 11-1-1

解答

1. RateIntf を実装したクラスとして、10 章の**リスト 10-2-5** に Rate2 クラスがあります。次の Sample2 クラスの ラムダ式 の部分に、Rate2 クラスの実装と同じ働きをするラムダ式を書いて、プログラムを実行してください。

※ Sample2 クラスは、chapter11_1 パッケージに作成します

```
package chapter11_1;
public class Sample2 {
    public static void main(String[] args) {
        Tax tax = new Tax(100, "田中宏", 150);  // 引数は（番号、氏名、所得額）
        int zei = tax.zeigaku(      ラムダ式      );
        System.out.println(tax.getName() + "¥t" + zei);
    }
}
```

```
田中宏　18
```

ラムダ式を使うもうひとつの例示

ラムダ式の使い方に慣れるように、簡単な例をもう1つ示します。

リンゴのリストから、条件に適合するリンゴだけをリストアップする例です。いろいろな条件に対応できるように、適合するかどうか判定するメソッドを、インタフェースにします。

まず、リンゴを表す Apple レコードが、次のように定義されています。

リスト 11-1-2：リンゴを表すレコード

```
package chapter11_2;
public record Apple(double weight, String color) {}
```

また、リンゴの状態をチェックして、適合なら true、不適合なら false を返すメソッドを、Predicate インタフェースとして定義します。インタフェースなので、実装を変えるだけで、重さが 300g 以上とか、色が赤など、いろいろな判定条件に対応できます。

リスト 11-1-3：適合かどうか判定するための Predicate インタフェース

```
package chapter11_2;
interface Predicate {
    boolean test(Apple a);     // 引数aが適合する時trueを返す
}
```

最初に、ラムダ式を使わない場合のプログラムを見てみましょう。

重さが 300g 以上のリンゴだけをコンソールに表示する場合、まずインタフェースの実装クラスとして、Select_1 クラスを作成し、test( ) メソッドは、重さが 300 グラム以上なら true を返すように実装します。

リスト 11-1-4：Predicate インタフェースの実装クラス

```
public class Select_1 implements Predicate {
    public boolean test(Apple a){
        return a.weight() >= 300;  // 300g以上ならtrueを返す
    }
}
```

次に、Sample1 クラスを作成し、main( ) メソッドで testApple( ) メソッドを呼び出します。testApple( ) メソッドは、Apple のリストから適合するものだけをコンソールに出力するメソッドです。

リスト 11-1-5：リストにあるリンゴのうち適合するものだけを表示する

```
package chapter11_2;
import java.util.List;
public class Sample1 {

    public static void main(String[] args){
        testApple( new Select_1() );  // 指定した条件でリストアップする ❶
    }
    public static void testApple(Predicate p){  // Predicate型で受け取る ❷
        var list = getAppleList(); // Appleのリストを取得する
        for(Apple apple : list){
            if(p.test(apple)){  // 条件に適合するかチェックする ❸
                System.out.println(apple); // 適合したものだけを表示する
            }
        }
    }
    // Appleのリストを返すメソッド
    public static List<Apple> getAppleList() {
       var list = List.of(
              new Apple(320, "red"),
              new Apple(280, "green"),
              new Apple(350, "green"),
              new Apple(330, "red"),
              new Apple(250, "red")
       );
       return list;
    }
}
```

testApple( )の引数には、条件判定のメソッド(を持つインスタンス)を渡すので、❶のように、new Select_1( )を引数に指定して呼び出します。

一方、testApple( )メソッドの引数pは、❷のように、それをPredicate型のインスタンスとして受け取ります。これにより、p.test( )メソッドで条件判定を行うことができます。

具体的な処理は、getAppleList( )メソッドでAppleのリストを受け取り、拡張for文の中で、各要素が条件に適合しているかどうか、p.test( )メソッドを使って判定します。適合していれば、コンソールに表示します。

実行すると、次のように表示されます。

```
Apple[weight=320.0, color=red]
Apple[weight=350.0, color=green]
Apple[weight=330.0, color=red]
```

次に、ラムダ式で同じことを実行しましょう。

ラムダ式を使う場合は、Select_1 クラスは不要です。この例の❶の部分に、Select_1 クラスの実装と同等の内容のラムダ式を指定するだけです。

リスト 11-1-6：ラムダ式の適用

```
    public static void main(String args){
        testApple( a -> a.weight()>=300 );  // 指定した条件でリストアップ ❶
    }
```

このラムダ式は、**リスト 11-1-4** の青字の部分、つまり、引数と実装内容を -> で連結したものです。これだけで、「引数が a で、a の重さが 300g 以上の時 true を返す」ようにメソッドを実装する、というラムダ式になります。

実行して、同じ結果になることを確認してください。

練習 11-1-2

解答

1. **リスト 11-1-6** に指定するラムダ式を書き換えて、次の条件に合致するものだけを表示するようにしてください。どんなラムダ式を書きますか？

①色が green のリンゴ ＿＿＿＿＿＿＿＿＿＿

②色が red で、重さが 320g 以上のリンゴ ＿＿＿＿＿＿＿＿＿＿

11.2 ラムダ式の文法

ラムダ式の意味や使い方が大体理解できたところで、次は、書き方の規則を解説します。なお、例示のラムダ式が、どういうメソッドの実装なのかわかるように、コメントにインタフェースの抽象メソッドの例を示しています。

 引数

・引数が1つなら()は不要ですが、2つ以上の場合は引数を()で囲みます。

```
a -> a+10                     // int calc(int a);
(a, b) -> a+b                 // double calc(int a, double b);
```

インタフェースの抽象メソッドの例

・型推論されるので、引数の型は指定しません。
　指定することもできますが、その場合は()が必要です。
　普通は型を付けずに書いてください。

```
(String s) -> s.length()>8    // boolean test(String s);
```

・引数がないときは、()だけを書きます。

```
() -> "END"                   // String msg();
```

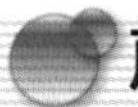 戻り値

・ラムダ式の戻り値は、-> の右側の式の値です。

```
a -> a<2000                   // boolean test(int a)
() -> new Book()              // Book getInstance();
```

ラムダ式では、-> の右側の式の値が、そのまま、return で返す値とみなされます。例では、戻り値は、**a<2000** や **new Book( )** の値です。

・戻り値のないラムダ式もあります。
　例えば、インタフェースの抽象メソッドがvoid型なら、ラムダ式も値を返しません。

```
str -> System.out.println(str)            //void display(String str);
```

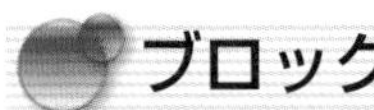

ブロック

・本体に、いくつかの文を書きたい場合はブロックにします。

```
book -> {                                   // String item(Book book);
    System.out.println(book.title());
    System.out.println(book.price());
    return  book.author();
}
```

　この例のラムダ式は、Book型のオブジェクトbookを引数に受け取り、そのタイトルと価格を表示し、最後に著者名を戻り値として返すように、メソッドを実装します。
　戻り値がある時は、ブロックで最後の文はreturn文にする必要があります。

・文は1つでもブロックにします。

```
a -> { return a<2000; }                    // boolean test(int a);
```

　本体の末尾にセミコロン(;)を書くと、それは文になり、1つであってもブロックにする必要があります。値を返す場合は、returnを付けます。

変数

・フィールド変数をラムダ式の中で使用できます。
・ローカル変数は、finalの付いた変数であればラムダ式の中で使うことができます。

```
final int max = 1000;
int zei = zeigaku( gaku -> gaku<max ? 0.15 : 0.35 );   // double taxRate(int gaku);
```

・finalが付かない変数は、**実質的に**finalならラムダ式の中で使うことができます。

```
int max = 1000;
int zei = zeigaku( gaku -> gaku<max ? 0.15 : 0.35 );   // double taxRate(int gaku);
```

実質的に final とは、「初期化後、一切、値を変更しない」ということです。上の例でいうと、maxの値は1000で初期化した後、変更しないという前提です。もしも、maxをラムダ式の前後や、ラムダ式の中で変更すると「実質的にfinal」にはなりません。

練習 11-2-1

解答 

1. 次のラムダ式のうち、正しくないものはどれですか。

ア
```
(a, b) -> a+b
```
イ
```
(int n) -> Math.sqrt(n)
```
ウ
```
() -> return 100
```
エ
```
s -> {
        System.out.println(s);
}
```

2. 次は、関数型インタフェースに定義された抽象メソッドです。これらについて、ラムダ式による実装として正しいものを、下段の選択肢から選んで記号で答えてください。

(1) `boolean test(double a);` ＿＿＿＿＿＿＿＿

(2) `double apply(int a);` ＿＿＿＿＿＿＿＿

(3) `void print(int a);` ＿＿＿＿＿＿＿＿

(4) `Lesson get();` ＿＿＿＿＿＿＿＿

選択肢

(A) `a -> System.out.println(a)`

(B) `a -> a>=1.25`

(C) `(a,b) -> a>b`

(D) `() -> new Lesson()`

(E) `a -> Math.sqrt(a)`

＜ヒント＞メソッドの引数の数と型、戻り値型が、どのラムダ式の引数、戻り値型と同じか検討してください。

11.3 標準の関数型インタフェース

主なインタフェース

ラムダ式を利用するには、いろいろなパターンの関数型インタフェースが必要になりますが、よく使うタイプのインタフェースは、自分で作らなくても、Java言語の標準ライブラリで提供されています。

java.util.functionパッケージにあるので、利用するには、インポート文を追加するだけです(**リスト11-3-1**を参照)。

汎用的に使えるように、**総称型**のインタフェースになっているので、T、U、Rなどは、使う時にAppleやBookなどの具体的な型を指定します。代表的なものを表に示します。

主な標準の関数型インタフェース

インタフェース	抽象メソッド	機能
Predicate<T>	boolean test(T t)	T型を使って何かの条件を判定する
Consumer<T>	void accept(T t)	T型を受け取って値を返さない処理
Function<T, R>	R apply(T t)	T型を受け取ってR型を返す
Supplier<T>	T get()	引数なしでT型の値を返す
UnaryOperator<T>	T apply(T t)	T型を受け取ってT型を返す
BiFunction<T, U, R>	R apply(T t, U u)	T、U型を受け取ってR型を返す
BinaryOperator<T>	T apply(T t1, T t2)	2つのT型を受け取ってT型を返す
BiPredicate<T, U>	boolean test(T t, U u)	T、U型を受け取って条件を判定する
BiConsumer<T, U>	void accept(T t , U u)	T、U型を受け取って値を返さない処理

これらは、引数がオブジェクトですが、引数がプリミティブ型のインタフェースも同じタイプのものがたくさん提供されています。

使用例

リスト11-1-5で、Predicateインタフェースを使って、条件に合致するリンゴだけをリストアップする例を示しました。ただ、このPredicateインタフェースは、独自に作成したものなので、標準の関数型インタフェースではありません。

ここでは、標準の関数型インタフェースPredicate<T>を使って、同じ例題を書き直してみましょう。総称型のインタフェースに変わりますが、変更点は意外に少ないことに気が付くはずです。

リスト11-3-1：Predicate<T>の使用例

```
package chapter11_2;
import java.util.List;
import java.util.function.Predicate;    // インタフェースをインポートする ❶

public class Sample2 {
    public static void main(String[] args){
        testApple(a -> a.weight()>=300);                    ❷
    }

    public static void testApple(Predicate<Apple> p){
        var list = getAppleList();    // Appleのリストを取得する
        for(Apple apple : list){
            if(p.test(apple)) {       // 条件に適合するかチェックする
                System.out.println(apple);    // 適合したものだけをコンソールに表示する
            }
        }
    }
    public static List<Apple> getAppleList() {
        var list = List.of(
                new Apple(320, "red"),
                new Apple(280, "green"),
                new Apple(350, "green"),
                new Apple(330, "red"),
                new Apple(250, "red")
        );
        return list;
    }
}
```

これが書き直したバージョンです。

実質的な変更点は、❶のようにPredicateインタフェースのインポート文を追加することと、❷のように、使用する場所で、総称型の表記に変更するだけです。Appleレコードを対象にするので、Predicate<Apple>と指定します。

また、見えない変更点として、Predicateインタフェースはインポートするので、自分で作成する必要がなくなった、ということです。

標準の関数型インタフェースを使うことで、インタフェース自体も作成しなくてよくなります。他のインタフェースも同様です。機会があれば積極的に利用してください。

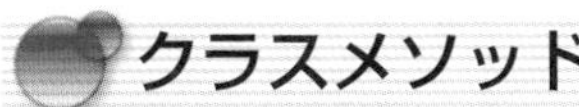

11.4 メソッド参照とコンストラクタ参照

クラスメソッド

ラムダ式で、**ひとつのクラスメソッドを呼び出すだけ**のものがあります。

例えば、次のようなものです。

インタフェースの抽象メソッドの例

```
x -> Math.sqrt(x)                    // double apply(double x);
```

これは、Math.sqrt( ) を呼び出すだけのラムダ式です。引数 x は、Math.sqrt(x) のように、引数に使われるだけです。このように、1つのクラスメソッドを呼び出すだけで、引数の使い方も確定している場合は、メソッド名の指定だけでインスタンスを生成できます。

なお、引数が1つでなく、2つ以上ある時も、ラムダ式の引数並びが、同じ順番でメソッドの引数並びに使われる、ということにしておけば問題ありません。

```
(a, b) -> Math.pow(a, b)          // double apply(double a, double b);
```

そこで、**クラス名 :: メソッド名** のように指定することにして、**メソッド参照**と呼んでいます。次のように書きます。

```
     x   -> Math.sqrt(x)    ———→ Math::sqrt
  (a, b) -> Math.pow(a, b) ———→ Math::pow
```

引数と -> を省略してしまうので、少し不安な気がしますが、メソッド参照はラムダ式の省略形にすぎません。不安な場合は、ラムダ式に直してみるといいでしょう。

インスタンスメソッド

ラムダ式では、引数がオブジェクトの時は、そのインスタンスメソッドを使うことがあります。

例えば、次のようです。

```
str -> str.length()                    // int apply(String str);
book -> book.title()                   // String apply(Book book);
```

str は String 型のインスタンスで、str.length( ) は文字列の長さを返すインスタンスメソッドです。また、book は Book 型のレコードで、book.title( ) は本のタイトル名を返すインスタンスメソッドです。

1つのメソッドだけを呼び出すので、この場合もメソッド参照に直せますが、引数を省略するのがメソッド参照ですから、`str::length` とか `book::title` とは書けません。

そこで、やはり、**クラス名 :: メソッド名** の形式で書くことになっています。

```
str -> str.length()   ———————→ String::length
book -> book.title()  ———————→ Book::title
```

外部で定義された変数のインスタンスメソッド

次は、doit( ) メソッドの中にラムダ式を書いています。

このラムダ式も、1つのメソッドを呼び出しているだけですから、やはりメソッド参照に直せます。

```
String words = "apple banana cherry peach";
doit(str -> words.contains(str));          // boolean test(String str);
```

ただ、これまでと違うのは、ローカル変数 words のインスタンスメソッドを使っている所です。メソッド参照は、ラムダ式の引数を省略するだけですから、ローカル変数はそのまま使えます。そこで、**外部変数 :: メソッド名** の形でメソッド参照にします。

```
String words = "apple banana cherry peach";
doit(words::contains);
```

この場合、words は実質的に final な変数でなければいけません。

なお、`words.contains(str)` は、words の中に str が含まれているかどうか調べるメソッドです。2章で解説した文字列のインスタンスメソッドを参照してください。

System.out::println

外部で定義された変数は、ローカル変数だけではありません。フィールド変数やスタティック変数も同じように扱えます。

例えば、System.out は、System クラスで、

```
public static final PrintStream out;
```

と定義されているクラス変数(スタティックなフィールド変数)です。System クラスは、java.lang パッケージに属すので、どのクラスでもインポートなしで使うことができます。

普通は、out のインスタンスメソッドである println や print、printf などを次のように使っています。馴染みのあるメソッドですね。

```
System.out.println("Hello");
```

したがって、次のような、println メソッドだけからなるラムダ式がある時、

```
str -> System.out.println(str)
```

System.out は外部変数ですから、次のようなメソッド参照に書き直せます。よく使うので覚えておきましょう。

```
System.out::println
```

コンストラクタ参照

ラムダ式が、new とコンストラクタを使ってインスタンスを生成するだけの場合も、引数を省いて、**コンストラクタ参照**にすることができます。

コンストラクタ参照は、**クラス名**::new という形式です。

```
     () -> new Book()            Book::new
    (a) -> new Book(a)           Book::new
 (a, b) -> new Book(a, b)        Book::new
```

引数がいくつあっても、同じ形になります。見分けがつかないのではという気がしますが、対応するインタフェースに従って解釈されるので問題ありません。

ただ、標準の関数型インタフェースは、引数が2つまでのものしかありません。2つ以上の引数がある時は、自分でインタフェースを作成する必要があります。

練習 11-4-1

解答 

1. doit( )メソッドの中にラムダ式を書いています。ラムダ式をメソッド参照やコンストラクタ参照に直してください。なお、doit( )メソッドはラムダ式を書くためだけに使っているもので、実態や意味はありません。

```
(1) doit(a -> System.out.println(a));
(2) doit(str -> str.length());
(3) doit((a,b) -> Math.pow(a,b));
(4) doit((a,b) -> new Apple(a, b));
```

コレクションフレームワーク

コレクションフレームワークは、Java 言語のデータ構造の中枢です。あらゆるプログラムに使われます。主役は List、中堅どころが Map、そして Set が時々顔を出します。

すでに List についてはこれまで使ってきましたので、ここでは Set と Map について詳しく解説します。たくさんのデータを扱う時、基本は List ですが、状況により Map や Set を使い分けられるようになることが大切です。

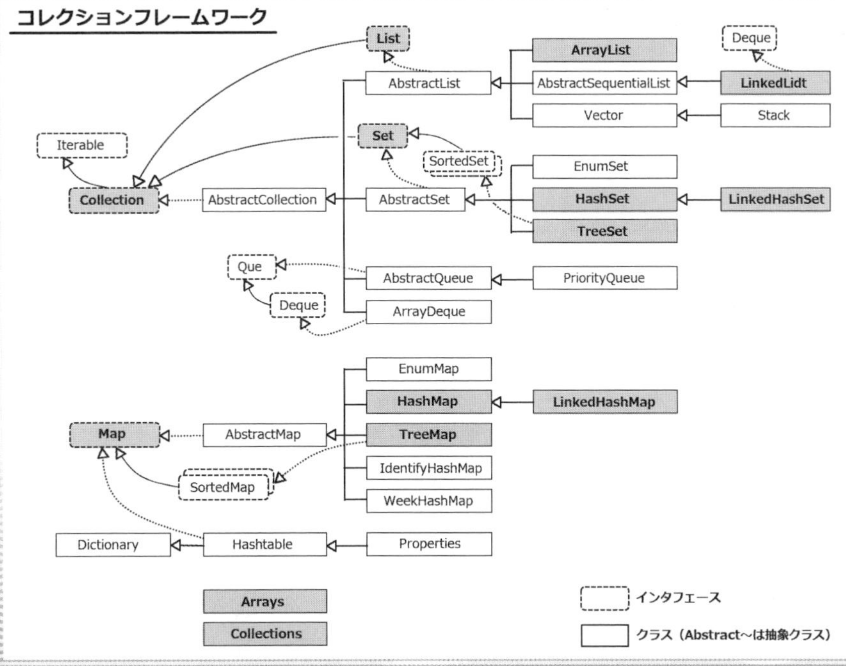

12.1 コレクションフレームワーク

多数のデータを格納するデータ構造として、Javaには、**コレクションフレームワーク**があります。コレクションフレームワークには、主要なインタフェースとして**List**、**Set**、**Map**があります。

Listは要素間に順序のあるデータ構造で、要素をインデックス（要素番号）でアクセスできます。Setは集合を表し、要素の重複がないデータ構造です。また、Mapはキーと値のペアを1つの要素とするデータ構造で、キーを指定すると値を検索できます。

インタフェースと実装クラスの概要

List、Set、Mapにはそれぞれいくつかの実装クラスが定義されています。次の表に、主な実装クラスの一覧を示します。実装クラスでは、主に青字のクラスが使われます。

▼コレクションインタフェースの概要

インタフェース	実装クラス	特徴
List	ArrayList	サイズの制限のない配列
	LinkedList	ポインタで要素をリンクするリスト構造
Set	HashSet	重複のない要素の集まりで要素間に順序はない
	LinkedHashSet	HashSetの機能＋要素が追加した順に並ぶ
	TreeSet	HashSetの機能＋要素は自然な順序でソートされる
Map	HashMap	キーと値のペアからなり、キーで検索できる
	LinkedHashMap	HashMapの機能＋要素は追加した順に並ぶ
	TreeMap	HashMapの機能＋要素はキーの自然な順にソートされる

インスタンスの生成

コンストラクタは、引数のないコンストラクタを使います。もしも、要素数があらかじめ推定できるなら、引数に要素数を指定することもできます。どちらでも、あらかじめ確保した容量が不足すると、自動的に拡大するので、要素数を気にする必要がありません。

また、どんなオブジェクトでも格納できるよう、総称型になっているので、生成時に格納する値の型を指定しなくてはいけません。次のようにします。

```
List<Book> list = new ArrayList<>();      // 要素がBookオブジェクトのList
Set<Book>  set  = new HashSet<>();        // 要素がBookオブジェクトのSet
Map<String, Book> map = new HashMap<>(); // キーは文字列、値はBook型
```


左辺をインタフェース型にするのは、実装クラスの操作がインタフェースのメソッドだけで十分なためです。普通は、実装クラス型のインスタンスをインタフェース型として扱います。

ただ、最近はvarが使えるようになったので、次のようにすることも多くなりました。varは特定の型ではなく、「**文脈から推論される型**」を表すキーワードです。

```
var list = new ArrayList<Book>();          // 要素がBookオブジェクトのList
var set  = new HashSet<Book>();            // 要素がBookオブジェクトのSet
var map  = new HashMap<String, Book>();    // キーが文字列、値はBook型
```

varを使った場合、変数の型はインタフェース型ではなく、右辺の実装クラス型です。

主なメソッドの概要

List、Set、Mapの実装クラスを操作する場合、多くはインタフェースに定義されているメソッドを使うだけで十分です。このため、どのクラスでも共通したメソッド名で操作できるという利点があります。

次のページの表に、よく使うメソッドを示しますので、目を通してください。
各インタフェースのメソッドは、機能が同じなら名前も同じになるよう統一されています。

of( ) メソッドは、あらかじめ値をセットした不変List、不変Set、不変Mapを作成します。不変なので、値の追加・変更・削除・並び替えはできません。

forEach( ) は、拡張for文と同じ反復処理を実行するメソッドです。引数にラムダ式を指定して反復処理の内容を指定します。

sort( ) メソッドは、Listにしかないメソッドです。自然な順序に並び替えたり、オブジェクトのリストであれば、特定のフィールドをキーにして並び替えることができます。

なお、Set、Map は、TreeSet、TreeMap を使うと自然な順序での並び替えが自動的に行われます。

stream( ) メソッドは、ストリームを生成します。ストリームについては次の 13 章で解説します。

▼ インタフェースの主なメソッド

機能	List	Set	Map
要素の追加	add(e)	add(e)	put(key, val)
要素の取り出し	get(index)	-	get(key)
要素の削除	remove(index)	remove(object)	remove(key)
要素の数	size()	size()	size()
要素の全消去	clear()	clear()	clear()
空の判定	isEmpty()	isEmpty()	isEmpty()
指定した要素を含むかの判定	contains(object)	contains(object)	containsValue(val) containsKey(key)
全てのキー	-	-	keySet()
全ての値	-	-	values()
生成	of(...)	of(...)	of(...)
繰り返し処理	forEach()	forEach()	forEach()
並び替え	sort()	-	-
ストリーム生成	stream()	stream()	-

(注)引数は次のような意味です
e.................. 要素。オブジェクトだけでなく、プリミティブ型の値も指定できる
index........... 並び順を示す int 型の要素番号
key, val........ Map のキーと値。key と val はどんな型でもよい。
object.......... 一般のオブジェクト

ただ、List と Map では、値の取り出しに **get( )** メソッドがありますが、Set には get( ) メソッドはありません。

また、Map は、キーと値のペアを要素とするので、少し異なるメソッドがあります。

要素の追加は **put( )** で、キー(key) と値(val) を指定します。また、取り出しの get( ) はキーで検索して値を取り出す機能です。

他にも、**keySet( )** と **values( )** は、すべてのキーやすべての値を Set に入れて取り出すメソッドで、Map に固有のメソッドです。

12.2 List

基本的なメソッドの使用例は、3章の**リスト3-4-7**を参照してください。ここではforEach( )とListに固有のsort( )について解説します。

forEach() メソッド

forEach( )の引数は、関数型インタフェースのConsumer型なので、引数にラムダ式を書くことができます。Consumerインタフェースには、`void accept(T t)`というメソッドがあります。

forEach( )メソッドでは、引数tはリストの要素を意味します。そこでラムダ式では、「t(=リストの要素)を受け取って値を返さない処理」を記述します。例えば、tをコンソールに出力するなどの処理です。

forEach( )は、ラムダ式(つまりaccept( )メソッド)をリストのすべての要素に、繰り返し適用することが大きな特徴です。すべての要素に同じ処理を適用するので、拡張for文での処理と同じ結果になります。

では、リストの全要素をforEach( )を使って出力する例を見ましょう。

リスト12-2-1：forEach() メソッド

```
package chapter12_1;
import chapter11_2.Apple;   // chapter11_2からインポートして使う
import java.util.List;
public class ForEachExample {

    public static void main(String[] args) {
       var list = getAppleList();   // Appleのリストを取得する      ❶
       list.forEach(t -> System.out.println(t));   // 全ての要素を表示する ❷
    }

    // Appleのリストを返す
    public static List<Apple> getAppleList() {
       var list = List.of(
             new Apple(320, "red"), new Apple(280, "green"),
             new Apple(350, "green"), new Apple(330, "red"),
```

```
            new Apple(250, "red")
        );
        return list;
    }
}
```

❶で Apple レコードのリストを list に取得し、❷で `list.forEach( )` により、すべての要素を出力します。

ラムダ式の引数 t は、リストから取り出した 1 つの要素で、ここでは Apple のインスタンスです。ラムダ式では、それを println( ) で表示しています。

ラムダ式が、list のすべての要素に、順に適用されるので、実行するとすべての要素が出力されます。

```
Apple[weight=320.0, color=red]
Apple[weight=280.0, color=green]
Apple[weight=350.0, color=green]
Apple[weight=330.0, color=red]
Apple[weight=250.0, color=red]
```

ただ、このラムダ式には println( ) メソッドだけしかないので、メソッド参照を使うのが普通です。❷をメソッド参照で書き換えると、次のようになります。

リスト 12-2-2：メソッド参照による出力

```
    list.forEach(System.out::println); // すべての要素を表示する ❶
```

書き換えて実行してみてください。

sort() メソッド

sort( ) メソッドは、リストの要素を並び替えます。

例えば、オブジェクトのリストを、どれかのフィールドの値をキーにして並び替えたり、「自然な順序」で並び替えたりできます。

その場合、sort( ) の引数には、Comparator 型のインスタンスを指定します。Comparator は関数型インタフェースなので、ラムダ式で指定できますが、次のような Comparator 型のインスタンスを返すメソッドが用意されているので、普通は、これを使って引数を指定します。

引数に指定するメソッド	機能
Comparator.naturalOrder()	自然な順序で並び替える。引数はない。
Comparator.comparing(ラムダ式)	ラムダ式で指定したフィールドをキーとして並び替える

インタフェースのdefaultメソッドとstaticメソッド

Java 8から、インタフェースでも普通の具象メソッドを持てるようになりました。デフォルトメソッドは、抽象メソッドの参照実装(お手本の実装)で、具象メソッドなのでそのまま使えます。また、任意のstaticメソッドも持てるようになり、[**インタフェース名**].[**メソッド名**]の形で使います。naturalOrder()やcomparing()は、Comparatorインタフェースのstaticメソッドです。

sort()メソッドを使うと、Listの要素を「自然な順序」で並び替えることができますが、要素オブジェクトの「自然な順序」は、各クラスであらかじめ定義していなくてはいけません。定義には、Comparableというインタフェースを実装する必要があります。

Integerなどのラッパークラス型、String、LocalDateなどは、最初からComparableが実装されています。recordや一般のクラスでは、自分でComparableインタフェースを実装しなければいけません(→ P.300)。

1. 自然な順序での並び替え

では、英単語のリストを自然な順序(辞書順)に並び替えてみましょう。

リスト12-2-3：自然な順序での並び替え

```
package chapter12_1;
import java.util.Arrays;
import java.util.Comparator;
public class NaturalSortExample {
    public static void main(String[] args) {
        var list
            = Arrays.asList("berry","banana","peach","apple","orange"); ❶

        list.sort(Comparator.naturalOrder());     // 辞書順に並び替え   ❷
        list.forEach(System.out::println);        // 全要素を表示      ❸
    }
}
```

❶はArrays.asList()メソッドを使って、英単語のリストを作成します。これは、配列からリストを作るメソッドで、引数に配列の要素(または配列自体)を並べます。

List.of( )を使わないのは、不変リストになるので要素の並び替えができないからです。Arrays.asList( )で作るリストは、配列ベースなので、要素の追加・削除はできませんが、変更や並び替えは自由にできます。

❷は、Comparator.naturalOrder( )を引数に指定して、リストの要素を自然な順序で並び替えます。自然な順序とは、文字列では辞書での出現順序、数値のラッパークラス型では値の大きさの順です。

最後に、❸でforEach( )を使ってすべての要素を表示するので、実行すると、次のように表示されます。

```
apple
banana
berry
orange
peach
```

2. キーにするフィールドを指定して並び替え

一般のオブジェクトの場合は、**Comparator.comparing( )**を使って、キーにするフィールドを指定した並び替えができます。例えば、次のAppleレコードは、weightとcolorの2つフィールドがあるので、weight(重さ)をキーに指定することにします。

```
record Apple(double weight, String color){}  // フィールドは重さ(weight)と色(color)
```

sort( )メソッド引数に**Comparator.comparing( )**を指定し、comparing( )の引数として、キーにするweightフィールドのゲッターをラムダ式で指定します。

```
list.sort( Comparator.comparing( e->e.weight() )); // listはAppleのリスト
```

ラムダ式の引数eはリストの要素を意味するので、e.weight( )は、weightフィールドの値を返すゲッターです。これにより、順序比較にweightが使われるようになります。

ただ、上記のラムダ式はweight( )メソッドの呼び出しだけなので、普通はメソッド参照にします。

```
list.sort( Comparator.comparing( Apple::weight ));
```

12

リスト 12-2-4：キーを指定して並べ替える

```
package chapter12_1;
import java.util.Arrays;
import java.util.Comparator;
import chapter11_2.Apple;
public class SortExample {
    public static void main(String[] args) {
        var list = Arrays.asList(      // Appleのリスト ❶
                new Apple(320, "red"),
                new Apple(280, "green"),
                new Apple(350, "green"),
                new Apple(330, "red"),
                new Apple(250, "red"));

        list.sort(Comparator.comparing(Apple::weight)); // weightで並び替え ❷
        list.forEach(System.out::println);          // 全要素を表示する ❸
    }
}
```

❶で、配列からAppleのリストを作成し、それを、❷でweightフィールドをキーにして並び替えます。❸で、結果のリストをコンソールに表示します。

なお、Apple::weightをラムダ式で書く時は、(Apple a)->a.weight()のように、型名を付けます。型名を付けないと型推論ができないというコンパイルエラーになります。

練習 12-2-1

解答 

1. **リスト 12-2-3**で、naturalOrder()の代わりに**reverseOrder()**を使うと逆順に並べることができます。NaturalSortExampleをexercise1パッケージにコピーした上で、書き換えて実行してみてください。

2. Comparator.comparing(～)をComparator.comparing(～)**.reversed()**とすると、逆順に並べ替えることができます。**リスト 12-2-4**をexercise1パッケージにコピーした上で、書き換えて実行してみてください。

12.3 Set

Setは「集合」を表します。集合なので、同じ要素は1つしか許容されないことが大きな特徴です。メソッドは、get()とsort()がないだけで、あとはListとほぼ同じです。

HashSetを使う

HashSetのインスタンスを生成して、要素を登録してみましょう。

最初にHashSetに登録するMeiboレコードを作成しておきます。Meiboは番号と氏名からなるレコードです。

リスト12-3-1：Meiboレコード

```
package chapter12_2;
public record Meibo(int number, String name){}
```

では、HashSetを生成してMeiboレコードを登録してみましょう。

リスト12-3-2：HashSetへ登録

```
package chapter12_2;
import java.util.HashSet;
public class Sample1 {
    public static void main(String[] args) {

        var set = new HashSet<Meibo>();                    ❶
        set.add(new Meibo(100, "田中宏"));
        set.add(new Meibo(200, "木村正一"));
        set.add(new Meibo(100, "田中宏"));    // 重複     ❷
        set.add(new Meibo(300, "佐藤修"));

        set.forEach(System.out::println);                  ❸
    }
}
```

```
Meibo[number=300, name=佐藤修]
Meibo[number=200, name=木村正一]
Meibo[number=100, name=田中宏]
```

❶がHashSetの生成です。総称型なので、格納するオブジェクトの型を<Meibo>と指定して生成します。

次にadd( )メソッドで要素を追加していきますが、❷は最初に登録したMeiboレコードと同じもので、重複レコードです。Setでは、重複レコードは登録できず無視されます。

最後の❸のforEach( )は、Setインタフェースのメソッドです。メソッド参照ですべての要素を出力しています。

重複レコードは追加されないので、実行結果を見ると、「100 田中宏」が1件しか登録されていないことがわかります。また、Listと違って、出力順は追加した順と同じではありません。Setは順序関係をもたないデータ構造です。

順序を保存するLinkedHashSet

Setでも追加した順序が保存されるようにしたいときは、**LinkedHashSet**を使います。使い方は、前出の例で、HashSetをLinkedHashSetに変えるだけです。

リスト12-3-3：LinkedHashSet

```
package chapter12_2;
import java.util.LinkedHashSet;
public class Sample2 {
    public static void main(String[] args) {

        var set = new LinkedHashSet<Meibo>();          ❶
        set.add(new Meibo(300, "田中宏"));
        set.add(new Meibo(100, "木村正一"));
        set.add(new Meibo(200, "佐藤修"));

        set.forEach(System.out::println);
    }
}
```

```
Meibo[number=300, name=田中宏]
Meibo[number=100, name=木村正一]
Meibo[number=200, name=佐藤修]
```

リスト12-3-2を❶のように書き換えています。

実行結果を見ると、追加した順に出力されていて、追加の順序が保存されていることがわかります。

自然な順序で並び替えるTreeSet

TreeSetは要素を自動的に自然な順序で並び替えるSetですが、TreeSetに登録するオブジェクトは注意が必要です。「自然な順序」を定義する**Comparable**インタフェースを実装していなくてはならないからです。実装していないと、実行時にエラーになります。

今のところ、Meiboレコードは Comparableを実装していないので、実装するように書き換えましょう。

書き換え手順

①現在の定義に implement Comparable<Meibo> を追記する　解説動画

```
package chapter12_2;
public record Meibo(int number, String name) implements Comparable<Meibo> {}
```

(注)ここでは、Comparableインタフェースで Meibo型のオブジェクトを比較して順序関係を定義します。Comparableは総称型なので、Comparable<Meibo> と実際の型を指定する必要があります。

② Eclipseのメニューで、[**ソース**]⇒[**メソッドのオーバーライド／実装**]と選択する
⇒オーバーライドメソッドを指定するダイアログが開く。

③ダイアログで、Recordのチェックを外し、Comparableだけを選択して[**OK**]ボタンを押す

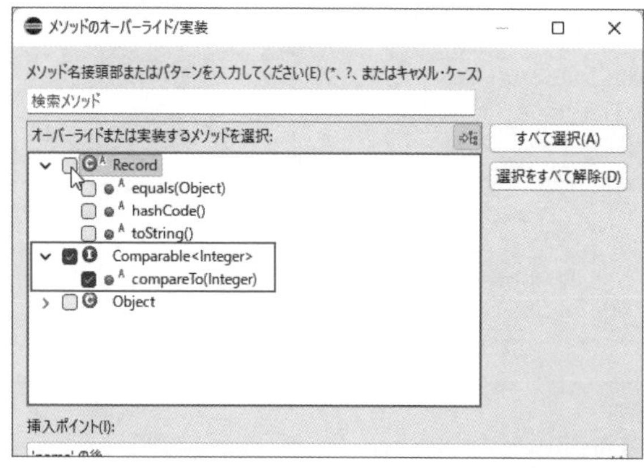

※Record以下に示されているのは、オーバライド可能な定義済みのメソッドです
レコードでは、equals( )、hashCode( )、toString( )は既定のオーバーライドがあることを思い出してください。

④次のようにcompareToメソッドの骨格が挿入される

```
package chapter12_2;
public record Meibo(int number, String name) implements Comparable<Meibo> {
    @Override
    public int compareTo(Meibo o) {
        return 0;
    }
}
```


このように、recordでもインタフェースを実装できます。また{ }の中には、クラスと同じように、コンストラクタ、インスタンスメソッド、クラスメソッドを定義できます。したがって、③のダイアログを見てもわかるように、equals( )、hashCode( )、toString( )をオーバーライドすることもできます。

compareTo( )メソッドは、自分自身と引数のオブジェクトを比較して大小関係を決定するメソッドです。自分の方が大きい場合は正の数、同じなら0、それ以外は負の数を返さなくてはいけません。この大小関係で並べ替えが実行されます。

ここではMeiboオブジェクトのnumber（番号）フィールドの値を比較して、「自然な」大小関係を決めることにします。

ただし、if文を使わなくても、Integer.compare(a, b)メソッドを使うと簡単です。このメソッドは整数a、bでa>bなら正の数、同じなら0、それ以外は負の数を返します。

以上から、MeiboレコードでのComparableの実装は次のようになります。

リスト12-3-4：MeiboレコードにComparableを実装する

```
package chapter12_2;
public record Meibo(int number, String name) implements Comparable<Meibo> {
    @Override
    public int compareTo(Meibo o) {
        return Integer.compare(number, o.number);
    }
}
```

では、Meiboレコードの準備ができたので、TreeSetに登録して結果を見ましょう。

リスト 12-3-5：TreeSet

```
package chapter12_2;
import java.util.TreeSet;
public class Sample3 {
    public static void main(String[] args) {

        var set = new TreeSet<Meibo>();     ❶
        set.add(new Meibo(300, "田中宏"));
        set.add(new Meibo(100, "木村正一"));
        set.add(new Meibo(200, "佐藤修"));

        set.forEach(System.out::println);
    }
}
```

```
Meibo[number=100, name=木村正一]
Meibo[number=200, name=佐藤修]
Meibo[number=300, name=田中宏]
```

❶のようにTreeSetを生成し、要素を登録します。実行すると、確かにnumber（番号）の順に並んでいることがわかります。

練習 12-3-1

解答 

1. 次のUserレコードを定義して、表に示す4件のレコードをHashSetに登録し、forEach( )を使って、登録した全データ（重複があるので3件になります）を表示してください。
   ただし、Userレコードは、デフォルトでは、すべてのフィールドが同じ時にのみ等しいとする実装になっているので、idが等しいだけで同じと判定するようにequals( )とhashCode( )メソッドをオーバーライドしてください。

```
record User(String id, String name){}
```

id	name
ab123	田中宏
ab224	佐藤修
ab224	佐藤おさむ
ac331	木村正一

※ equals( )とhashCode( )をオーバライドしないとidは同じでも名前が違う「佐藤修」と「佐藤おさむ」は異なるデータとして登録されてしまいます。

12

12.4 Map

Mapはキーと値のペアを1つの要素として登録しておくと、キーで検索して値を得ることができるデータ構造です。

キーと値には任意のオブジェクトを指定できます。ただしキーについては、値が変更できないイミュータブルなオブジェクトを使ってください。また、equals( )とhashCode( )メソッドが適切にオーバーライドされていなくてはいけません。

したがって、キーにはStringやラッパークラス型がよく使われます。また、多くのMap実装では、キーや値としてnull値を使うとエラー(例外)になるので注意してください。

HashMap

Mapの実装クラスとして、普通はHashMapを使います。

基本的な使い方を知るために、キーが番号(int)、値が名前(String)のMapを作成してみましょう。

リスト12-4-1：HashMapの使い方

```
package chapter12_2;
import java.util.HashMap;
public class Sample4 {
    public static void main(String[] args) {

        var map = new HashMap<Integer, String>();            ❶
        map.put(205, "田中宏");                              ❷
        map.put(100, "木村正一");
        map.put(300, "佐藤修");

        System.out.println(map.get(100));                    ❸
        System.out.println(map.get(150));                    ❹

        map.forEach((k,v)->System.out.println(k + " " + v)); ❺
    }
}
```

```
木村正一
null
100 木村正一
300 佐藤修
205 田中宏
```

Map も総称型なので、生成時にキーと値の型を指定します。この例では、キーは int で、値は String ですから、❶のように HashMap<Integer, String> と指定します。オブジェクトしか格納できないので、int のようなプリミティブ型はラッパークラス型(⇒ P.81)で指定します。

❷以下は、**put( )** メソッドを使ってキーと値のペアを登録しています。キーに int 型を指定しても、Map で Integer 型に変換されます。

登録した値を検索して取得するには、**get( )** メソッドを使います。get( ) メソッドの引数には検索したい値のキーを指定します。❸では 100 を指定すると、" 木村正一 " を値として得ることができました。ただし、❹では、キーに 150 を指定して get( ) を実行していますが、対応する値がないので、null が返されます。

❺は、Map の forEach( ) です。ラムダ式の引数が 2 つあることに注意してください。k はキーで、v は値です。これらをそのまま出力します。実行結果を見ると、3 件のデータが表示されていますが、登録した順序と同じ順序では表示されません。順序を保存されるようにしたい場合は、LinkedHashMap を使う必要があります。

次は、要素の削除の方法を見ます。

リスト 12-4-2：削除と forEach()

```
package chapter12_2;
import java.util.HashMap;
public class Sample5 {
    public static void main(String[] args) {

        var map = new HashMap<Integer, String>();
        map.put(205, "田中宏");
        map.put(100, "木村正一");
        map.put(300, "佐藤修");
```

```
        System.out.println(map.remove(300));                       ❶
        System.out.println(map.remove(150));                       ❷

        map.forEach((k,v)->System.out.println(k + " " + v));       ❸
    }
}
```

```
佐藤修
null
100 木村正一
205 田中宏
```

要素の削除は❶、❷のように、remove( ) を使います。remove( ) は、削除した値を返します。❶では " 佐藤修 " が返されていますが、❷では該当する値がないので null が返されています。

LinkedHashMap

LinkedHashMap は要素の登録順序が保存される Map です。
HashMap を LinkedHashMap に変えるだけで使えます。

リスト 12-4-3：LinkedHashMap

```
package chapter12_2;
import java.util.LinkedHashMap;
public class Sample6 {
    public static void main(String[] args) {

        var map = new LinkedHashMap<Integer, String>();       ❶
        map.put(205, "田中宏");
        map.put(100, "木村正一");
        map.put(300, "佐藤修");

        map.forEach((k,v)->System.out.println(k + " " + v));
    }
}
```

```
205 田中宏
100 木村正一
300 佐藤修
```

❶で LinkedHashMap を生成します。登録した要素を表示してみると、実行結果のように登録したのと同じ順序で表示されます。

TreeMap

自然な順序で並び変えるMapは**TreeMap**です。並び替えはキーについて行われます。

Setの場合と同じように、キーに使うオブジェクトはComparableインタフェースを実装している必要がありますが、ラッパークラス型、String、LocalDateなどは、どれも実装されているのでキーとして使えます。

リスト12-4-4：TreeMap

```
package chapter12_2;
import java.util.TreeMap;
public class Sample7 {
    public static void main(String[] args) {

        var map = new TreeMap<Integer, String>();          ❶
        map.put(205, "田中宏");
        map.put(100, "木村正一");
        map.put(300, "佐藤修");

        map.forEach((k,v)->System.out.println(k + " " + v));
    }
}
```

```
100 木村正一
205 田中宏
300 佐藤修
```

❶で、TreeMapを指定して生成します。要素を登録し、全体を出力してみると、確かにキーの番号順に並び替えられていることがわかります。

練習 12-4-1

解答

1. 次の 3 件の User レコード（練習 12-3-1 と同じ）を HashMap に登録してください。キーは id、値は User レコードとします。
   登録後、キーが ab224 の User レコードを検索し、取得したレコードをコンソールに表示してください。

id	name
ab123	田中宏
ab224	佐藤修
ac331	木村正一

次のように表示します

```
User[id=ab224, name=佐藤修]
```

Chapter 13

ストリーム処理

for や while は構文というだけあって、書くのに数行の記述が必要です。そうやって形を作って書く決まりになっています。ところが、「第二の」繰り返し構造であるストリームには、決まった構文はありません。ストリームを作る stream() というメソッドがあるだけです。

しかし、ストリームさえ作れば、ストリームに対して「ラムダ式で書いたいろいろな処理」を連続的に実行し、最終結果をリストにしたり、コンソールに出力したりできます。それどころか、分類や集計のような高度な処理まで、簡単にできてしまうので、だんだん使うのが楽しくなるでしょう。

とても便利で簡潔に記述できるので、現在では、いろいろな分野の処理で、ストリームとラムダ式が使われています。現代の Java 言語を使いこなすカギとなる知識です。楽しみながらマスターしてください。

13.1 ストリームとは

配列やリストのようなデータの集まりに対して、繰り返し処理を適用するにはfor文やwhile文を使ってきましたが、**ストリーム**はもうひとつの繰り返し処理です。

ストリーム(Stream)は、データを転送するパイプラインのように働きます。リストや配列など、データの集まりに対してストリームを生成すると、要素は先頭から最後まで、1つずつストリーム上に送出されます。

一方、ストリーム上に送出されたデータを受け取って操作するためのメソッドが、Streamクラスに多数用意されています。例えば、フィルタリングを実行するfilter( )、他の形式に変換するmap( )などがあります。

これらのメソッドは、処理が終わると処理済みのデータをストリーム上に送出し、他のメソッドが受け取れるようにします。そのため、このような処理を、**中間操作**と呼んでいます。

ストリームを終結させるには、**終端操作**が必要です。終端操作を行うメソッドとして、出力を行うforEach( )や、結果からリストを生成するtoList( )などがあります。

簡単なストリーム処理

英単語のリストを例にして、簡単なストリーム処理を見てみましょう。

まず、変数listに英単語のリストを入れておきます。

```
var list = List.of("banana", "orange", "peach", "apple", "pineapple");
```

次に、Listインタフェースの**stream( )**メソッドを使って、ストリームを生成します。

```
list.stream()                          // ストリームの生成
```

ストリームから送出されるデータは、Streamクラスにたくさん用意されているメソッドのどれかで、受け取ることができます。例えば、データのフィルタリングを行う**filter( )**メソッドを使うには、次のように、ドットで連結します。

```
list.stream().filter()                         // フィルタリング
```

このような書き方を**メソッドチェーン**といいます。

filter( ) メソッドでどんなフィルタリングを行うかは、ラムダ式で指定します。例えば、長さが 6 よりも小さい英単語だけに限定するには、次のようにします。

```
list.stream().filter(e->e.length()<6)      // フィルタリング（長さが6未満に限定）
```


ストリームのメソッドでは、ラムダ式の引数 e は、ストリームから流れてくるモノ、つまりリストの要素ですから、e は英単語の文字列です。したがって、e.length( )<6 は、単語の長さが 6 未満という条件になります。

ストリームでは、データ（リストの要素）が、先頭から最後まで 1 つずつ送られてくるので、その各々にこの条件が適用され、パスした要素だけをストリームに再度、送出します。つまり、長さが 6 未満の英単語だけが、ストリームに送り出されます。

フィルタリングした結果が、次々にストリーム上に送出されるので、次は、データ変換を行う **map( )** メソッドでそれを受け取りましょう。ここでは、送られてくる文字列をすべて大文字に変換します。変換の方法は、次のようにラムダ式で指定します。

```
list.stream().filter(e->e.lenght()<6).map(e->e.toUpperCase()) // 大文字に変換
```

ストリームから送られてくるのは、フィルタリングされたリストの要素ですから、この場合も引数 e は英単語の文字列です。したがって、e.toUpperCase( ) で大文字への変換ができます。map( ) メソッドも変換結果をストリームに送り出します。

なお、このラムダ式は toUpperCase( ) メソッドだけしかないので、メソッド参照に置き換えることができます。

```
list.stream().filter(e->e.lenght()<6).map(String::toUpperCase) // 大文字に変換
```

filter( ) や map( ) は**中間操作**でしたが、ストリーム処理を終結させるには**終端操作**が必要です。ストリーム処理は必ず終端操作で終わらなければいけません。

終端操作を実行するメソッドとして、ここでは、**forEach( )** メソッドを使います。forEach( ) を使って、転送されてきた要素をコンソールに出力しましょう。

なお、ストリーム処理は、文が長くなるので、次のようにドットの位置で改行して表記するのが普通です。

```
list.stream()
    .filter(e -> e.length()<6)
    .map(e->e.toUpperCase())
    .forEach(System.out::println);          // コンソールに表示する
```

以上をまとめたものが、次のリストです。

リスト 13-1-1：簡単なストリーム処理

```
package chapter13_1;
import java.util.Arrays;
public class StreamExample {
    public static void main(String[] args) {

        var list = List.of("banana", "orange", "peach", "apple", "pineapple");

        list.stream()                           // ストリームを生成
            .filter(e -> e.length()<6)          // フィルタリング(長さが6未満に限定)
            .map(e->e.toUpperCase())            // 大文字に変換する
            .forEach(System.out::println);      // コンソールに表示する
    }
}
```

これを実行すると、次のように表示されます。

```
PEACH
APPLE
```

なお、listは不変リストですが、ストリームはlistの内容を取り出すだけで変更はしません。中間操作でフィルタリングや変換が行われると、その結果は新しいストリームとして生成されます。元のlistが変更されるわけではありません。

ストリーム処理は並列処理に向いている

先頭要素から最後の要素まで、順に転送する動作は拡張for文に似ていますが、要素を次々に取り出す反復操作はストリームが自動的に行い、プログラムでは、どういう処理を行うかだけをラムダ式で記述します。このような操作は、処理を分割して同時並行的に実行しやすいので、並列処理に向いています。実際、並列処理を行うストリームを生成するparallelStream( )メソッドもあります。大量のデータを処理する時は、処理が速くなると報告されています。

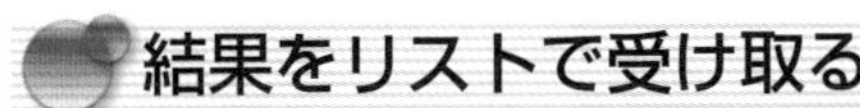

結果をリストで受け取る

終端操作に**toList( )**メソッドを使うと、ストリーム処理の結果をListにすることができます。次は、結果のListをresultという変数に受け取る例です。

リスト13-1-2：結果をリストで受け取る

```
package chapter13_1;
import java.util.Arrays;
public class ToListExample {
    public static void main(String[] args) {

        var list = Arrays.asList("banana", "Orange", "peach", "apple", "pineApple");

        var result = list.stream()              // リストを受けとる        ❶
            .filter(e -> e.length()<6)
            .map(e->e.toUpperCase())
            .toList();                          // 結果をリストにする      ❷

        result.forEach(System.out::println);    // 確認のため表示          ❸
    }
}
```

```
PEACH
APPLE
```

❶のように、ストリーム処理の結果を変数resultに代入している点に注意してください。これは、❷でストリーム処理の結果をListにしているからです。

resultの型はvarにしていますが、正確には、`List<String> result`です。また、resultは、内容の追加、変更、削除、並び替えなどのできない**不変リスト**です。

❸でresultを表示すると、結果は前出の例と同じであることがわかります。

可変リストを取得するには

可変リストを取得したい場合はtoListの代わりにcollect()メソッドを使います。collect( )は、引数にさまざまな補助メソッドを指定することで、応用的な終端操作を提供するメソッドです。

```
    var result = list.stream()
            .filter(e -> e.length()<6)
            .map(e->e.toUpperCase())
            .collect(Collectors.toList());
```

13.2 いろいろな中間操作

中間操作メソッド

中間操作は、ストリームを流れるデータの前処理を行うメソッドです。filter( ) や map( ) などはよく使われるメソッドですが、Stream クラスには表に示すように 11 種類(20 個)の中間操作メソッドがあります。

▼ Streamクラスの中間操作メソッド

メソッド	機能
distinct()	重複する要素を削除する
dropWhile()	条件に合致している間は要素を破棄し、残りをストリームに転送する
filter()	条件に合致する要素だけをストリーム転送する(フィルタリング)
flatMap()	要素がリストや配列のとき、バラバラにして1つのストリームに平坦化する
flatMapToDouble()	同上、ただしdoubleの値のストリームに平坦化する
flatMapToInt()	同上、ただしintの値のストリームに平坦化する
flatMapToLong()	同上、ただしlongの値のストリームに平坦化する
limit()	先頭からn個の要素だけしかストリームに転送しない
map()	要素を別の型や値に変換する
mapToDouble()	同上、ただしdoubleの値に変換する
mapToInt()	同上、ただしintの値に変換する
mapToLong()	同上、ただしlongの値に変換する
mapMulti()	1つの要素を多数の要素に変換する1対多変換を行う
mapMultiToDouble()	同上、ただしdoubleの値に変換する
mapMultiToInt()	同上、ただしintの値に変換する
mapMultiToLong()	同上、ただしlongの値に変換する
peek()	デバッグ用にアクションを実行し、もとの要素をそのまま送出する
skip()	n個スキップ(ストリームに転送しない)する
sorted()	並べ替えを行う
takeWhile()	条件に合致している間は要素を転送し、残りは破棄する

中間操作メソッドの使い方

中間操作メソッドには引数のないものもありますが、多くは引数にラムダ式を指定して、動作の内容を定義します。以下では、すでに解説した filter( )、map( ) 以外の使い方をまとめて示します。

どれも短いリストですから、入力して実行し、動作を確認してください。

(1) distinct( )、sorted( )

distinct( )は、重複する要素を取り除きます。sorted( )は、並び替えをします。

リスト 13-2-1

```
package chapter13_2;
import java.util.List;
public class Sample1 {
    public static void main(String[] args) {
        var list = List.of("apple", "peach", "grape", "apple", "banana", "peach");
        list.stream()
            .distinct()       // 重複を取り除く          ❶
            .sorted()         // 自然な順序に並び変える   ❷
            .forEach(System.out::println);
    }
}
```

```
apple banana grape peach
```

list には "apple" と "peach" が 2 つずつあります。❶の distinct( ) により、同じものは 1 つだけになります。また、❷の sorted( ) は、要素を自然な順序に並び替えます。

distinct( ) では、オブジェクトの equals( ) メソッドで同じかどうかを判定しています。record は equals( ) を自動的にオーバーライドするので問題ありませんが、一般のオブジェクトでは、equals( ) と hashCode( ) を適切にオーバーライドしておく（→ 6 章）必要があります。

sorted( ) は、一般的なオブジェクトの場合、引数に Comparator.comparing(～) を指定して、並び替えのキーにするフィールドを指定できます。

```
list.stream()                                              // Appleのリストの場合
  .sorted( Comparator.comparing(Apple::weight) )
  .forEach(System.out::println();
```

使い方は、List インタフェースの sort( ) メソッド（12 章）を参照してください。

(2) skip( )、limit( )

skip( ) は、指定した個数の要素をストリームから捨てます。limit( ) は、ストリームに流すデータの上限を指定します。

リスト 13-2-2

```
package chapter13_2;
import java.util.List;
public class Sample2 {
    public static void main(String[] args) {
        var list = List.of("apple", "peach", "grape", "watermelon", "banana", "cherry");
        list.stream()
            .skip(3)        // 先頭から3つを捨てる           ❶
            .limit(2)       // 最大2つの要素だけに制限する    ❷
            .forEach(System.out::println);
    }
}
```

```
watermelon
banana
```

❶では skip(3) と指定しているので、"apple" から "grape" までが捨てられます。

❷では limit(2) ですから、"watermelon" と "banana" だけがストリームに送り出されます。

(3) dropWhile()

dropWhile( ) は、指定した条件が true の間、要素を捨て続け、false になるとそのデータ以降をすべてストリームに送り出します。

リスト 13-2-3

```
package chapter13_2;
import java.util.List;
public class Sample3 {
    public static void main(String[] args) {
        var list = List.of("apple", "peach", "watermelon", "banana");
        list.stream()
            .dropWhile(e->e.charAt(0)!='w')  // 1文字目が'w'でない間要素を捨てる ❶
            .forEach(e->System.out.print(e + " "));
    }
}
```

```
watermelon banana
```

例は、先頭文字が「'w'」ではない、という条件なので、"apple"、"peach" は捨てられ、"watermelon" 以降がストリームに送り出されます。

(4) takeWhile( )

takeWhile( )は、dropWhile( )の逆です。指定した条件がtrueの間、要素をストリームに送り出しますが、falseになるとそのデータ以降をすべて捨てます。

リスト13-2-4

```
package chapter13_2;
import java.util.List;
public class Sample4 {
    public static void main(String[] args) {
        var list = List.of("apple", "peach", "watermelon", "banana");
        list.stream()
            .takeWhile(e->e.charAt(0)!='w')
            .forEach(e->System.out.print(e + " "));
    }
}
```

```
apple peach
```

例は、先頭文字が「'w'」ではない、という条件なので、"apple"、"peach" はストリームに送り出され、"watermelon" 以降は捨てられます。

(5) mapToInt()、mapToDouble()、mapToLong()

stream( )で生成されるストリームは、オブジェクトのストリームです。そのため、strが文字列の時、`map(str->str.length( ))`として、文字列の長さを表す整数に変換しても、変換後の値はintではなくInteger型になります。

値を集計したい場合は、Integerではなく、プリミティブ型のintとして扱う方が効率がよくなります。そこで、ストリームを、intの値だけを流すことができる**IntStream**に変換するのが**mapToInt( )**です。

mapToInt( )の引数にラムダ式でint型への変換を指定すると、変換したintの値をそのままIntStream上に送り出します。

リスト 13-2-5

```
package chapter13_2;
import java.util.List;
public class Sample5 {
    public static void main(String[] args) {
       var list = List.of("apple", "peach", "watermelon", "banana");
       int total = list.stream()
          .mapToInt(String::length)      // int 型の文字列の長さに変換 ❶
          .sum();                        // 合計を返す終端操作 ❷
       System.out.println("総文字数=" + total);
    }
}
```

```
総文字数=26
```

❶では、英単語をint型の値(文字数)に変換し、IntStreamに送り出しています。

❷のsum( )メソッドは、IntStreamで使える終端操作です。ストリームを流れてくる値の合計を計算します。下線で示すように、式全体が変数totalへの代入式になっているので、合計の値をtotalに取得することができます。

mapToDouble( )、mapToLong( )も、型が違うだけで働きは同じです。変換後のストリームは、DoubleStream、LongStreamになります。

(6) flatMap( )

flatMap( )は、ストリームを流れる1つの要素が、Listのようなデータセットになっている時に、セットからデータを取り出してフラットなストリームに変換します。

リスト 13-2-6

```
package chapter13_2;
import java.util.List;

record Department(String name, List<String> employees) {}    // Listの要素 ❶

public class Sample6 {
    public static void main(String[] args) {

       var list = List.of(                                   ❷
             new Department("総務", List.of("田中", "木村")),
             new Department("経理", List.of("佐藤", "山田")),
             new Department("営業", List.of("山本", "藤田", "斎藤"))  );
```

```
        list.stream()
            .map(Department::employees)         ❸
            .flatMap(List::stream)              ❹
            .forEach(e->System.out.print(e + " "));
    }
}
```


❶の Department レコードは、部署名と部署に属す「社員名の List」からなるレコードです。一覧できるように、クラスと同じファイルに定義しています。

例は、Department の List を使うので、❷のように、3 件のレコードを生成して変数 list に入れてあります。

ここで実行したいことは、list から、すべての部署の社員名だけを取り出すことです。そこで、❸の map( ) により、ゲッターの employees( ) を使って、Department レコードから「社員名の List」のストリームに変換しています。

しかし、これだけでは十分ではありません。確認のために、❹をコメントアウトして実行すると、次のようになります。

```
[田中, 木村] [佐藤, 山田] [山本, 藤田, 斎藤]
```

これは、ストリームの要素が 3 つの List であり、社員名ではないことを示しています。

そこで、❹の flatMap( ) では、「社員名の List」の Stream を、「社員名」の Stream に変換します。それには、stream( ) メソッドを実行します。「社員名の List」は List 型なので stream( ) メソッドを使えることに注意してください。

`List::stream` は、`e->e.stream( )` をメソッド参照にしたものです。

❹により、すべての要素が「社員名」のストリームになるので、全体もフラットな社員名のストリームになります。実行すると、次のように社員名だけが表示されます。

```
田中 木村 佐藤 山田 山本 藤田 斎藤
```

なお、**flatMapToInt( )**、**flatMapToDouble( )**、**flatMapToLong( )** は、「数値の List」

のストリームを、同様の方法でプリミティブ型の数値のストリーム、つまり、IntStream、DoubleStream、LongStream に変換するために使います。

(7) mapMulti( )

mapMulti( ) は、ストリームから受け取った 1 つの要素を、複数の値に変換します。どんな変換でも可能ですが、主な用途は、1 つの要素を分解して、複数の値に変換することです。

リスト 13-2-7

```
package chapter13_2;
import java.util.List;
public class Sample7 {
    public static void main(String[] args) {
        var list = List.of(
                new Department("総務", List.of("田中", "木村")),
                new Department("経理", List.of("佐藤", "山田")),
                new Department("経理", List.of("山本", "藤田", "斎藤")));

        list.stream()
        .mapMulti((e, buf) -> {          // e(要素)、buf(変換バッファ)   ❶
            var ls = e.employees();       // lsは社員名のList   ❷
            ls.forEach(name->buf.accept(name));   // すべての社員名を変換バッファに登録   ❸
        })
        .forEach(name->System.out.print(name + " "));   ❹
    }
}
```

mapMulti( ) は、1 つの値を何通りかに変換するので、変換のたびに、結果を**変換バッファ**に登録しなくてはいけません。すべての変換が終わると、変換バッファから複数の値(変換結果)がストリームに送出されます。

前出の flatMap( ) と同様に、「社員名の List」のストリームを、「社員名」のストリームに変換してみましょう。

考え方としては、「社員名の List」がストリームの要素になっているので、要素からすべての社員名を取り出して、変換バッファに登録すればいいだけです。

❶のように、mapMulti( ) に指定するラムダ式には、引数を 2 つ書きます。e はストリームから受け取る要素、buf は変換バッファです。処理は 2 行になるので { } を使ってブロックにします。

まず、❷でe(=Departmentオブジェクト)から、ゲッターのemployees()を使って社員名のListを取り出し、lsに入れておきます。

次に、❸でforEach()を使って、lsのすべての要素(=社員名)を変換バッファに登録します。ここで、**accept()**メソッドは、変換バッファに引数のオブジェクトを登録するメソッドです。

変換処理は以上です。最後に、❹でforEach()を使ってストリームの全要素を出力してみると、次のように社員名のストリームになっていることがわかります。

```
田中 木村 佐藤 山田 山本 藤田 斎藤
```

もっと短く書ける

例題の❷、❸は一行にまとめることができます。次のようになります。

```
.mapMulti((e,buf)->e.employees().forEach(name->buf.accept(name))
```

ブロックも不要になりこれで十分ですが、メソッド参照を使うとさらに短くできます。

```
.mapMulti((e,buf)->e.employees().forEach(buf::accept))
```

(8) peek()

peek()はデバッグ目的で、主に、処理の途中で要素を出力するために使います。処理後、受け取った要素と同じものをストリームに送り出すので、全体のストリーム処理に影響を与えません。

リスト13-2-8

```
package chapter13_2;
import java.util.List;
public class Sample8 {
    public static void main(String[] args) {
        var list = List.of("apple", "peach", " watermelon");
        list.stream()
            .peek(e->System.out.print(e + " ")) // 要素を表示してみる ❶
            .map(String::toUpperCase)           // 要素を大文字に変換
            .forEach(e->System.out.println(e));// 結果を表示する ❷
    }
}
```

実行すると次のように表示されます。

```
apple APPLE
peach PEACH
watermelon WATERMELON
```

小文字の単語は❶の peek( ) で出力したもので、大文字の単語は❷の forEach( ) が出力したものです。

練習 13-2-1

解答 

次のような Bread レコードがあります（Bread レコードはサポートウェブからもダウンロードできます）。フィールドは、国名（country）、名前（name）、価格（price）、売り切れ（soldout）の 4 つで、Bread の List を返す getBreadList( ) メソッドも定義されています。

```
package exercise_1;
import java.util.List;
public record Bread(String country, String name, int price, boolean soldout) {

    public static List<Bread> getBreadList() {
        return List.of(
            new Bread("日本", "カレーパン", 260, false),
            new Bread("フランス", "クロワッサン", 230, false),
            new Bread("イタリア", "フォカッチャ", 250, true),
            new Bread("アメリカ", "ベーグル", 180, false),
            new Bread("ドイツ", "ライムギパン", 300, false),
            new Bread("イギリス", "スコーン", 180, false),
            new Bread("フランス", "バケット", 380, false),
            new Bread("イギリス", "マフィン", 220, true),
            new Bread("アメリカ", "食パン", 250, false),
            new Bread("フランス", "カンパーニュ", 350, false),
            new Bread("ドイツ", "プレッツェル", 310, false),
            new Bread("アメリカ", "ロールパン", 120, false),
            new Bread("日本", "アンパン", 180, false));
    }
}
```

Bread の List を取得し、次の値を求めるストリーム処理を作成してください。

1. 日本のパンだけを表示する

```
Bread[country=日本, name=カレーパン, price=260, soldout=false]
Bread[country=日本, name=アンパン, price=180, soldout=false]
```

2. 売り切れているパンの名前だけを表示する

```
フォカッチャ
マフィン
```

3. フランスのパンの名前と価格を価格順に表示する

```
クロワッサン 230
カンパーニュ 350
バケット 380
```


4. すべてのパンについて、価格の高い順に並び替えて、先頭から３つだけを表示する

```
バケット 380
カンパーニュ 350
プレッツェル 310
```

5. 国名だけを自然な順序に並び変えて表示する

```
アメリカ
イギリス
イタリア
ドイツ
フランス
日本
```

13.3 主な終端操作

終端操作はストリーム処理の結果を出力する操作です。これまで forEach( )、toList( )、そして IntStream で使える sum( ) などを使ってきましたが、ここでは、主な終端操作を機能別にまとめて解説します。

以下の解説では、データとして Book レコードのリストを使います。
レコードは、{ } の中に、**コンストラクタ、クラスメソッド、インスタンスメソッド**などを定義できます。Book レコードには引数のないコンストラクタと、レコードのリストを返すクラスメソッド getBookList( ) が定義されています。

リスト 13-3-1：Book レコードと getBookList( ) メソッド

```
package chapter13_3;
import java.util.List;
public record Book(String title, String author, int price) {
  public Book(){
     this("**", "**", 0);      // 空の代替値として使うレコード
  }
   public static List<Book> getBookList() {
     return List.of(
              new Book("坊ちゃん",    "夏目漱石", 400),
              new Book("高瀬舟",     "森鴎外", 500),
              new Book("三四郎",     "夏目漱石", 300),
              new Book("舞姫",      "森鴎外", 200),
              new Book("吾輩は猫である", "夏目漱石", 600) );
  }
}
```

結果をコンテナに入れる

ストリーム処理の結果は、List、Set、Map などに入れることができます。また、任意のコレクションを生成することもできます。

操作	機能
toList()	結果を不変Listにする
collect(Collectors.toList())	結果を可変Listにする
collect(Collectors.toSet())	結果を可変Setにする
collect(Collectors.toMap())	結果を可変Mapにする
collect(Collectors.toColleciton())	結果を任意の可変Collectionにする

リスト 13-3-2：可変 List、可変 Set、任意のコレクション

```
package chapter13_3;
import java.util.stream.Collectors;
public class Sample1 {
    public static void main(String[] args) {
        var list = Book.getBookList();
        var myList = list.stream().collect(Collectors.toList());  ❶
        var mySet = list.stream().collect(Collectors.toSet());    ❷
        var myLinkedList = list. stream()
            .collect(Collectors.toCollection(LinkedList::new)); ❸
    }
}
```


❶は可変 List、❷は可変 Set を生成します。出力は、forEach( ) を使って自分で試してみてください。❸は、LinkedList を生成するために、コンストラクタ参照を指定しています。コンストラクタ参照を変えると他のコレクションを生成できます。

リスト 13-3-3：可変 Map

```
package chapter13_3;
import java.util.stream.Collectors;
public class Sample2 {
    public static void main(String[] args) {
        var list  = Book.getBookList();
        var myMap = list.stream()
            .limit(3)
            .collect(Collectors.toMap(Book::title, Book::price));  ❶
        myMap.forEach((k, v)->System.out.println(k + " " + v));  ❷
    }
}
```

Book レコードのストリームから、可変 Map を作成します。Map ではキーと値を指定する必要があるので、❶ではタイトルをキー、価格を値に指定しています。重複キーがあるとエラーになるので注意してください。

❷は、Map の forEach( ) メソッドです。引数が 2 つあり、k はキー、v は値です。ラムダ式では、k と v をそのまま出力しているので、次のように表示されます。

```
高瀬舟 500
三四郎 300
坊ちゃん 400
```

※ limit(3) で出力を 3 件にしています

最大と最小を求める

オブジェクトのどれかのフィールドに注目して、その値が最大のオブジェクトと最小のオブジェクトを取得するには、**max( )**、**min( )** を使います。

例えば、次は、価格が一番高い本を得る例です。

リスト 13-3-4：max()、min()

```
package chapter13_3;
import java.util.Comparator;
import java.util.Optional;
public class Sample3 {
    public static void main(String[] args) {
        var list = Book.getBookList();      // 本のリストを取得
        Optional<Book> book = list.stream()                      ❶
                .max( Comparator.comparing(Book::price) );       ❷
        System.out.println(book.orElseGet(Book::new));           ❸
    }
}
```

まず、❷を見てください。

価格が最大の Book インスタンスを取得するには、max( ) の引数に、sorted( ) でも使ったコンパレータを指定します。引数には、**Comparator.comparing( )** を指定して、比較するフィールドである価格（price）のゲッターを書いておくだけです。

これだけで、最大の価格を持つ本のインスタンスをストリームから取得できます。また、max( ) を min( ) に変えると、最小のインスタンスを取得できます。

Optional クラス

max( ) 、min( ) は、もしも元のリストが空だったら、「返す値がない」というエラーになります。それを回避して、たとえリストが空でもエラーにならないようにするため、❶のように、max( )、min( ) の戻り値は **Optional** 型の値になっています。

Optional クラスは、いろいろなオブジェクトを入れることができるコンテナ・クラスです。総称型なので、使う時に❶のように実際に格納するオブジェクトの型を指定します。ここでは Optional**<Book>** と指定しています。

大きな特徴は、Optional のインスタンスが空だった場合の動作を指定できることです。

そのため、次のようないろいろなメソッドがあります。

メソッド	機能
get()	値を返す（空なら例外を発生する）
orElseGet()	値を返す。空ならラムダ式で代替値を生成して返す
orElse()	値を返す。空なら指定した代替値を返す
or()	Optionalの値を返す。空ならラムダ式でOptional型の値を生成して返す
ifPresent()	空でない時のみ指定したアクションを実行する
ifPresentOrElse()	空でない時と空の時で異なるアクションを実行する
orElseThrow()	値を返す。空なら指定した例外を発生する

※例外は、14章で解説します

get( )は値が空でないことが明らかな場合に使いますが、一般的な使用には向きません。普通は、**orElseGet( )**を使うのがいいでしょう。

例でも❹のように、orElseGet( )を指定し、値が空の時は内容が空のBookインスタンスを生成して返すようにしています。

例を実行すると、次のように表示されます。

```
Book[title=吾輩は猫である, author=夏目漱石, price=600]
```

メソッドの違い

orElse( )はorElseGet( )と似ていますが、代替値を常に生成するので効率が落ちます。これに対してorElseGet( )は、本当に値が空だった時だけ値を生成します。また、or( )はOptional型の値をそのまま返す点が異なります。

ifPresent( )とifPresentOrElse( )は値を取り出すのではなく、代わりに何かの処理を実行します。また、orElseThrow( )は値がないと指定した例外(→14章)を発生します。

プリミティブ型で集計する

mapToInt( )やmapToDouble( )などで、ストリームをプリミティブ型のストリームに変換すると、効率よく集計処理ができます。使えるメソッドは次のようです。

メソッド	機能	戻り値型
count()	個数	long
sum()	合計	ストリームの型による（int、double、long）
average()	平均	OptionalDouble
max()	最大値	ストリームの型による（OptionalInt、OptionalDouble、OptionalLong）
min()	最小値	

count()とsum()以外は、Optionalな戻り値になります。ただし、プリミティブ型なので、**OptionalInt**、**OptionalDouble**、**OptionalLong**型といいます。使い方は、Optional型と同じですが、get()メソッドだけ、次のように名前が変わります。

メソッド	機能	注意
getAsInt()	intの値を取り出す	空の場合、例外を発生します
getAsDouble()	doubleの値を取り出す	
getAsLong()	longの値を取り出す	

次は、Bookレコードのストリームで、金額の合計、平均、最大値を求める例です。

リスト13-3-5：sum( )、average( )、max( )

```
package chapter13_3;
import java.util.OptionalDouble;
import java.util.OptionalInt;
public class Sample4 {
    public static void main(String[] args) {
        var list = Book.getBookList();      // 本のリスト

        int total = list.stream()
                    .mapToInt(Book::price)   // 金額(int型)のストリームに変換 ❶
                    .sum();                  // 合計金額

        OptionalDouble ave = list.stream()
                    .mapToInt(Book::price)
                    .average();         // 平均額 ❷

        OptionalInt max = list.stream()
                    .mapToInt(Book::price)
                    .max();             // 最高額 ❸

        System.out.println("合計金額 = " + total);
        System.out.println("平均額   = " + ave.orElse(0);  ❹
        System.out.println("最高額   = " + max.orElse(0);
    }
}
```

```
合計金額 = 2000
平均額   = 400.0
最高額   = 600
```

本のリストからストリームを生成し、❶のように価格（price）フィールドのゲッターを指定して、金額だけのIntStreamに変換します。sum( )メソッドの結果はint型なのでint型のtotalに代入します。

❷は、average( )による平均値の計算です。戻り値は常にOptionalDouble型になります。

また、❸はmax( )による最大値の計算です。IntStreamなので戻り値はOptinalInt型です。

最後の出力では、Optional系は、❹のように、orElse( )を使って値を取得します。値が空の場合は、0が返るようにしています。オブジェクトではないので、単に値を返すことにしてもオーバーヘッドは小さいと考えられます。

文字列連結する

collect( )メソッドは、引数に補助メソッドを指定して多彩な終了処理を可能にしますが、文字列連結もその1つです。

文字列のストリームの時、collect( )に、**Collectors.joining( )**を指定すると、すべての要素を連結して1つの文字列にすることができます。区切り文字を指定して連結できるので、CSV文字列(コンマ区切りの文字列)などを簡単に生成できます。

次は、本のタイトルのCSV文字列を生成する例です。

リスト13-3-6：文字列連結

```
package chapter13_3;
import java.util.stream.Collectors;
public class Sample5 {
    public static void main(String[] args) {
       var list = Book.getBookList();
       String titles = list.stream()
                          .map(Book::title)                          ❶
                          .collect(Collectors.joining(","));         ❷
       System.out.println(titles);
    }
}
```

❶はmap( )を使って、Bookのストリームを本のタイトル(文字列)のストリームに変換しています。❷が文字列連結です。Collectors.joining( )の引数に区切り文字としてコンマを指定しているので、実行すると次のように表示されます。

```
坊ちゃん,高瀬舟,三四郎,舞姫,吾輩は猫である
```

分類する

collect( )の補助メソッドの中でも、特に役に立つのが**Collectors.groupinBy( )**です。ストリームの要素がオブジェクトの時、指定したフィールドの値でオブジェクトを分類します。

次は、本(Book)を著者名で分類する例です。

リスト13-3-7：分類

```
package chapter13_3;
import java.util.stream.Collectors;
public class Sample6 {
    public static void main(String[] args) {

        var list = Book.getBookList();
        var book_author = list.stream()
                .collect(Collectors.groupingBy(Book::author));  ❶

        book_author.forEach((k, v)->{                  ❷
            System.out.println(k);                     ❸
            v.forEach(System.out::println);            ❹
        });
    }
}
```

例は、本(Book)のストリームを作成して分類します。

分類を行うCollectors.groupingBy( )の使い方は簡単で、分類のキーにするフィールドのゲッターを、引数に指定するだけです。❶は、authorフィールドのゲッターを指定して、著者別に本を分類しています。

結果は、キーが「著者名」、値が「BookのList」であるMapになります。

例では、下線を引いたvar book_authorという変数に結果を代入していますが、変数の型はMap型で、正確には、Map<String, Book> book_authorです。

❷は、MapのforEach( )メソッドを使って、すべての要素をコンソールに出力します。引数のkはキーの「著者名」、vは値の「BookのList」です。

そのまま出力すると見づらくなるので、先に著者名だけを出力し、その下に「BookのList」から要素を1つずつ出力します。

処理ブロックの中の❸で著者名を出力し、❹でListのforEach( )を使って、要素の

Bookインスタンスを出力します。実行すると次のように表示され、2つのグループに分類されたことがわかります。

```
夏目漱石
Book[title=坊ちゃん, author=夏目漱石, price=400]
Book[title=三四郎, author=夏目漱石, price=300]
Book[title=吾輩は猫である, author=夏目漱石, price=600]
森鴎外
Book[title=高瀬舟, author=森鴎外, price=500]
Book[title=舞姫, author=森鴎外, price=200]
```


groupingByの2次操作

前掲の処理では、「夏目漱石」というキーに対して、該当する3つのBookインスタンスがそのまま出力されていますが、関心があるのはインスタンス全体ではなく書籍の「タイトル」だけという場合もあります。

そのためには、分類結果のListからストリームを生成し、書籍のタイトルだけのストリームに変換して、新しいListにするとよさそうです。

groupingByは、このような操作を2つ目の引数で、2次操作として指定できます。

リスト13-3-8：groupingBy()の2次操作

```
package chapter13_3;
import java.util.stream.Collectors;
public class Sample7 {
    public static void main(String[] args) {

        var list = Book.getBookList();
        var book_author = list.stream()
                .collect(Collectors.groupingBy(
                    Book::author,
                    Collectors.mapping(Book::title, Collectors.toList())  ❶
                ));

        book_author.forEach((k, v)->{
            System.out.println(k);
            String titles = v.stream().collect(Collectors.joining(",")); ❷
            System.out.println("  " + titles);
        });
    }
}
```

❶が、groupingBy( )に指定した2つ目の引数で、**Collectors.mapping( )**メソッドを指定しています。これは、内部でListからストリーム生成してmap( )と同様の変換処理を行い、さらに変換後の終端操作まで実行するメソッドです。

Collectors.mapping( )の第1引数には変換操作のラムダ式、第2引数に変換後の終端操作を指定します。

> ※ mapping( )以外にもfiltering( )、flatMapping( )などが使用できます。
> 使い方は、mapping( )と同じです。

❶では、第1引数にBook::titleを指定しているので、Bookのストリームをtitleのストリームに変換します。また、第2引数にCollectors.toList( )を指定しているので、終端操作としてtitleの可変Listを生成します。

後は、前のリストと同じように、結果を表示するだけです。

ただ、今回は、変数vは本のタイトルのListなので、これをCSV文字列にして表示することにします。❷は、vからストリーム処理で要素のCSV文字列を生成する処理です。

実行すると、次のように表示されます。

```
夏目漱石
  坊ちゃん,三四郎,吾輩は猫である
森鴎外
  高瀬舟,舞姫
```

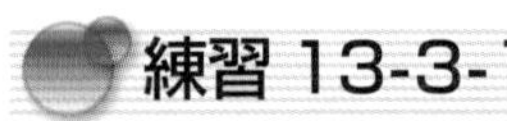

練習 13-3-1

解答 

練習13-2-1で使ったBreadレコードのリストを使って、次のようなストリーム処理を作成してください。

1. 一番価格の安いパンのレコードを求めて、変数に代入します（変数はOptional型です）。次に、その変数からBreadレコードをorElseGet( )で取り出して表示してください。

```
Bread[country=アメリカ, name=ロールパン, price=120, soldout=false]
```

なお、orElseGet( )で必要になるので、Breadレコードには、代替値を生成する次のコンストラクタをオーバーロードしておいてください。

```
public Bread() {
    this("NoExist","NoExist",0,false);
}
```

2. すべてのパンの合計金額と平均価格を計算して表示してください。
ただし、平均額はprintfを使って、小数点以下1桁までの表示にします

```
合計額 = 3210
平均額 = 246.9
```

3. すべての国名を、取り出して自然な順序に並び替え、CSV文字列にして表示してください。ただし、同じ国名が重複しないようにします。

```
アメリカ,イギリス,イタリア,ドイツ,フランス,日本
```

4. リストを国別に分類し、国名をキー、パンの名前のCSV文字列を値とするMapを作成してください。作成後、Mapの全内容を下に示す形式で出力してください。
＜ヒント＞
・パンの名前のCSV文字列を作成する2次操作が必要です
・出力にはMapのforEach( )を使います

```
イギリス
  スコーン,マフィン
ドイツ
  ライムギパン,プレッツェル
アメリカ
  ベーグル,食パン,ロールパン
イタリア
  フォカッチャ
フランス
  クロワッサン,バケット,カンパーニュ
日本
  カレーパン,アンパン
```

Chapter 14

例外

社会の仕組みでもセーフティネットのように、まさかの時の安全対策がありますが、それはプログラムも同じです。とても処理を継続できないような状態になった時、どうするのか、それを書いておくのが例外処理なのです。

プログラムでは、特定のメソッド呼び出しを書く時、危険に備えて例外処理を一緒に書かなければいけない、と決まっているものがあります。入出力関係のメソッドの大半がそれに当たりますが、この章の最初のテーマはそのような例外処理の書き方をマスターすることです。

あと一つは、困った状況になった時、例外を起こして（例外を投げるといいます）逃げてしまう方法です。エラー対策をせずに例外を起こして済ます方法なので、楽でいいように思えますが、それが最善であるケースがたくさんあります。例えば、相手のあるネットワーク通信などでは、よくこの方法がとられます。案外、大事な知識ですから、こちらも書き方をマスターしておきましょう。

14.1 例外と例外クラス

例外のメカニズム

プログラムがエラーで停止するのは、実行中のメソッドやJavaシステム(JVM)が「例外オブジェクトを**投げる**(throw)」からです。**例外**(Exception)オブジェクトは、発生したエラーの内容を記録したオブジェクトで、それを見ると発生場所や発生原因がわかります。

「投げる(throw)」という動作ですが、これは、エラーの発生場所で例外オブジェクトをthrowすると、それがメソッドの呼び出し経路を逆順にたどってJVMにまで到達することを意味しています。つまり、発生場所からJVMに向かって「投げる」わけです。

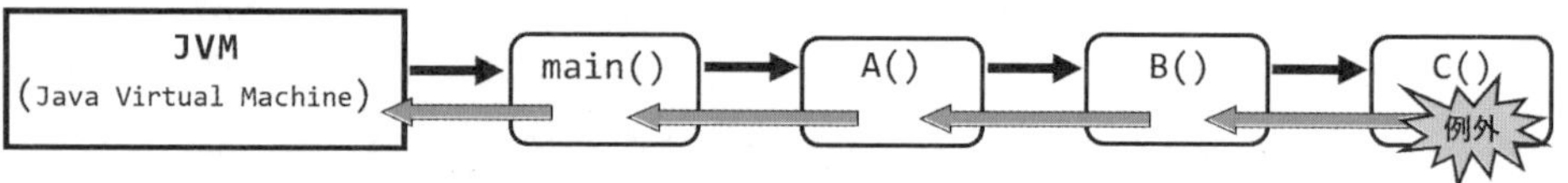

例外オブジェクトがJVMに到達するとプログラムは停止してしまうので、その前にメソッドのどれかでキャッチ(catch)して、何かの対策を行うことが**例外処理**です。何とか、プログラムの強制終了を回避するか、最悪でもメッセージを表示するなどして正常終了しようというわけです。

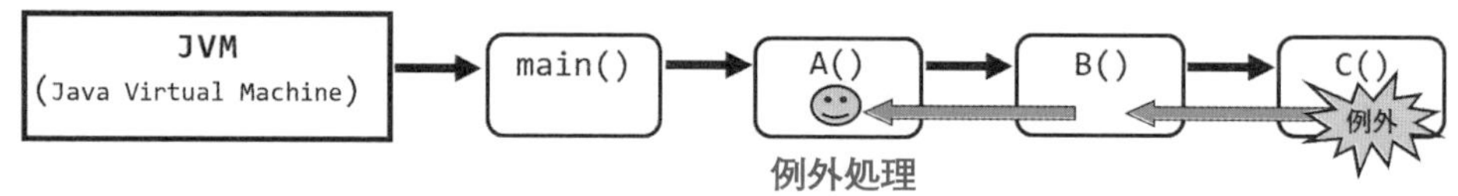

例外の種類

プログラムミスが原因で発生するエラーは、例外処理はしません。可能性が無数にあり、予測もつかないからです。エラーが発生した時は、例外オブジェクトの内容を見て、修正すべき箇所を見つけることができます。このような種類の例外は**実行時例外**、または**非チェック例外**といいます。

一方、エラーの発生が予見でき、対策をしておけば回復できそうなものは、初めからエラー対策をしておくべきです。それは、入出力やデータベースアクセス、書式解析などのエラーです。これらの例外は**チェック例外**といい、エラー対策をしないとコンパイルエラーになります。

例外オブジェクトのクラスは大きな継承関係になっていて、その中でいろいろなタイプの例外が定義されています。例外を投げるとは、これらのインスタンスをnewで生成してthrowすることです。

例えば、ファイル入力をするメソッドで、実行を継続できないようなエラーが生じた時は、次のように入出力に関する例外であるIOExceptionを投げます。

```
throw new IOException();
```

例外クラスの継承関係の一部を図に示します。この図に出てくるクラス名は、よく遭遇する例外クラスです。後で必要になるので、一通り目を通しておきましょう。

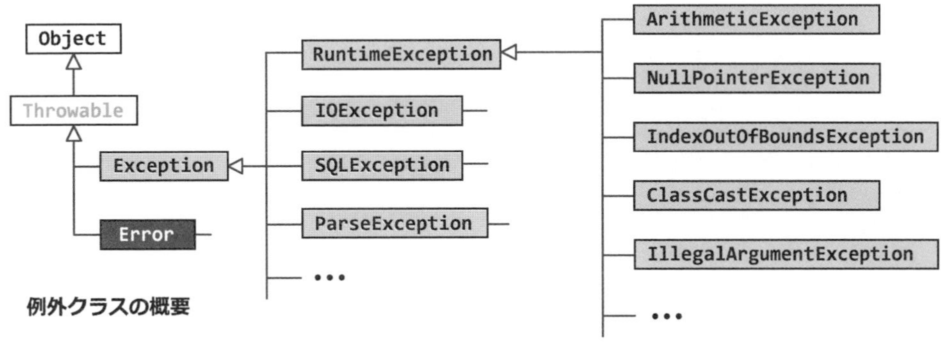

例外クラスの概要

起点のスーパークラスは**Throwable**クラスです。Throwableクラスには、例外クラスのほぼすべてのメソッドが定義されています。

Throwableの直接のサブクラスは**Exception**と**Error**です。Errorはメモリー不足などの回復できない重大なエラーなので、例外処理の対象ではありません。一方、Exceptionは、例外処理の対象になるエラーのスーパークラスです。

Exceptionを含めて青色が**チェック例外**の系統を示します。IOExceptionは入出力関係のエラーが発生した時に、SQLExceptionはデータベースアクセスのエラーが発生した時に、そして、ParseExceptionは書式解析のエラーが発生したときに、それぞれ発生個所のメソッドがthrowします。

なお、図にはありませんが、これらの例外にも、それぞれ多数のサブクラスがあります。

一方、Exceptionのサブクラスのうち、灰色は**実行時例外（非チェック例外）**の系統です。**RuntimeException**が起点になるスーパークラスです。実行時例外は、エラーの発生個所でJVMやメソッドがthrowします。

14.2 例外処理

チェック例外を投げるメソッドを使う時は、例外が発生した時に備えて、例外処理を書いておかなくてはいけません。例外処理が書かれていないと、コンパイルエラーになります。

例えば、ファイル入出力に関するコンストラクタやメソッドは、ほとんどがチェック例外を投げます。ここではテキストファイルの読み出しを例にして、例外処理の方法を解説します。

ファイルの読み出し

java.io パッケージにあるクラスを使う本格的なファイル操作は、15 章で解説します。ここでは java.nio.file パッケージにある **Files** クラスを使います。Files クラスを使うと、簡単な手順でファイルの全内容を List に読み出すことができます。

例えば、果物の名前が書かれている fruit.txt というファイルを読み出して、コンソールに表示する手順は次のようにわずか 3 行で書けます。

```
Path p = Path.of("fruit.txt");              // Pathの作成        ❶
var list = Files.readAllLines(p);           // リストに読み出す   ❷
list.forEach(System.out::println);          // 表示する          ❸
```

fruit.txt を読み出すには、ファイル名を **Path** オブジェクトに変換する必要があります。Path オブジェクトは、ファイルシステムの「パス」を表すオブジェクトです。

❶は、**Path.of( )** メソッドを使って、ファイル名から「パス」を生成します。

❷が、読み出し処理です。**Files.readAllLines( )** メソッドは、ファイルの全内容を、1 行ずつ List に格納します。これだけでファイル全体を読み込み、行データの List を返します。❷では、それを変数 list に代入しています。

❸は、forEach( ) を使って、list の全内容をコンソールに出力します。

簡単な処理ですが、❷の Files.readAllLines( ) メソッドは、指定されたファイルがない場合など、実行できない状況になった時、IOExceptionを投げます。これは**チェック例外**ですから、例外処理をしないとコンパイルエラーになります。

fruit.txtの作成

解説動画

part3プロジェクトにfruit.txtファイルを作成してください。
次の手順で簡単に作成できます。

①part3プロジェクトをクリックして選択する
②Eclipseのメニューで、[**ファイル**]⇒[**新規**]⇒[**ファイル**]と選択する
③ダイアログが開くので、[**ファイル名**]欄にfruit.txtと入力する
④[**完了**]ボタンを押す⇒ファイルがエディタに表示される
⑤1行に1つずつ、apple、banana、grapeを入力して[**保存**]ボタンを押す

try-catch文の書き方

例外処理には、**try-catch文**を使います。
前出のファイル読み出しのコードをtry-catch文の中に書いた例を示します。

リスト14-2-1：テキストファイルの読み出し

```
package chapter14_1;
import java.io.IOException;
import java.nio.file.Files;
import java.nio.file.Path;
public class Sample1 {
    public static void main(String[] args) {

        try {  ❶
            Path p = Path.of("fruit.txt");          // Pathを作成
            var list = Files.readAllLines(p);       // Listに読み出す
            list.forEach(System.out::println);      // 表示
        }
        catch (IOException e) {  ❷
            System.err.println("ファイルを読み出せません");
        }
    }
}
```

try-catch文には、❶のtryブロックと❷のcatchブロックがあります。例外を発生する可能性のあるコードはtryブロックに書き、catchブロックには、例外が発生した時の処理を書きます。

catch ブロックでは、( ) の中に、キャッチする例外型と変数を指定します。変数名は任意です。ただし、指定した型の例外だけしかキャッチしないので、メソッドが投げる例外の型を、API ドキュメントを参照して調べておく必要があります。
誤った例外型を書くと、catch ブロックの処理は実行されません。

try-catch 文は、Eclipse の機能で自動生成もできます。
慣れない間は、自動生成した後で**リスト 14-2-1** のように整形するといいでしょう。以下にその手順を示します。

try-catch 文の自動生成

解説動画

①ファイル読み出しのコードを書く
⇒ import 文がないのでエラーになっている

```
Sample1_.java ×
package chapter14_1;
public class Sample1_ {
    public static void main(String[] args) {

        Path p = Path.of("fruit.txt");
        var list = Files.readAllLines(p);
        list.forEach(System.out::println);

    }
```

②メニューで[**ソース**]⇒[**インポートの編成**]と選択してインポート文を挿入
⇒それでもまだ例外処理がないのでエラーになっている

```
Sample1_.java ×
package chapter14_1;

import java.nio.file.Files;
import java.nio.file.Path;

public class Sample1_ {
    public static void main(String[] args) {

        Path p = Path.of("fruit.txt");
        var list = Files.readAllLines(p);
        list.forEach(System.out::println);

    }
```

③ try ブロックに入れるコードを選択状態にする

```
Sample1_.java ×
package chapter14_1;

import java.nio.file.Files;
import java.nio.file.Path;

public class Sample1_ {
    public static void main(String[] args) {

        Path p = Path.of("fruit.txt");
        var list = Files.readAllLines(p);
        list.forEach(System.out::println);

    }
```

④メニューで［**ソース**］⇒［**囲む**］⇒［**try/catch ブロック**］と選択する
⇒ try-catch 文が挿入される

```
Sample1_.java
package chapter14_1;

import java.io.IOException;
import java.nio.file.Files;
import java.nio.file.Path;

public class Sample1_ {
    public static void main(String[] args) {

        try {
            Path p = Path.of("fruit.txt");
            var list = Files.readAllLines(p);
            list.forEach(System.out::println);
        } catch (IOException e) {
            // TODO 自動生成された catch ブロック
            e.printStackTrace();
        }

    }
```

⑤**リスト 14-2-1** のように修正・整形する

自動生成した try-catch 文は、catch ブロックの例外型も自動的に挿入されています。

なお、try ブロックと catch ブロックの間で改行しない書き方になっていますが、これはどちらでも同じです。**リスト 14-2-1** のように try ブロックで改行すると、コードが見やすくなる効果があります。

try-catch 文の機能

リスト 14-2-1 を再掲して、try-catch 文の働きを解説します。

```
try {
    Path p = Path.of("fruit.txt");              // Pathを作成
    var list = Files.readAllLines(p);           // Listに読み出す  ❶
    list.forEach(System.out::println);          // 表示            ❷
}
catch (IOException e) {
    System.err.println("ファイルを読み出せません");           ❸
}
```

❶の Files.readAllLines( ) メソッドが正常に実行できた場合は、catch ブロックは実行されません。この場合、try-catch 文はないのと同じです。ファイルの内容が次のように表示されます。

```
apple
banana
grape
```

しかし、実行時に fruit.txt というファイルがなかった場合は、ファイルを読み出せないので、Files.readAllLines( ) メソッドが例外を投げます。その結果、❶より後に書かれた部分は一切実行せず、直ちに catch ブロックへ飛んで❸を実行します。そして、catch ブロックの出力文により、次のように表示されます。

```
ファイルを読み出せません
```


注意することは、❶で例外が発生すると、❷の list.forEach( ) は実行されないということです。**リスト 14-2-1** では問題ありませんが、一般には、try ブロックに入れるコード範囲について、注意深く検討する必要があります。例外を発生しないコードで、try ブロックに入れるのが適切でない場合は、try-catch 文の外にコードを移動します。

System.err とは

❸に使っている **System.err** は System クラスのクラス変数で、エラー情報を表示する時、System.out の代わりに使います。標準エラー出力といいます。機能は System.out と同じです。println( )、print( )、printf( ) メソッドが使えます。エラー出力なので、System.err を使って Eclipse のコンソールに出力すると赤文字で表示されます。

例外クラスのメソッド

catch ブロックの ( ) に書いた変数 e は、指定した例外クラス型の変数です。**リスト 14-2-1** では、IOException 型です。実際に例外をキャッチした時、e に例外インスタンスが代入されます。

例外クラスは、例外情報を調べるメソッドを持っています。変数 e を使って、それらのメソッドを実行し、発生したエラーについて情報を得ることができます。

メソッドのほとんどはスーパークラスである throwable クラスから継承しているので、実質的にどの例外クラスでも使えるメソッドは同じです。

よく使われるメソッドとして、次のようなものがあります。

メソッド	機能
String getMessage()	発生した例外に関する詳細なメッセージを返します
String toString()	getMessage()の結果にクラス名を連結して返します
void printStackTrace()	toString()の結果とスタックトレースをSystem.errに出力します

リスト14-2-1で例外が発生するようにして、これらのメソッドを実行してみましょう。

ファイル名を "_fruit.txt" に変更し、catchブロックに3つのメソッドを書いて実行します。

リスト14-2-2：例外メソッドの機能を見るための変更

```
try {
    Path p = Path.of("_fruit.txt");  ←── 例外を発生させるために変更
    var list = Files.readAllLines(p);
    list.forEach(System.out::println);
} catch (IOException e) {
    System.out.println(e.getMessage());        ❶
    System.out.println(e.toString());          ❷
    e.printStackTrace();                       ❸
}
```

実行するとファイルが見つからないのでIOExceptionが発生します。次のように表示されます。

```
_fruit.txt    ---------------------------------------- ❶
java.nio.file.NoSuchFileException: _fruit.txt   ----- ❷
java.nio.file.NoSuchFileException: _fruit.txt   ----- ❸
   … 途中省略 …
   at java.base/java.nio.file.Files.readAllLines(Files.java:3453)
   at chapter14_1.Sample1.main(Sample1.java:12)
```

❶がgetMessage()の値、❷がtoString()の値です。❸から最後までの大量の出力は、printStackTrace()が返す実行時のトレースログです。

❸では、最初に❷と同じエラー原因を示すメッセージが表示され、次にトレースログが表示されています。ログでは、プログラムの実行順序は下から上への方向なので、一番下が最初に実行したメソッドです。見ると、"**chapter14_1.Sample1.main**" とあるので、main()メソッドが例外発生の原因となったメソッドです。また、(Sample1.java:12)から、コードの12行目に書いてある `var list = Files.readAllLines(p);` が発生個所で

あることもわかります。

例外クラスのメソッドは、例外原因だけであれば、e.toString( ) メソッドで分かりますが、プログラムのどこが原因だったのかは、e.printStackTrace( ) でログを見るのがよい方法です。

なお、プログラムが完成して公開する時は、元の**リスト 14-2-1** のように、メッセージを表示して正常終了するか、あるいは、次のように例外の原因とメッセージを表示するといいでしょう。


```
try {
        Path p = Path.of("fruit.txt");                    // Pathを作成
        var list = Files.readAllLines(p);                 // Listに読み出す
        list.forEach(System.out::println);                // 表示
}
catch (IOException e) {
        System.err.println(e + "¥nファイルを読み出せません");
}
```

※ e を出力すると e.toString( ) が実行されます

14.3 リソース付きtry文

ファイル入出力やデータベース操作では、入出力を行うオブジェクトを作成し、その機能を使っていろいろな処理を行います。そして、すべての処理が終了した時、オブジェクトが使用していたバッファメモリーなどを開放するため、必ず、**クローズ処理**を実行しなくてはいけません。それには、close( ) というメソッドを実行します。

しかし、try-catch 文の中で、例外が投げられると close( ) メソッドを実行できないことがあります。そこで、確実にクローズするために使うのが**リソース付き try 文**です。

クローズの問題

一般的なファイルの読み出し処理では、最初にファイル入力を行うリーダーオブジェクトを作成します。リーダーを使うと、1文字ずつとか1行ずつのように、いろいろな方法でファイルから読み出しできます。

次は、リーダーを使って、ファイルから1行文のデータを1件だけ読み出す処理です。

```
Path p = Path.of("fruit.txt");              // パスを作成              ❶
var in = Files.newBufferedReader(p);        // リーダーを作成          ❷
System.out.println(in.readLine());          // 1行分を読みだして表示する ❸
in.close();                                 // リーダーを閉じる        ❹
```

❶でパスを作成します。次に❷では、Files.newBufferedReader( ) で、パスを引数にしてリーダーを作成し、変数 in に代入します。

❸は、リーダーの readLine( ) メソッドを使って、ファイルから1行分のデータを読み出し、コンソールに表示する処理です。

処理は以上で終了ですから、内部で使っていたバッファーメモリなどを開放するため、❹で、close( ) メソッドを使ってリーダーのクローズ処理を実行します。

ところで、❷の Files.newBufferedReader( )、❸の readLine( )、そして❹の close( ) は、チェック例外の IOException を投げるメソッドなので、例外処理が必要です。

そこで、前節と同じように、必要なimport文を挿入した後、tryブロックに入れるコードを選択して、メニューから［ソース］⇒［囲む］⇒［try/catchブロック］と選択します。以上で、完成したのが次のコードです。

リスト14-3-1：クローズが必要なケース

```
package chapter14_1;
import java.io.IOException;
import java.nio.file.Files;
import java.nio.file.Path;

public class Sample2 {
    public static void main(String[] args) {

        try {
            Path p = Path.of("fruit.txt");
            var in = Files.newBufferedReader(p);          ❶
            System.out.println(in.readLine());            ❷
            in.close();                                   ❸
        }
        catch (IOException e) {                           ❹
            System.err.println(e + "¥nファイルを読み出せません");
        }
    }
}
```

問題は、このプログラムでは、❶や❷で例外が投げられた場合、❸のclose( )メソッドが実行されないことです。例外が発生すると、残りの処理を実行せずに、❹のcatchブロックに処理が移るからです。

例外が投げられても、close( )が実行されるように、従来は、finallyブロックというものを追加して、次のような書き方をしました。

```
try {
        Path p = Path.of("fruit.txt");
        var in = Files.newBufferedReader(p);
        System.out.println(in.readLine());
}
catch (IOException e) {
        System.err.println(e + "¥nファイルを読み出せません");
}
```

```
    finally{
            in.close();
    }
```

finallyブロックの中に書いた命令は、例外が発生しても、しなくても、try-catch文の最後に必ず実行されます。そこで、close()をこの中に書いておくわけです。

しかし、close()メソッドが例外を投げない保証はありません。そのためfinallyブロックの中にさらにtry-catch文を書いて、その中でclose()を実行するという方法もとられました。

リソース付きtry文

finallyブロックによる方法は、煩雑で不確実性を残します。そこで、close()を確実に実行する仕組みとして、**リソース付きtry文**を使います。次はリソース付きtry文で書き換えたソースコードです。

リスト14-3-2：リソース付きtry文

```
package chapter14_1;
import java.io.IOException;
import java.nio.file.Files;
import java.nio.file.Path;

public class Sample3 {
    public static void main(String[] args) {

        Path p = Path.of("fruit.txt");        ❶

        try ( var in = Files.newBufferedReader(p); ){      ❷
            System.out.println(in.readLine());             ❸
        }
        catch (IOException e) {
            System.err.println(e + "¥nファイルを読み出せません");
        }
    }
}
```

```
apple
```

リソースとは、close()が必要なオブジェクトのことです。リソース付きtry文では、try

の次に ( ) を付けて、中に**リソースの生成文**を書きます。

例では、リーダーが close( ) の必要なリソースです。そこで、❷のように、リーダーの生成文を ( ) の中に書きます。末尾にセミコロンを付けているのは、2 つ以上のリソースを書く時のためです。今回は 1 つしかないのでセミコロンを省略しても構いません。

❷を ( ) 内に書くため、パスを作成する❶は外に出しています。Path.of( ) メソッドは例外を投げないので、このようにしても問題ありません。

そして、try ブロックには❸だけを書き、close( ) は書きません。リソース付き try 文では、例外の有無にかかわらず、リソースは確実かつ自動的に閉じられるので、close( ) を書く必要はありません。

リソース付き try 文の自動入力

Eclipse では、リソース付き try 文も自動生成できます。

解説動画

①リソースの生成文と try ブロックに入れるコードを選択する

```
Sample3.java
package chapter14_1;
import java.nio.file.Files;
import java.nio.file.Path;

public class Sample3 {
    public static void main(String[] args) {

        Path p = Path.of("fruit.txt");
        var in = Files.newBufferedReader(p);
        System.out.println(in.readLine());

    }
```

②メニューから［**ソース**］⇒［**囲む**］⇒［**Try-with-resource Block**］と選択する
⇒リソース付き try 文が挿入される

③不要なコメントを取り、**リスト 14-3-2** のように整形する

14.4 例外を投げる・キャッチする

例外を投げるメソッドを自分で作成することができます。

例えば、ネットワーク通信でクライアントにエラーを通知する時や、字句解析のような単純なエラー処理が難しいプログラム、あるいは一般の開発システムで、さまざまな内部エラーを例外としてまとめて扱いたい時などです。

例外を投げるようにしておくと、通常のコードからエラー処理を分離できるので、簡潔なわかりやすいコードになります。

例外を投げる処理を作成する時は、既存の例外オブジェクトを継承して独自の例外クラスを作成することがあります。適切な名前の例外オブジェクトを作成でき、機能の追加もできるので、エラー対策が容易です。

カスタム例外クラスの作成

独自の例外クラスを作成する時のガイドラインとして、「例外処理によってリカバリーできる場合はチェック例外にし、そうでなければ実行時例外にする」というものがあります。ただ、どのような例外処理を実行するかは場合によるので、ガイドラインは絶対ではありません。

チェック例外は、例外処理をユーザーに強制することになるので、迷ったら実行時例外にしておくのがいいでしょう。ユーザーが必要と判断した時にだけ例外処理ができるようにしておくわけです。

実行時例外(非チェック例外)を作成するならRuntimeExceptionクラスを継承し、チェック例外を作成するならExceptionクラスを継承します。ここでは、字句解析で、エラーになる文字を見つけた時に投げる例外として、IllegalCharExceptionという名前の例外クラスを作成します。このクラスはRuntimeExceptionを継承します。

リスト 14-4-1：カスタム例外クラス

```
package chapter14_1;
public class IllegalCharException extends RuntimeException {
    private static final long serialVersionUID = 1L;      ❶
    public IllegalCharException(String msg) {             ❷
        super(msg);
    }
    public public IllegalCharException() {}               ❸
}
```


❶は、このクラスのバージョン番号です。例外のスーパークラスはSerializableというインタフェースを実装しているので、バージョン番号を決めることになっています。番号はlong型なので、1Lを指定しています。

❷❸は、コンストラクタです。

❷はエラーメッセージを引数に持つコンストラクタです。メッセージ文字列はスーパークラスの引数で、例外発生時に、message()メソッドで表示されます。

なお、❸のように引数のないコンストラクタも定義しておくと、使いやすい例外クラスになります。

Serializable と serialVersionUID

Serializableには、メソッドなどはなく、単に実装を宣言することにより、オブジェクトがシリアライズ可能であることを示します。そのため**マーカーインタフェース**といいます。シリアライズとはオブジェクトを記憶装置に保存したり、ネットワーク経由で送信するために行う変換処理です。

シリアライズされたオブジェクトは、読み出しや受信時に元のオブジェクトに復元されますが、その際、バージョン番号を現在のクラスと照合し、不一致だと例外が投げられます。

serialVersionUIDを指定しない場合は自動生成されますが、ソースコードを1文字でも変えると違う番号になってしまいます。そのため、互換性のあるオブジェクトでも、シリアライズした時点とは異なるバージョン番号になり、読み出しできなくなることがあります。

`serialVersionUID=1L;`としておくのは、番号を自分で管理するためです。本当に互換性がなくなった時だけインクリメントすることで、予期しない不整合を避けることができます。

例外の投げ方

次は、カスタム例外クラスの使用例です。

キーボードから入力した文字列に、不正な文字が含まれないかどうかチェックします。不正な文字が含まれている場合は、IllegalCharException例外を投げます。

例外の投げ方、catch の仕方に注意してください。

※ jp.kwebs.lib.Input クラスを使います。P.49 の手順を見て、jp.kwebs.lib.jar をプロジェクトのクラスライブラリに追加してください。

リスト 14-4-2：例外を投げる

```
package chapter14_1;
import jp.kwebs.lib.Input;
public class Sample4 {

    public static void main(String[] args) {
        String str = Input.getString();
        try{
            analyse(str);                              ❶
            System.out.println("OK: " + str);          ❷
        }
        catch(IllegalCharException e) {                ❸
            System.err.println(e);
        }
    }
    public static void analyse(String str) {
        if(str.contains("@")) {                        ❹
            throw new IllegalCharException("@は使えません");  ❺
        }
    }
}
```

キーボードから入力した文字列を、❶の analyse( ) メソッドでチェックします。

ただし、analyse( ) は例外を投げるので try ブロックに書いています。例外が投げられなければ、❷により、入力した文字列が表示され、次のような実行結果になります。

```
String>abc.def/
OK: abc.def/
```

analyse( ) メソッドは、❹の if 文で文字列に "@" が含まれているかどうか調べます。含まれている場合は、❺で throw を使って、IllegalCharException を投げます。例外クラスを new で生成する時に、引数に適切なメッセージを渡すことができます。

例外を投げた場合、❸の catch ブロックでキャッチされ、次のように表示されます。

```
String>abc@def/
chapter14_1.IllegalCharException: @は使えません
```

チェック例外の投げ方

もしも、次のようにExceptionクラスを継承してIllegalCharExceptionを作成した場合、IllegalCharExceptionはチェック例外になります。

リスト14-4-3：カスタムチェック例外クラス

```
package chapter14_2;
public class IllegalCharException extends Exception {   // カスタムチェック例外クラス
    private static final long serialVersionUID = 1L;
    public IllegalCharException(String msg) {
        super(msg);
    }
    public IllegalCharException() {}
}
```


このチェック例外を投げるメソッドは、**リスト14-4-2**のanalyse()メソッドとは書き方が少し違います。

次の**リスト14-4-4**に示すように、チェック例外を投げる場合は、メソッドにthrows宣言をつける必要があります(throwではなくthrowsです)。throws宣言には、メソッドが投げる可能性のある**チェック例外**を宣言します。次のような書き方です。

リスト14-4-4：チェック例外の投げ方

```
package chapter14_2;
import jp.kwebs.lib.Input;
public class Sample5 {
    public static void main(String[] args) {
        String str = Input.getString();
        try{
            analyse(str);
            System.out.println("OK: " + str);
        }
        catch(IllegalCharException e) {
            System.err.println(e);
        }
    }
    public static void analyse(String str) throws IllegalCharException {  ❶
        if(str.contains("@")) {
            throw new IllegalCharException("@は使えません");
        }
    }
}
```

❶のように、メソッド宣言の後ろに、throwsと書いて、例外クラス名を書きます。実行時例外との違いはこれだけですが、うっかり書き忘れるとコンパイルエラーになります。

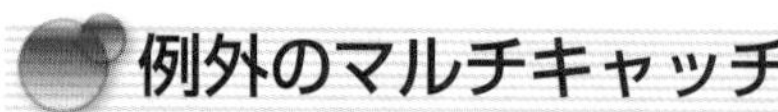

例外のマルチキャッチ

1つのメソッドが何種類かの例外を投げることも珍しくありません。その場合、例外処理でも複数の例外をキャッチする必要があります。

リスト 14-4-5：マルチキャッチ

```
package chapter14_2;
import jp.kwebs.lib.Input;
public class Sample6 {
    public static void main(String[] args) {

        String str = Input.getString();
        try{
            analyse(str);
            System.out.println("OK: " + str);
        }
        catch(IllegalCharException e) {   ❶
            System.err.println(e);
        }
        catch(FormatException e) {   ❷
            System.err.println(e);
        }
    }
    public static void analyse(String str)
                throws IllegalCharException,FormatException {   ❸

        if(str.contains("@")) {
            throw new IllegalCharException("@は使えません");   ❹
        }
        if(!str.endsWith("/")) {
            throw new FormatException("末尾に / がありません");   ❺
        }
    }
}
```

この例では、❶、❷のようにcatchブロックが2つあり、それぞれで異なる例外をキャッチしています。このような例外の補足を**マルチキャッチ**といいます。マルチキャッチで補足できる例外の数に制限はありません。必要なだけキャッチできます。

一方、チェック例外を投げるクラスは、投げる例外をすべて列挙しなくてはいけません。analyse( )メソッドを見ると、❸のようにthrows宣言で、2つの例外クラスを列挙しています。

analyse( ) メソッドは、❹で IllegalCharException を投げ、❺で FormatException を投げます。endsWith( ) メソッドは、文字列の末尾の文字を返すメソッドですから、末尾に "/" がないと書式エラーにする、という意味です。

見やすいように if-else 文は使っていませんが、例外を throw すると、呼び出し元のメソッドに戻ってしまうので、投げる例外はどちらか 1 つです。2 つを同時に投げることはありません。

なお、FormatException もカスタム例外クラスで、次のように定義しています。

リスト 14-4-6：FormatException

```
package chapter14_2;
public class FormatException extends Exception {
    private static final long serialVersionUID = 1L;
    public FormatException(String msg) {
        super(msg);
    }
}
```

サブクラス型の例外をキャッチする

リスト 14-2-1 を再掲します。ただし、キャッチした例外クラスがわかるようにキャッチブロックの出力を変更しています。

```
try {
    Path p = Path.of("_fruit.txt");          // Pathを作成（存在しないファイル名）
    var list = Files.readAllLines(p);        // Listに読み出す
    list.forEach(System.out::println);       // 表示
}
catch (IOException e) {                ❶
    System.err.println(e + "¥nファイルを読み出せません");
}
```

Files.readAllLines( ) メソッドは、IOException を投げるので、キャッチブロックでも❶のように IOException をキャッチしています。

次は、実行時にファイルがないため例外が投げられた時の出力です。

```
java.nio.file.NoSuchFileException: _fruit.txt
ファイルを読み出せません
```

青字がキャッチした例外クラスですが、IOExceptionクラスではありません。

このNoSuchFileExceptionは、実はIOExceptionのサブクラスです。APIドキュメントを見ると継承関係は次のようになっていることがわかります。

```
java.lang.Throwable
   java.lang.Exception
          java.io.IOException
                 java.nio.filc.FileSystemException
                        java.nio.file.NoSuchFileException
```

API参照

例外にはいろいろな原因があるので、Files.readAllLines( )は、実際には、発生理由に応じてより詳細な情報を示すサブクラスを投げています。しかし、多岐にわたるサブクラス型の例外をすべてマルチキャッチすると煩雑なので、例外処理ではスーパークラス型のIOExceptionでまとめてキャッチしているのです。

したがって、必要な場合は例外処理でサブクラス型の例外をキャッチできます。次はNoSuchFileExceptionをキャッチする例です。

リスト14-4-7：サブクラス型の例外をキャッチする

```
package chapter14_2;
import java.io.IOException;
import java.nio.file.Files;
import java.nio.file.NoSuchFileException;
import java.nio.file.Path;
public class Sample7 {
    public static void main(String[] args) {

        try {
            Path p = Path.of("_fruit.txt");      // 実際には存在しないファイル名
            var list = Files.readAllLines(p);
            list.forEach(System.out::println);
        }
        catch (NoSuchFileException e) {                          ❶
            System.err.println(e + "¥nファイルがありません");
        }
        catch (IOException e) {                                  ❷
            System.err.println(e + "¥nファイルを読み出せません");
        }
    }
}
```

例外の原因がより明確にわかるように、❶によって、ファイルがないことが原因の場合は、それをキャッチするようにしています。ただし、それ以外が原因で例外が投げられることもあるので、❷のように、残りの例外はIOExceptionでキャッチします。

リスト14-4-7では、実際には存在しないファイル名を指定しているので、次のように例外が投げられます。

```
java.nio.file.NoSuchFileException: _fruit.txt
ファイルがありません
```


スーパークラスのIOExceptionよりも先に、サブクラスのNoSuchFileExceptionをキャッチすることに注意してください。先にスーパークラスをキャッチしてしまうと、サブクラスの例外はキャッチできなくなります。また、キャッチする順序はコンパイラもチェックしていて、誤るとコンパイルエラーになります。

Chapter 15

列挙型

少数の種類を表すデータは、昔から取り扱いが難しいことで知られていました。例えば、賛成、反対、棄権、無効という4つの状態をどういうデータにすべきでしょう。このまま文字列として扱うこともできますし、0、1、2、3のように整数で表すこともできます。

ところが、種類があればそれを判定するためにif文やswitch文を書きます。その時、不正な文字や数値が使われた場合に備えて、エラー処理が必要になります。しかし、よく考えると、「エラー処理を書くのが最善ですか？」という疑問が湧いてくるのです。

本来、エラーになるデータが使えない仕組みであれば、間違いはコンパイル時にわかるので、プログラムはもっと簡単になるはずです。ただし、Stringやintでは、使える値をどれかだけに限定することはできません。「0、1、2、3以外の数字は使えない」などとするとプログラムが書けなくなるでしょう。

そこで、指定したバリエーションしか持てないデータ型として考えられたのが列挙型です。列挙型は少数の種類だけを表す安全な型なのです。

15.1 列挙型とは

商品のサイズが、Small、Medium、Large の3通りしかない時、プログラムでは、Small は1、Medium は2、Large は3のように、番号で置き換えることがあります。Small、Medium、Large という文字列をそのまま使うこともできますが、入力の容易さや確実さの観点から、整数に置き換えるという判断です。

しかし、数値に変えても完全ではありません。1、2、3ではなく、0や4が入力されてしまう可能性があるからです。Java 言語では、このような場合には**列挙**を使います。列挙を使うと、間違った値が入力されることを完全に防ぐことができます。

プログラムでは、列挙型は、**enum**(イナム、イニューム)というキーワードで定義します。record と同じようにクラスの一種ですが、クラスではありません。

簡単な例を示します。例えば、Small、Medium、Large を列挙型で定義するには、次のようにします。

```
public enum Size {SMALL, MEDIUM, LARGE}
```

まず、**enum Size** で、Size という列挙型を宣言します。ただし、列挙型は、new でインスタンスを作成できないので、{ } の中に変数を並べて、あらかじめインスタンスを生成して代入しておきます。

この変数を**列挙子**、あるいは**列挙定数**ということがあります。また、変数名は大文字を使う慣例になっています。列挙型では、変数に代入されたインスタンスだけが存在し、それ以外のインスタンスは存在しませんし、新たに作成することもできません。

15.2 列挙型の機能

列挙型を作成する

列挙型のSizeを定義してみましょう。次のように定義します。

リスト15-2-1：列挙型の定義

```
package chapter15_1;
public enum Size {SMALL, MEDIUM, LARGE}
```


列挙定義ファイルの作成手順

解説動画

①chapter15_1パッケージ（ない場合は作成する）をクリックして選択する
②クラス作成ボタン（ ）の右にある▼をクリックする
③ドロップダウンリストから［**列挙型**］を選択する⇒ダイアログが開く
④［**名前**］欄にSizeと入力し、下段の［**完了**］ボタンを押す

列挙定数の特徴

次に、プログラムを書いて、Size型の変数と列挙定数の特徴を調べます。

リスト15-2-2：列挙型の変数

```
package chapter15_1;
public class Sample1 {
    public static void main(String[] args) {
       Size s  = Size.LARGE;          // Size型の変数へ代入      ❶
    // Size.SMALL = Size.LARGE;       // コンパイルエラー        ❷
    }
}
```

❶の変数sのように、Size型の変数を自由に作成できます。新しいインスタンスは作れないので、あらかじめ作成してある列挙定数を代入します。このSMALL、MEDIUM、LARGEという変数ですが、暗黙の裡に**static**が付いています。つまり、クラス変数なので、Size.LARGEのように列挙名とドットで連結して使わなくてはいけません。

列挙子は変数ですから、互いに代入できないか調べて見たのが❷です。実は、列挙子は暗黙の裡に **final** が指定してあるので、これはコンパイルエラーになります。

つまり、列挙子として使う変数はstaticかつfinalになっていて、値を代入することができない変数ですから、グローバルな定数とみなすことができます。列挙子が「**列挙定数**」と呼ばれるのはそのためです。

列挙型のフィールドとメソッド

ところで、列挙型は、内部に名前（name）と序数（ordinal）を持っています。ゲッターが使えるので出力してみましょう。**name()** と **ordinal()** がそれぞれのゲッターです。

リスト 15-2-3：名前と序数

```
package chapter15_1;
public class Sample2 {
    public static void main(String[] args) {
        System.out.println(Size.SMALL.name());
        System.out.println(Size.SMALL.ordinal());
    }
}
```

```
SMALL
0
```

出力から、名前（name）は列挙定数名と同じです。また、SMALLの序数（ordinal）は0です。では、他の列挙定数ではどうでしょう。列挙には、すべての列挙定数の配列を取り出す **values()** メソッドがあるので、これを使って調べてみましょう。

リスト 15-2-4：すべての列挙定数を取り出す

```
package chapter15_1;
public class Sample3 {
    public static void main(String[] args) {
        for(Size s : Size.values()) {   ❶
            System.out.println(s.name() + ":" + s.ordinal());
        }
    }
}
```

❶は拡張for文です。Size.values()が、Sizeのすべての列挙定数の配列を返すので、拡張for文で変数sに1つずつ取り出して、nameとordinalの値を出力します。

実行すると、次のように表示されます。

```
SMALL:0
MEDIUM:1
LARGE:2
```

序数は、0から始まり、{}内に定義した順番で0、1、2と付けられています。並び替えでは自然な順序として、この序数が使われます。次のプログラムで確認してください。

リスト15-2-5：列挙定数のソート

```
package chapter15_1;
import java.util.Arrays;
public class Sample4 {
    public static void main(String[] args) {
        Size[] ss = {Size.MEDIUM, Size.LARGE, Size.SMALL};    ❶
        Arrays.sort(ss);                                      ❷
        for(Size s : ss) {
            System.out.println(s.name()+ ":" + s.ordinal());
        }
    }
}
```

❶は、ランダムな順序にならんだSizeの列挙定数の配列を作成します。

❷のArrays.sort( )メソッドは、標準クラスArraysのクラスメソッドで、引数の配列の要素を自然な順序で並び替えます。

実行すると次のように、序数（ordinal）の順序に並び変わっていることがわかります。

```
SMALL:0
MEDIUM:1
LARGE:2
```

15.3 列挙定数の使い方

同値の判定

列挙定数は == や != を使って、同じかどうか判定できます。
また、オブジェクトなので、equals( ) メソッドも使えます。

リスト 15-3-1：同値の判定

```
package chapter15_1;
public class Sample5 {
    public static void main(String[] args) {
        var a = Size.SMALL;
        System.out.println(a == Size.LARGE);
        System.out.println(a != Size.LARGE);
        System.out.println(a.equals(Size.LARGE));
    }
}
```

```
false
true
false
```

ただし、比較演算子を使うことはできないので注意しましょう。

```
var a = Size.SMALL;
System.out.println(a >  Size.LARGE);            // コンパイルエラー
System.out.println(a >= Size.LARGE);            // コンパイルエラー
```

switch での利用

列挙定数は switch 式、switch 文でも使うことができます。
次の例を見てください。

リスト 15-3-2：switch 文で使用できる

```
package chapter15_1;
import jp.kwebs.lib.Input;
public class Sample6 {
    public static void main(String[] args) {

        String e = Input.getString().toUpperCase();          ❶
        Size s = Size.valueOf(e);                             ❷

        switch(s) {      ❸
            case SMALL  -> System.out.println(Size.SMALL);      ❹
            case MEDIUM -> System.out.println(Size.MEDIUM);     ❺
            default     -> System.out.println(Size.LARGE);      ❻
        }
    }
}
```

15

```
String>medium
MEDIUM
```

❶は、キーボードをタイプして列挙定数の名前（name)を文字列で入力します。実行例では、"medium" と小文字で入力していますが、toUpperCase( ) メソッドで大文字の "MEDIUM" に変換します。

そして、❷では **valueOf( )** メソッドを使って、文字列を同じ名前の列挙定数に変換します。その結果、s には Size.MEDIUM が代入されます。この valueOf( ) は、列挙型が持つクラスメソッドです。

valueOf( ) メソッドを使うと、列挙定数の名前文字列から列挙定数を得ることができます。ただし、名前文字列が間違っていると、IllegalArgumentException が投げられます。実行時例外ですが、必要な場合は例外処理をするといいでしょう。

switch は列挙型を引数に取ることができます。❸では、列挙型の s を使っています。

❹❺の case ラベルに注意してください。例えば❹では、Size.SMALL ではなく、SMALL という変数名だけを指定します。

さらに、❹❺❻では、列挙定数をそのまま出力しています。
これらは、次と同じです。

```
System.out.println(Size.SMALL.toString());
System.out.println(Size.MEDIUM.toString());
System.out.println(Size.LARGE.toString());
```

toString( ) メソッドは、name( ) と同じ値を返すので、SMALL、MEDIUM、LARGE が出力されます。

以上のように、switch には、long 以外の整数型、String 型に加えて、enum 型を使うことができるわけです。なお、値ではなくクラス型を case ラベルに使う switch（9 章）は、パターンマッチとしての用法なのでここでの使い方とは異なります。

class と同じファイルに列挙を定義する

class 定義と同じファイルに列挙の定義を書けます。
次のようにすると、public 修飾子を付けることができないので、同じパッケージ内のクラスで利用できる列挙になります。

```
enum Size {SMALL, MEDIUM, LARGE}

public class Sample {
   …
}
```

また、クラスメンバとして、列挙を宣言することもできます。次は、private メンバとして宣言する例です。クラス内でだけ使える列挙になります。

```
public class Sample {
   private enum Size { SMALL, MEDIUM, LARGE}
   …
}
```

練習 15-3-1

解答

1. 書籍のジャンルを表す列挙型 Genre を作成してください。
   ただし、ジャンルの列挙定数は、文学（LITERATURE）、科学（SCIENCE）、文化（CULTURE）の 3 つとします。

2. 本を表すレコード Book を作成してください。
   ただし、Book は、以下のフィールドを持つものとします。

ジャンル	タイトル	著者名
Genre genre	String title	String author

3. 次のデータにより Book のインスタンスを作成し、実行結果のように表示してください。

ジャンル	タイトル	著者名
文化	日本の祭り	斎藤孝雄

```
Book[genre=CULTURE, title=日本の祭り, auther=斎藤孝雄]
```

15

Chapter 16

正規表現

試験問題の正解が a/b である時、a/ b や a / b も正解であることに間違いありません。つまり、文字の前後に任意の個数の空白があっても正解にしなくてはいけません。

人が採点する場合はいいのですが、プログラムで自動採点する場合、空白の個数がいくつあるかわからないので、すべてのパターンを並べるというのは現実的ではありません。バリエーションは無数にあります。

こんな時に使うのが正規表現です。正解文字列の前後の空白を strip() メソッドで取り除いておけば、後は、正規表現を使って書いたパターン a¥s*/¥s*b にマッチすれば正解と即座に判定できます。ちなみに、¥s* は 0 個以上の空白文字を意味します。

この応用は、パスワードを決める時なども使われています。8 文字以上にするとか、英字と数字と記号のすべてを含むなどの条件は、正規表現を使ってチェックされています。正規表現は、ここぞという使いどころのある技術です。解説がここにあることを覚えておけば、詳細を記憶する必要はありません。ただ、どういうことができるのかを理解しておくと役にたつシーンがきっとあります。

16.1 正規表現とは

正規表現（Regular Expression）は、いくつかの記号文字を使って、文字列に現れるパターンを表現する記法です。

正規表現を使うと、「先頭が1つ以上の#で始まる文字列」とか、「前後に空白文字のある等号(=)」とか、あるいは「"music" というワードを含む文字列」など、さまざまなパターンを簡潔に表現できます。

そのため、パターンマッチが必要な多くのメソッドで正規表現を使います。例えば、String クラスの replace( ) は、正規表現により置き換える文字列のパターンを指定します。また、区切り文字の位置で文字列を分割する split( ) メソッドは、区切り文字のパターンを正規表現で指定します。

パターンマッチは、いろいろなプログラムに必要になるので、使用する場面は少なくありません。その意味で、Java プログラマにとって必須の知識です。

メタ文字

文字列のパターンを表現するために使う記号文字を**メタ文字**といいます。Java 言語では、次の11個の文字をメタ文字として使います。

```
[  ] (  ) ^  $  .  +  *  ?  |
```

メタ文字自身を一般の文字列として書く場合は、¥[とか ¥$ のように ¥ 記号を付けて使います。なお、¥n や ¥t などのエスケープ文字も一般の文字として使うことができます。

正規表現の文法

次の表は、正規表現のメタ文字と意味を一覧表にしたものです。一通り目を通しておいてください。これはリファレンスとして利用する表です。詳細は次節で解説します。

▼ Java言語の正規表現

正規表現		意味
1	文字列	メタ文字を含まない文字列もその文字列を表す正規表現
2	.	任意の1文字
3	^	行の先頭
	$	行の末尾
4	X?	0または1個のX
	X*	0個以上のX
	X+	1個以上のX
	X {n}	n個のX
	X {n , }	n個以上のX
	X {n , m}	n個以上かつm個未満のX
5	[$C_1C_2C_3$]	[ ]内のどれかの文字＝C_1、C_2、C_3のどれか
	[^$C_1C_2C_3$]	[ ]内の文字以外＝C_1、C_2、C_3以外
	[C_1 － C_2]	C_1からC_2まで（文字の範囲）
6	¥d	数字
	¥D	数字でない文字
	¥s	空白文字（¥n、¥t、¥r 等を含む）
	¥S	空白文字以外
	¥w	英字と数字、[a-zA-Z0-9]と同義
	¥W	英字と数字以外
7	(X)	正規表現を1つにグループ化
8	X|Y	正規表現をORで連結
9	^(?=X).*$	Xを含む文字列
	^(?!X).*$	Xを含まない文字列

（注）X、Yは任意の正規表現です。また、C_1、C_2、C_3は任意の文字、n、mは任意の整数値です。

学習の準備

学習のために、指定した文字列が正規表現とマッチするかどうかを調べるツールがあると便利です。簡単なプログラムなので作っておきましょう。

1. 正規表現チェックツールとは

Regクラスを作成し、test( )というクラスメソッドを作成します。
次のように使えるメソッドです。

```
Reg.test("ab.c", "abc", "abbc", "ab#c");
```

青字が正規表現で、残りの3つの文字列はマッチするかどうかテストしたい文字列です。テストしたい文字列はいくつでも指定できます。実行すると、次のように○と×で、マッチしたかどうかわかるように表示します。

```
ab.c                    × abc   ○ abbc   ○ ab#c
```

"ab.c" という正規表現に対して、"abc" はマッチせず、"abbc"、"ab#c" はマッチすることがわかります。

2. プログラムの作成と解説

test( ) メソッドは次のような短いプログラムです。

リスト 16-1-1：正規表現のテスト

```
package chapter16_1;
public class Reg {
    public static void test(String reg, String... strs) {   ❶
        String sb = reg + "      ";             ❷
        for(String s : strs) {                  ❸
            boolean match = s.matches(reg); ❹
            sb += (match ? "○ " : "× ") + s + "    ";   ❺
        }
        System.out.println(sb);    ❻
    }
}
```

test( ) メソッドは、static メソッドで、2つの引数 reg と strs があります。

reg は正規表現の文字列、strs はマッチするかどうかテストしたい文字列です。複数の文字列を一度にテストできるよう、strs は可変長引数にしています。

❷の **sb** は、「ab.c　　　　× abc　○ abbc　○ ab#c」のような、テスト結果を入れる文字列です。❷では初期値として、正規表現文字列 reg と空白をセットしています。

❸は、strs からテストする文字列 s を1つずつ取り出す拡張 for 文です。❹の matches( ) メソッドで文字列 s が正規表現 reg にマッチするかどうか調べます。matches( ) メソッドは、String クラスのインスタンスメソッドで、文字列が引数の正規表現にマッチすると true を返します。

❺は、テストした文字列 s の左側に○か×を付加して、**sb** に連結する処理です。条件演算子を使って、変数 match が ture であれば " ○ "、そうでなければ " × " を連結します。

最後に、❻で **sb** を出力すると、結果が表示されます。

次に、この test( ) メソッドを使って、正規表現を学習していきましょう。

16.2 基本的な正規表現

文字列と任意の 1 文字

正規表現のメタ文字を使わずに、単に文字列を指定すると、完全一致を指定する正規表現になります。

リスト 16-2-1：完全一致

```
package chapter16_1;
public class Sample2 {
    public static void main(String[] args) {
       Reg.test("Tom", "Tom", "tom");
    }
}
```

```
Tom              ○ Tom    × tom
```

"Tom" は、"Tom" への完全一致を意味する正規表現です。完全一致なので、"Tom" にはマッチしますが、"tom" にはマッチしません。

任意の 1 文字を表すドット（.）を使うと、完全一致よりもう少し範囲の広い正規表現になります。. の部分はどんな文字があってもよい、という意味になるからです。

リスト 16-2-2：任意の 1 文字を指定する

```
Reg.test(".im",       "Jim", "Tom");
```

```
.im              ○ Jim     × Tom
```

※これ以降のリストでは、main メソッドの内容だけを記載します。どれも chapter16_1 パッケージに作成します。クラス名は任意に決めて構いません。

".im" は、1 文字目が任意でその後に "im" が続くことを表す正規表現です。

Jim は、. の部分を J にしただけなのでマッチしますが、"Tom" は . の部分に当たる T は問題ありませんが、2 文字目が o なのでマッチしません。

[ ] 内の文字のどれかにマッチするパターン

[ ] は、その中に a-z (a から z まで)、0-9 (0 から 9 まで)のような範囲を指定して、その中の 1 つの文字を表します。また [A8F] のようにいくつかの文字を書き込むと A、8、F のどれかを表します。

リスト 16-2-3：範囲で指定した文字のどれか

```
Reg.test("[a-z]xx",       "Axx", "gxx", "8xx");
Reg.test("[a-zA-Z]xx",    "Axx", "gxx", "8xx");
```

```
[a-z]xx              × Axx    ○ gxx    × 8xx
[a-zA-Z]xx           ○ Axx    ○ gxx    × 8xx
```

[a-z] は、小文字の a から z までのどれかにマッチします。"gxx" にはマッチしますが、"Axx" や "8xx" など小文字の英字以外にはマッチしません。

範囲を 2 つ指定した [a-zA-Z] は、小文字と大文字の両方にマッチします。そのため、"Axx" もマッチしています。

リスト 16-2-4：個別に指定した文字のどれか

```
Reg.test("[PSA]xx",    "Axx", "qxx", "8xx");
```

```
[PSA]xx              ○ Axx    × qxx    × 8xx
```

範囲ではなく、いくつかの文字を並べると、その内のどれかの文字を表します。[PSA] は、P か、S か、A を表しているので、"Axx" だけがマッチします。

また、[ ] の中に指定したもの以外、を表す時は ^ を使って次のように書きます。

リスト 16-2-5：指定した文字以外

```
Reg.test("[^PSA]xx",     "Axx", "qxx", "8xx");
```

```
[^PSA]xx             × Axx    ○ qxx    ○ 8xx
```

[^PSA] は、P、S、A 以外の文字を表すので、"qxx" と "8xx" にマッチします。

繰り返しのパターン

* は、直前にある正規表現や文字の0回以上の繰り返しを表します。また、+ は1回以上の繰り返しを表します。

リスト 16-2-6：複数回の繰り返し

```
Reg.test(".*apple",   "XXXapple", "XXX", "apple"); ❶
Reg.test(".+apple",   "XXXapple", "XXX", "apple"); ❷
```

```
.*apple              ○ XXXapple    × XXX    ○ apple
.+apple              ○ XXXapple    × XXX    × apple
```

例では、直前にある正規表現として . を使っていますが、これはよく使うパターンですから、覚えておきましょう。

```
.* --- 任意の文字の0回以上の繰り返し
.+ --- 任意の文字の1回以上の繰り返し
```

.*apple は、**.*** を指定しているので、任意の文字が0個以上続いた後に、"apple" があるパターンです。0個の場合もあるので、"XXXapple" だけでなく、"apple" もマッチします。末尾に apple のない "XXX" はマッチしません。

.+apple は、**.+** を指定しているので、任意の文字が1個以上続いた後に、"apple" があるパターンです。そのため "apple" はマッチしなくなります。

なお、例にはありませんが、? は0回または1回の繰り返しを表します。したがって、.? は、任意の1文字がある場合とない場合にマッチします。

```
.? --- 任意の1文字がある、または、ない場合を表す
```

行頭、行末を指定するパターン

行データの先頭や末尾を指定する正規表現です。^ で行頭を示し、$ で行末を示します。

リスト 16-2-7：行頭を指定する

```
Reg.test("^apple.*",  "appleXX", "apple", "XXappleXXX");
```

```
^apple.*             ○ appleXX    ○ apple    × XXappleXXX
```

^apple.* は、行頭に apple があり、それ以降に任意の文字が 0 個以上続くパターンです。"appleXX" と "apple" はマッチしますが、"XXX" は先頭に "apple" がないのでマッチしません。

リスト 16-2-8：行末を指定する

```
Reg.test(".*apple$",  "XXXapple", "apple", "XXXappleXXX");
```

```
.*apple$            ○ XXXapple     ○ apple     × XXXappleXXX
```

.*apple$ は、任意の文字が 0 個以上続いた後、行末に apple があるパターンです。行末に apple がある "XXXapple" と "apple" はマッチしますが、"XXXappleXXX" は行末に apple がないのでマッチしません。

特定の文字を表すメタ文字

16

空白文字、数字、英数字(英字と数字)は、よく使うので、あらかじめメタ文字が用意されています。

リスト 16-2-9：数字と非数字

```
Reg.test("¥¥d+",   "2301", "apple_#");
Reg.test("¥¥D+",   "2301", "apple_#");
```

```
¥d+                 ○ 2301     × apple_#
¥D+                 × 2301     ○ apple_#
```

※エスケープ文字である ¥ をプログラムで文字として表記するには、¥¥ と書きます。そのため、¥d は ¥¥d、¥D は ¥¥D と書く必要があります。

¥d は、1 つの数字を表します。したがって、**¥d+** は、数字が 1 個以上続くパターンです。"2301" はマッチしますが、"apple_#" はマッチしません。

¥D は、¥d の逆で、1 つの非数字を表します。**¥D+** は、非数字が 1 個以上続くパターンです。"apple_#" はマッチしますが、"2301" はマッチしません。

リスト 16-2-10：空白文字と非空白文字

```
Reg.test("ap¥¥s+ple",    "ap  ple",  "ap##ple");
Reg.test("ap¥¥S+ple",    "ap  ple",  "ap##ple");
```

```
ap¥s+ple          ○ ap  ple    × ap##ple
ap¥S+ple          × ap  ple    ○ ap##ple
```

¥s は、空白文字を表します。空白文字とは、空白、¥n（改行）、¥t（タブ）、¥f（改ページ）、¥r（カーソルを文頭へ戻す）、¥x0B（垂直タブ）の総称です。¥S は ¥s の逆で、非空白文字を表します。

ap¥s+ple は、ap と ple の間に、1 個以上の空白文字があるパターンです。"ap ple" はマッチしますが、"ap##ple" はマッチしません。

ap¥Sple は、ap と ple の間に、1 個以上の非空白文字があるパターンです。"ap ple" はマッチしませんが、"ap##ple" はマッチします。

リスト 16-2-11：英数字と非英数字

```
Reg.test("¥¥w+",       "apple_12", "#$%&");
Reg.test("¥¥W+",       "apple_12", "#$%&");
```

```
¥w+               ○ apple_12    × #$%&
¥W+               × apple_12    ○ #$%&
```

¥w は、英数字(英字と数字)を表し、¥W は、逆の非英数字を表します。
¥w+ は、英数字の 1 個以上の繰り返しを表すので、"apple_12" にはマッチしますが、"#$%&" にはマッチしません。なお、アンダーバー(_)は英字に含まれます。

¥W+ は、非英数字の 1 個以上の繰り返しを表すので、"apple_12" はマッチしませんが、"#$%&" にはマッチします。

回数を指定して繰り返すパターン

回数を指定した繰り返しのパターンには {} を使います。

リスト 16-2-12：いろいろな回数の指定

```
Reg.test("¥¥d{3}",        "123", "1234", "12345", "123456");
Reg.test("¥¥d{3,}",       "123", "1234", "12345", "123456");
Reg.test("¥¥d{3,5}",      "123", "1234", "12345", "123456");
```

```
¥d{3}          ○ 123   × 1234   × 12345   × 123456
¥d{3,}         ○ 123   ○ 1234   ○ 12345   ○ 123456
¥d{3,5}        ○ 123   ○ 1234   ○ 12345   × 123456
```

{n} は n 回の繰り返し、{n,} は n 回以上の繰り返し、{n,m} は n 回以上かつ m 回以下の繰り返しを表します。

¥d{3} は、数字の 3 回の繰り返しを表すので、"123" だけにマッチします。

¥d{3,} は、数字の 3 回以上の繰り返しを表すので、"123", "1234", "12345", "123456" のすべてにマッチします。

¥d{3,5} は、数字の 3 回以上かつ 5 回以下の繰り返しを表すので、"123", "1234", "12345" にマッチし、"123456" にはマッチしません。

OR とグループ化

2 つの正規表現のどちらかを表すために、OR 記号として | を使います。また、いくつかの正規表現をまとめて 1 つにグループ化するために、( ) を使います。

リスト 16-2-13：正規表現で OR を使う

```
Reg.test("[TJ]im|[Tt]om|[Ss]am",  "Jim", "Kim", "tom", "sam");
```

```
[TJ]im|[Tt]om|[Ss]am     ○ Jim   × Kim   ○ tom   ○ sam
```

[TJ]im|[Tt]om|[Ss]am は、[TJ]im か [Tt]om か [Ss]am のどれかにマッチする正規表現です。Jim と tom と sam にはマッチしますが、Kim はマッチしません。

複雑な正規表現では、| で連結された正規表現を ( ) で囲んでグループ化することがあります。例えば次は、10am とか 8pm のような時刻にマッチする正規表現です。

リスト 16-2-14：グループ化する

```
Reg.test("(1[012]|[1-9])(am|pm)", "10am", "8pm", "13pm");
```

```
(1[012]|[1-9])(am|pm)      ○ 10am   ○ 8pm   × 13pm
```

1[012]|[1-9] は、10、11、12 時 と 1 ～ 9 時のどちらかを表す正規表現で、12 時間表記の時刻にだけマッチします。また、**am|pm** は午前、午後どちらかの表記にマッチします。

時刻表記と午前午後表記の正規表現を組み合わせるために、それぞれを ( ) で囲んでグループ化しています。これにより、10am とか 8pm のような時刻表示にマッチします。

なお、12 時間制の表記なので 13pm にはマッチしません。

大文字と小文字の区別

大文字と小文字を区別しないパターンにする場合は、(?i) を先頭に付けます。区別する場合は、(?-i) を先頭に付けます

リスト 16-2-15：大文字と小文字の区別

```
Reg.test("(?i)(tim|tom|sam)", "Tim", "Kim", "Tom", "Sam");
Reg.test("(?-i)(tim|tom|sam)", "Tim", "Kim", "Tom", "Sam");
```

```
(?i)(tim|tom|sam)     ○ Tim   × Kim   ○ Tom   ○ Sam
(?-i)(tim|tom|sam)    × Tim   × Kim   × Tom   × Sam
```

(?i)(tim|tom|sam) は、tim、tom、sam のどれかで大文字と小文字を区別しないという正規表現です。Tim、Tom、Sam は先頭が大文字ですがマッチします。

(?-i)(tim|tom|sam) は、tim、tom、sam のどれかで大文字と小文字を区別するという正規表現なので、すべてマッチしない結果になります。

含む、含まない

あるパターン X を含むは (?=.*X).*、含まないは (?!.*X).* とします。

リスト 16-2-16：あるパターンを含む

```
Reg.test("(?=.*tom).*", "xtom130", "tom", "tom.13$");
```

```
(?=.*tom).*        ○ xtom130    ○ tom    ○ tom.13$
```

(?=.*tom).* は、"tom" を含む文字列というパターンです。どの文字列にも "tom" が含まれているので、マッチしています。

この正規表現は、(?=.*tom) が条件にあたり、続く .* で、文字列全体のパターンを表現しています。そこで、.* を **.{6,10}** とか、**¥¥w+** のように変えると、6～10文字の文字列とか、英数字からなる文字列のように変更できます。

リスト16-2-17：含む＋文字列全体のパターンの指定

```
Reg.test("(?=.*tom).{6,10}",  "tom130", "tom", "tom.13$");
Reg.test("(?=.*tom)¥¥w+",     "tom130", "tom", "tom.13$");
```

```
(?=.*tom).{6,10}      ○ tom130    × tom     ○ tom.13$
(?=.*tom)¥w+          ○ tom130    ○ tom     × tom.13$
```

.{6,10} は、6～10文字の任意の文字列を表します。"tom" を含み、6～10文字の任意の文字列という表現になります。そのため、"tom" は長さが足らずマッチしません。

¥w+ は、1文字以上の英数字の繰り返しを表します。"tom" を含む英数字からなる文字列という表現になるので、"tom.13$" はマッチしません。

また、「含む」という表現は、いくつでも指定できます。

リスト16-2-18：複数のパターンを含む

```
Reg.test("(?=.*tom)(?=.*[@#$%]).*", "tom130", "tom", "tom.13$");
```

```
(?=.*tom)(?=.*[@#$%]).*          × tom130    × tom     ○ tom.13$
```

[@#$%] は、@、#、$、% のどれかを表します。(?=.*[@#$%]) を追加したので、「"tom" と@、#、$、% のどれかを含む文字列」という正規表現です。

記号を含むという条件が増えたので、tom.13$ だけがマッチします。

(?!.*X).* はあるパターンXを含まないという正規表現ですが、「含む」と使い方は同じです。また、含むと含まないを同時に指定できます。

16

リスト16-2-19：含むと含まないを同時に指定する

```
Reg.test("(?=.*tom)(?!.*[0-9]).*", "tom130", "tom", "tom.13$");
```

```
(?=.*tom)(?!.*[0-9]).*          × tom130    ○ tom    × tom.13$
```

(?!.*[0-9]) は、0～9を含まないという正規表現です。したがって、全体は、"tom" を含み、数字を含まないという正規表現になります。そのため、数字がない tom だけがマッチしています。

16.3 複雑な正規表現の見方

パスワード

次は、パスワードを表す正規表現です。パスワードの正当性チェックには欠かせません。

```
^(?=.*¥d)(?=.*[a-z])(?=.*[A-Z])(?=.*[@#$%]).{6,20}$
```

複雑そうに見えますが、細かく改行して要素に分解し、並べてみましょう。

```
^                                   # 先頭
  (?=.*¥d)                          #    数字を含む
  (?=.*[a-z])                       #    小文字の英字を含む
  (?=.*[A-Z])                       #    大文字の英字を含む
  (?=.*[@#$%])                      #    @、#、$、% のどれかを含む
              .{6,20}               #        上記の条件にマッチする 6 ～ 20 文字の文字列
$                                   # 末尾
```

※これは正規表現の構造を見るための書き方です。# より右側はコメントです。

結局、「数字と英字の大文字、小文字、そして記号として @#$% のどれかを含む、6 から 20 文字以内の文字列」という正規表現であることがわかりました。

なお、一部ではなく、文字列全体がこの正規表現にマッチすることを表すには、先頭に ^ 、末尾に $ を付けます。覚えておきましょう。

ユーザー名

ユーザー名はいろいろな制約があります。

次は、「英字の小文字と 0 ～ 9 の数字およびマイナス記号、アンダーバーだけからなる 6 から 15 文字の長さの文字列」を正規表現で表しています。

```
^[a-z0-9_-]{6,15}$
```

要素に分解すると、次のようです。

```
^                   # 先頭
  [a-z0-9_-]        #   英小文字、数字、アンダーバー、マイナス記号のどれか
            {6,15}  #     上記の 6 ～ 15 文字までの繰り返し
$                   # 末尾
```

結局、「小文字の英字と数字、アンダーバー、マイナス記号だけからなる 6 ～ 15 文字の文字列」という正規表現です。

時間表示

例えば、"10:30 AM" という時間表示についての正規表現です。12 時間制で末尾に AM か PM が付きます。

```
(1[012]|[1-9]):[0-5][0-9](¥¥s)?(?i)(am|pm)
```

要素に分解すると、次のようです。

```
(                                # グループ開始
 1[012]                          #   10,11,12
 |                               #   または
 [1-9]                           #   1,2 … 9
)                                # グループ終了
 :                               #   区切り文字のセミコロン
  [0-5][0-9]                     #   上位桁は 0 ～ 5、下位桁は 0 ～ 9。00 ～ 59 を表す。
            (¥¥s)?               #       空白(あってもなくてもよい)
                  (?i)           #         大文字小文字の区別をしない
                      (am|pm)    #           am か pm
```

結局、10:30am、10:30 am、10:30 PM などにマッチすることがわかります。

要素を分解して縦にならべるとわかりやすくなります。並べ方はこの例の通りでなくてもかまいません。自分が理解しやすいように並べてください。

以上のように、複雑な正規表現を理解していくと、次は自分でも実用的な正規表現が書けるようになります。ぜひ、練習してみてください。

16.4 正規表現にマッチしているかどうか調べる

ある文字列 s が指定した正規表現にマッチするかどうかは、match( ) メソッドで次のように調べることができます。

リスト 16-4-1：正しいパスワードかどうかチェックする

```
package chapter16_2;
import jp.kwebs.lib.Input;
public class Sample1 {
    public static void main(String[] args) {
        String reg = "^(?=.*¥¥d)(?=.*[a-z])(?=.*[A-Z])(?=.*[@#$%]).{6,20}$";  ❶
        String s = Input.getString("パスワード");    ❷
        System.out.println(s.matches(reg));       ❸
    }
}
```


❶の reg はパスワードを表す正規表現文字列です。¥d をプログラムの中に書く時は、¥¥d と書くことに注意してください。¥ はエスケープ文字なので、¥ 自身を表す時は ¥¥ と書きます。また、先頭に ^、末尾に $ を付けると、文字列全体がマッチすることを表します。

❷で変数 s に任意のパスワードを入力し、❸で正しいパスワードかどうか match( ) メソッドを使ってチェックします。match( ) は、文字列 s が引数に指定した正規表現にマッチしている時のみ true を返します。

実行結果は、例えば次のようになります。

```
パスワード>123aA#
true
```

```
パスワード>abcABC##
false
```

練習 16-4-1

解答  

1. **リスト 16-4-1** にならって、正しい郵便番号かどうかチェックするプログラムを作成してください。郵便番号は、839-1402 のように、3 桁の数字と 4 桁の数字をマイナス記号で連結したものとします。

2. **リスト 16-4-1** にならって、正しい学籍番号かどうかチェックするプログラムを作成してください。学籍番号は全体が 8 桁です。先頭 2 桁は "ab" または "cc"、次の 2 桁は 20 から 29 の値で、残り 4 桁は任意の数字です。

Chapter 17

日付と時刻

プログラムの中で日付や時刻のデータを使うことは少なくありません。フィールドに日付や時間のデータを持つオブジェクトもたくさんあります。

Java言語では、Date and Time APIというライブラリにより、日付と時刻を簡単に操作できます。和暦での表示も可能です。比較、演算などのメソッドが整備され、期間や時間間隔の計算もできます。

何か役に立つアプリケーションを作ろうとする時、Date Time APIの使い方は必須の知識です。

17.1 Date and Time API

日付や時間は表示や演算方法が異なるので、基本的なデータ型として扱うことができません。そこで、Java言語では日付と時刻をオブジェクトとして扱います。多数のクラス群がDate and Time APIというくくりで提供されていますが、中でも、よく使う主なクラスは、LocalDate、Localtime、LocalDateTimeの3つです。

Localという接頭辞が付いているのは、国内だけのローカルな日付・時刻を表すクラスを意味します。世界協定時(UTC)からの時差を含めて表現するクラスなども定義されていますが、本書の範囲を超えるので割愛します。

日付と時刻の作成

LocalDateは日付を、Localtimeは時間を表します。また、LocalDateTimeは日付+時間を表し、タイムスタンプとして使われます。どのクラスもイミュータブルなクラスなので、他のオブジェクトのメンバとして安全に利用することができます。

日付と時刻は、new演算子で作成するのではなく、次のようなクラスメソッドを使って作成します。

メソッド	機能
now()	現在の日付や時刻を生成して返す
of(…)	引数に指定した日付や時刻を生成して返す
parse("…")	引数に指定した文字列から日付や時刻を生成して返す
from(…)	引数に指定した他の日付オブジェクトをコピーして生成する

では、now()メソッドを使って、現在の日時を取得して表示してみましょう。

リスト 17-1-1：現在の日時を取得する

```
package chapter17_1;
import java.time.*;
public class Sample1 {
    public static void main(String[] args) {
        System.out.println(LocalDate.now());        // 今日                ❶
        System.out.println(LocalTime.now());        // 現在時刻             ❷
        System.out.println(LocalDateTime.now());    // 現在のタイムスタンプ   ❸
    }
}
```

```
2022-08-16
02:21:46.834881400
2022-08-16T02:21:46.834881400
```

❶は、今日の日付、❷は現在時刻、❸は現在のタイムスタンプです。どれも、now( )を使います。出力形式は、Date and Time API の標準形式です。

- 年は４桁、月、日、時、分、秒は２桁で表記する
- 日付の区切り文字は－
- 時刻の区切り文字は：
- 秒未満の値はドットで区切る
- タイムスタンプでは、日付と時刻の間に英字のＴを入れる

次は、of( ) メソッドを使って、特定の日時を指定して作成します。

リスト 17-1-2：指定した日時を取得する

```
package chapter17_1;
import java.time.*;
public class Sample2 {
    public static void main(String[] args) {
        System.out.println(LocalDate.of(2025, 1, 13)); // 2025年1月13日       ❶
        System.out.println(LocalTime.of(15, 8, 32));   // 15時8分32秒        ❷
        System.out.println(LocalDateTime.of(2025, 1, 13, 15, 8, 32));      ❸
    }
}
```

(注)import java.time.*; は、java.time パッケージのすべてのクラスをインポートします。

```
2025-01-13
15:08:32
2025-01-13T15:08:32
```

17

❶は2025年1月13日の日付、❷は15時8分32秒の時刻、❸はそれを合成したタイムスタンプです。どれもof( )の引数に年、月、日、時、分、秒を示す値を指定するだけです。

なお、Java言語では、1を01と書いたり、8を08と書くと8進数になります。数値に余計な0をつけないようにしてください。

次は、parse( )メソッドを使って、文字列から日付や時刻を生成します。

リスト17-1-3：文字列から日付を得る

```
package chapter17_1;
import java.time.*;
public class Sample3 {
    public static void main(String[] args) {
        System.out.println(LocalDate.parse("2025-01-13")); // 2025年1月13日 ❶
        System.out.println(LocalTime.parse("15:08:32"));   // 15時8分32秒   ❷
        System.out.println(LocalDateTime.parse("2025-01-13T15:08:32"));     ❸
    }
}
```

```
2025-01-13
15:08:32
2025-01-13T15:08:32
```

❶、❷、❸は、parse( )メソッドの引数に、文字列で日付や時刻を指定しています。指定方法は、Date and Time APIの標準形式でなければいけません。

特に、月、日、時、分、秒は常に2桁で指定するので、01や08のように指定します。また、LocalDateTimeでは、日付と時刻の間は英字のTで区切ります。

練習 17-1-1

解答 

1. of( )メソッドを使って、次の日付、時刻を作成し、コンソールに表示してください。

　・2025年3月1日
　・23時5分45秒
　・2025年3月1日23時5分45秒

2. parse( )メソッドを使って、1と同じ日付、時刻を作成し、コンソールに表示してください。

17.2 日付と時刻の表示

DateTimeFormatter クラスを使うと、出力される日時の表示を、自由にカスタマイズすることができます。まず、簡単な例を示します。

リスト 17-2-1：日付と時刻の整形

```
package chapter17_1;
import java.time.*;
import java.time.format.DateTimeFormatter;
public class Sample4 {
    public static void main(String[] args) {
        var dateFormat = DateTimeFormatter.ofPattern("y年M月d日eeee"); ❶
        var timeFormat = DateTimeFormatter.ofPattern("ah時m分s秒");    ❷

        System.out.println(LocalDate.of(2025,1,13).format(dateFormat)); ❸
        System.out.println(LocalTime.of(15,8,32).format(timeFormat));   ❹
    }
}
```

```
2025年1月13日月曜日
午後3時8分32秒
```

DateTimeFormatter.ofPattern( ) メソッドは、y、M、d、a、h、m、s、e などの**パターン文字**を使って、日付時刻の表示書式(フォーマット)を作成します。❶は、日付のフォーマット、❷は、時刻のフォーマットを作成する例です。パターン文字以外の任意の文字を埋め込むことができます。

日時にフォーマットを適用するには、❸❹のように、LocalDate や LocalTime のインスタンスメソッドである **format( )** メソッドを使います。format( ) の引数には、❶❷で作成したフォーマットを指定します。format( ) メソッドは、日時から指定した形式の文字列を生成します。

なお、LocalDateTime もやり方は同じです。次のようにします。

```
var fmt = DateTimeFormat.ofPattern("y年M月d日eeee ah時m分s秒");
System.out.println(LocalDateTime.of(2025, 1, 13, 15, 8, 32).format(fmt));
```

主なパターン文字の意味は次の通りです。

文字	意味と使い方
G	年号を表示する
y	年を表示する。y ではなく yy を指定すると下 2 桁のみ表示する
m	月を表示する
d	日を表示する
e	e、ee は、日曜日を 1 とする連番の曜日番号を表示する eee は、曜日だけを短く表示する eeee は、○曜日と表示する
a	午前、午後の区分を表示する
h	12 時間制で時間を表示する。hh なら常に 2 桁の表示になる
H	24 時間制で時間を表示する。HH なら常に 2 桁の表示になる
m	分を表示する。mm なら常に 2 桁の表示になる
s	秒を表示する。ss なら常に 2 桁の表示になる
S	秒未満の値を表示する。最大 9 個までの S を並べて表示する桁数を指定する

パターン文字の詳細

多くの場合、表のパターン文字だけで十分ですが、a ～ z まで、すべての英字がパターン文字として使えます。パターン文字の詳細は、API ドキュメントで DateTimeFormatter クラスを参照してください。また、次の URL には詳細な解説と使用例があります。

http://blog.64p.org/entry/2015/07/13/102145

ところで、G は " 西暦 " という文字を付加するだけですが、**JapaneseDate** クラスを使うと**和暦の年号**を表示できます。JapaneseDate のインスタンスは、LocalDate クラスのインスタンスから **from()** メソッドを使って作成します。

次に、使用例を示します。

リスト 17-2-2：和暦年号の表示

```
package chapter17_1;
import java.time.*;
import java.time.chrono.JapaneseDate;
import java.time.format.DateTimeFormatter;
public class Sample5 {
    public static void main(String[] args) {
        var dateFormat = DateTimeFormatter.ofPattern("Gy年M月d日eeee");    ❶
        var jdate = JapaneseDate.from(LocalDate.of(2025, 1, 13));         ❷

        System.out.println(jdate.format(dateFormat));      ❸
    }
}
```

```
令和7年1月13日月曜日
```

❶でフォーマットを作りますが、和暦年号を表示したいので、先頭にパターン文字の G を付けています。

❷は、和暦の日付オブジェクトである JapaneseDate のインスタンスを作成する処理です。JapaneseDate.**from( )** メソッドは、引数の LocalDate インスタンスから、和暦の日付を作成して返します。

表示は、他の日付クラスと同じ方法です。❸のように、format( ) メソッドでフォーマットを適用して出力するだけです。

練習 17-2-1

解答 

1. 今日の日付を和暦で「令和○年○月○日○曜日」と表示するプログラムを作成してください。

2. 現在時刻を 12 時間制で、「午前○時○分○秒」と表示するプログラムを作成してください。" 午前 " は、時間によっては " 午後 " になります。

17

17.3 日時の計算

日時の比較とうるう年のチェック

日時には、他の日時と前後関係の比較をしたり、うるう年を判定するメソッドがあります。うるう年の判定は、LocalDateだけで使えます。

メソッド	機能
boolean isAfter(other)	otherよりも後ならtrueを返す
boolean isBefore(other)	otherよりも前ならtrueを返す
boolean equals(other)	otherと同じならtrueを返す
boolean isLeapYear()	うるう年ならtrueを返す(LocalDateのみ)

リスト17-3-1：日付の比較

```
package chapter17_1;
import java.time.LocalDate;
public class Sample6 {
    public static void main(String[] args) {

        var day1 = LocalDate.of(2024,11,20);
        var day2 = LocalDate.of(2025,1,13);

        System.out.println(day1.isAfter(day2));      // 後か      ❶
        System.out.println(day1.isBefore(day2));     // 前か      ❷
        System.out.println(day1.equals(day2));       // 同じか    ❸
        System.out.println(day1.LeapYear));          // うるう年か ❹
    }
}
```

```
false
true
false
true
```

❶は、day1がday2よりも後かどうか調べます。また、❷は、day1がday2よりも前かどうか調べます。同じ日付かどうかは、❸のようにequals( )メソッドで判定します。また、❹はうるう年かどうか調べます。このメソッドのみLocalDateだけで使えます。

日時の加算と減算

日時でも加算と減算ができます。いろいろな方法で計算できますが、専用の加減算メソッドを使う方法が一番簡単です。普通の利用にはこれだけで十分でしょう。

なお、LocalDateTime はすべてのメソッドを使用できますが、LocalDate、LocalTime はそれぞれ使えるメソッドが決まっています。

▼ 加減算のメソッド

クラス	加算	減算	説明
LocalDate	plusYears(n)	minusYears(n)	年単位
	plusMonths(n)	minusMonths(n)	月単位
	plusWeeks(n)	minusWeeks(n)	週単位
	plusDays(n)	minusDays(n)	日単位
LocalTime	plusHours(n)	minusHours(n)	時間単位
	plusMinutes(n)	minusMinutes(n)	分単位
	plusSeconds(n)	minusSeconds(n)	秒単位
	plusNanos(n)	minusNanos(n)	ナノ秒単位

リスト 17-3-2：日時の加算

```
package chapter17_1;
import java.time.*;
public class Sample7 {
    public static void main(String[] args) {

        var day  = LocalDate.of(2024,11,20);      // 2024年11月20日
        var time = LocalTime.of(15,8,32);         // 15時8分32秒

        System.out.println(day.plusYears(3).plusMonths(2).plusDays(6));  ❶
        System.out.println(time.plusHours(3).plusMinutes(15));           ❷
    }
}
```

```
2028-01-26
18:23:32
```

plus~ と minus~ は使い方は同じなので、plus~ を使った例を示します。

加減算のメソッドは、❶❷のように、メソッドチェーンにして適用できます。❶は、3年 2 ケ月 6 日を加算しています。また、❷は、3 時間 15 分を加算しています。

期間の計算

日付と時間は、期間と間隔を計算できます。

日付の期間は、列挙の ChronoUnit 型と Period クラスを使います。また、時間の間隔は Duration クラスを使います。基本的なメソッドは次の表のようです。

型	メソッド	機能
ChronoUnit	ChronoUnit.YEARS.between(s, e)	s～eの期間を年数で求める
	ChronoUnit.MONTHS.between(s, e)	s～eの期間を月数で求める
	ChronoUnit.WEEKS.between(s, e)	s～eの期間を週数で求める
	ChronoUnit.DAYS.between(s, e)	s～eの期間を日数で求める
Period	between(s, e)	s～eの期間を作成する
	getYears()	期間の年数の部分を得る
	getMonths()	期間の月数の部分を得る
	getDays()	期間の日数の部分を得る
Duration	between(ts, te)	ts～teの期間を作成する
	toDays()	期間の日数を取得する
	toHours()	期間の時数を取得する
	toMinutes()	期間の分数を取得する
	toSeconds()	期間の秒数を取得する

次は、start と end の 2 つの日付を使って、期間を計算する例です。

リスト 17-3-3：日付についての期間の計算

```
package chapter17_1;
import java.time.*;
import java.time.temporal.ChronoUnit;
public class Sample8 {
    public static void main(String[] args) {
        LocalDate start = LocalDate.of(2023, 1, 13);
        LocalDate end = LocalDate.of(2025, 1, 1);

        System.out.println(ChronoUnit.MONTHS.between(start, end) + "カ月"); ❶
        System.out.println(ChronoUnit.DAYS.between(start, end) + "日間");   ❷

        var p = Period.between(start, end);   ❸
        System.out.printf("%d年%dケ月%d日%n",
                p.getYears(), p.getMonths(), p.getDays());     ❹
    }
}
```

```
23カ月
719日間
1年11ケ月19日
```

❶❷は、列挙のChronoUnit型に定義されたbetween( )メソッドを使う例です。期間を年、月、日の単位に直すことができます。❶は月の単位に、❷は日単位に直しています。

❸のように、Periodクラスのインスタンスとして日付の期間を作成すると、期間を年、月、日の数に分解できます。❹は期間から年、月、日の値を取り出して表示しています。

リスト17-3-4：時間についての期間の計算

```
package chapter17_1;
import java.time.*;
public class Sample9 {
    public static void main(String[] args) {
        LocalTime start = LocalTime.of(10, 0, 0);
        LocalTime end = LocalTime.of(18, 33, 45);

        var d = Duration.between(start, end);              ❶
        System.out.println(d.toMinutes() + "分間");        ❷
        System.out.println(d.toSeconds() + "秒間");        ❸
    }
}
```

```
513分間
30825秒間
```

startとendの2つの時間を使って、時間の間隔を計算する例です。

時間は、❶のようにDurationクラスを使って時間間隔を表します。Durationクラスは、作成した時間間隔から、日数、時数、分数、秒数を計算できます。

❷はtoMinutes( )メソッドで分数を、❸はtoSeconds( )メソッドで秒数を計算しています。

練習 17-3-1

解答 

1. 1979 年 1 月 3 日生まれの人が 2002 年 4 月 1 日に入社した時、その人の、今日現在の年齢と勤続年数を計算して、実行結果のように表示するプログラムを作成してください。

```
43才
勤続20年6ケ月
```

※実行した年月日により結果は変わります。

Chapter 18

ファイル入出力

主にビジネスアプリケーションの作成に使われるJavaでは、フレームワークというミドルウェアが使われるようになり、すべてのデータをデータベースで管理するようになったので、ファイル入出力の出番は少なくなりました。

それでもアプリケーションでは、ファイルのアップロードやファイルによるデータ交換などまだまだファイル入出力を使わなければいけないシーンがあります。ファイル入出力の知識は、使用する頻度は少なくなりましたが、プログラミングの基本知識として必須の知識であることに変わりありません。

18.1 ファイル入出力について

ファイル入出力は、主にjava.ioパッケージのクラス群を使います。クラスは、4つの系統の継承関係に分類できます。この継承関係は後で必要になるので、リファレンスとして掲載しています。

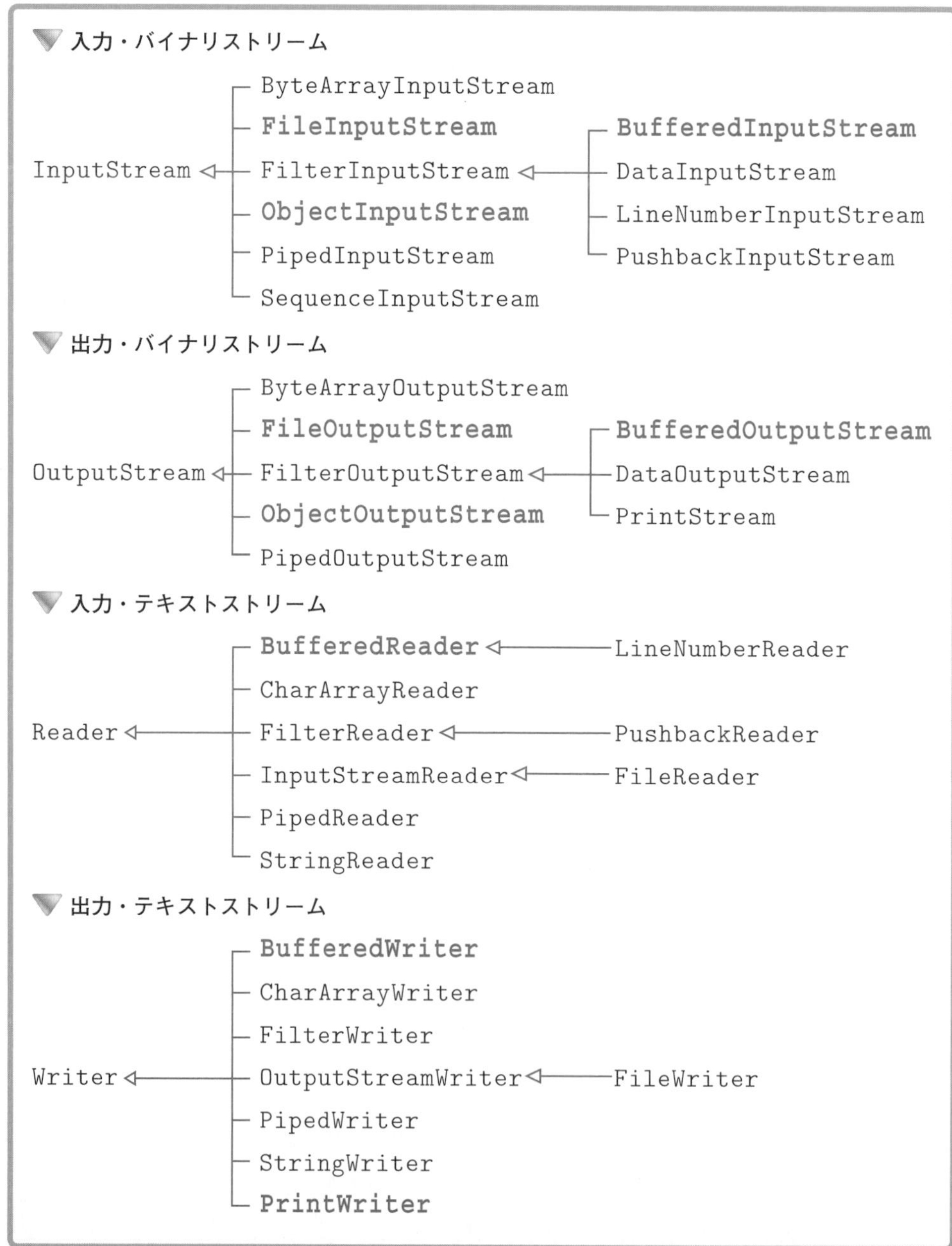

バイナリとテキスト

コンピュータで扱うデータは、1001011･･･ のような1と0の並びです。これをバイナリデータといいます。コンピュータのすべてのデータはバイナリデータです。

ただ、1と0の並びが文字コードを意味する場合は、それは文字の集まりを表しているので、**テキストデータ**と呼んでいます。テキストデータは入力の際、バイナリデータを文字として読み取る**デコード**が必要です。また、出力の際は、文字をバイナリに変換する**エンコード**が必要です。

つまり、デコード／エンコードの必要があるかないかが、テキストデータとバイナリデータの違いです。そのため、ファイル入出力ライブラリもバイナリデータを扱うか、テキストデータを扱うかで、**バイナリストリーム**と**テキストストリーム**用に、それぞれ別のクラスが用意されています。前出の表で確認してください。

2022年からJavaではUTF-8が標準に

文字はコンピュータ内部では、文字コード（文字番号）で管理されています。テキストファイルとは文字コードが書かれているファイルのことです。しかし、どの文字を何番の文字コードにするか、つまり、エンコードの体系は、1つではありません。例えば、Windowsでは**MS932**を使いますが、Macでは**UTF-8**です。

そこで、Java18(2022年)からは、Java言語の標準文字セットはUTF-8になりました。すべてのテキスト入出力クラスは、デフォルトではUTF-8でエンコード／デコードします。

18

主な入出力クラス

リファレンスの図を見てください。

バイナリを扱うスーパークラスは、**InputStream**と**OutputStream**です。これに対して、テキストを扱うスーパークラスは、**Reader**と**Writer**です。これらが一番の基底クラスであることを覚えておきましょう。

ただ、スーパークラスを直接使うことはなく、実際にファイルを操作するのは、図の青字で示したサブクラス群です。

バイナリでは、FileInputStreamやFileOutputStream、テキストではFileReaderやFileWriter、PrintWriterをよく使います。

PrintWriter以外は、バッファリング機能がないため、そのまま使うと性能がでません。そこで、**Buffered**～というクラスでラップして使います。ラップするやり方は後で示しますが、これにより各クラスにバッファリング機能を持たせることができます。

そのため、使用するのは、**BufferedInputStream**、**BufferedOutputStream**、**BufferedReader**、**BufferedWriter**です。また、PrintWriterはバッファリング機能があるので、そのまま使います。

ファイルのパス

ファイルを操作するには、それがどこにあるのか指定する必要があります。

それには**パス**(path)を使います。次のファイルとディレクトリ(フォルダ)の図を使って、簡単な例を見ておきましょう。

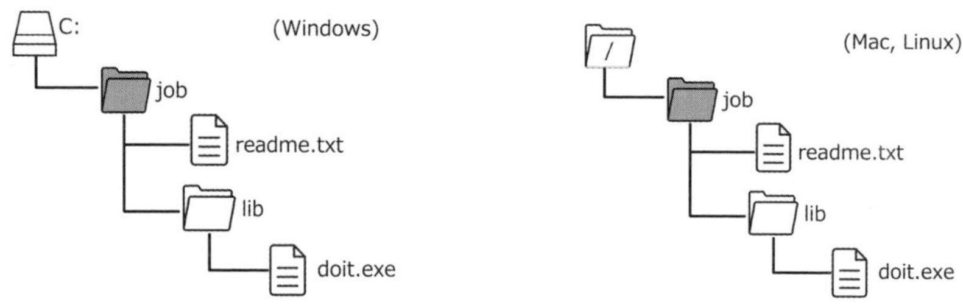

パスは、文字列で表記します。例えば、readme.txtファイルの所在を示すパスは、次のように書きます。

```
"c:/job/readme.txt"        // Windows   "c:¥¥job¥¥readme.txt" と書いてもよい
"/job/readme.txt"          // Mac
```

パスとは、目的のファイルまでの経路を示したもので、例のように、ファイルシステムの開始位置からの経路を示した表記は、**絶対パス**といいます。

これに対して、あるディレクトリ(フォルダ)を起点として表記したものを**相対パス**といい、起点のディレクトリを**カレントディレクトリ**(現在のディレクトリ)といいます。例えば、図のjobディレクトリをカレントディレクトリとする時、readme.txtやdoit.exeのパスを、相対パスで表してみましょう。

```
"readme.txt"          ❶
"lib/doit.exe"        ❷
```

カレントディレクトリの直下にあるものは、❶のように名前だけを指定します。サブフォルダの中にあるものは、❷のようにフォルダ名以下を指定します。先頭に / を付けないことに注意してください。

なお、Java.nio.file パッケージの **Files クラス**を使う場合は、文字列ではなく **Path クラス**のオブジェクトでパスを表します。Path オブジェクトは、**Path.of( )** メソッドを使って、パス文字列から作成します。

```
var path = Path.of("c:/job/readme.txt");          // Windows
var path = Path.of("/job/readme.txt");            // Mac
```

18.2 テキストを行単位で入力する

ファイルの作成

最初に、入力するファイルを作成します。次の手順で、3件(3行分)のデータを作成し、sample.txtファイルとして保存してください。

sample.txtの作成

解説動画

① part3プロジェクトをクリックして選択する
② Eclipseのメニューで、[**ファイル**]⇒[**新規**]⇒[**ファイル**]と選択する
③ダイアログが開くので、[**ファイル名**]欄にsample.txtと入力する
④[**完了**]ボタンを押す⇒ファイルがエディタに表示される
⑤ 1行に1つずつ、次のように入力して[**保存**]ボタンを押す

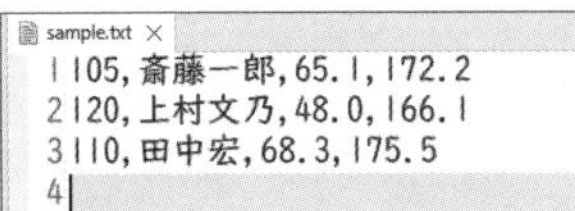

※項目はコンマ(,)で区切ってください。4行目には何も入力しません

行単位の入力

ファイルの入力には、BufferedReaderでラップしたFileReaderクラスを使います。**ラップする**とは、次のようにすることです。

```
var in = new BufferedReader(new FileReader("sample.txt"));
```

BufferedReaderのコンストラクタに、FileReaderのインスタンスを指定します。FileReaderのコンストラクタにはファイルのパスを指定します。

Eclipseプロジェクトでの相対パス

Eclipseプロジェクトでは、プロジェクトのあるフォルダがカレントディレクトリになります。そのため、プロジェクト直下にあるファイルは、相対パスでは、ファイル名だけを指定します。

以上でバッファリング機能を持つFileReaderと同等のインスタンスができます。

ただ、java.nio.fileパッケージのFilesクラスを使うと、もっと簡単に書けます。パスをPathオブジェクトにする手間がかかりますが、完成したBufferedReaderを返すので記述が簡潔です。普通はこちらを使いましょう。

```
var path = Path.of("sample.txt");
var in = Files.newBufferedReader(path);
```

FileReaderをラップしたBufferedReaderを返す

リスト18-2-1：行単位の入力

```
package chapter18_1;
import java.io.IOException;
import java.nio.file.Files;
import java.nio.file.Path;
public class Sample1 {
    public static void main(String[] args) {

        var path = Path.of("sample.txt");    // Pathオブジェクト作成  ❶
        try(var in=Files.newBufferedReader(path)){  // リソース作成  ❷
            String line;
            while((line=in.readLine())!=null) {    // 1行分の読み出し  ❸
                System.out.println(line);     ❹
            }
        }
        catch(IOException e) {
            e.printStackTrace();
        }
    }
}
```

❶で、文字列のパスからPathオブジェクトを作成します。

❷からは、リソース付きtry文です。BufferedReaderはクローズ処理の必要なリソースなので、( )の中に生成文を書きます。これにより例外発生の有無にかかわらず、close( )メソッドが自動的に実行されます。

❸は、while文で「1行分のデータ入力」を繰り返し実行します。in.readLine( )が、1行分のデータを読み出すメソッドです。実行するたびに、次の行データを読み出し、読み出す行がなくなるとnullを返します。

そこで、(line = in.readLine( ))!=nullという反復条件にします。「読み出したデータがnullでない間繰り返す」という意味です。

※このwhile文の使い方は、5章でもInput.getString()を使って解説しました。

```
while((str=Input.getString())!=null) {
  System.out.println(str);
}
```

この場合も、「入力したデータがnullでない間繰り返す」という意味でした。

読み出したデータは、❹でそのままコンソールに表示しています。実行すると次のように表示されます。

```
105,斎藤一郎,65.1,171.2
120,森下花,48.0,166.1
110,田中宏,68.3,175.5
```

文字コードを指定して入力する

Java言語の標準文字コードは**UTF-8**です。Sample.txtはEclipseで作成したのでUTF-8になっていますが、これ以外の文字コードで作成されたテキストファイルは、文字コードを指定する必要があります。

次は、MS932（Windows標準の文字コード）で作成したファイルを読み込む例です。文字コードを表す**Charset**クラスのオブジェクトを使って、文字コードを指定します。

リスト18-2-2：文字コードを指定する

```
package chapter18_1;
import java.io.IOException;
import java.nio.charset.Charset;
import java.nio.file.Files;
import java.nio.file.Path;
public class Sample2 {
    public static void main(String[] args) {
        var path = Path.of("c:/java/sample_ms932.txt");        ❶
        var cs = Charset.forName("MS932");                      ❷
        try(var in=Files.newBufferedReader(path, cs)){          ❸
            String line;
            while((line=in.readLine())!=null) {
                System.out.println(line);
            }
        }
```

```
        catch(IOException e) {
            e.printStackTrace();
        }
    }
}
```

sample_ms932.txt ファイル

<インストールフォルダ>にあります(ない場合は、サポートウェブからダウンロードしてください)。❶は、c:/java がインストールフォルダの場合の書き方です。自分のインストールフォルダに合わせて読み替えてください。

なお、sample_ms932.txt をプロジェクトフォルダにコピーすれば、ファイル名の指定だけでかまいません。

```
    var path = Path.of("sample_ms932.txt");
```

❷の Charset.forname( ) メソッドは、引数に文字コードを指定すると、対応するオブジェクトを返します。例では返された値を変数 cs に代入しています。

次に、BufferedReader オブジェクトを作成する際、❸のように、引数に cs を追加します。これで MS932 でファイルをデコードして入力することができます。後の操作は、文字コードを指定しない場合と同じです。

18.3 行データを項目に分ける

split() で項目に分割する

Sample.txt のデータは、コンマで区切られていました。そこで、1 行分のデータをコンマの位置で分割し、取り出した項目データを使って、身体測定値を表す Measurement レコードを作成してみましょう。

Measurement レコードは次のような定義とします。

リスト 18-3-1；身体測定値のレコード

```
record Measurement(int id, String name, double weight, double height){}
```

リスト 18-2-1 を少し変更して、行データを分割し、それを使って Measurement レコードを生成するように書き換えます。次の❶〜❹が変更箇所です。

リスト 18-3-2：ファイルデータからレコードのリストを作る

```
package chapter18_1;
import java.io.IOException;
import java.nio.file.Files;
import java.nio.file.Path;
import java.util.ArrayList;
public class Sample3 {
    public static void main(String[] args) {

        var list = new ArrayList<Measurement>(); // レコードを入れるリスト ❶
        var path = Path.of("sample.txt");
        try(var in =  Files.newBufferedReader(path)){
            String line;
            while((line=in.readLine())!=null) {
                String[]items = line.split("¥¥s*,¥¥s*"); // Stringの配列に分割 ❷
                list.add(new Measurement(items));  // レコードをリストに追加する ❸
            }
        }
        catch(IOException e) {
            e.printStackTrace();
        }

        list.forEach(System.out::println); // リストのすべての要素を表示する ❹
    }
}
```

❶は、作成したMeasurementレコードを入れるリストです。最初に作っておきます。

次に❷で、Stringクラスの**split( )**メソッドを使って、コンマの位置で文字列を分割し、Stringの配列にします。split( )は、引数に指定した区切り文字で文字列を分割し、Stringの配列を返すメソッドです(⇒ P.56)。

split( )の引数は "," でもいいのですが、**正規表現**で指定できるので、コンマの左右に空白文字があっても大丈夫なように、「前後に0個以上の空白文字がある ","」と指定しています。

❸は、Measurementレコードのコンストラクタに、作成した配列itemsを渡して、レコードを作成し、それをリストに登録する処理です。なお、Measurementレコードのコンストラクタについては、この後の解説を見てください。

最後に❹は、ListのforEach( )メソッドを使ってすべての要素を表示します。レコードはtoString( )が定義済みなので、println( )で内容を表示できます。ここでは、表示にメソッド参照を使っています。実行すると次のように表示されます。

```
Measurement[id=105, name=斎藤一郎, weight=65.1, height=171.2]
Measurement[id=120, name=森下花, weight=48.0, height=166.1]
Measurement[id=110, name=田中宏, weight=68.3, height=175.5]
```


Measurementレコードにコンストラクタをオーバーロードする

Measurementレコードには、Stringの配列を引数に取るコンストラクタがないので、次のようにコンストラクタをオーバーロードします。

リスト18-3-3：レコードでコンストラクタをオーバーロードする

```
package chapter18_1;
record Measurement(int id, String name, double weight, double height){

    public Measurement(String[] items) {                  ❶
       this(Integer.valueOf(items[0]),      // id         ❷
           items[1],                        // 氏名       ❸
           Double.valueOf(items[2]),        // 体重       ❹
           Double.valueOf(items[3]));       // 身長       ❺
    }
}
```

レコードは { } の中に、コンストラクタのオーバーロードやメソッドを追加することができます。また、インタフェースも実装できます。

❶がコンストラクタのオーバーロードです。❷のように、**this( )** を使ってオリジナルのコンストラクタを呼び出す形にします(this( ) については7章で解説しました)。

レコードのコンストラクタオーバーロードは、this( ) を使う形式しか使えません。this( ) は、コンストラクタの先頭に書かなくてはならず、その前に、いろいろな処理を書くこともできないので注意しましょう。

❷❸❹❺は、コンストラクタに渡す引数です。ただし、items は String の配列なので、int や double に変換する必要があります。

文字列を int に変換するには、**Integer.valueOf( )** メソッドを使います。また、double に変換するには、**Double.valueOf( )** メソッドを使います。

すべての**ラッパークラス型**が、**valueOf( )** メソッドを持っていて、String からの変換ができるようになっているので、覚えておきましょう。

scanner クラスを使う

Scanner クラスを使うと、区切り文字を指定することにより、ファイルの内容を項目に分割して取り出すことができます。また、項目のデータ型を指定して取り出せます。

scanner のインスタンスは、ファイルや文字列などから作成できます。コンストラクタの引数にファイルのパスや文字列を指定して作成します。

```
var sc = new Scanner(path);            // パス (Path)を指定してファイルから作成
var sc = new Scanner("abc,def,ghi");   // 文字列を指定して作成
```

コンストラクタに指定したファイルや文字列を**ソース**といいます。

Scanner は、デフォルトでは、全角・半角の空白、¥t、¥n、¥r などを区切り文字として認識し、その位置でソースを項目に分割して、先頭から順に取り出すことができます。

また、**useDelimiter( )** メソッドを使うと任意の文字を区切り文字に指定できます。例えば、useDelimiter(",") ではコンマが区切り文字になります。正規表現も使えるので、例えば、「前後に0個以上の空白を含むコンマ」は次のように指定します。

```
var sc = new Scanner(path).useDelimiter("¥¥s*,¥¥s*);
```

項目を先頭から最後まで、順に取り出すには、次の形のwhile文を使います。

```
while(sc.hasNext()){
    System.out.println(sc.next());
}
```

hasNext() は、項目が残っていればtrueを返すメソッドですから、これをwhile文の繰り返し条件に指定します。**next()** は項目を順に取り出すメソッドです。呼び出すたびに次の項目を取り出すので、whileの中で使うと全ての項目を順に取り出せます。

next()は、項目を文字列として取り出すので、それ以外の型に変換して取り出したい時は、**nextInt()**、**nextDouble()** など、nextの後に型名を付けたメソッドを使います。
では、使い方を次のリストで確認しましょう。

リスト18-3-4：Scannerで分割する

```
package chapter18_1;
import java.io.IOException;
import java.nio.file.Path;
import java.util.ArrayList;
import java.util.Scanner;
public class Sample5 {
    public static void main(String[] args) {

        var list = new ArrayList<Measurement>();
        var path = Path.of("sample.txt");
        try(var sc =  new Scanner(path)){                    ❶
            sc.useDelimiter("(¥¥s*,¥¥s*)|(¥¥s+)");    ❷
            while(sc.hasNext()){ ❸
                list.add(new Measurement(sc.nextInt(),sc.next(),
                                        sc.nextDouble(), sc.nextDouble())); ❹
            }
        }
        catch(IOException e) {
            e.printStackTrace();
        }
        list.forEach(System.out::println);
    }
}
```

18

Scannerをファイルから作成する時は、IOExceptionが投げられる可能性があります。Scannerはクローズ処理が必要なので、❶のように、リソース付きtry文の( )の中に、インスタンスの生成処理を書きます。

行末の改行も区切り文字に指定する

BufferedReaderは行単位で入力しますが、Scannerには行という概念はありません。単に区切り文字を境にして項目を取り出すだけです。そのためファイルから項目を取り出す時は、行末の改行コードを区切り文字に指定しておく必要があります。

❷の正規表現、"(¥¥s*,¥¥s*)|(¥¥s+)"は、「前後に0個以上の空白文字があるコンマ」または「1個以上の空白文字」、という条件です。空白文字(¥s)は、改行(¥n,¥r)を含むので、後半の条件で行末の改行を区切り文字に追加できます。ただし、改行文字は、Windowsでは¥n¥rの2文字なので、¥s+と指定する必要があります。

❸は、whileによる繰り返しの制御です。

❹はコンストラクタに、id、氏名、体重、身長を指定して、Measurementレコードを生成し、リストに登録します。Scannerから適切な型を指定して項目データを取り出しているので、デフォルトのコンストラクタを使うことができます。

実行すると次のように表示されます。

```
Measurement[id=105, name=斎藤一郎, weight=65.1, height=171.2]
Measurement[id=120, name=森下花, weight=48.0, height=166.1]
Measurement[id=110, name=田中宏, weight=68.3, height=175.5]
```

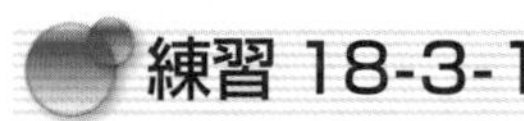

練習 18-3-1

解答 

1. <インストールフォルダ>にあるorder.txtを使います(サポートウェブからもダウンロードできます)。order.txtは次のような内容です。

```
1101,山菜弁当,3,2023-04-02
1102,幕ノ内弁当,5,2023-04-02
1103,焼肉弁当,4,2023-04-03
```

そこで、Orderレコードを次のように定義してください。

```
public record Order(int id, String item, int amount, LocalDate date){}
```

次に、order.txtをscannerを使って読み込み、Orderレコードのリストを作成してください。また作成したリストをコンソールに出力してください。

18.4 テキストを出力する

PrintWriter による出力

PrintWriter クラスを使うと、コンソールへの出力と同じように、print( )、println( )、printf( ) を使ってファイルへ出力できます。身体測定のデータをファイルに出力する簡単な例を示します。

リスト 18-4-1：PrintWriter で出力する

```
package chapter18_1;
import java.io.IOException;
import java.io.PrintWriter;
import jp.kwebs.lib.Input;
public class Sample6 {
    public static void main(String[] args) {

        try(var out=new PrintWriter("output.txt")){        ❶
           int id;
           while((id=Input.getInt("id"))!=0) {             ❷
              String name = Input.getString("氏名");
              double weight = Input.getDouble("体重");
              double height = Input.getDouble("身長");

              out.printf("%d,%s,%.1f,%.1f%n",id, name, weight, height);  ❸
           }
        }catch(IOException e) {
           e.printStackTrace();
        }
    }
}
```

```
id>105
name>斎藤一郎
体重>65.1
身長>171.2
id>120
name>森下花
体重>48.0
身長>166.1
id>0
```

18

PrintWriterもクローズ処理が必要なリソースなので、❶のように、リソース付きtry文の()内で、PrintWriterを作成します。引数にはファイルパスを指定します。

❷は、身体測定データをキーボードから繰り返し入力するwhile文です。idに0を入力しない限り、繰り返すようにしています。while文の中では、他に氏名(name)、体重(weight)、身長(height)を入力します。

❸は、入力したid、name、weight、heightをPrintWriterのprintf()メソッドで整形して出力します。printf()の書き方は、コンソールに出力する場合と全く同じですから簡単です。

実行結果を見るとわかるように、2件のデータを作成して出力しています。プログラムを実行した後、output.txtファイルに2件のデータが書かれていることを、次の手順で確認してください。

①EclipseでPart3プロジェクトを右ボタンでクリックし、[**リフレッシュ**]を選択する
②左欄にoutput.txtが表示されるので、ダブルクリックする
⇒ファイルの内容がエディターに表示される

追記モードで出力する

リスト18-4-1の方法は、同名のファイルがある場合、それを消去して新規に作成するので、ファイルの続きに新しいデータを追加することはできません。追記したい場合は、PrintWriterを作成する時に、"追記モード"を指定しておく必要があります。

ただ、PrintWriterクラスでは、直接、追記モードを指定できないので、FileWriterクラスをラップすることにします。FileWriterクラスは追記モードを指定して生成できるので、それをPrintWriterでラップして使うわけです。

ラップするには、次のようにします。FileWriterのコンストラクタの第2引数にtrueを指定すると、追記モードを指定したことになります。

```
var out = new PrintWriter(new FileWriter("output.txt", true));
```

ところで、このようにラップできるのは、PrintWriterクラスに次のようなコンストラクタがあるからです。

```
public PrintWriter( Writer out );
```

「java.io パッケージのクラスと継承関係の図」(P.400)を見てください。図から FileWriter クラスは、Writer クラスのサブクラスであることがわかります。したがって、FileWriter のインスタンスを、このコンストラクタの引数に使うことができるわけです。

では、プログラムリストを見ましょう。

リスト 18-4-2：追記モードで出力する

```
package chapter18_1;
import java.io.FileWriter;
import java.io.IOException;
import java.io.PrintWriter;
import jp.kwebs.lib.Input;
public class Sample7 {
    public static void main(String[] args) {

        try(var out=new PrintWriter(new FileWriter("output.txt", true))){   ❶
            int id;
            while((id=Input.getInt("id"))!=0) {
                String name = Input.getString("name");
                double weight = Input.getDouble("体重");
                double height = Input.getDouble("身長");

                out.printf("%d,%s,%.1f,%.1f%n",id, name, weight, height);
            }
        }catch(IOException e) {
            e.printStackTrace();
        }
    }
}
```

```
id>110
name>田中宏
体重>68.3
身長>175.5
id>0
```

リスト 18-4-1 と違うのは、❶だけです。

実行結果のように 1 件だけデータを追記して、前項と同じ手順でリフレッシュした後、output.txt の内容を確認してください。今回入力したデータが末尾に追加されています。

18.5 ファイルとディレクトリの操作

ファイルやディレクトリをコピーしたり、削除したりする操作は、しばしば必要になります。java.nio.file パッケージのFilesクラスを使うと、簡単に実行できます。

Filesクラスの操作メソッド

Filesクラスの主な操作メソッドと用例を示します。どれもクラスメソッドで、引数のpath、from、toなどはPathクラスのインスタンスです。

主なクラスメソッド	機能
createFile(path)	空のファイルを作る
createDirectory(path)	ディレクトリを作る Files.createDirectory(Path.of("foo"));
createDirectories(path)	存在しない親ディレクトリを含めてディレクトリを作る Files.createDirectories(Path.of("foo/bar/bas"));
copy(from, to)	fromをtoにコピーする Files.copy(Path.of("a/foo"),Path.of("b/bas"))
move(from, to)	ファイル名を変更する、または他のディレクトリへ移動する 変更;Files.move(Path.of("foo"), Path.of("bas")) 移動;Files.move(Path.of("a/foo"),Path.of("b/foo"))
delete(path)	ファイル/ディレクトリを削除する
deleteIfExit(path)	ファイル/ディレクトリが存在すれば削除してtrueを返す
exists(path)	ファイル/ディレクトリが存在すればtrueを返す
isDirectory(path)	パスがディレクトリならtrueを返す
isRegularFile(path)	パスがファイルならtrueを返す
walk(path) walk(path, depth)	パスを起点とするすべてのファイル、ディレクトリのStreamを返す。depthは探索する階層レベルの最大値(使用例は次項)。

ディレクトリとファイルのリスト

Fils.walk( )メソッドを使うと、起点のパス以下にあるすべてのファイルとディレクトリをリストにして取得できます。また、探索する階層の深さも指定できます。

ストリーム処理でfilter( )を使うと、ファイルだけ、あるいはディレクトリだけを取得できます。例として、walk( )で探索するフォルダを、rootを起点として、次のように作りました。パスにrootを指定し、walk( )を使ってみましょう。

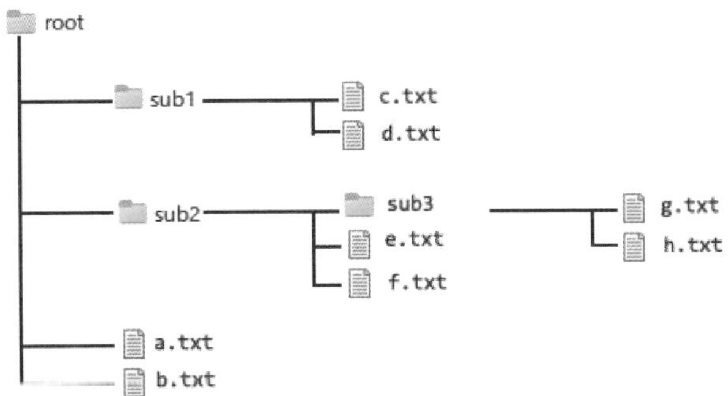

リスト18-5-1：ファイルとディレクトリのリスト

```
package chapter18_1;
import java.io.IOException;
import java.nio.file.Files;
import java.nio.file.Path;
import java.util.List;
public class Sample8 {
    public static void main(String[] args) {

        List<Path> list=null;
        var path = Path.of("d:/root");   // (注)を参照

        try(var path_stream = Files.walk(path)){        ❶
           list = path_stream
                 .filter(p->Files.isRegularFile(p))     ❷
                 .toList();     ❸
        }
        catch(IOException e) {
           e.printStackTrace();
        }
        list.forEach(System.out::println);     ❹
    }
}
```

❶は、walk( )でストリームを作成する処理です。walk( )はクローズが必要なリソースで例外を投げる可能性があるので、リソース付きtry文の中で作成します。起点にrootディレクトリを指定して作成しています。

(注)作成済みのrootフォルダをサポートウェブ（https://k-webs.jp/java03/）からダウンロードできます。**リスト18-5-1**、Windowsで、Dドライブの直下にrootフォルダを置いた場合の例です。実行する時は、各自の状況に合わせて、path.of( )メソッドの引数に指定する値を変更してください。

walk( )は、ファイルやディレクトリを指すPathオブジェクトのストリームを返します。❷では、isRegularFile( )メソッドでファイルだけをフィルタリングしています。代わりにisDirectory( )を使うとディレクトリだけをフィルタリングできます。

❸は、終端操作で、結果をPathのListにします。変数listに結果が代入されますが、listは、List<Path> listと指定して作成した変数です。

最後に、❹でリストの要素を出力するので、次のように表示されます。

```
d:¥root¥a.txt
d:¥root¥b.txt
d:¥root¥sub1¥c.txt
d:¥root¥sub1¥d.txt
d:¥root¥sub2¥e.txt
d:¥root¥sub2¥f.txt
d:¥root¥sub2¥sub3¥g.txt
d:¥root¥sub2¥sub3¥h.txt
```

❶で、次のように探索する深さを指定できます。

```
    var path_stream = Files.walk(path, 1)
```

1を指定すると、root直下の第1階層までしか探索しないので、次のように表示されます。

```
d:¥root¥a.txt
d:¥root¥b.txt
```

Chapter 19

マルチスレッド

マルチスレッドは、同時に複数の処理を実行する機能です。普通のアプリケーションでそんな機能を使うシーンがあるのだろうか、と疑問に思うかもしれませんが、これは意外に多いのです。

単純なところでは、メール送信です。メール送信は、コンピュータにとっては意外に時間のかかる作業です。同報送信などを行うと何十秒もかかったりすることがあります。そういう時、送信のタスクをマルチスレッドで実行すると、終了を待たずに次の処理へ移れるのです。

また、最近では、ネットワーク通信でも使うのが当たり前になりました。クライアントが相手のサーバーにリクエストを送信する時、マルチスレッドが使われます。リクエストに対するレスポンスを待たずに他の操作を行うためです。

マルチタスクは難しそうに見えますが、スレッドプールや新しいメソッドの導入により、最近は手軽に使える技術になりました。コードを自分で入力しながら学習してみてください。

19.1 マルチスレッドとは

マルチスレッドと非同期処理

新しいアプリケーションをパソコンにインストールする時、画面には、棒グラフなどで進行状況がリアルタイムで表示されます。アプリケーションのインストールと、進行状況の表示が同時に行われているわけです。これはマルチスレッド処理の1つです。Java言語には、このようなマルチスレッド処理が標準機能として組み込まれています。

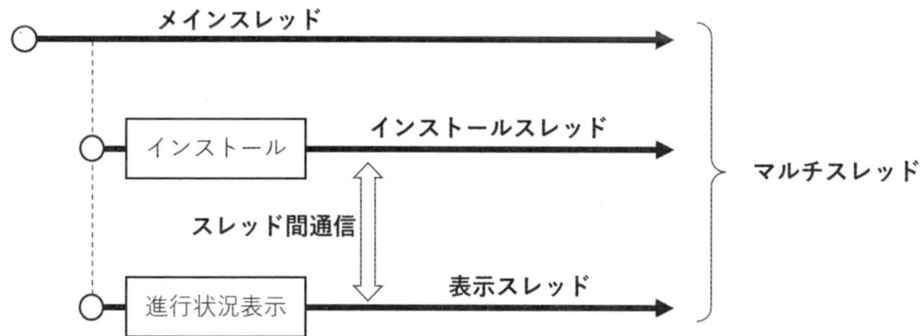

プログラムの中で独立して実行する一連の処理を**スレッド**といいます。これまでのプログラムはメインスレッドしかないシングルスレッドのプログラムでしたが、図のようにメインスレッドの中から新しいスレッドを作成し、全く別の処理を同時並行的に実行できます。これを**マルチスレッド**による**非同期処理**といいます。

簡単なスレッドの作成

スレッドを新規に起動するのはとても簡単です。Threadクラスのインスタンスを作成して、start()メソッドを実行するだけです。わずか2行です。

```
var thread = new Thread( Runnable型のインスタンス );
thread.start();
```

ThreadのコンストラクタにはRunnable型のインスタンスを指定します。

Runnableはrun()メソッドだけを持つ**関数型インタフェース**で、次のように定義されています。

リスト 19-1-1：Runnable インタフェース

```
public interface Runnable {
   void run();
}
```

関数型インタフェースですから、Thread の生成にはラムダ式を使えます。run( )は値を返さないので、メッセージを表示するだけの例を示します。

```
public static void main(String[] args) {
   var thread = new Thread(()->System.out.print("別のスレッドで実行しました"));
   thread.start();
}
```

実行すると、別スレッドで「別のスレッドで実行しました」と表示します。

この例は、メッセージを直接出力するのではなく、出力メソッドを呼び出す形式にすると応用範囲が広がります。そこで、print( ) メソッドを追加して、それを呼び出す形に変えましょう。

リスト 19-1-2：簡単なスレッドの作成

```
package chapter19_1;
public class Sample1 {
    public static void main(String[] args) {
       var thread = new Thread(()->print());
       thread.start();
       System.out.println(" メインスレッド終了 ");
    }
    public static void print() {
       System.out.println(" 別のスレッドで実行しました ");
    }
}
```

" メインスレッド終了 " と表示する処理を追加したのは、起動したスレッドとの比較のためです。また、ラムダ式の部分はメソッド参照にもできますが、わかりやすいと思うのでこのままにしておきます。

実行してみると次のように表示されます。

```
メインスレッド終了
別のスレッドで実行しました
```

19

先にメインスレッドがメッセージを表示して終了し、その後、作成したスレッドがメッセージを表示しています。これから、別々のスレッドで動作していることがわかります。

いろいろなマルチスレッド処理

前節のprint( )メソッドが、もっと時間のかかる処理の場合、別スレッドで実行すると効果的です。例えば何十件ものメールを送信する処理や、データベースの更新処理などです。ユーザーは処理を別スレッドで実行して、終了を待たずに、すぐに他の処理を実行できます。

このような単純なマルチスレッド処理で構わないケースは、処理の結果を確認しない場合です。例えば、メールを送信するだけでよく、送信結果の確認が必要ない場合などはこれで構いません。

送信結果を受け取って、完了メールを送信者に送付したい場合は、別の方法が必要です。これは戻り値のあるマルチスレッド処理のケースです。

一般に、戻り値の操作が必要な場合は、CompletableFutureクラスを使ってマルチスレッドを実行します。

なお、スレッドの作成や廃棄は、コンピュータではかなり重い処理です。そこで、スレッドが必要になるたびに生成するのではなく、あらかじめ作ってプールしておく方法も広く使われています。**スレッドプール**といい、いくつかのパターンがあります。

もっと複雑なマルチスレッド処理もあります。それは複数のスレッドが協調して何かの処理を実行するようなケースで、処理の途中でデータやメッセージを交換する必要があります。このような処理は、高度な排他制御なども必要で、クリティカルで難しい処理です。本章の最後の節では、よく知られた例として**生産者－消費者問題**を解説します。

19.2 スレッドプール

スレッドプールとは

マルチスレッドは有用ですが、スレッドを作成、破棄するには多くの時間とシステムリソースを費やします。場合によっては、実行する処理よりも作成、破棄に時間がかかることがあります。また、スレッドを多数作成するとメモリー不足になる可能性もあります。

スレッドプールは、その対策として導入された機能です。あらかじめスレッドを作成してプールしておき、必要な時にそこから取り出して再利用します。スレッドプールは目的に応じて3つのタイプがあります。

名称	特徴
FixedThreadPool	プールに、指定した固定数のスレッドを入れておく
CachedThreadPool	プールのスレッド数が必要に応じて増減する
SingleThreadExecutor	プールに1つのスレッドだけを入れておく

どのスレッドプールを使うべきかは、スレッドで実行するタスクの数や所要時間によります。また、FixedThreadPool では、CPU のコア数も考えて指定する個数を決めます。

スレッドプールの使い方

スレッドプールは、Executors クラスのクラスメソッドを使って作成します。作成したスレッドプールは、各スレッドプールが実装している ExecutorService インタフェース型の変数に代入して使うのが一般的な方法です。

名称	特徴
FixedThreadPool	ExecutorService pool = Executors.newFixedThreadPool(n);
CachedThreadPool	ExecutorService pool = Executors.newCachedThreadPool();
SingleThreadExecutor	ExecutorService pool = Executors.newSingleThreadPool();

スレッドプールは、不要になった時点で破棄します。破棄には shutdown( ) メソッドを使います。表のように変数 pool にスレッドプールを代入した場合は、次のようにします。

```
pool.shutdown();
```

ではFixedThreadPoolを使って、スレッドプールの機能と使い方を検証しましょう。

リスト19-2-1：スレッドプールの機能と使い方

```
package chapter19_1;
import java.time.LocalTime;
import java.util.concurrent.ExecutorService;
import java.util.concurrent.Executors;
public class Sample2 {
    public static void main(String[] args){

        ExecutorService pool = Executors.newFixedThreadPool(3);     ❶
        pool.submit(()->doTask(1));   // スレッドで実行      ❷
        pool.submit(()->doTask(2));
        pool.submit(()->doTask(3));
        pool.submit(()->doTask(4));
        pool.shutdown(); // プールを破棄     ❸
    }
    public static void doTask(int n){     ❹
        Tools.sleep(1000);           // 1秒間休止する
        Tools.print("task-" + n);  // 実行情報を表示
    }
}
```

```
12:58:41.7506 (pool-1-thread-3) task-3
12:58:41.7506 (pool-1-thread-1) task-1
12:58:41.7506 (pool-1-thread-2) task-2
12:58:42.7573 (pool-1-thread-2) task-4
```

❶は、スレッドプールの生成です。プール内には3つのスレッドを作成しています。

❷以下で、submit( )メソッドを使って、4つのスレッドでdoTask( )メソッドを実行します。submit( )メソッドの引数はRunnable型またはCallable型で、どちらも関数型インタフェースなので、ラムダ式で実行内容を書きます。

RunnableとCallable

Runnableには、引数がなく、戻り値もないrun()メソッドがあります。

```
public void run();
```

Callableには、引数がなく戻り値のあるcall()メソッドが定義されています。

```
public V call();             // Vは戻り値型(総称型)
```

実行が終了したら、❸のようにshutdown( )メソッドでプールを破棄します。破棄しないとスレッドプールが永久に動作し続けます。

❹は、スレッドで実行したdoTask( )メソッドです。

sleep( )メソッドで1000ミリ秒休止したあと、print( )メソッドで実行時刻と実行しているスレッド名、そしてタスク番号を表示します。タスク番号はdoTask( )メソッドが引数で受け取った番号で、スレッド名の区分番号と同じですが、これによりどのタスクかわかります。

実行結果を見ると、Task-1 〜 Task-3が、3つのスレッドを使ってほぼ同時に実行されていることがわかります。

3つのスレッドしか作成していないことに気を付けてください。Task-4だけ1秒ほど遅れているのは、スレッドプールに使用できるスレッドがなかったためです。「pool-1-thread-2」が空いた後、それを使って実行されています。

スレッドプールは、直接的に使用する以外に、次節で解説するCompletableFutureクラスのメソッドで使われます。スレッドを使用する標準クラスのメソッドでは、スレッドプールはもっとも基本的なツールです。

Toolsクラスのメソッド

スレッド操作のために作成したユーティリティです。

Threadクラスのメソッドをより簡単に使うことができます。

- sleep( )メソッドは引数に指定されたn(ミリ秒単位)の間、スレッドを休止させます。
- print( )メソッドは現在時刻、実行しているスレッド名、引数の値を表示します。

```
package chapter19_1;
import java.time.LocalTime;
public class Tools {
    public static void sleep(int n){
        try {
            Thread.sleep(n);
        }
        catch (InterruptedException e) {
            e.printStackTrace();
        }
    }
    public static void print(String s) {
        var timeFormat = DateTimeFormatter.ofPattern("h:m:s.SSSS");
        System.out.println( LocalTime.now().format(timeFormat)
                    + " (" + Thread.currentThread().getName() +") " + s);
    }
    public static void print(long s) {  // 引数が整数の場合のためのオーバーロード
        print(String.valueOf(s));
}
```

19.3 CompletableFuture

CompletableFutureとは

従来、起動したスレッドから結果を受け取るには、処理の完了を待つ必要がありました。例えば、同報メール送信を別スレッドで実行した場合でも、送信が完了するまで待って(この間アイドル状態)結果を受け取り、それを使って送信者に完了メールを送付します。

しかし、CompletableFutureクラスを使うと、処理実行⇒結果の受領⇒次の処理の実行まで、同じスレッドで自動実行できます。
つまり、同報メールの送信から完了メールの送信までを、別スレッドで連続して実行できるので、アイドルタイムが発生しません。その間、メインスレッドではほかの処理を実行できます。

CompletableFutureクラスでは、処理をメソッドチェーンとラムダ式を使って記述できるので、高度な処理も簡潔に書くことができます。

CompletableFutureによる非同期処理の実行

メール同報送信の例をCompletableFutureクラスを使って作成すると、わずか3行で書けます。次のコード例を見てください。

リスト19-3-1：CompletableFutuerの使い方

```
CompletableFuture
    .supplyAsync(() -> mailService())                 // 別スレッドでメール送信依頼        ❶
    .thenAccept(message -> sendReport(message));  // 結果を受け取って完了メールを送信    ❷
```

CompletableFutureのクラスメソッドは、指定された処理をメインスレッドとは別のスレッドで実行します。よく使うメソッドを表に示します。
上記のコード例では、SupplyAsync( )とthenAccept( )を使っています。

メソッド	実行する処理
supplyAsync(*Sypplyer*)	引数がなく戻り値を返す処理を、スレッドを作成して実行する
thenAccept(*Consumer*)	引き続き同じスレッドで、直前の処理から戻り値を受け取り、それを使って値を返さない処理を実行する
thenApply(*Function*)	引き続き同じスレッドで、直前の処理から戻り値を受け取り、それを使って値を返す処理を実行する
thenRun(*Runnable*)	引き続き同じスレッドで、引数がなく値を返さない処理を実行

スレッドプールを指定して実行

これらのメソッドは、引数の処理をメインスレッドとは別のスレッドで実行しますが、スレッドプールを指定しないと規定のスレッドプール(ForkJoinPool)が使われます。簡単でよいのですが、実装の特殊性からsleep()などを実行すると正常に動作しない場合があります。

CompletableFutureのsupplyAsync()メソッドは、スレッドプールを任意に指定することができるので、本書ではこの方法を使用します。sleep()なども正常に機能する上、起動可能なスレッド数を自由に調整できる利点があります。

＜例示＞

```
ExecutorService pool = Executors.newFixedThreadPool(3);    // スレッドプールを作成
CompletableFuture
  .supplyAsync(()->mailService(), pool)     // supplyAsync()にプールを指定する
...
pool.shutdown();      // スレッドでの処理終了を待ってシャットダウンされます
```

これらのメソッドの引数は、関数型インタフェースです。表では関数型インタフェースの名前を斜体字で示しています(標準の関数型インタフェースは、11章に掲載しています)。そこで、引数には実行したい内容をラムダ式で指定します。

❶の**SypplyAsync( )**の引数には、引数なしで、戻り値を返す処理を書きます。それが別のスレッドで実行されます。

```
() -> mailService()                    // メールサービスに同報メール送信を依頼する
```

mailService()は、メールサービスにメールの送信を依頼します。戻り値は、送信完了後にメールサービスから受け取るメッセージをそのまま返します。

❷の**thenAccept( )**は、SypplyAsync()から(つまりmailService()から)返される戻り値を引数に受け取って、次の処理を実行します。引数messageが受け取った戻り値です。

引数を受け取り、値を返さない処理をラムダ式で書きます。

```
message -> sendReport(message)              // 完了メール送信
```

コード例に書いたsendReport( )は、送信依頼者に完了状態を報告するメソッドです。引数に指定されたメッセージを送信します。

以上から処理全体を書いてみると、次のようになります。

リスト19-3-2：メール送信の例

```
package chapter19_1;
import java.util.concurrent.CompletableFuture;
import java.util.concurrent.ExecutorService;
import java.util.concurrent.Executors;
public class Sample3 {
    public static void main(String[] args) {

        ExecutorService pool = Executors.newFixedThreadPool(3);// スレッドプール ❶

        CompletableFuture     ❷
            .supplyAsync(() -> mailService(), pool)         // 同報メール送信
            .thenAccept((message) -> sendReport(message)); // 完了メール送信

        Tools.print("メールサービスに送信を依頼しました");        ❸
        pool.shutdown();                                ❹

    }
    public static String mailService(){                 ❺
        Tools.sleep(1000);    // 1秒間休止
        return "送信：0件、アドレス不正：0件";
    }
    public static void sendReport(String message) {   ❻
        Tools.print(message);
    }
}
```

```
15:24:17.6382 (main)メールサービスに送信を依頼しました
15:24:18.6219 (pool-1-thread-1) 送信：0件、アドレス不正：0件
```

❶はスレッドプールの作成で、❷は**リスト19-3-1**に示したコード例です。supplyAsync( )の引数にスレッドプールpoolを追加しています。

また、メインスレッドの終了を示すため、❸の表示処理を追加し、❹でスレッドプールを破棄しています。なお、shutdown( )はスレッドでの処理が終了したのちに実行されます。

❺、❻は、それぞれ mailService( ) と sendReport( ) のダミーメソッドです。

mailService( ) は、" 送信：○件、アドレス不正：○件 " というダミーメッセージを戻り値として返します。sendReport( ) は、それを引数に受け取って送信者に送信しますが、ここでは単にコンソールに表示しています。

実行結果を見ると、先にメインスレッドが終了し、CompletableFuture によるスレッドでの処理は、後から完了したことがわかります。

エラーへの対処

CompletableFuture で、処理の実行中にエラーが発生するかもしれません。エラーの発生に備えて、**exceptionally( )** メソッドを追加しておくと、適切なエラー対策ができます。次の青枠が追加した部分です。

リスト 19-3-3：エラー対策

```
package chapter19_1;
import java.util.concurrent.CompletableFuture;
import java.util.concurrent.ExecutorService;
import java.util.concurrent.Executors;
public class Sample4 {
    public static void main(String[] args) {

        ExecutorService pool = Executors.newFixedThreadPool(3);

        CompletableFuture
            .supplyAsync(() -> mailService(), pool)
            .exceptionally( throwable ->{        // エラー対策  ❶
                Tools.print("エラーが発生しました¥n" + throwable); ❷
                return "エラーのため送信できませんでした";          ❸
            })
            .thenAccept( (message) -> sendReport(message));

        Tools.print("メールサービスに送信を依頼しました");
        pool.shutdown();
    }
    public static String mailService(){
        Tools.sleep(1000);    // 1秒間休止
        int n = 10/0;         // 例外を発生する   ❹
        return "送信：○件、アドレス不正：○件";
    }
    public static void sendReport(String message) {
        Tools.print(message);
    }
}
```

supplyAsync( )の処理でエラーが発生した場合に備えて、❶の**exceptionally( )**メソッドを追加しています。exceptionally( )メソッドの引数はFunction型です。ラムダ式は、引数を1つ取り、何かの値を返す式になります。

exceptionally( )のラムダ式では、引数はThrowable型のエラー情報であるthrowable、戻り値はsupplyAsync( )が返す値と同じ型にします。ここでは、String型のmessageを返します。

したがって、青枠の内容は次のようです。

```
throwable ->{
    Tools.print("エラーが発生しました¥n" + throwable);   ❷
    return "エラーのため送信できませんでした";          ❸
}
```

❷で、引数のエラー情報を表示し、❸でエラーメッセージを返しています。

exceptionally( )を書いていても、エラーが発生しなかった場合はスキップされます。エラーが発生した時だけ実行されることに注意してください。

mailService( )メソッドでは、疑似的に例外が投げられるように❹を挿入しています。ゼロでの除算ですから、ArithmeticExceptionが投げられます。

このまま実行すると次のように表示されます。

```
16:17:28.2806 (main) メールサービスに送信を依頼しました
16:17:29.2677 (pool-1-thread-1) エラーが発生しました
java.util.concurrent.CompletionException: java.lang.ArithmeticException:/by zero
16:17:29.2677 (pool-1-thread-1) エラーのため送信できませんでした
```

青字の部分が、例外発生に対してexceptionally( )メソッドで出力した内容です。最後の4行目はsendReport( )メソッドの出力、つまり、送信者への完了メールの内容にあたりますが、exceptionally( )の戻り値がそのまま受け取られていることがわかります。

さらに、❹をコメントアウトして、例外が発生しない状態で実行すると次のように表示され、exceptionally( )がスキップされることがわかります。

```
16:18:41.0567 (main) メールサービスに送信を依頼しました
16:18:42.0396 (pool-1-thread-1) 送信：0件、アドレス不正：0件
```

19.4 高度なマルチスレッド処理

高度なマルチスレッド処理では、複数のスレッドが、協調しながら、同じオブジェクトにアクセスして、状態を更新したり読み取ったりするケースがあります。よく知られた生産者－消費者問題のケースを通して、理解を深めましょう。

synchronizedによる同期化

複数のスレッドが同じオブジェクトを共有して、フィールドの値を更新したり、読み出したりする場合、各スレッドのアクセスを制御しないと競合が発生します。

例えば、あるスレッドが値を更新してその値を読み出すとき、読み出しの直前に、他のスレッドが値を更新してしまうと、読み出された値は予期しないものになります。

これを防ぐには、あるスレッドの処理が終わるまで、他のスレッドがアクセスできないようにする必要がありますが、それを可能にするのがsynchronizedキーワードです。

次は5つのスレッドが、Countクラスのインスタンスを共有し、update( )メソッドを実行する例です。

synchronizedの効果を確認しましょう。

リスト19-4-1：synchronizedの効果

```
package chapter19_2;
public class Sample5 {
    public static void main(String[] args) {
        var count = new Count();  // 共有するインスタンス        ❶
        for(int i=0; i<5; i++) {   // 5つのスレッドを生成する   ❷
            new Thread(()->count.update()).start(); // update()を実行する ❸
        }
    }
}

class Count {
    private int number=0;       // 共有フィールド
    public synchronized void update() {
        number++;                 // 1増やす          ❹
        Tools.sleep(1);           // 休止             ❺
        Tools.print(number);      // 現在の値を表示   ❻
    }
}
```

リスト 19-4-1 は、❶で Count クラスのインスタンスを作成しています。

❷の for ループで、5 つのスレッドを起動しますが、❸を見るとわかるように、どれも count.update( ) を実行します。つまり、5 つのスレッドが count を共有し、その update( ) メソッドを一斉に実行しています。

Count クラスは、number フィールドと update( ) メソッドだけを持つ簡単なクラスです。Sample5 クラスと同じファイルに書いているのは、単に解説の都合からです（本来は別のファイルにします）。

Count クラスの update( ) メソッドは、❹、❺、❻で、number を 1 増やし、1 ミリ秒休止した後、number の値を表示します。

update( ) メソッドには、**synchronized** キーワードが付いていることに注意してください。synchronized が付いたメソッドは、あるスレッドが実行している間、他のスレッドはアクセスできなくなります。スレッド間の競合を防ぐ機能です。

そのため、実行すると次のように表示されます。

```
10:2:44.7962 (Thread-0) 1
10:2:44.7992 (Thread-4) 2
10:2:44.8022 (Thread-3) 3
10:2:44.8052 (Thread-2) 4
10:2:44.8064 (Thread-1) 5
```

マルチスレッド処理では、どのスレッドが最初に count.update( ) を実行するかは、OS が決めるので、起動した順に実行されるわけではありません。実行結果からは、0、4、3、2、1 という順番でアクセスしたことがわかります。

synchronized の効果で、どれかのスレッドが update( ) を実行している間は、他のスレッドは update( ) をアクセスできません。そのため、値のインクリメントと表示が正しく行われています。

では、synchronized を削除して実行してみましょう。次のようになります。

```
10:8:46.0964 (Thread-1) 5
10:8:46.0964 (Thread-3) 5
10:8:46.0964 (Thread-0) 5
10:8:46.0964 (Thread-4) 5
10:8:46.0964 (Thread-2) 5
```

すべて number の値が 5 になっています。

これは、最初のスレッドがnumberの値を1増やした後、sleep(1)により、1ミリ秒休止している間に、他のスレッドが次々にアクセスしてnumberの値をインクリメントしてしまったせいです。

生産者－消費者問題

あるオブジェクトを共有する時、synchronizedによるアクセス制御が必要なことがわかりましたが、それだけではなく、スレッド同士の協調動作が必要なケースがあります。**生産者—消費者問題**といわれるケースがその例です。

これは、生産者スレッドが共有オブジェクトの変数に値をセットし、消費者スレッドはその値を取り出して利用する、という関係です。ただし、生産者は変数の値が残っていれば新しい値をセットできません。一方、消費者は、新しい値がなければ取り出して利用することはできません。互いに状況を見て、協調的に動作する必要があります。

1．スレッドの生成と実行

リスト19-4-2では、生産者を料理人、消費者をウェイターとして、料理人が作った料理をウェイターが配膳するという関係にしています。

リスト19-4-2：料理人のスレッドとウェイターのスレッドを起動する

```
package chapter19_1;
import java.util.List;
public class Sample6 {
    public static void main(String[] args) {

        var room = new CookingRoom();  // 共有オブジェクト ❶
        var menus = List.of("エビフライ","ヒレカツ","オムレツ",  // 料理のリスト ❷
                        "ハヤシライス","カレーライス","ハンバーグ");

        for(String m : menus) {  // 料理の数だけのスレッドを起動する ❸

            new Thread(()->room.cooksJob(m)).start();  // 料理人のスレッドを実行 ❹

            new Thread(()->{  // ウェイターのスレッドを実行 ❺
                String dish = room.waitersJob();  // 配膳する
                Tools.sleep(500);  // 休止
                Tools.print(dish);  // 料理を表示する ❻
            }).start();
        }
    }
}
```

料理人とウェイターは、CookingRoom オブジェクトを共有して仕事をします。❶はそのインスタンスを作成しています。CookingRoom は後で解説します。

❷は料理人が作る料理のリストで、料理の数だけのスレッドを作成します。具体的には、❸の拡張 for 文が、料理の数だけ繰り返す for 文です。この中の❹が料理人スレッドの作成・実行、❺がウェイタースレッドの作成・実行です。2 つをペアにして、料理の数だけ繰り返します。料理が 6 種類あるので、全部で 12 のスレッドが起動します。

❹の料理人スレッドでは、room.cooksJob(m) を実行しています。これは CookingRoom の cooksJob( ) メソッドです。引数 m に指定した料理を作ります。

一方、❺のウェイタースレッドでは、room.waitersJob( ) を実行します。作成された料理を配膳するメソッドです。実行後、500 ミリ秒休止して、配膳した料理の名前をコンソールに表示します。

CookingRoom の説明の前に見ておくと、実行結果は次のようになります。これは❻の Tools.print( ) メソッドで表示されています。Thread-1、3、5、7、9、11 はウェイターのスレッドです。

```
13:10:43.6633 (Thread-9) カレーライス
13:10:43.6633 (Thread-1) エビフライ
13:10:43.6633 (Thread-7) ハヤシライス
13:10:43.6633 (Thread-11) ハンバーグ
13:10:43.6633 (Thread-3) ヒレカツ
13:10:43.6633 (Thread-5) オムレツ
```

2. CookingRoom クラス

リスト 19-4-3 に、CookingRoom クラスを示します。2 つのフィールドと 2 つのメソッドがあります。

flag は、現在、料理が室内にあるかどうかを示す boolean 値です。true = あり、false = なし を表します。また、dish は、作った料理を置く変数です。料理の名前が入っています。

料理人は、flag が false の時、料理を作って dish の値を更新し、最後に flag を true に変更しておきます。一方、ウェイターは、flag が true の時、料理を配膳し、最後に flag

をfalseに変更します。

実際には、ウェイターの配膳はコードにはありません。単にflagをfalseにして、配膳したことを表します。

では、CookingRoomのメソッドを詳しく見ていきましょう。

リスト19-4-3：CookingRoomクラス

```
package chapter19_1;
public class CookingRoom {
    private boolean flag; // 料理のある・なし
    private String dish ; // 料理を置く変数

    public synchronized void cooksJob(String dish) { // 料理人の仕事 ❶
        while (flag) { // 料理があれば ❸
            try {
                wait(); // 退出して待合所へ行く ❹
            }
            catch (Exception e) {
                System.out.println(e);
            }
        }
        this.dish=dish; // 料理を置く
        flag = true;    // 調理した(料理あり)
        notifyAll();    // 待合所の全スレッドを実行可能にする ❺
    }
    public synchronized String waitersJob() { // ウェイターの仕事 ❷
        while (!flag) { // 料理がなければ
            try {
                wait();    // 退出して待合所へ行く
            }
            catch (Exception e) {
                System.out.println(e);
            }
        }
        flag=false;  // 配膳した(料理なし)
        notifyAll(); // 待合所の全スレッドを実行可能にする
        return dish; // 料理名を返す
    }
}
```

❶のcooksJob( )は料理人スレッドが実行するメソッドで、❷のwaitersJob( )はウェイタースレッドが実行するメソッドです。どちらもsynchronizedが付いています。前節で、synchronizedが付いたメソッドを1つのスレッドが実行している間、他のメソッドは実行

できない、といいましたが、少し補足しておきます。

synchronizedの付いたメソッドを実行するには、メソッドのあるオブジェクトが持つ**ロック**を取得しなくてはいけません。ロックはオブジェクトに1つしかないので、ロックを得た、1つのスレッドだけがsynchronizedの付いたメソッドを実行できます。その間、実行されていないsynchronizedメソッドがあっても、他のスレッドはロックを持たないのでそれを実行することはできません。

12のスレッドが起動されて、一斉にCookingRoomのSynchronizedメソッドを実行しようとしますが、そのうち、たまたまロックを取得できたスレッドだけが実行できるわけです。他の11個のスレッドは、その間、"**実行可能プール**"で待機します。

■料理人スレッドの動作

ロックを取得したスレッドが、例えば、❶のcooksJob( )を実行する場合、最初に❸のwhile文が実行されます。

もしもflagがtrue(=料理がある)なら、❹の**wait( )**メソッドを実行します。wait( )は、現在のスレッドを実行不可能状態にして、"**実行不可能プール**"に入れます。これにより、スレッドの実行は停止します。同時に、ロックも手放すので、残りの11個のスレッドのどれかがそれを取得して、新にCookingRoomのメソッドを実行することになります。

あるいは、flagがfalse(=料理がない)なら、whileを抜け料理を作ります。具体的には、フィールドのdishに料理名をセットし、flagをtrue(=料理あり)に変更します。そして、❺の**notifyAll( )**を実行します。notifyAll( )は、"実行不可能プール"にあるすべてのスレッドを実行可能プールに移し、ロックを手放します。

最後に、呼び出し元のmain( )に戻り、スレッド自体も終了します。

notifyAll( )により、"実行不可能プール"から"実行可能プール"に移されたスレッドが、運よくロックを取得すると、以前、実行不可能状態になった位置の次から実行を再開します。それはwhile文の条件部です。再度、flagの値が調べられ、trueかfalseかで、実行不可能プールに戻るか、料理を作って終了するかの選択になります。

■ウェイタースレッドの動作

ロックを取得したスレッドが、❷のwaitersJob( )を実行する場合も、ほぼ同じです。flagの値がfalse(=料理がない)なら、wait( )メソッドによりスレッドを実行不可能状態にして"実行不可能プール"に入れます。これにより、スレッドの実行は停止します。

flagがtrue(=料理あり)なら、flagをfalseに変更して配膳したことにします。そして、notifyAll()を実行して、ロックを手放します。

notifyAll()により、"実行不可能プール"のスレッドがすべて"実行可能プール"に移され、そのうちの1つのスレッドが、新たにロックを取得して、CookingRoomのメソッドを実行することになります。

料理を配膳したwaiterスレッドは、最後に、料理名を持ってmain()メソッドに戻ります。main()メソッドでは、500ミリ秒休止したのち、料理名をコンソールに表示して、スレッドの実行を終了します。

3. まとめ

とても巧妙な仕掛けで多数のスレッドが協調できたことがわかりました。全体の構図は、まとめると次のようです。

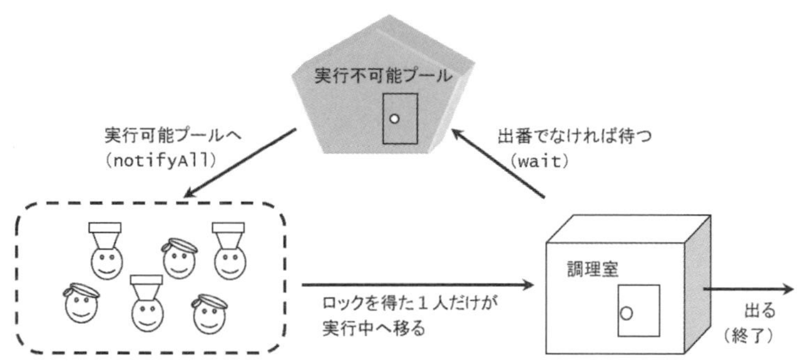

まず、synchronizedの機能により、CookingRoomのメソッドを実行できるのは、1つのスレッドだけです。残りのスレッドは、"実行可能プール"に入って待機状態になります。

ロックを得てCookingRoomのメソッドを実行するスレッドは、flagを見て動作を変更します。料理の作成や配膳ができない状態だった場合は、wait()メソッドを実行します。wait()はスレッドの実行を停止し、"実行不可能プール"に入れます。次に再開する時は、停止した次の位置、つまり、whileの条件部から実行します。

そして、ロックを手放すので、次は"実行可能プール"にあるスレッドのどれかが、ロックを得てCookingRoomのメソッドを実行することになります。

19

一方、スレッドが目的の仕事を実行できた場合は、最後に、notifyAll( ) を実行します。これは " 実行不可能プール " にあるスレッドを、すべて " 実行可能プール " に移す働きがあります。ロックも手放すので、それらのスレッドのどれかが、ロックを得て CookingRoom のメソッドを実行することになります。

Part

Ⅳ

実践編

本書の最後のパートは、Java によるシステム開発入門です。Java 言語が進化したのと同様に、この 10 年の間にシステム開発の方法や考え方も大きく変わりました。学習の仕上げとして、その最先端を実際に体験してみるのが、このパートの目的です。

このパートでは、次世代を担うフレームワークとして人気の高い Quarkus を使って、ウェブサービス、マイクロプロファイル、Docker、そして Kubernetes という現代を代表する手法やツールによるクラウドネイティブな開発にチャレンジします。

Chapter 20

初めてのQuarkusプロジェクト

マイクロサービスの時代へ

ここ10年ほど、システム開発の方法論として、「**モノリスからマイクロサービスへ**」というフレーズが目につくようになりました。モノリスとは、全体が1つに組み上げられたシステムで、これまで、ほとんどのシステムがモノリスとして作成されてきました。ただ、モノリスは、システムが大きくなると、構成も複雑になり、ダイナミックな改訂やメンテナンスが難しくなるという欠点があります。

マイクロサービスは、「サービス」という小さなシステムをたくさん組み合わせて、大きなシステムを構成しようとする方法論です。各サービスは、完全に独立しているので、改訂やメンテナンスが簡単です。一方、各サービス同士の通信が介在するので、スループットや整合性、運用性など数多くの新しい問題があります。

しかし、2016年に、**マイクロプロファイル**という、Java EEからスピンアウトしたマイクロサービス向けの仕様が策定され、ライブラリが提供され始めると、「モノリスからマイクロサービスへ」の動きが、一気に加速しました。

また、クラウド上でたくさんのマイクロサービスを実行し、運用や管理を行うためのサービス基盤としてKubernetesというソフトウェアが開発されたことで、マイクロサービスの開発は、現実のものになりました。

このような新しい時代の始まりを受けて、Quarkus、Micronaut、Oracle Helidonといった、マイクロサービス向けのフレームワークが、続々と登場しています。中でも、このパートで使用するQuarkusは、作成したマイクロサービスを、直接、Kubernetesのコンテナ[注]にロードできるフレームワークとして、注目を集めています。クラウドネイティブな開発を体験するには、最適のフレームワークです。

（注）1つのLinux OS上に作成される、複数のプログラム実行環境のこと。コンテナは互いに独立していて、1つの仮想マシンのように扱うことができる。1つのコンテナに1つのマイクロサービスを配備し、Kubernetesが全体の連携、運用管理を行う。

20.1 Quarkusプロジェクトの作成と実行

学習を始める前に、サポートウェブ（https://k-webs.jp/java03/）のソフトウェアインストールガイドを参照して、以下のソフトウェアをインストールしておいてください。

必要なソフトウェア

- Maven ------------ ビルドツール
- chocolatey ------ パッケージマネージャー
- Quarkus CLI ---- Quarkusのコマンドラインツール

プロジェクトの作成

解説動画

Quarkusでプロジェクトを作成する方法はいくつかありますが、一番簡単な方法は、https://code.quarkus.io にアクセスすることです。

このウェブでは、基本情報を入力し、必要なライブラリを選択するだけでプロジェクトを生成し、ダウンロードできます。最初に、上部にある［**MORE OPTIONS**］をクリックし、他の情報も入力できるようにします。

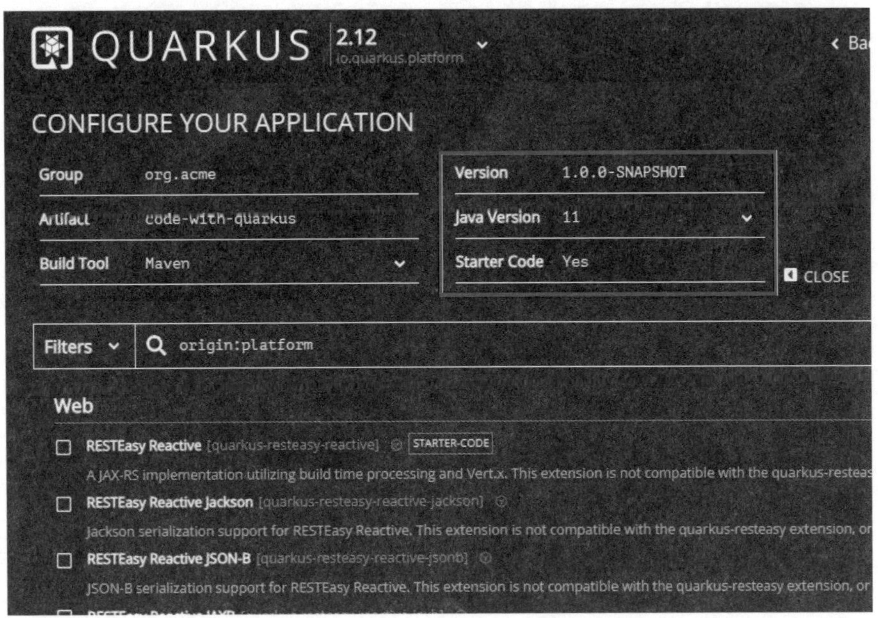

次に、CONFIGURE… の部分に**プロジェクト名（Artifact）**と **java のバージョン**を入力し、下段の Web 欄で **RESTEasy Reactive JSON-B** だけにチェックマークを入れます。

アーティファクト欄にプロジェクト名の **todo-service**、Java のバージョンは **17** を指定してください。最後に、右側にある［**Generate your application**］をクリックします。

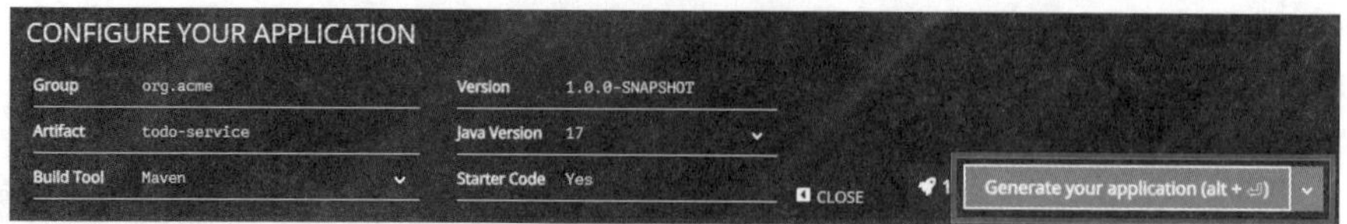

ダイアログが開くので、**DOWNLOAD THE ZIP** をクリックして、適当なフォルダに zip ファイルをダウンロードします。

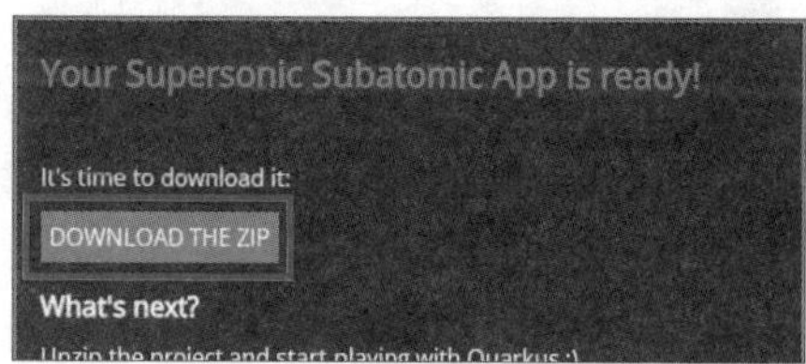

ダウンロードが完了したら、適当なフォルダに zip ファイルを展開（解凍）しておいてください。展開すると **todo-service** というフォルダができます。

 Eclipse へプロジェクトをインポートする

解説動画

ダウンロードして展開した **todo-service** フォルダを、Eclipse のワークスペースにコピーします。

Eclipse のワークスペースは、《インストールフォルダ》の java/workspace です。右図のようにコピーしてください。

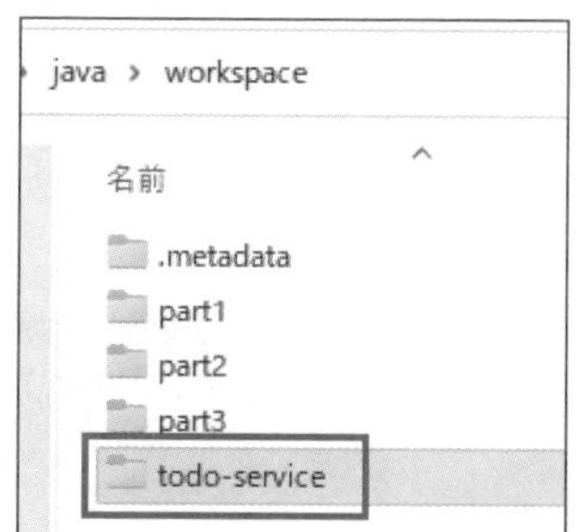

次に、Eclipse を起動してプロジェクトをインポートします。

インポートの手順

①メニューから［**ファイル**］⇒［**インポート**］⇒［**Maven**］⇒［**既存 Maven プロジェクト**］と選択して、［**次へ**］ボタンを押す

②［**ルート・ディレクトリー**］欄で、［**参照**］ボタンを押し、ワークスペース内にコピーしておいた todo-service フォルダを指定する

③元のダイアログにもどるので、［**完了**］ボタンを押す

以上で、次の図のようにプロジェクトがインポートされます。生成されたプロジェクトは、いくつかのフォルダに分かれていて、それぞれ用途が決まっています。

中でも、**src/main/java/** 以下は、パッケージを作って Java プログラムを置く場所です。すでに org.acme パッケージと `GreetingResource.java` が含まれていますが、これは、サンプルとして自動生成されたものです。ダブルクリックしてエディタに表示してみてください。

todo-serviceプロジェクト

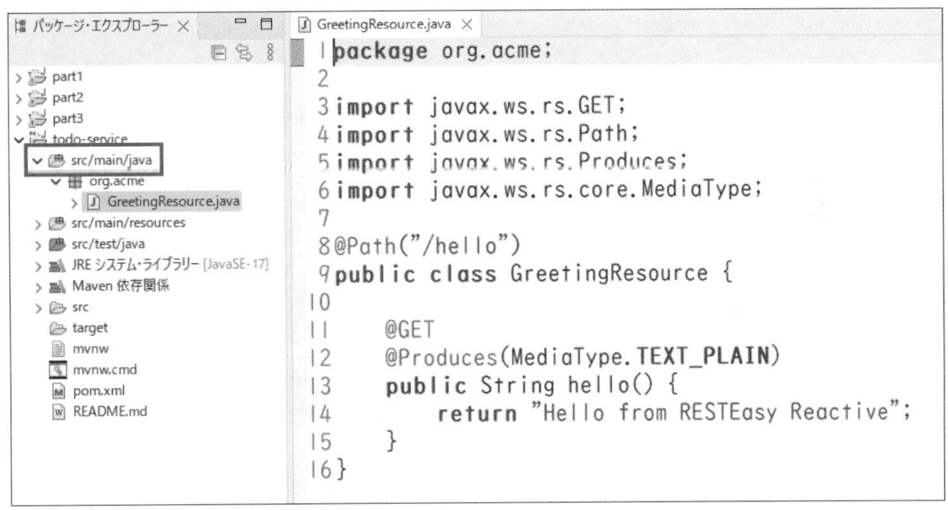

これは、ブラウザからアクセスすると、"Hello from RESTEasy Reactive" というメッセージを返す簡単なウェブサービスのプログラムです。Quarkus プロジェクトの使い方やウェブサービスの働きを知ることができるので、次節では、実行して動作を確認します。

20

マイクロサービスとウェブアプリケーションの違い

実行する前に、マイクロサービスと一般的なウェブアプリケーションの違いを理解しておきましょう。

ウェブアプリケーションは、緊密に関係した数百ものクラスをピラミッドのように積み上げて作成します。実行するには、システム全体をアプリケーションサーバーに**デプロイ**（配備）して、サーバーのタスクとして実行します。アプリケーションサーバーは、さまざまなウェブアプリケーションを同時に実行できる大規模で複雑な汎用システムです。

一方、マイクロサービスは、1つの小さなサービスを起動するだけですから、サーバーの機能を最小限にできます。汎用サーバーではなく、サービスを実行するためのライブラリの集まりで十分です。

そこで、サーバー機能とサービスプログラムをひとつのパッケージにまとめてしまいます。Quarkusでは、これに高速起動のための改良を加え、**fast-jar**と呼んでいます。fast-jarは、わずか100MB前後の、単体で実行できる小さなファイルになります。それをクラウドのコンテナの中で動かすわけです。Quarkusはそのプロセスを自動的に実行できます。

また、Quarkusは、JVMなしで実行できるnativeファイルも生成できます。nativeファイルを使うとサイズは半減し、起動速度は数倍以上早くなります。

ただ、開発の初期では、クラウド環境ではなく、ひとまず手元のパソコンで実行してテストします。この場合、手元のパソコンを**ローカルホスト（localhost）**といいます。Quarkusの機能により、localhostでテストしながら開発し、完成したらいつでもクラウドに配備できます。

マイクロサービスのビルドと実行

プロジェクトを実行するための一連の作業は、**ビルドツール**で行います。前章までのプロジェクトは、Eclipseの中で**Ant**というツールが動いていたのですが、この章以降は、**Maven**と**Quarkus CLI**を使います。

どちらもコマンドをタイプして実行するのが基本です。これからの作業はソースコードの編集を除いて、ほとんどをコマンドラインから実行します。最初は少し面倒ですが、慣れてくるととても便利なことがわかるでしょう。

Windowsでは**コマンドプロンプト**※、Macでは**ターミナル**を起動してください。

Mavenを使うには、最初にプロジェクトフォルダをカレントディレクトリにしておく必要があります。

※ Windows 11ならWindows Terminalも使えますが、Powershellではなくコマンドプロンプトで使ってください。PowerShellでは一部のコマンドが正常に動作しない場合があります。

Windows：《インストールフォルダ》がd:¥javaの場合

```
> d: ↵
> cd /java/workspace/todo-service ↵
```

Mac：《インストールフォルダ》が /home/kawaba/java の場合

```
> cd /home/kawaba/java/workspace/todo-service ↵
```

後は Windows も Mac も同じ操作です。

サービスを実行するには、次のコマンドをタイプしてください。これは Quarkus-CLI のコマンドです。

```
> quarkus dev ↵
```

※ Maven コマンドでは、mvn quarkus:dev

初めて実行する時は、ライブラリファイルをダウンロードするので少し時間がかかります。次のような表示が出たら、完了です。画面は消さずにそのままにしておきます。

```
[INFO] Copying 2 resources
[INFO] Invoking io.quarkus.platform:quarkus-maven-plugin:2.12.1.Final:generate-code) @ todo-service
[INFO] Invoking org.apache.maven.plugins:maven-compiler-plugin:3.8.1:compile) @ todo-service
[INFO] Changes detected - recompiling the module!
[INFO] Compiling 1 source file to W:\java\workspace\todo-service\target\classes
[INFO] Invoking org.apache.maven.plugins:maven-resources-plugin:2.6:testResources) @ todo-service
[INFO] Using 'UTF-8' encoding to copy filtered resources.
[INFO] skip non existing resourceDirectory W:\java\workspace\todo-service\src\test\resources
[INFO] Invoking io.quarkus.platform:quarkus-maven-plugin:2.12.1.Final:generate-code-tests) @ todo-service
[INFO] Invoking org.apache.maven.plugins:maven-compiler-plugin:3.8.1:testCompile) @ todo-service
[INFO] Changes detected - recompiling the module!
[INFO] Compiling 2 source files to W:\java\workspace\todo-service\target\test-classes
Listening for transport dt_socket at address: 5005
__  ____  __  _____   ___  __ ____  ______
 --/ __ \/ / / / _ | / _ \/ //_/ / / / __/
 -/ /_/ / /_/ / __ |/ , _/ ,< / /_/ /\ \
--\___\_\____/_/ |_/_/|_/_/|_|\____/___/
2022-09-11 11:52:45,031 INFO  [io.quarkus] (Quarkus Main Thread) todo-service 1.0.0-SNAPSHOT on JVM (powered by Quarkus 2.12.1.Final) started in 1.439s. Listening on: http://localhost:8080

2022-09-11 11:52:45,040 INFO  [io.quarkus] (Quarkus Main Thread) Profile dev activated. Live Coding activated.
2022-09-11 11:52:45,041 INFO  [io.quarkus] (Quarkus Main Thread) Installed features: [cdi, resteasy-reactive, smallrye-context-propagation, vertx]

--
Tests paused
Press [r] to resume testing, [o] Toggle test output, [:] for the terminal, [h] for more options>
```

これは、Quarkus が、プロジェクトをビルドし、localhost で**開発モード**で実行している状態です。

開発モードでは、**ライブコーディング**が有効です。ライブコーディングとは、プログラムや設定ファイルなどを変更すると、自動的に再ビルドが実行されることです。再ビルドのタイミングは、次回サービスにアクセスした時です。コマンドプロンプトの表示が動き、自動的に再ビルドされることがわかります。

開発モードで実行すると、サービスが起動しますが、これ以上の画面表示はありません。localhost で実行しているサービスは、ブラウザからアクセスして利用します。中止するには Ctrl + C をタイプします。今はこのままにして、ブラウザからアクセスしてみましょう。

ブラウザ（Google chromeを推奨）を起動して、アドレス欄に次のURLを入力して Enter キーを押してください。

```
http://localhost:8080/hello
```

すると、ウェブサービスが次のような応答を返します。

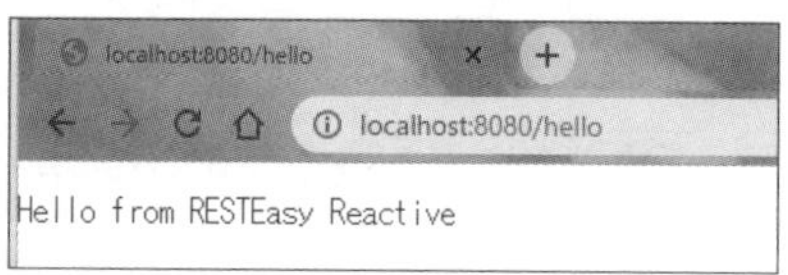

メッセージを返すだけのサービスなので、これで正常に動作していることが確認できました。

動作の仕組み

ブラウザで`localhost:8080/hello`を送信したら、返答として"Hello from RESTEasy Reactive"という文字列が返ってきました。これは、GreetingResource.javaというプログラムがブラウザからのアクセスを受信して返した応答です。

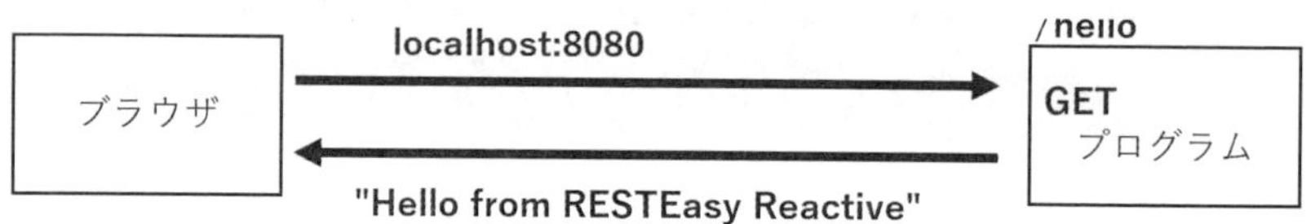

ブラウザがウェブサービスにアクセスするには、最低限、**アドレス**、**ポート番号**、**パス**の3つを指定しなくてはいけません。例では、"localhost:8080/hello"と指定しましたが、次のように、これらの3つの情報が含まれています。

アドレス	`localhost`	本番環境ではクラウドサービスのアドレス
ポート番号	`8080`	0～65535の範囲。多くはサービスの種類で決まっている
パス	`/hello`	プログラムで自由に決めることができる

この3つの情報をまとめて**URL**（Uniform Resource Locator）といいます。
URLを指定してアクセスするだけの場合、それは**GET**アクセスといいます。

アクセス方法の代表はGETアクセスですが、これ以外に、同時にデータも送信する**POST**や**UPDATE**（更新）、データの削除を行う時の**DELETE**（削除）などの種類があります。

ウェブサービスでは、いろいろなURLを設定し、GET、POSTなどのアクセス方法と組み合わせて、さまざまなサービスを提供します。

逆に、URLとアクセス方法がわかれば、ウェブサービスを利用できます。つまり、利用方法はウェブサイトの閲覧と同じですから、Java言語以外のプログラム言語からでもアクセスできます。

そのため、どういう方法でやり取りできるかわかるように、APIドキュメントを自動生成することもできます。また、やり取りするデータは、汎用的な**JSON**形式が主に使われます。

JSON形式とは

JavaScript Object Notationの略でJavaScriptで使うデータの表現形式ですが、今では、いろいろな言語で使う共通フォーマットになっています。ウェブサービスでもデータを送受信する際の標準フォーマットです。

データを｛項目名：値｝の形式で表記します。例えば、｛ "name" ： "田中宏" ｝のように表記します。オブジェクトにはいくつものフィールドがありますが、JSONを使うと次のように、簡略に表記できます。

```
{
  "number" : 100,
  "name" : "田中宏",
  "mail" : "tanaka@mail.jp"
}
```

このようなアプリケーションの設計方法は**REST**と呼ばれています。また、RESTの原則に従って作成したウェブサービスを**RESTfulウェブサービス**といいます。

なお、提供するサービスのそれぞれを**リソース**ということも覚えておきましょう。プログラムのクラス名が`GreetingResource`となっていたのは、それを表しています。つまり、RESTfulウェブサービスは、リソースを定義したプログラムの集まりです。

20

20.2 プログラムの書き方

ウェブサービスの基本

GreetingResource.java を参照して、ウェブサービスのプログラムの書き方を理解しましょう。

リスト 20-2-1：ウェブサービスの基本

```
package org.acme;
import javax.ws.rs.GET;
import javax.ws.rs.Path;
import javax.ws.rs.Produces;
import javax.ws.rs.core.MediaType;

@Path("/hello")    ❶
public class GreetingResource {

    @GET             ❷
    @Produces(MediaType.TEXT_PLAIN)    ❸
    public String hello() {            ❹
        return "Hello from RESTEasy Reactive";
    }
}
```

プログラムの中には3つのアノテーションが書かれています。ウェブサービスではこのようなアノテーションが大きな働きをします。

❶の @Path は、このクラスのリソースにアクセスするパスを定義します。引数の文字列 /hello がパスです。ブラウザから localhost:8080/**hello** でアクセスできたのは、この指定があったからです。

❷❸は、hello( ) メソッドへの指定です。

❷の @GET は、hello( ) メソッドが GET アクセスだけに応答することを示します。つまり、/hello というパスへのアクセスで、GET アクセスの場合だけ、hello( ) メソッドが起動します。

他に、アクセスの種類に合わせて、@POST、@UPDATE、@DELETE などのアノテーションを使う場合もあります。

ウェブサービスでは、テキスト、JSON、HTMLなどの形式で値を送受信できます。❸の**@Produces**は、返す値の形式を引数で指定します。次はよく使う引数です。

▼ @Producesに指定できるMediaTypeの値(String型)

値	意味
MediaType.APPLICATION_JSON	JSON形式のテキストデータ
MediaType.TEXT_PLAIN	テキストデータ
MediaType.TEXT_HTML	HTMLデータ
MULTIPART_FORM_DATA	複数の項目からなるデータ

ここでは、**MediaType.TEXT_PLAIN**が指定されているので、戻り値はすべてテキストデータになります。

❹のhello()メソッドは、応答を返すメソッドなので、必ず何かの値を返さなくてはいけません。ここではreturn文で"Hello from RESTEasy Reactive"を返しています。そのままテキストで返すので、これがブラウザに表示される内容になります。

```
return "Hello from RESTEasy Reactive";
```

テストプログラムについて

プログラムの単体テストを行うクラスも自動生成されているので確認しておきましょう。src/test/javaにある`GreetingResourceTest.java`がそれです。

リスト20-2-2：単体テストのクラス

```
package org.acme;
… import文を省略 …

@QuarkusTest
public class GreetingResourceTest {
  @Test
  public void testHelloEndpoint() {
    given()                          // パラメータなしの
    .when().get("/hello")            // /hello に対するgetアクセス
    .then()                          // であれば
       .statusCode(200)              // ステータスコードは200で
       .body(is("Hello from RESTEasy Reactive")); // 戻り値は"Hello…"である
  }
}
```

Quarkusのテストプログラムは、ウェブサービスのテストに特化した**REST Assured**というライブラリを使って書きます。REST Assuredの使い方の詳細は本書の範囲を超えるので省略しますが、何をしているのかは、コメントを読むとある程度理解できるでしょう。

※詳細はhttps://github.com/rest-assured/rest-assured/wiki/Usageを参照してください。

このテストは、『パラメータなしで、/helloにGETアクセスがあった時、結果は、ステータスコードが200で、かつ、戻り値は"Hello from RESTEasy Reactive"である』かどうかをテストします。そうでなければテストは失敗し、コンソールにエラーメッセージが表示されます。

試しに、返す文字列を"Hello from RESTEasy Reactive!"と変更して保存した上で、テストを実行してみましょう。P.447のコマンドを実行した画面がそのままであれば、"r"をタイプしてテストを起動してみてください。もしも残っていない場合は、mvn **test**とタイプしてください。

テストプログラムが起動し、エラーが表示されることがわかります。

20.3 パスとパラメータ

最初に、src/**test**/java の org.acme パッケージを削除します。残っていると、テストに失敗するためです。これ以降は不要ですから削除してください。

 サブ URL

リスト 20-2-1 を書き換えて、パスやパラメータの指定方法を試してみましょう。
まず、hello( ) メソッドにも **@Path** を付け、パスに "/friend" を指定します。

リスト 20-3-1：パスを追加する

```
@Path("/hello")
public class GreetingResource {
    @GET
    @Produces(MediaType.TEXT_PLAIN)
    @Path("/friend")     ❶
    public String hello() {
        return "Hello from RESTEasy Reactive";
    }
}
```

プログラムを修正したら、保存して、ブラウザからアクセスしてみましょう。

もしも、コマンドラインを閉じていた場合は、もう一度 quarkus dev を実行して開発モードにしてください。残っていて実行中ならライブコーディングが働くのでそのままで構いません。

❶で、`/friend` というパスを追加したので、アクセスするパスは `/hello/`**`friend`** になります。このようにメソッドに追加するパスを**サブ URL** といいます。

ブラウザで URL を指定して、変更されていることを確認してください。

```
http://localhost:8080/hello/friend
```

パスパラメータ

パスパラメータとは、URLの中に受け渡すパラメータを埋め込む方法です。次は、パラメータとして田中宏という文字列を指定しています。文字列は2重引用符を付けずに指定します。

```
http://localhost:8080/hello/田中宏
```

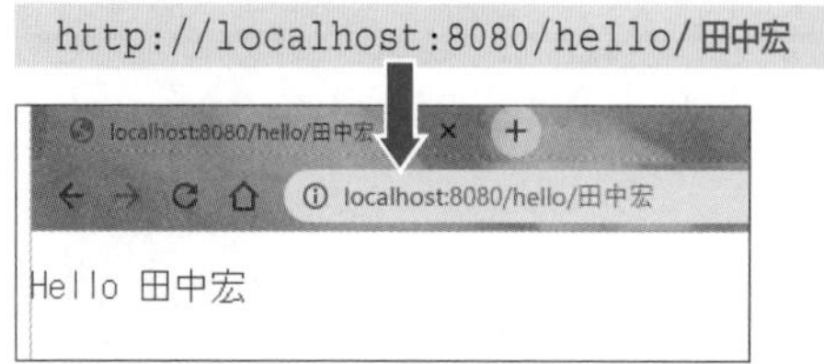

パスパラメータを使うと、`/hello/`田中宏、とか `/hello/`木村花子 のように、URLの一部をパラメータとして渡すことができます。ただし、パラメータもURLの一部ですから、必ず何かの値を指定しなければいけません。省略はできない、ということです。

では、この変更に対応するプログラム側の定義を見てみましょう。

リスト20-3-2：パスパラメータの定義と受け取り方

```
package org.acme;
import javax.ws.rs.GET;
import javax.ws.rs.Path;
import javax.ws.rs.PathParam;      // 追加されたインポート文
import javax.ws.rs.Produces;
import javax.ws.rs.core.MediaType;
@Path("/hello")
public class GreetingResource {
    @GET
    @Produces(MediaType.TEXT_PLAIN)
    @Path("/{friend}")   ❶
    public String hello(@PathParam("friend") String friend) {   ❷
        return "Hello " + friend;   ❸
    }
}
```

❶を見てください。@Pathを、@Path("/{friend}")のように指定します。{}がパスパラメータを示し、friendはパラメータ名です。パス全体は、`/hello/{friend}`になり、`{friend}`の部分が、任意の文字列を表します。

パスパラメータは、メソッドの引数で受け取ります。❷は、それを受け取るための書き方です。パスパラメータを受け取る引数の直前に、**@PathParam("friend")** と指定して、その変数で受け取ることを示します。

なお、メソッドの引数の名前は、friend 以外の名前でも構いません。

> @PathParam を使うので、インポート文を追加する必要があります。プログラムを❷のように書き換えてから、Eclipse のメニューで、［**ソース**］⇒［**インポートの編成**］と選択して、必要なインポート文を自動挿入してください。

引数にパラメータを受け取ったら、プログラムの中で使用できます。例では、❸のように、返す文字列の一部として使っています。

では、プログラムを保存し、ブラウザで `http://localhost:8080/hello/`**田中宏** をアクセスしてみてください。

開発モードで実行中なら、ライブコーディング機能により、ソースコードの変更は自動的に反映されます。アクセスがあった時に、自動的に再コンパイル、再ビルドが行われます。

クエリーパラメータ

URL の一部ではなく、URL の末尾に、データとしてパラメータを書き並べる方法を**クエリーパラメータ**といいます。例えば、`friend=`田中宏、`age=10` という 2 つのパラメータを渡したい場合は、URL の末尾に次のように追加します。

```
http://localhost:8080/hello?friend=田中宏&age=20
```

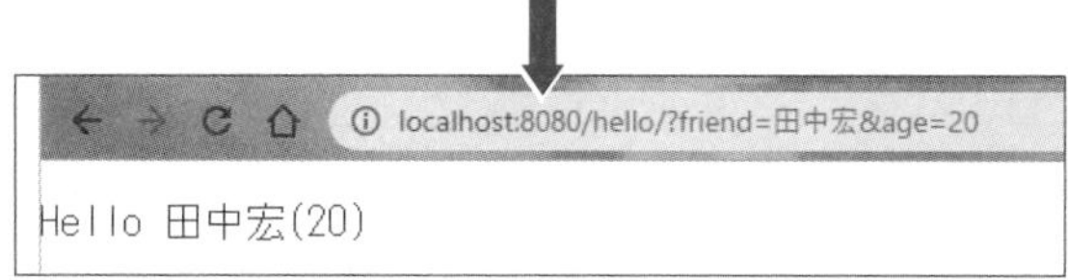

URL の末尾に **?** を書いて、パラメータを列記します。パラメータは、**名前 = 値** が 1 つのセットで、複数書き並べる時は、**&** で区切ります。例では、`friend=`田中宏と `age=20` という 2 つのパラメータを渡しています。

これを受け取るプログラム側は次のように書きます。

リスト 20-3-3：クエリパラメータの定義と受け取り方

```
package org.acme;
import javax.ws.rs.GET;
import javax.ws.rs.Path;
import javax.ws.rs.Produces;
import javax.ws.rs.QueryParam;    // 追加されたインポート文
import javax.ws.rs.core.MediaType;
@Path("/hello")
public class GreetingResource {
    @GET
    @Produces(MediaType.TEXT_PLAIN)
    public String hello( @QueryParam("friend") String friend,
                         @QueryParam("age") int age) {

        return "Hello " + friend + "(" + age + ")" ;
    }
}
```

※プログラムを書き換えたら［ソース］⇒［インポートの編成］を必ず実行してください。

クエリパラメータはURLの一部ではないので、hello( ) メソッドに付けた@Pathの定義は削除してください。メソッドで、引数に **@QueryParam(" パラメータ名 ")** を付けて、受け取るパラメータを指定するだけです。

例では、引数のfriendとageに、それぞれパラメータを受け取っています。また、受け取った値は、プログラムの中で使うことができます。

では、プログラムを修正して保存し、ブラウザからアクセスしてみてください。

クエリーパラメータのデフォルト値

クエリーパラメータには、パラメータを指定していない場合の**デフォルト値**を設定できます。**@DefaultValue(" 値 ")** を、@QueryParam(" パラメータ名 ") の前か後に付けます。

値は数値でも文字列として指定することに注意してください。

リスト 20-3-4：クエリーパラメータのデフォルト値

```
public String hello(
  @QueryParam("friend") @DefaultValue("田中宏") String friend,
  @QueryParam("age") @DefaultValue("20") int age  ) {

  return "Hello " + friend + "(" + age + ")" ;
}
```

※プログラムを書き換えたら［ソース］⇒［インポートの編成］を実行し import javax.ws.rs.DefaultValue; を挿入してください。

コードを変更し、パラメータなしでも同じ結果になることを確認してください。

20.4 pom.xmlとは

先へ進む前に、ビルドツール **Maven** の仕組みについて理解しましょう。特に、Maven が使用する **pom.xml** というファイルの働きを知っておくと、作成するシステムを必要に応じて拡張できるようになります。

Apache Maven Project のウェブ（https://maven.apacho.org/）を見ると、Maven は Java プロジェクトの管理ツールで、Pom(Project Object Model) に基づいて、プロジェクトの構築や共有を行う標準的な方法を提供する、と書かれています。

Pom の実態は **pom.xml** ファイルで、プロジェクトの基本情報から始まって、どんなライブラリを利用するか、コンパイルの条件、プロジェクトをどんな形式にまとめるか、などが詳細に記述されています。

pom.xml の内容をすべて手書きするのは大変なので、多くは基本となるひな形の pom.xml を入手して利用します。Quarkus の場合の基本形は、code.quarkus.io サイトで自動生成したプロジェクトの中に含まれていますので、それを見てみましょう。

Eclipse のパッケージエクスプローラーで、todo-service プロジェクトの下段の方にある pom.xml ファイルをダブルクリックして開いてください。

基本情報

pom.xml の先頭にある次の記述は、プロジェクトの基本情報です。

※ pom.xml ファイル全体は掲載していませんので、手元の Eclipse のファイルを見てください。

リスト 20-4-1：基本情報

```
<groupId>org.acme</groupId>
<artifactId>todo-service</artifactId>
<version>1.0.0-SNAPSHOT</version>
```

groupId は、所属する組織の ID で、他と重複しないものを指定します。インターネットのドメイン名は重複しないことが保証されているので、それを逆順にならべたものが

20

使われます。使えるドメイン名がない個人の場合は、code.Quarkus.io が設定してくれる org.acme をそのまま使うといいでしょう。

artifactId は、プロジェクトの ID です。普通、プロジェクト名と同じものを指定します。**version** は、プロジェクトのバージョンですが、-SNAPSHOT が付いているものは、開発中のバージョンであることを意味します。

拡張機能の記述

少し下に行って、<dependencies> ～ </dependencies> に挟まれた部分は、プロジェクトが利用するライブラリの指定です。Quarkus では**拡張機能**と呼んでいます。

ここに書かれた拡張機能がローカルコンピュータ上にない場合は、インターネット上にある Maven のデータベースから自動的にダウンロードされ、ローカルに保存されます。

ローカルリポジトリ

ライブラリの保存場所を**リポジトリ**といいます。ローカルのリポジトリの場所は決まっていますが、共有等の目的で場所を変更することもできます。詳細は、サポートウェブの解説をご覧ください。

リスト 20-4-2：拡張機能

```
<dependencies>
    <dependency>
      <groupId>io.quarkus</groupId>
      <artifactId>quarkus-arc</artifactId>
    </dependency>
    <dependency>
      <groupId>io.quarkus</groupId>
      <artifactId>quarkus-resteasy-reactive-jsonb</artifactId>
    </dependency>
    <dependency>
      <groupId>io.quarkus</groupId>
      <artifactId>quarkus-junit5</artifactId>
      <scope>test</scope>
    </dependency>
    <dependency>
      <groupId>io.rest-assured</groupId>
      <artifactId>rest-assured</artifactId>
      <scope>test</scope>
    </dependency>
</dependencies>
```

quarkus-arcは、CDI（Contexts and Dependency Injection）のQuarkus版です。CDIは、業務システムのベースとなるオブジェクトの仕様で、ライフサイクルや依存性注入など重要な基本機能を実現します。ウェブサービスに必須の機能です。

quarkus-resteasy-reactive-jsonbは、RESTfulウェブサービスを作成するための機能です。しばらく前まではJAX-RSと呼ばれていた仕様です。Quarkusでは必須の拡張機能です。また、末尾に、-jsonbが付いていますが、これはJSON形式のデータを操作する機能が付加されていることを意味します。

quarkus-junit5と**rest-assured**は、テストプログラムの作成・実行に必要な拡張機能です。

pom.xmlの中で、変更する可能性があるのは、以上の2か所です。

特に、拡張機能は今後、追加していきます。その際、pom.xmlを編集しても構いませんが、Quarkus CLIのコマンドを使う方がより確実です。

追加

```
quarkus ext add  <追加する拡張機能名を空白で区切って並べる>
```

削除

```
quarkus ext remove  <削除する拡張機能名を空白で区切って並べる>
```

拡張機能名は、名前の一部を省略して指定できます。

例えば、quarkus-resteasy-jsonbは、resteasy-jsonbと指定できます。使用例は、P.463を見てください。

また、すべての拡張機能のAPIドキュメントは次のURLから探すことができます。

拡張機能のAPIドキュメント

group io.quarkus has published 63 artifact(s) with total 9349 version(s)
https://javadoc.io/doc/io.quarkus

解説動画

Chapter 21

Bookサービスの作成

ウェブサービスは、リクエストを受け付けると、それに対して応答を返すだけのシンプルなプログラムです。ただし、リクエストを受け付けるパス（GET、POST など）、リクエストの種類、そして、リクエストで受け取るパラメータなどを設定できるので、無限のバリエーションで、いろいろなリクエストを受け付けることができます。

これ以降では、古書店の書籍データベースシステムを作成します。

ウェブサービスを使って、いろいろな検索をしたり、データの追加・変更などのメンテナンスを行ったりできるシステムです。

システムは、データベースサービス、Book サービス、クライアントサービスの３つのマイクロサービスとして構成します。手始めに、この章では開発モードで Book サービスを作成します。データベースは、Quarkus が一時的なサービスを自動的に生成するのでそれを利用します。

21.1 プロジェクトの作成

最初に、サポートウェブ（https://k-webs.jp/java03/）の**ソフトウェアインストールガイド**を参照して、次の2つをインストールしておいてください。
- **Docker** ------------------ コンテナとその実行環境を生成する
- **JSONフォーマッタ** ---- Chromeブラウザで JSONを見やすく整形する

コマンドによるプロジェクトの作成

Quarkusプロジェクトは、code.quarkus.ioで作成する以外に、MavenやQuarkus CLIを使って作成することができます。特に、Quarkus CLIを使うと簡単です。適当なフォルダ上で、次のQuarkus CLIコマンドを実行してください。

```
> quarkus create app jp.kwebs:book-service:1.0.0 ↵
applying codestarts...
>> java
>> maven
>> quarkus
>> config-properties
>> dockerfiles
>> maven-wrapper
>> resteasy-reactive-codestart
-----------
[SUCCESS] quarkus project has been successfully generated in:
--> C:¥book-service
-----------
Navigate into this directory and get started: quarkus dev
```

青字の**quarkus create app**が生成コマンドです。黒字の部分は生成内容の指示で、

グループID	**アーティファクトID**	**バージョン**
jp.kwebs	book-service	1.0.0

を指定しています。これで、ファイルシステムの現在位置（カレントドライブ）に、book-serviceというプロジェクトフォルダができ、その中にファイル等が生成されます。

次に、book-serviceプロジェクトに、必要な拡張機能を追加します。book-serviceフォルダをカレントディレクトリに切り替えた上で、拡張機能の追加コマンドを実行します。

```
> cd book-service ↵   ❶
> quarkus ext add resteasy-jsonb hibernate-orm-panache jdbc-postgresql ↵   ❷
[SUCCESS] Extension io.quarkus:quarkus-resteasy-jsonb has been installed
[SUCCESS] Extension io.quarkus:quarkus-hibernate-orm-panache has been installed
[SUCCESS] Extension io.quarkus:quarkus-jdbc-postgresql has been installed
```

まず、❶のように、cdコマンドでbook-serviceフォルダに切り替えます。

そして、❷の拡張機能追加コマンドを実行します。青字の**quarkus ext add**がコマンド本体で、黒字の部分に追加したい拡張機能を空白で区切って並べます。

追加しているのは、次の3つです

追加する拡張機能の内容

- **RESTEasy JSON-B** --------------------- RESTEasyにJSONの操作機能を追加したもの ❶
- **Hibernate ORM with Panache** ------ オブジェクト指向データベースの操作 ❷
- **JDBC Driver-PostgreSQL** ------------ PostgreSQLデータベースの操作 ❸

注意　❶の代わりにresteasy-reactive-jsonbを使うと、Quteという拡張機能がうまく動作しなくなりました(2022年9月現在)。Quteを使う場合は、しばらくはreactiveの付かないバージョンを使った方がよさそうです。

❶は、ウェブサービスを作る基本機能のRESTEasyに、オブジェクトをJSON形式へ変換・逆変換する機能(JSON-B)を追加したものです。

❷は、データベース操作を、オブジェクト単位で実行できるようにするHibernateというライブラリですが、さらにPanache(パナッシュ)ライブラリでラップして、より簡単に操作できるようにします。

❸は、Java言語とデータベースシステムを橋渡しするドライバソフトです。データベースシステムは何を使ってもいいのですが、ここでは、PostgreSQLを使うので、それに対応するドライバソフトを指定します。

なお、プロジェクトを生成した時、RESTEasy Reactiveが拡張機能として組み込まれています。不要ですし、残っていると副作用があるので必ず削除しておきましょう。次のように、addの代わりにremoveを指定します。

不要な拡張機能を削除する

```
> quarkus ext remove resteasy-reactive ↵
[SUCCESS] Extension io.quarkus:quarkus-resteasy-reactive has been uninstalled
```

以上で完了です。P.444の手順で、プロジェクトをEclipseにインポートしてください。なお、拡張機能の追加と削除は、いつでも実行できます。クラウドでの実行に必要な拡張機能を後でまた追加する予定です。

プロジェクトの確認

Eclipseにインポートしたbook-serviceプロジェクトにあるpom.xmlをダブルクリックして開き、基本情報と拡張機能が、正しく組み込まれていることを確認してください。青枠で囲った部分です。

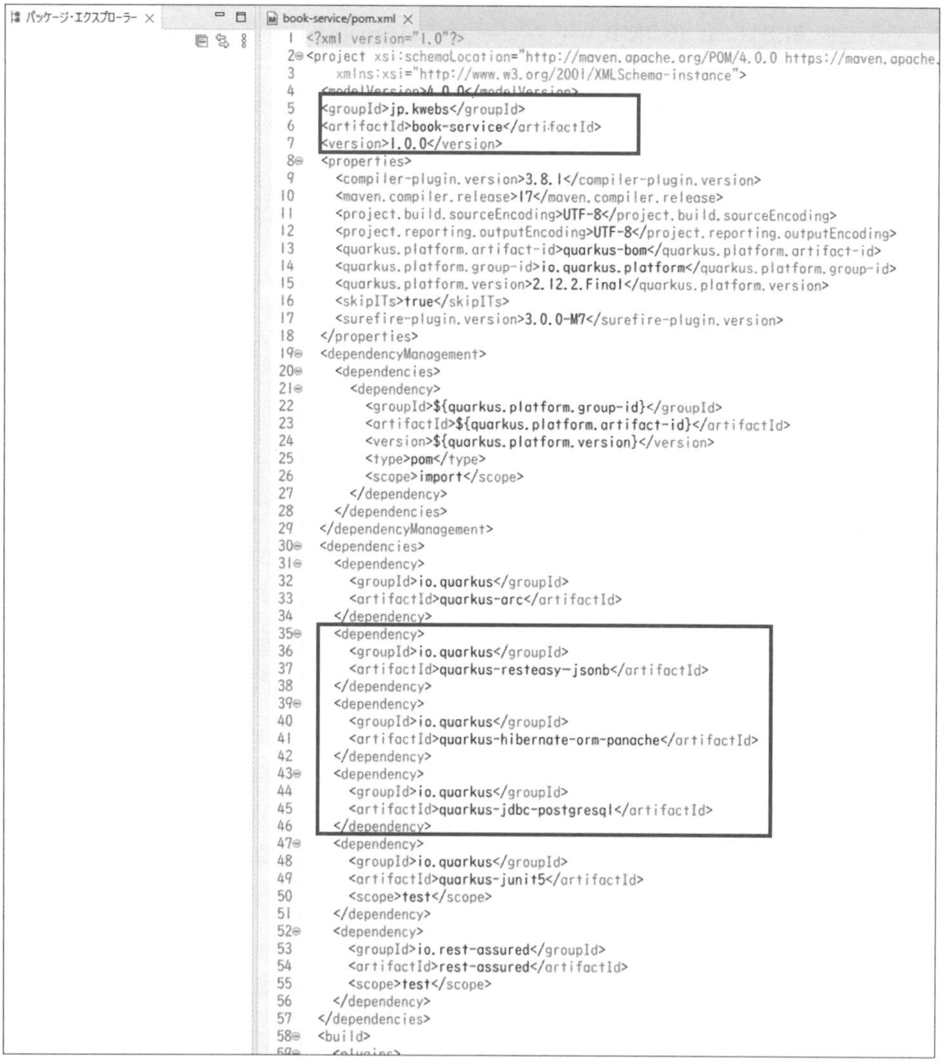

パッケージ・エクスプローラー　　book-service/pom.xml

```
<?xml version="1.0"?>
<project xsi:schemaLocation="http://maven.apache.org/POM/4.0.0 https://maven.apache.
    xmlns:xsi="http://www.w3.org/2001/XMLSchema-instance">
  <modelVersion>4.0.0</modelVersion>
  <groupId>jp.kwebs</groupId>
  <artifactId>book-service</artifactId>
  <version>1.0.0</version>
  <properties>
    <compiler-plugin.version>3.8.1</compiler-plugin.version>
    <maven.compiler.release>17</maven.compiler.release>
    <project.build.sourceEncoding>UTF-8</project.build.sourceEncoding>
    <project.reporting.outputEncoding>UTF-8</project.reporting.outputEncoding>
    <quarkus.platform.artifact-id>quarkus-bom</quarkus.platform.artifact-id>
    <quarkus.platform.group-id>io.quarkus.platform</quarkus.platform.group-id>
    <quarkus.platform.version>2.12.2.Final</quarkus.platform.version>
    <skipITs>true</skipITs>
    <surefire-plugin.version>3.0.0-M7</surefire-plugin.version>
  </properties>
  <dependencyManagement>
    <dependencies>
      <dependency>
        <groupId>${quarkus.platform.group-id}</groupId>
        <artifactId>${quarkus.platform.artifact-id}</artifactId>
        <version>${quarkus.platform.version}</version>
        <type>pom</type>
        <scope>import</scope>
      </dependency>
    </dependencies>
  </dependencyManagement>
  <dependencies>
    <dependency>
      <groupId>io.quarkus</groupId>
      <artifactId>quarkus-arc</artifactId>
    </dependency>
    <dependency>
      <groupId>io.quarkus</groupId>
      <artifactId>quarkus-resteasy-jsonb</artifactId>
    </dependency>
    <dependency>
      <groupId>io.quarkus</groupId>
      <artifactId>quarkus-hibernate-orm-panache</artifactId>
    </dependency>
    <dependency>
      <groupId>io.quarkus</groupId>
      <artifactId>quarkus-jdbc-postgresql</artifactId>
    </dependency>
    <dependency>
      <groupId>io.quarkus</groupId>
      <artifactId>quarkus-junit5</artifactId>
      <scope>test</scope>
    </dependency>
    <dependency>
      <groupId>io.rest-assured</groupId>
      <artifactId>rest-assured</artifactId>
      <scope>test</scope>
    </dependency>
  </dependencies>
  <build>
    <plugins>
```

21.2 Bookエンティティの作成

Book サービスでは、Book オブジェクトを作成して、それをそのままデータベースに格納します。オブジェクトを単位として保存したり読み出したりします。そこで手始めに、次のような Book クラスを作成しましょう。

リスト 21-2-1：Book エンティティの定義

```
package jp.kwebs;
import javax.persistence.Entity;
import javax.persistence.Id;
import javax.persistence.Table;
import io.quarkus.hibernate.orm.panache.PanacheEntityBase;

@Entity                          ❶
@Table(name="books")             ❷
public class Book extends PanacheEntityBase {        ❸
    @Id      ❹
    public Long    id;           // 書籍ID
    public String title;         // 書名
    public String genre;         // 分野
    public String author;        // 著者
    public int price;            // 価格
    public boolean stock;        // 在庫
}
```

いくつか、初めて見るアノテーションが使われています。また、**PanacheEntityBase** というクラスを継承しているので、これらについての解説から始めます。

@Entity

データベースに保管するオブジェクトを**エンティティ**（Entity）といいます。したがって、このクラスは **Book エンティティ**のクラスです。❶の **@Entity** はエンティティの定義であることを示すアノテーションで、必ず指定しなければいけません。

@Table

Book エンティティをデータベースに保存すると、データベース側には、Book テーブルという表ができます。表計算の表のようなものと考えてください。その1行に、1件分のオブジェクトのフィールドが記入されます。

データベーステーブル名はエンティティクラスと同じになるのですが、好きな名前に変えたいという時だけ、❷の **@Table** を使って、テーブル名を変更できます。ここでは "books" という名前にしました。ただ、これは必須のアノテーションではありません。

JPAから派生

データベース処理は、Javaにおけるデータベース操作の標準であるJPA（Java Parsistence API）というライブラリがベースになっています。そのため、JPAのアノテーションや仕組みをすべて使うことができます。JPAの仕様はかなりボリュームがあります。全体像を知りたい場合は、「わかりやすいJakarta EE」（秀和システム）に平易な解説があるのでご覧ください。

15章 データベースの基礎
16章 マッピングアノテーション←複合キーの指定など重要なアノテーションがあります
17章 オブジェクト関係マッピング（ORM）←業務システムでの応用には必須です
18章 問い合わせ言語 JPQL ← Panacheの検索式はこのwhere句だけを書きます

PanacheEntityBase

❸は、**PanacheEntityBase** を継承することを示しています。

PanacheEntityBaseクラスには、データベースを操作するあらゆるメソッドが定義されています。

データベースに保存するオブジェクトは、必ず主キーになるフィールドを指定しなければいけません。❹の **@Id** は、主キーのフィールドを指定するアノテーションです。これによりidフィールドがデータベースの主キーになります。

idの値が自動生成される連番でよい場合は、サブクラス **PanacheEntity** を継承します。idフィールドと自動生成が定義されているので、これを継承するとidフィールド自体を定義する必要がありません。次のような継承関係です。どちらを継承するかは、場合によって選択します。

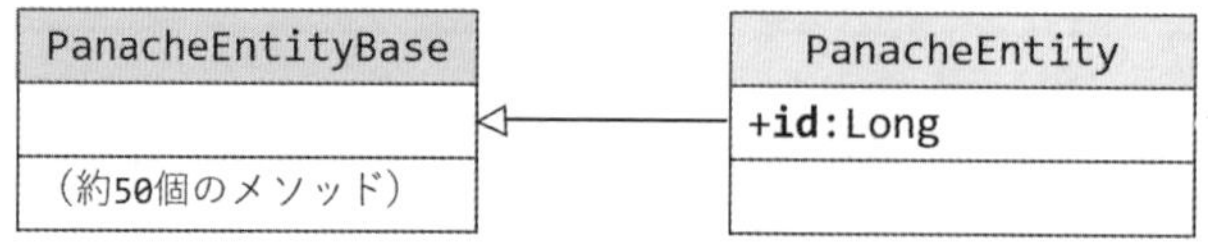

古書システムでは、主キーが連番なので、PanacheEntityを継承してもいいのですが、@idの使い方を示すために、PanacheEntityBaseを継承しました。

publicなフィールド

ところで、一般のクラスと違い、フィールドがpublicです。publicにすることで、プログラムは書きやすくなりますが、いいのでしょうか？

実は、ここにはトリックがあります。フィールド名を使用したコードは、フィールド名の部分が、コンパイル時に、すべて、ゲッターやセッターに書き換えられます。ゲッター、セッターも見えないだけで、コンパイル時に自動作成されます。

フィールドをプログラムの中で使えるので、コンストラクタも作らないのが普通です。ただし、toString()、equals()、hashCode()などのメソッドは、必要に応じて作成します。

21.3 Bookリソースクラスの作成

Book エンティティを定義したので、データベースに保管して、検索したり修正したりできるようにします。ウェブサービスでは、このような機能のそれぞれをリソースというので、**Book リソース**の作成です。

BookResource クラスの作成

まずは、簡単な 2 つの検索リソースを持つ BookResource クラスを作成します。

PanacheEntityBase を継承したおかげで、便利なデータベース操作メソッドを自由に使えます。そのため、Book リソースクラスの作成はとても簡単です。

リスト 21-3-1：簡単な検索サービス

```
package jp.kwebs;
import java.util.List;
import javax.ws.rs.GET;
import javax.ws.rs.Path;
import javax.ws.rs.PathParam;
import javax.ws.rs.Produces;
import javax.ws.rs.core.MediaType;

@Produces(MediaType.APPLICATION_JSON) ❶
@Path("/books")
public class BookResource {
    @GET
    @Path("/{id}")
    public Book getBookById(@PathParam("id") Long id) {      ❷
        return  Book.findById(id);   // idで検索する
    }

    @GET
    public List<Book> getAllBooks() {  ❸
        return Book.findAll().list(); // 全てのエンティティを得る
    }
}
```

❶の **@Produces** は出力形式を JSON に指定します（⇒ P.449）。

❷の getBookById( ) メソッドは、id を使って、エンティティを検索します。id は、パスパラメータで受け取ります。

idで検索するので、**findById( )**メソッドを使いますが、これはPanacheEntityBaseクラスのクラスメソッドです。

なお、`PanacheEntityBase.findById( )`ではなく、`Book.findById( )`のように書くのは、Bookクラスについての処理であることを明確にするためです。

クラスメソッドをサブクラスの名前で使用する

PanacheEntityBaseのメソッドは大半がstaticなクラスメソッドですから、それらについては、継承しているわけではありません。ただ、Bookクラスはサブクラスなので、PanacheEntityBaseのクラスメソッドを、Book.～のようにBookクラスとして使用できます。これにより、Bookエンティティを操作していることが明確になり、わかりやすいという利点があります。

❸のgetAllBooks( )メソッドは、すべてのエンティティを取得します。

PanacheEntityBaseの**findAll( )**を使いますが、これもクラスメソッドです。プログラムでは、`Book.findAll( )`と書きます。

ただし、findAll( )は、データベースの検索式（**クエリ**という）を作成するだけなので、結果をListに入れて取得するには、末尾に**`.list( )`**を付ける必要があります。

PanacheEntityBaseのメソッド

巻末資料にすべてのメソッド一覧を掲載しています。

また、APIドキュメントのURLも掲載しています。

21.4 Bookサービスを実行する

初期データの準備

サービスができたので、早速、ブラウザからBookリソースにアクセスして、うまく働くかどうか、試してみましょう。ただ、データがないので、サポートウェブから、import.sqlファイルをダウンロードして、src/main/resource/フォルダの直下に置いてください（下図を参照）。

import.sqlを配置する方法

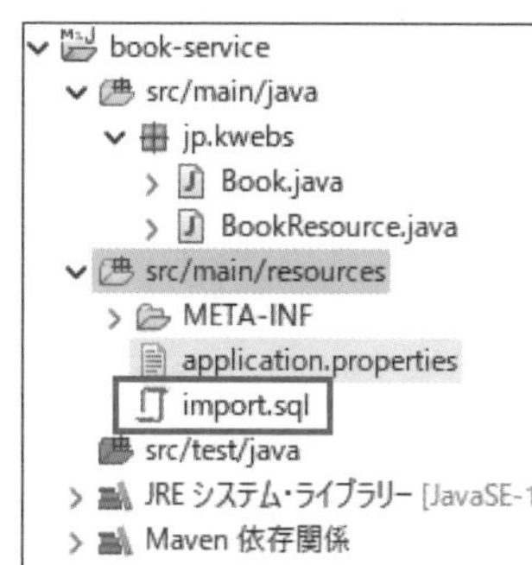

Eclipseのパッケージエクスプローラは、ExplorerやFinderと同じ操作が可能です。ダウンロードしたファイルをコピーして、src/main/resources/の真上で、右ボタンを押し、[**貼り付け**]を選択してください。

右のQRコードから動画でコピーの手順を見ることができます。

※実行前に、import.sqlをダブルクリックして、内容を確認しておくといいでしょう。

import.sqlには、データベースに初期データを登録するスクリプトが入っています。実は、import.sqlという名前のファイルがresourceフォルダの直下にあると、データベースの起動時に自動的に実行されます。

これにより、データベースには、15件のBookエンティティが起動時から含まれています。また、Quarkusのデフォルト設定により、起動時には、毎回、データベースをクリアし、import.sqlを読み込んで15件のエンティティが再登録されます。

ブラウザからのアクセス

WSL2のメモリ設定

Windowsでは、DockerはWSL2（Windows Subsystem for Linux）上で起動しますが、WSL2が使用するメモリの上限を設定しておく必要があります。しなかった場合は、搭載メモリーの80%を消費してしまいます。設定していない場合は、サポートウェブのインストールガイドを参照して設定ファイルを作成してください。

では、最初にDockerを起動してください。単に起動しておくだけで構いません。また、Google ChromeにJSONフォーマッタをインストールしていることを確認してください。

Dockerの起動を確認したら、次の実行例のように、❶カレントフォルダをbook-serviceフォルダに切り替え、❷quarkus devコマンドを実行して、Bookサービスを起動します。

開発モードでサービスを起動する

```
> cd java/workspace/book-service ↵    ❶
> quarkus dev ↵    ❷

[INFO] Scanning for projects...
[INFO]
[INFO] ----------------------< jp.kwebs:book-service >-----------------------
[INFO] Building book-service 1.0.0
[INFO] --------------------------------[ jar ]---------------------------------
...
```

※java/workspaceは、Eclipseのワークスペースです。各自の環境に応じて読み替えてください。

コマンドを実行すると、Quarkusが用意しているスクリプトにより、Docker上でデータベースとしてpostgreSQLが自動的に起動します。初回は、ダウンロードのために起動に少し時間がかかります。

完了するとDockerが次のような表示になり、データベース（postgreSQL）がDocker上で起動していることがわかります。

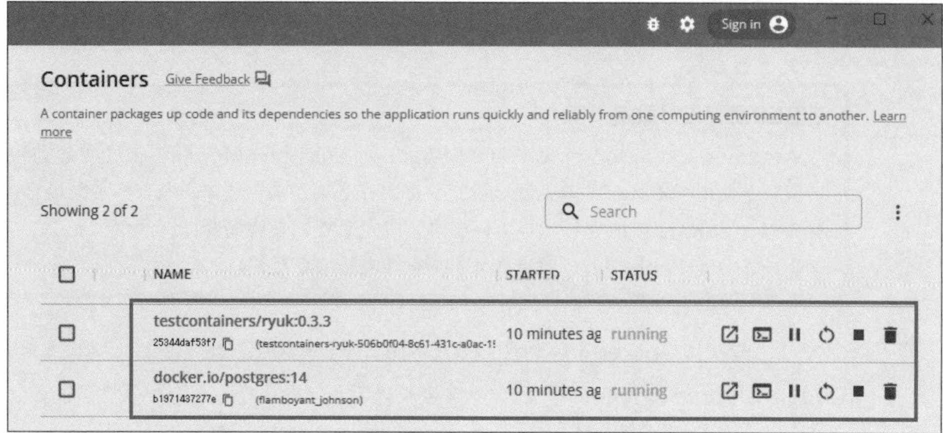

次に、Google Chrome ブラウザを起動し、**localhost:8080/books** を開きます。データベースからすべてのエンティティを読み取り、JSON 形式で表示します。このように表示するには、JSON フォーマッタを Chrome にインストールしておく必要があります。

```
localhost:8080/books                                   Raw  Parsed
[
  {
    "author": "小川洋子",
    "genre": "OTHER",
    "id": 1,
    "price": 1250,
    "stock": true,
    "title": "情報倫理"
  },
  {
    "author": "水野昭二",
    "genre": "HISTORY",
    "id": 2,
    "price": 1600,
    "stock": true,
    "title": "テンプル騎士団"
  },
  {
```

次に、localhost:8080/books/**8** のように書籍 ID を指定して呼び出しましょう。すると、そのエンティティが 1 件だけ表示されます。

```
localhost:8080/books/8                                 Raw  Parsed
{
  "author": "木村花子",
  "genre": "HISTORY",
  "id": 8,
  "price": 2200,
  "stock": true,
  "title": "社会経済史"
}
```

JSON形式のデータが表示されるだけで、アプリケーションらしい綺麗な表示ではないことを残念に思うかもしれません。

しかし、マイクロサービスのアプリケーションでは、ほとんどのサービスはデータをやり取りするだけなのでこれが普通です。このようなサービスがたくさん集まって、1つのアプリケーションになります。

ただ、23章では、Quteという拡張機能を使ってウェブを作成します。それまでは、しばらくこのままで我慢してください。

Quarkus devコマンドで起動する開発モードでは、Dockerを準備しておくだけで、データベースが自動的に使えるようになり便利でしたが、ここで一度終了します。

開発モードを終了し、データベースも終了するために、コマンドラインで、英字のqをタイプするか、CRTL + C キーを押します。

なお、book-serviceディレクトリで**quarkus dev**コマンドを実行すると、Bookサービスとデータベースを、何度でも起動し直すことができます。

21.5 新規、更新、削除の機能を追加する

 Book データの新規追加

動作確認ができたので、あと少し、リソースを追加しましょう。

エンティティの新規追加や、更新、削除を実行するメソッドを追加します。最初は、メソッドのみのソースコードを示し、全体のリストは**リスト 21-5-5** に掲載します。また、作成したサービスを実行する方法も、**リスト 21-5-5** を見てください。

リスト 21-5-1：persist( ) メソッドと Response オブジェクト

```
@POST
@Transactional
@Consumes(MediaType.APPLICATION_JSON)
public Response create(Book book) {
   book.persist();  ❶
   return Response.status(201).build();  ❷
}
```

エンティティを新規に追加するには、リクエストの中にデータを含めて送信するので、@GET ではなく **@POST** を使います。パラメータを送るのは @GET で大丈夫ですが、何かのデータを含む送信は @POST でなくてはいけません。

また、データベースに保存するので、**@Transactional** を必ず付けます。@Transactional は、データベースアクセスの排他制御などによって、書き込み処理を安全にするためのアノテーションです。

@Consumes は、@Produces の逆で、受けとるデータの形式を指定します。例のように JSON 形式を指定します。

データベースへの新規追加は、❶のように、**persist( )** コマンドで行います。これは継承したインスタンスメソッドなので、`book.persist( )` のように使います。

永続性コンテキスト

persist( ) の本当の機能は、エンティティを永続性コンテキストに置くことです。永続性コンテキストは、データベースに紐づけられた特殊なキャッシュです。ここにあるエンティティは、データベースの内容と比較され、違いがあれば自動的に同期されます。同期とは値を同じにすることですから、データベースへ書き込まれる、ということです。

❷は、Responseオブジェクトを作成して返す処理です。

Responseオブジェクトは、ウェブサービスの応答オブジェクトです。本来、何か値を返すと、それにステータスコードやヘッダを付けて自動的に作成されます。ただ、返すデータがない時や、データと共に返す情報を編集したい時は、このように手動で作成します。

エンティティの新規作成では、返すデータは有りませんが、正常終了を意味するステータスコード201（created）を返す必要があるので、status()メソッドを使ってコードをセットし、build()メソッドでオブジェクトを生成します。

いろいろなResponseの作成方法

新規追加の場合のResponseオブジェクトは、どんな情報を返すかによって、他にもいろいろな作成方法を選べます。

```
(1)return Response.ok(book).status(201).build();
(2)return Response.created(URI.create("/books/" + book.id)).build();
```

(1)はbookエンティティとステータスを返します。(2)は、201ステータスと共に、新規作成したbookエンティティを取得するためのURLを返します。

なお、正常終了の場合、返すべきステータスコードは次のように決まっています。

動作	正常終了で返すステータスコード
POST	201 (CREATED)
GET	200 (OK)
PUT	200 (OK)
DELETE	204 (No Content)

Bookデータの更新

リスト21-5-2：更新処理

```
@PUT
@Transactional
@Consumes(MediaType.APPLICATION_JSON)
public Response update(Book book) {
    Book bk = Book.findById(book.id);  ❶
    bk.title = book.title;  ❷
    bk.genre = book.genre;
    bk.author = book.author;
    bk.price = book.price;
    bk.stock = book.stock;
```

```
        return  Response.ok().build();   ❸
    }
```

更新は、@PUTを使います。

そして、データベースに書きこむので@Transactionalも指定します。また、更新するエンティティを受け取るので@Consumes(MediaType.APPLICATION_JSON)により受け取るデータ形式をJSONに指定します。

更新するには、まず、❶のように、idでエンティティを検索します。ここで注意するのは、検索されたエンティティは、常に永続性コンテキストに置かれることです。

❷以下では、各フィールドに、引数のbookエンティティのフィールドを代入していますが、永続性コンテキストにあるので、値が変わると自動的にデータベースと同期されます。つまり、自動的に更新書き込みが行われます。特に保存の操作をしなくても、自動的に変更が書き込まれるわけです。

最後に、❸によりResponseオブジェクトを生成して返します。ok()は、ステータスコード200を返して、正常に終了したことを伝える機能があります。

Bookデータの削除

リスト21-5-3：削除処理

```
    @DELETE
    @Transactional
    @Path("/{id}")
    public Response delete(@PathParam("id") Long id) {
        Book book = Book.findById(id);
        book.delete(); ❶
        return Response.noContent().build();   ❷
    }
```

削除は、@DELETEを使います。また、@Transactionalを付けます。

削除も、最初にidでBookインスタンスを検索します。次に、❶のように、取得したインスタンスでdelete()メソッドを実行します。delete()はインスタンスメソッドです。

削除なので、❷でnoContent()メソッドを使ってステータスコード204を返します。これは、status(204)と書くのと同じです。

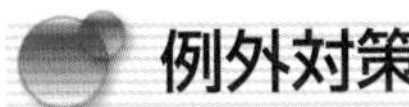

例外対策

21

これまでのプログラムは、エラー処理をしていません。新規処理ですでに存在するエンティティと同じidのエンティティを保存しようとしたり、更新処理や削除処理で、指定したidのエンティティが存在しない場合は例外が投げられ、処理に失敗します。

処理に失敗すると、呼び出し元にはステータスコード500 (Internal Server Error) が返され、更新や削除処理では、大量のスタックトレースデータが送られてきます。

そこで、エラーの型、ステータスコード、エラーメッセージだけを、JSON形式のデータに整形して、応答の戻り値として返すようにしましょう。例外をトラップして、JSONデータを作成し、ステータスコードと共に、それを戻り値として返すメソッドを作成します。

リスト 21-5-4：例外マッパー

```
@Provider
public static class ErrorMapper implements ExceptionMapper<Exception> {
    @Override
    public Response toResponse(Exception exception) {
        int code = 500;
        if (exception instanceof WebApplicationException) {      ❶
            code = ((WebApplicationException) exception)
                        .getResponse().getStatus();
        }

        JsonObjectBuilder json = Json.createObjectBuilder()  ❷
            .add("例外の型", exception.getClass().getName())
            .add("ステータスコード", code);

        if (exception.getMessage() != null) {                ❸
            json.add("エラーメッセージ", exception.getMessage());
        }

        return Response.status(code).entity(json.build()).build(); ❹
    }
}
```

これは、**例外マッパー**と呼ばれるクラスです。例外が発生すると、必ずこのクラスがそれを受け取ります。このような特殊な働きをするクラスには、**@Provider** アノテーションを付けます。

また、例外マッパーとして機能するように、ExceptionMapperインタフェースを実装します。toResponse( ) メソッドは、このインタフェースで定義しているメソッドです。

このクラスはユーティリティのように使うクラスなので、内容を詳細に理解する必要はありませんが、おおむね次のような仕組みです。

❶は、例外のステータスコードを付け替える処理です。デフォルトでは500（内部エラー）ですが、WebApplicationExceptionの場合のみ、例外オブジェクトが内部に持っているステータスを取り出します。

❷❸は、JSON形式のデータを作成する処理です。❷は、JSONデータに例外型とステータスコードを追加し、❸は、エラーメッセージを追加します。

最後に❹で、Responseオブジェクトを生成して返します。entity( )は、作成したJSONデータを応答の戻り値とする処理です。

以上で例外マッパーが準備できたので、リソースクラスも少しだけ書き換えます。例外を発生しそうな箇所をチェックして、例外の場合には、WebApplicationExceptionを投げるように変更します。その際、適切なステータスコードとエラーメッセージも指定します。

全体のソースコードを確認

ここまでで作成したリソースクラスは、次のようです。例外対策での変更箇所は青字にしています。また、例外マッパークラスは、このリソースクラスだけで使うので、管理しやすいように内部クラスにしています。

リスト21-5-5：リソースクラス

```
package jp.kwebs;
import java.util.List; import javax.json.
Json;
import javax.json.JsonObjectBuilder;
import javax.transaction.Transactional;
import javax.ws.rs.Consumes;
import javax.ws.rs.DELETE;
import javax.ws.rs.GET;
import javax.ws.rs.POST;
import javax.ws.rs.PUT;import javax.ws.rs.
Path;
import javax.ws.rs.PathParam;
import javax.ws.rs.Produces;
import javax.ws.rs.WebApplicationException;
```

Bookサービスを試してみる方法

Bookサービスの新規、更新、削除などはブラウザからでは実行できません。しかし、Postmanというソフトウェアを使うと、GET、POST、PUT、DELETEなどあらゆるリスエスト試すことができます。使用方法を解説した動画を次のQRコードから見てください。

```
import javax.ws.rs.core.MediaType;
import javax.ws.rs.core.Response;
import javax.ws.rs.ext.ExceptionMapper;
import javax.ws.rs.ext.Provider;

@Path("/books")
@Produces(MediaType.APPLICATION_JSON)
public class BookResource {
    @GET
    @Path("/{id}")
    public Book getBookById(@PathParam("id") Long id) {  // idで検索する
        Book book = Book.findById(id);
        if(book==null) {
            throw new WebApplicationException(
                    "id="+id+"のデータはありません", 404);
        }
        return book;
    }

    @GET
    public List<Book> getAllBooks() {  // 全てのエンティティを得る
        return Book.findAll().list();
    }

    @POST
    @Transactional
    @Consumes(MediaType.APPLICATION_JSON)
    public Response create(Book book) { // 新規追加
        if(Book.findById(book.id)!=null) {
            throw new WebApplicationException(
                "id="+book.id+"のデータはすでにあります", 409);
        }
        book.persist();
        return  Response.status(201).build();
    }

    @PUT
    @Transactional
    @Consumes(MediaType.APPLICATION_JSON)
    public Response update(Book book) { // 更新
        Book bk = Book.findById(book.id);
        if(bk==null) {
            throw new WebApplicationException(
                    "id="+book.id+"のデータはありません", 404);
        }
        bk.title = book.title;
        bk.genre = book.genre;
```

```
        bk.author = book.author;
        bk.price = book.price;
        bk.stock = book.stock;
        return  Response.ok().build();
    }

    @DELETE
    @Transactional
    @Path("/{id}")
    public Response delete(@PathParam("id") Long id) {    // 削除
        Book book = Book.findById(id);
        if(book==null) {
            throw new WebApplicationException(
                    "id="+id+"のデータはありません", 404);
        }
        book.delete();
        return Response.noContent().build();
    }

    // JAX-RS例外マッパー(例外情報をJSON形式の戻り値として受け取れるようにする)
    @Provider
    public static class ErrorMapper implements ExceptionMapper<Exception> {
        @Override
        public Response toResponse(Exception exception) {
            int code = 500;
            if (exception instanceof WebApplicationException) {
                code = ((WebApplicationException) exception)
                            .getResponse().getStatus();
            }
            JsonObjectBuilder json = Json.createObjectBuilder()
                .add("例外の型", exception.getClass().getName())
                .add("ステータスコード", code);

            if (exception.getMessage() != null) {
                json.add("エラーメッセージ", exception.getMessage());
            }
            return Response.status(code).entity(json.build()).build();
        }
    }
}
```

例外対策として、WebApplicationExceptionを投げるようにしています。なお、ステータスの404はNotFound、409はConflictを意味します。どちらもクライアント側のエラー(リクエストが間違っている)に属します。

21.6 検索式による検索機能を追加する

最後に、リソースメソッドとして、強力な検索機能を追加しましょう。

検索には、find( ) メソッドを使います。表に示す４つの使い方を解説します。なお、find( ) は検索式（クエリ）を作成するだけですから、結果をリストで取得するには、末尾に .list( ) を付加します。

	find () の使い方
❶	find(フィールド名, 値).list()
❷	find(検索条件).list()
❸	find(検索条件, Sort.by(ソートキー)).list()
❹	find(検索条件, Sort.by(ソートキー)).page(ページ番号, ページサイズ).list()

❶ フィールドで検索する

著者名（author）が田中宏の本とか、ジャンル（genre）が "歴史" の本、のように、エンティティのフィールド名とその値を指定して検索します。

```
find("author", "田中宏").list();
```

❷ 検索条件を指定して検索する

検索条件は、フィールド名と演算子を組み合わせた条件式です。条件式は文字列で指定するので、条件式の中の文字列は一重引用符（'）で囲みます。

```
find("author = '田中宏'").list();
find("price > 2000").list();
find("genre='歴史' and price<=2000").list();
```

使用できる演算子は一般的な関係演算子だけでなく、データベース特有のものもあります。巻末資料に一覧表を掲載しているので参照してください。また、論理演算子の代わりに and、or、not を使います。もちろん ( ) も使えます。

❸ ソートキーを指定して検索結果を並べ替える

検索結果を特定のフィールドをキーにして並べ替えることができます。Sort.by( ) メソッドの引数に、並べ替えのキーに指定するフィールド名を指定するだけです。

```
find("genre='NOVEL' and price<=2000", Sort.by(price).list();
```

デフォルトでは昇順に並び替えますが、**Direction.Descending** を引数に追加すると、降順にすることができます。

```
find("genre='NOVEL' and price<=2000", Sort.by(price, Direction.Descending)).list();
```

さらに、ソートの2次、3次のキーを and( ) を連結して指定できます。次は、著者名順の中で、さらに価格順に並び替えます。

```
find("genre='NOVEL' and price<=2000", Sort.by(author).and(price)).list();
```

❹ ページングにより検索結果の一部だけを取得する

検索結果の件数が多すぎると、全部を一度に表示することはできません。検索の速度も遅くなり、メモリーも大量に消費します。

そこで、1度に表示できる件数、つまり、1ページ分の件数を決めておいて、「3ページ目のデータ」のように、指定したページのデータだけを取得するのが普通です。これを**ページング**といいます。

1ページ分を10件として、その1ページ目だけを取得するには次のようにします。ページ番号は0から始まることに注意してください。

```
find("genre='NOVEL'", Sort.by("author")).page(Page.of(0, 10)).list();
```

また、pageCount( ) メソッドを使うと、次のように、全体のページ数も取得できます。

```
int pages = find("genre='NOVEL'").page(Page.ofSize(10)).pageCount(); // 全ページ数
```

全体のページ数と現在のページ位置を管理すれば、「次のページへ」とか、「○ページ目へ」のように、表示するページ位置を移動するプログラムも容易に作成できます。

なお、検索結果の全件数は、count()メソッドで取得できます。

```
long counts = find("genre='NOVEL').count(); // 全検索件数
```

ソースコードの更新

では、検索式による検索と、全検索件数、ページ数を返すメソッドを、Resourceクラスに追加しましょう。

なお、次のリストでは、追加したimport文と追加したメソッドだけを掲載します。完全なソースコードは、サポートウェブからダウンロードできます。

リスト21-6-1：検索機能を拡張したリソースクラス

```
package jp.kwebs;
import javax.ws.rs.QueryParam;
import javax.ws.rs.DefaultValue;
import io.quarkus.hibernate.orm.panache.PanacheQuery;
import io.quarkus.panache.common.Page;
import io.quarkus.panache.common.Sort;
… その他のインポートの記載を省略 …
@Path("/books")
@Produces(MediaType.APPLICATION_JSON)
public class BookResource {
    // 検索式による検索、ソート、ページング
    @GET
    @Path("/query")
    public List<Book> getBooks(
          @DefaultValue("")      @QueryParam("query") String query,
          @DefaultValue("price")  @QueryParam("sort") String sort,
          @DefaultValue("0")     @QueryParam("index") int index,
          @DefaultValue("3")     @QueryParam("size") int size )  {

       PanacheQuery<Book> books = Book.find(query, Sort.by(sort));
       return books.page(Page.of(index, size)).list();
    }
    // 検索結果の件数
    @GET
    @Path("/count")
    public long getCount( @DefaultValue("")  @QueryParam("query") String query)  {
       return Book.find(query).count();
    }
```

```
    // 検索結果のページ数
    @GET
    @Path("/size")
    public int getSize(
          @DefaultValue("")     @QueryParam("query") String query,      // 検索式
          @DefaultValue("3")    @QueryParam("size") int size     ) { // ページサイズ

       return Book.find(query).page(Page.ofSize(size)).pageCount();
    }
    … その他のメソッドの記載を省略 …
}
```

検索を行うのに必要な値は、どれもクエリパラメータで渡します。また、クエリパラメータのデフォルト値を指定していることも注意してください。デフォルト値を指定していると、そのパラメータの指定を省略できることになります。

検索機能をテストする

では、**quarkus dev** コマンドでサービスを起動し、ブラウザから次の検索をしてみましょう。

```
localhost:8080/books/query?query=genre='歴史'&sort=price&index=0&size=3
```

・分野が歴史の本を検索し、価格の昇順に並べる。
・1ページ3件表示することにして、第1ページ分を取得する

localhost:8080/books/query?query=genre=%27歴史%27&sort=price&index=0&size=3


```
[
  {
    "author": "水野昭二",
    "genre": "歴史",
    "id": 2,
    "price": 1600,
    "stock": true,
    "title": "テンプル騎士団"
  },
  {
    "author": "吉村敬",
    "genre": "歴史",
    "id": 9,
    "price": 1800,
    "stock": true,
    "title": "イスラム建国史"
  },
  {
    "author": "木村花子",
    "genre": "歴史",
    "id": 13,
    "price": 2000,
    "stock": true,
    "title": "日本史"
  }
]
```

ページ番号は0から数えます。デフォルト値で、sort=price、index=0、size=3が指定してあるので、この検索は次のようにしても同じになります。

```
localhost:8080/books/query?query=genre='歴史'
```

次の検索も試してみてください。どちらも4という値が返ってきます。

```
localhost:8080/books/count?query=genre='歴史'        歴史の本の数
localhost:8080/books/size?size=4                   1ページ4件の時のページ数
```

Chapter 22

クラウドへのデプロイ

クラウドは、仮想化されたコンピュータです。具体的には、大きなハードウェアの一部を、仮想的に必要なサイズに分割し、1つの仮想コンピュータとして利用できるシステムです。

そして、クラウドの中では、多数のコンテナを管理・運用するKubernetesというソフトウェアが稼働しています。作成した多数のマイクロサービスを、Kubernetesが管理するコンテナにロードして協調動作させることで、1つのシステムとして機能させます。

この章では、いよいよ、クラウドとしてDocker※を使い、Kubernetesとして開発用のminikubeを使うことでローカルなクラウド環境を作ります。この環境に、データベースサービス、Bookサービス、そして、これから作成するユーザーサービスをデプロイして動かします。

ユーザーサービスは、利用者インタフェースとしてウェブを持つサービスです。従来、マイクロサービスのインタフェースはAngular、React、VueなどのJavaScriptフレームワークを利用するのが主流でしたが、Quarkusでは、Quteという拡張機能でウェブを生成できます。そこでユーザーサービスでも、Quteを利用します。

これにより、Quarkusでは、サービスからユーザーインタフェースまで、一貫してJava言語で作成できることがわかるでしょう。

※ windowsではHyper-Vを使うこともできます。
Dockerを使う場合、Dockerには2GB以上のメモリーを割り当てるので、コンピュータのメモリーが少ないと動作が苦しくなります。最低8GB、できれば16GB以上のメモリーを搭載したコンピュータを使用してください。

22.1 拡張機能の追加

以下では、デプロイまでの手順を、順を追って解説していきます。

まず、準備として、クラウド環境に対応する拡張機能が必要です。次のコマンドを実行して追加してください。

拡張機能の追加

```
> quarkus ext add kubernetes kubernetes-config minikube container-image-jib ↵
[SUCCESS] Extension io.quarkus:quarkus-kubernetes has been installed
[SUCCESS] Extension io.quarkus:quarkus-kubernetes-config has been installed
[SUCCESS] Extension io.quarkus:quarkus-minikube has been installed
[SUCCESS] Extension io.quarkus:quarkus-container-image-jib has been installed
```

追加する拡張機能の内容

- quarkus-kubernetes―――――― Kubernetes 用の設定を自動生成する
- quarkus-kubernetes-config―――― Kubernetes の設定ファイルを利用できるようにする
- quarkus-minikube―――――― minikube 用の設定を自動生成する
- quarkus-container-image-jib―――― コンテナにロードするシステムイメージを作成する

実行したら、pom.xml の <dependency> に次の 4 項目が追加されたことを確認します。

```
    <dependency>
      <groupId>io.quarkus</groupId>
      <artifactId>quarkus-kubernetes</artifactId>
    </dependency>
    <dependency>
      <groupId>io.quarkus</groupId>
      <artifactId>quarkus-kubernetes-config</artifactId>
    </dependency>
    <dependency>
      <groupId>io.quarkus</groupId>
      <artifactId>quarkus-minikube</artifactId>
    </dependency>
    <dependency>
      <groupId>io.quarkus</groupId>
      <artifactId>quarkus-container-image-jib</artifactId>
    </dependency>
```

拡張機能を追加したら、サポートウェブ（http://k-webs.jp/java03）のインストールガイドを見て、次のソフトウェアをインストールして下さい。

- **minikube** ------ コンテナ管理。Kubernetes のミニ版
- **kubectl** ---------Kubernetes のコマンドラインツール minikube でも使える

22.2 設定ファイルの編集

次は設定ファイルにデータベースなどの情報を記述します。

Quarkusの設定ファイルは、resourceフォルダにある**application.properties**ファイルです。あらゆる設定をこのファイルに書いておくことができます。

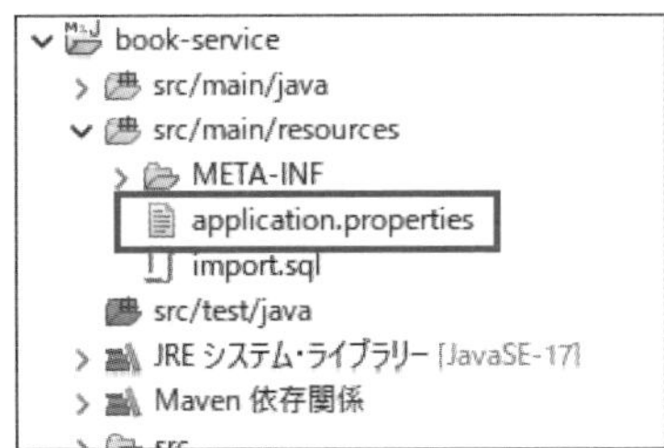

コンテナに付けるサービス名を設定

最初に書いておくのは、BookサービスをKubernetes（minikube）にロードする時のコンテナに付ける**サービス名**です。必須ではありませんが、わかりやすい名前にしておくと、後の操作が簡単になります。設定ファイルを開いて、次のように記入し保存してください。なお、#で始まる行はコメントです（日本語は使いません）。

リスト22-2-1：サービス名

```
#service name
quarkus.container-image.group=quarkus-mp
quarkus.container-image.name=book-service
quarkus.kubernetes.name=book-service
```

データソースの設定

次に、データベースの設定です。Panacheの基礎になっているのはJakarta EEのJPAという仕様ですが、JPAでは接続するデータベースの情報をまとめて**データソース**を構成します。データベース処理はすべてデータソースを対象に実行されます。そこで、データソースを構成する情報を設定の中に書いておく必要があります。

データベースはpostgreSQLを使います。そこで、データベースの種類、ユーザー名、パスワード、接続URLを次のように追記します。

リスト22-2-2：データソース

```
#datasource
%prod.quarkus.datasource.db-kind=postgresql
%prod.quarkus.datasource.username=${username}    ❶
%prod.quarkus.datasource.password=${password}    ❷
%prod.quarkus.datasource.jdbc.url=jdbc:postgresql://postgres.default:5432/qua
rkus  ❸
```

❶の ${username} と、❷の ${password} は、データベースアクセスに必要な**ユーザー名**と**パスワード**です。ただし、この書き方は**プロパティ式**といって、どこか他のソースから値を取得して埋めることを意味します。

ユーザー名とパスワードの具体的な値は、直接書き込んでもいいのですが、本書では、Kubernetes が管理する **secret** に書くことにします（次節で解説）。secret の記録は Base64 で符号化されるのでプレーンなテキストよりも安全です。プロパティ式の値は、そこから読み込まれます。

❸は、PostgreSQL データベースの接続 URL で、いつもこのように書きます。紙幅の関係で折り返していますが、1行分の記述です。

末尾の quarkus は、データベース名です。必要に応じて変更してください。ただ、下線を引いた部分には注意してください。この "postgres.default" は、コンテナ環境でのサービス名です。

最後に、設定情報の先頭に、**%prod** が付いています。これは、この設定が本番環境でのみ有効であることを示します。つまり、クラウドにデプロイした時だけ有効、ということになります。

%prod は、Quarkus の**プロファイル機能**といい、次の3つのプロファイルがあります。設定ファイルに指定する時は、%dev、%test、%prod のように先頭に%を付けます。

dev	開発モードの時（quarkus dev で起動した時）にアクティブ化されます
test	テストの実行時にアクティブ化されます
prod	開発モードやテストモードでないときにアクティブになります

secretを読み出す設定

Quarkusは、Kubernetesのsecretを読み込んで、**application.properties**に書いたプロパティ式を埋めなければいけません。そこで、secretを読み込むように設定を書きます。内容は、secretに記録した情報の名前と、読み込みの有効化です。

リスト22-2-3：secret

```
#secret, kubernetes ConfigMap
%prod.quarkus.kubernetes-config.secrets.enabled=true             ❶
%prod.quarkus.kubernetes-config.secrets=db-credentials          ❷
%prod.quarkus.kubernetes-config.enabled=true    ❸
```

❶はKubernetes secretの読み込みを有効にします。❷はsecretに格納した情報（ユーザー名、パスワード）の名前です。ここでは、db-credentialsとしています。この名前で検索すると、中にユーザー名とパスワードの情報があります。

なお、Kubernetesは秘密ではない一般的な設定情報をconfigMapというファイルに記録しています。❸は、将来に備えて、それも読み取れるように設定します。

起動時のデータベースの生成方法

最後に、データベースに起動時の生成方法を設定します。

リスト22-2-4A：起動時のデータベースの生成方法

```
#database
%prod.quarkus.hibernate-orm.database.generation=drop-and-create ❶
%prod.quarkus.hibernate-orm.sql-load-script=import.sql          ❷
```

❶は、起動のたびにデータベースをクリアする設定です。❷は、起動時に実行するSQLスクリプトファイルを指定します。import.sqlは、初期データをデータベースに追加するスクリプトです。

解説の都合で、このようにしていますが、本来は、本番環境では次のように設定します。

リスト22-2-4B：起動時のデータベース生成

```
#datebase
%prod.quarkus.hibernate-orm.database.generation=none
%prod.quarkus.hibernate-orm.sql-load-script=no-file
```

何も操作せず、起動時に読み込むファイルもないという設定です。

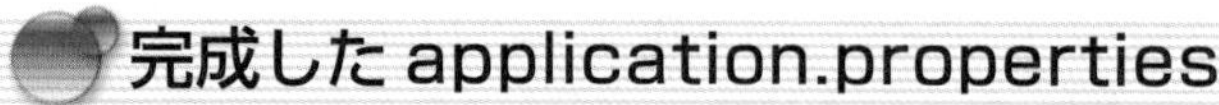

完成したapplication.properties

以上の操作により、application.propertiesは次のようになります。

リスト22-2-5：application.properties

```
#service name
quarkus.container-image.group=quarkus-mp
quarkus.container-image.name=book-service
quarkus.kubernetes.name=book-service
#
#datasource
%prod.quarkus.datasource.db-kind=postgresql
%prod.quarkus.datasource.username=${username}
%prod.quarkus.datasource.password=${password}
%prod.quarkus.datasource.jdbc.url=jdbc:postgresql://postgres.default:5432/quarkus
#
#secret, kubernetes ConfigMap
%prod.quarkus.kubernetes-config.secrets.enabled=true
%prod.quarkus.kubernetes-config.secrets=db-credentials
%prod.quarkus.kubernetes-config.enabled=true
#
#database
%prod.quarkus.hibernate-orm.database.generation=drop-and-create
%prod.quarkus.hibernate-orm.sql-load-script=import.sql
```

なお、secretの作成は、Kubernetes（minikube）が起動している必要があるので、次項でminikubeを起動した後に行います。

22.3 minikubeの起動と環境設定

次はコンテナを運用管理するminikubeを起動します。minikubeはKubernetesのmini版で、ローカルでのテストに使われます。大きな違いは、コンテナを入れるポッド（pod）が1つしかないことですが、テストには十分です。操作コマンドもKubernetesと同じものが使えます。

なお、minikubeの運用では、minikube内の環境変数をローカルにコピーしたり、特定のポートをフォワードしてローカルからアクセスできるようにするなど、テスト環境ならではの操作がいくつかあります。

minikubeを起動する

では、次のコマンドを実行してminikubeを起動してください。なお、初回は、起動が完了するまで数分かかります。

minikubeの起動

```
> minikube start --driver=docker ↵
* Microsoft Windows 11 Pro 10.0.22000 Build 22000 上の minikube v1.26.1
  - MINIKUBE_ACTIVE_DOCKERD=minikube
* 既存のプロファイルを元に、docker ドライバーを使用します
* minikube クラスター中のコントロールプレーンの minikube ノードを起動しています
* ベースイメージを取得しています...
    > gcr.io/k8s-minikube/kicbase:  0 B [_____________________] ?% ? p/s 54s
* 通知: このターミナルでは、docker ドライバーの docker-env が有効になっています:
! 環境変数が更新されたポート番号を持つことを確実にするために docker-env を再適用してください:
        'minikube -p minikube docker-env'

* docker 「 minikube 」 container がありません。再生成します。
* docker container (CPUs=2, Memory=7901MB) を作成しています...
* Docker 20.10.17 で Kubernetes v1.24.3 を準備しています...
  - 証明書と鍵を作成しています...
  - コントロールプレーンを起動しています...
  - RBAC のルールを設定中です...
* Kubernetes コンポーネントを検証しています...
  - gcr.io/k8s-minikube/storage-provisioner:v5 イメージを使用しています
  - kubernetesui/dashboard:v2.6.0 イメージを使用しています
  - kubernetesui/metrics-scraper:v1.0.8 イメージを使用しています
* 有効なアドオン: storage-provisioner, dashboard, default-storageclass
* 終了しました！kubectl がデフォルトで「minikube」クラスターと「default」ネームスペースを使用するよう設定されました
```

※minikubeとkubectlのインストールは済んでいることを前提にしています。
※Windowsでは、コマンドプロンプトは**管理者モード**で実行してください。
※青下線の設定は使用環境によって違います。

minikube の停止

パソコンの電源を切る場合は、minikube を必ず終了してください。

```
minikube stop
```

停止せずに電源を切るとコンテナが正常に起動しなくなる場合があります。

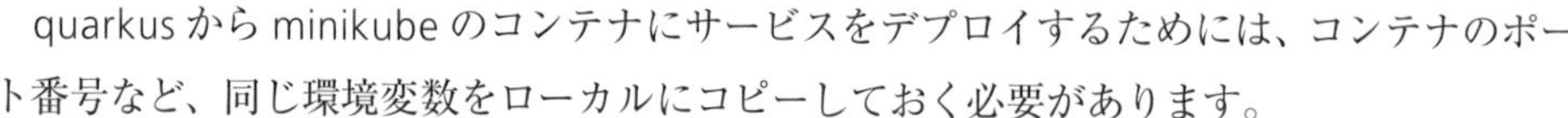

環境変数をコピーする

quarkus から minikube のコンテナにサービスをデプロイするためには、コンテナのポート番号など、同じ環境変数をローカルにコピーしておく必要があります。

1. Windows の場合

minikube docker-env コマンドで minikube での環境変数をコンソールに表示し、それを SETX コマンドでローカルの環境変数として登録します。その後、コマンドプロンプトを再起動します。次の①、②、③の手順で実行してください。

① minikube内の環境変数を表示する

```
> minikube docker-env ↵
SET DOCKER_TLS_VERIFY=1
SET DOCKER_HOST=tcp://127.0.0.1:57861
SET DOCKER_CERT_PATH=C:¥Users¥kawaba¥.minikube¥certs
SET MINIKUBE_ACTIVE_DOCKERD=minikube
REM To point your shell to minikube's docker-daemon, run:
REM @FOR /f "tokens=*" %i IN ('minikube -p minikube docker-env --shell cmd') DO @%i
```

※ 2022.9 現在、REM 以下に記載されているコマンドはうまく機能しません

②SETXコマンドで、青枠内の環境変数をローカルに登録する

```
>SETX DOCKER_TLS_VERIFY  1 ↵
成功: 指定した値は保存されました。
>SETX DOCKER_HOST  tcp://127.0.0.1:57861 ↵
成功: 指定した値は保存されました。
>SETX DOCKER_CERT_PATH  C:¥Users¥kawaba¥.minikube¥certs ↵
成功: 指定した値は保存されました。
>SETX MINIKUBE_ACTIVE_DOCKERD  minikube ↵
成功: 指定した値は保存されました。
```

※ tcp://127.0.0.1:57861 は例示です。ポート番号は、minikube を起動する度に変わります。

環境変数の登録では、等号ではなく空白で区切るなど少し書き方が違うので注意してください。また、SETX コマンドは setx と小文字で書いてもかまいません。

③環境変数の設定を確実にするため、コマンドプロンプトを終了し、もう一度、コマンドプロンプトを起動し直す。

2. Macの場合

① minikube内の環境変数を表示する

```
> minikube docker-env ↵
export DOCKER_TLS_VERIFY="1"
export DOCKER_HOST="tcp://127.0.0.1:51540"
export DOCKER_CERT_PATH="/Users/tkx/.minikube/certs"
export MINIKUBE_ACTIVE_DOCKERD="minikube"

# To point your shell to minikube's docker-daemon, run:
# eval $(minikube -p minikube docker-env)
```

②表示されるコマンドを実行する

青下線で示した部分です。このコマンドにより環境変数がコピーされます。

```
> eval $(minikube -p minikube docker-env) ↵
```

Kubernetes secretを作成する

minikubeを起動したので、ここでKubernetes (minikube) のsecretに情報を書き込みます。次のコマンドを実行してください。

リスト 22-3-1：secret データの生成

```
kubectl create secret generic db-credentials ❶
    --from-literal=username=quarkus ❷
    --from-literal=password=quarkus ❸
```

❶のように、db-credentialsという名前で、ユーザー名とパスワードの情報を作成します。この名前を変更する場合は**リスト 22-2-5**の**application.properties**の記述も、同じ名前に変更します。

❷はユーザー名の設定、❸はパスワードの設定に当たる部分です。

ユーザー名もパスワードも、データベース名と同じ quarkus にしていますが、必要に応じて変更してください。

なお、このコマンドは、実際には、次のように1行で入力します。

secretデータの作成

```
> kubectl create secret generic db-credentials --from-literal=username=quarkus --f
rom-literal=password=quarkus ↵

secret/db-credentials created
```

作成されたかどうかは、次のコマンドで確認できます。

secretデータの確認

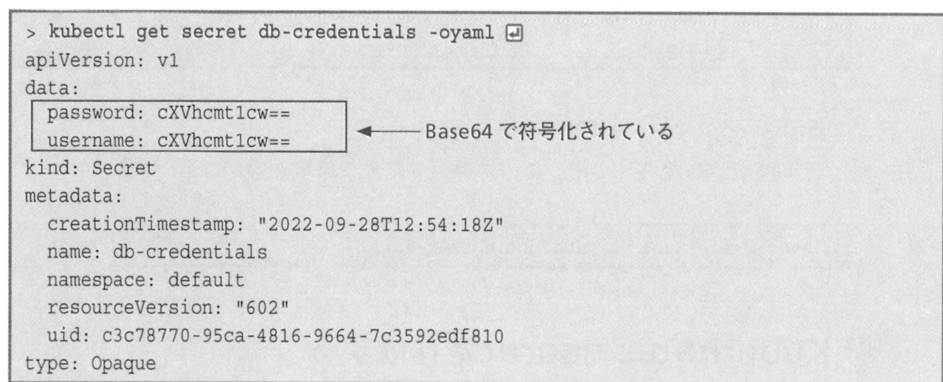

```
> kubectl get secret db-credentials -oyaml ↵
apiVersion: v1
data:
  password: cXVhcmt1cw==
  username: cXVhcmt1cw==
kind: Secret
metadata:
  creationTimestamp: "2022-09-28T12:54:18Z"
  name: db-credentials
  namespace: default
  resourceVersion: "602"
  uid: c3c78770-95ca-4816-9664-7c3592edf810
type: Opaque
```

22.4 Kubernetes(minikube)へのデプロイ

環境の準備が終わったので、いよいよ Kubernetes (minikube) にサービスをデプロイします (開発モードが起動しているときは Ctrl + C で停止してください)。

postgreSQL をデプロイする

自分で作成したプログラムと違って、postgreSQL のようなアプリケーションをデプロイするには、構成情報を自分で作成しなくてはいけません。しかし、これは本書の範囲を超える知識です。そこで、簡単な構成ファイル (postgresql-deployment.yaml) を用意しましたので、サポートウェブ (k-webs.jp/java03) からダウンロードしてください。

postgreSQL の構成ファイル

Kubernetes (minikube) では、運用の過程でコンテナの消去や再作成が自動的に行われます。データベースも例外ではなく、状況によりデータごと消されて、再作成されます。

そのため、postgreSQL を Kubernetes (minikube) で運用するには、いくつかの構成ファイルが必要です。まず、Kubernetes に消されないデータ領域を用意させる構成ファイルと用意されたデータ領域を使用するための構成ファイルを作成します。そして、postgreSQL をコンテナにデプロイする構成ファイルと postgreSQL をローカルから管理できるようサービスとして公開する構成ファイルも作成します。

本書で使用する構成ファイルには、デプロイとサービスとしての公開だけを含めているので、データベースのデータは永続化されません。しかし、サービスを公開したので Eclipse のアドインソフトを使ってデータベースの表示や管理が可能です。データ永続化を含む構成についての資料やローカルからの管理方法などはサポートウェブをご覧ください。

ダウンロードしたファイルをプロジェクトフォルダの直下 (pom.xml と同じ場所) にコピーして、次のコマンドでデプロイします。

postgreSQLのデプロイとサービスの公開

```
> kubectl apply -f postgresql-deployment.yaml ↵
deployment.apps/postgres created
service/postgres created
```

デプロイできたかどうか、次のコマンドで確認します。

サービスの確認

```
> minikube service list ↵
|----------------------|---------------------------|--------------|---------------------------|
|      NAMESPACE       |           NAME            | TARGET PORT  |            URL            |
|----------------------|---------------------------|--------------|---------------------------|
| default              | kubernetes                | No node port |
| default              | postgres                  | http/5432    | http://192.168.49.2:31080 |
| kube-system          | kube-dns                  | No node port |
| kubernetes-dashboard | dashboard-metrics-scraper | No node port |
| kubernetes-dashboard | kubernetes-dashboard      | No node port |
|----------------------|---------------------------|--------------|---------------------------|
```

また、サービスが正常に起動しているかどうかを、kubectl コマンドで確認します。

稼働状況の確認

```
> kubectl get pods ↵
NAME                        READY   STATUS    RESTARTS   AGE
postgres-fb65b7544-hncxx    1/1     Running   0          34m
```

STATUS に running と表示されていることを確認してください。

Book サービスをデプロイする

最後に Book サービスをデプロイしましょう。作成したプロジェクトは、Quarkus が構成ファイルを自動生成しているので、次の Meven コマンドでデプロイするだけです。

Bookサービスのデプロイ

```
> mvn clean package -Dquarkus.kubernetes.deploy=true ↵
```

サービスの確認

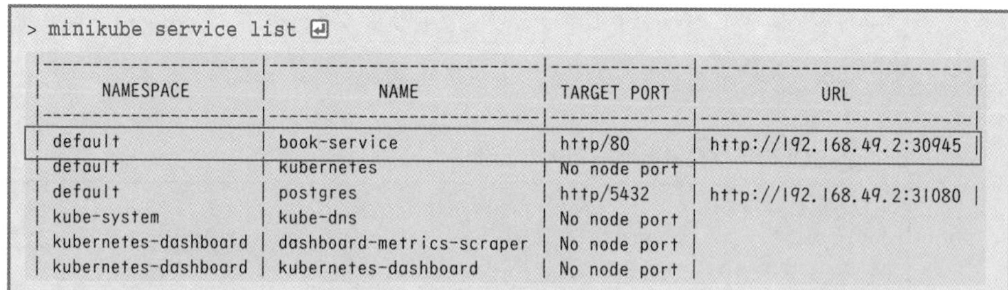

```
> minikube service list ↵
|----------------------|---------------------------|--------------|---------------------------|
|      NAMESPACE       |           NAME            | TARGET PORT  |            URL            |
|----------------------|---------------------------|--------------|---------------------------|
| default              | book-service              | http/80      | http://192.168.49.2:30945 |
| default              | kubernetes                | No node port |
| default              | postgres                  | http/5432    | http://192.168.49.2:31080 |
| kube-system          | kube-dns                  | No node port |
| kubernetes-dashboard | dashboard-metrics-scraper | No node port |
| kubernetes-dashboard | kubernetes-dashboard      | No node port |
```

稼働状況の確認

```
> kubectl get pods ↵
NAME                             READY   STATUS    RESTARTS   AGE
book-service-5c64d75498-9fkz9    1/1     Running   0          88m
postgres-fb65b7544-hncxx         1/1     Running   0          145m
```

Bookサービスもrunningと表示されていることを確認してください。

サービスの削除と再デプロイ

サービスをデプロイし直したい時は、次のコマンドで一度削除してください。

```
kubectl delete -f postgresql-deployment.yaml          ←— postgreSQL
kubectl delete -f target/kubernetes/minikube.yml      ←— Bookサービス
```

Bookサービスにローカルからアクセスする

Bookサービスが正しく動くことを確かめるために、ブラウザからアクセスしてみましょう。ただ、Kubernetesのコンテナで動作しているので、ローカルから直接的にアクセスはできません。

そこで、Kubernetesのbook-serviceのポートとローカルのポートを接続するポートフォワード処理を実行します。Kubernetesのbook-serviceのポート80を、ローカルからはポート8080でアクセスできるようにするため、次のport-forwardコマンドを実行します。

ポートフォワード

```
> kubectl port-forward service/book-service 8080:80 ↵
Forwarding from 127.0.0.1:8080 -> 8080
Forwarding from [::1]:8080 -> 8080
```

確認のため、ブラウザで、`localhost:8080/books/10`をアクセスしてidが10の古書データが表示されることを確認してください。

localhost:8080/books/10


```
{
    "author": "田中宏",
    "genre": "SCIENCE",
    "id": 10,
    "price": 3200,
    "stock": true,
    "title": "鋳物の化学"
}
```


図のように表示されることを確認したら、コマンドプロンプトで Ctrl + C をタイプしてポートフォワードを停止します。

22.5 クライアントAPI

マイクロサービスでは、あるサービスがクライアントになって他のサービスを呼び出すことは珍しくありません。マイクロサービスを開発するために作成された**マイクロプロファイル**（Eclipse Microprofile）には、そのための仕様として、**REST クライアント API** が定められています。

ここでは、REST クライアント API を使って、Book サービスを呼び出すクライアントサービスを作成します。また、クライアントサービスは、**Qute** という拡張機能を使って、Book サービスから取得したデータをウェブに表示します（23 章）。

client-service プロジェクトの作成

では、client-service という新しいプロジェクトを作成しましょう。プロジェクトの作成には、前章と同じように quarkus CLI のコマンドを使います。適当なフォルダで次のコマンドを実行してください。

client-serviceプロジェクトの作成

```
>quarkus create app jp.kwebs:book-client:1.0.0 ↵  ❶
...
>cd book-client ↵  ❷

>quarkus ext add resteasy-jsonb rest-client resteasy-qute resteasy-multipart kub
ernetes kubernetes-config minikube image-jib ↵  ❸
[SUCCESS] Extension io.quarkus:quarkus-resteasy-jsonb has been installed
[SUCCESS] Extension io.quarkus:quarkus-rest-client has been installed
[SUCCESS] Extension io.quarkus:quarkus-resteasy-qute has been installed
[SUCCESS] Extension io.quarkus:quarkus-resteasy-multipart has been installed
[SUCCESS] Extension io.quarkus:quarkus-kubernetes has been installed
[SUCCESS] Extension io.quarkus:quarkus-kubernetes-config has been installed
[SUCCESS] Extension io.quarkus:quarkus-minikube has been installed
[SUCCESS] Extension io.quarkus:quarkus-container-image-jib has been installed

>quarkus ext remove resteasy-reactive ↵  ❹
[SUCCESS] Extension io.quarkus:quarkus-resteasy-reactive has been uninstalled
```

❶で新しいプロジェクトを作成します。❷で、カレントフォルダを新しく作成したプロジェクトのフォルダに切り替え、❸で８つの拡張機能を追加します。最後に、❹で不要な

拡張機能を削除します。Quteが動作しなくなる（2022.9現在）ので、必ず削除してください。

追加する拡張機能の内容

- quarkus-resteasy-jsonb-------------------RESTful ウェブサービス ❶
- quarkus-rest-client------------------------クライアント API ❷
- quarkus-resteasy-qute--------------------ウェブの生成 ❸
- quarkus-resteasy-multipart -----------POST によるマルチパートを処理する
- quarkus-kubernetes-----------------------Kubernetes 用の設定を自動生成する
- quarkus-kubernetes-config------------Kubernetes の設定ファイルを利用できるようにする
- quarkus-minikube--------------------------minikube 用の設定を自動生成する
- quarkus-container-image-jib----------コンテナにロードするシステムイメージを作成する

注意　❶❷❸は、resteasy-reactive-jsonbのようにreactiveの付く新しいバージョンがありますが、23章で解説するQuteがうまく動作しませんでした（2022年9月現在）。不具合と思われますので、代わりにreactiveの付かないバージョンを使います。

プロジェクトができたら、P.444の手順でプロジェクトをEclipseにインポートします。そして、pom.xmlを開いて必要な拡張機能があることを確認してください。

pom.xml（抜粋）

```
<dependencies>
  <dependency>
    <groupId>io.quarkus</groupId>
    <artifactId>quarkus-arc</artifactId>
  </dependency>
  <dependency>
    <groupId>io.quarkus</groupId>
    <artifactId>quarkus-resteasy-jsonb</artifactId>
  </dependency>
  <dependency>
      <groupId>io.quarkus</groupId>
      <artifactId>quarkus-rest-client</artifactId>
  </dependency>
  <dependency>
      <groupId>io.quarkus</groupId>
      <artifactId>quarkus-resteasy-qute</artifactId>
  </dependency>
 <dependency>
    <groupId>io.quarkus</groupId>
    <artifactId>quarkus-resteasy-multipart</artifactId>
  </dependency>
  <dependency>
    <groupId>io.quarkus</groupId>
    <artifactId>quarkus-kubernetes</artifactId>
  </dependency>
  <dependency>
    <groupId>io.quarkus</groupId>
```

```
      <artifactId>quarkus-kubernetes-config</artifactId>
    </dependency>
    <dependency>
      <groupId>io.quarkus</groupId>
      <artifactId>quarkus-minikube</artifactId>
    </dependency>
    <dependency>
      <groupId>io.quarkus</groupId>
      <artifactId>quarkus-container-image-jib</artifactId>
    </dependency>
    <dependency>
      <groupId>io.quarkus</groupId>
      <artifactId>quarkus-junit5</artifactId>
      <scope>test</scope>
    </dependency>
    <dependency>
      <groupId>io.rest-assured</groupId>
      <artifactId>rest-assured</artifactId>
      <scope>test</scope>
    </dependency>
  </dependencies>
```

REST クライアント API の使い方

他のサービスのメソッドを呼び出すには、メソッドの引数や型、戻り値などを正確に指定しなくてはいけません。また、そのメソッドが受け入れるデータ形式、パスやパラメータなども間違うことは許されません。なかなか面倒です。

そこで、REST クライアント API は、呼び出すメソッドをインタフェースの形で定義しておいて、コンパイル時にチェックしてしまうという、すばらしいアイデアを取り入れました。おかげで、型の間違いなどはすっかりなくなり、呼び出しもとても簡単になりました。

次は、Book サービスの getBookById( ) と getAllBook( ) を呼び出すためのインタフェース定義です。この BookService インタフェースを見ると、アイデアのすばらしさに気づくはずです。

リスト 22-5-1：インタフェースの定義

```
package jp.kwebs;
import javax.ws.rs.GET;
import javax.ws.rs.Path;
import javax.ws.rs.PathParam;
import javax.ws.rs.Produces;
import javax.ws.rs.core.MediaType;
import org.eclipse.microprofile.rest.client.inject.RegisterRestClient;

@Produces(MediaType.APPLICATION_JSON)
@Path("/books")
@RegisterRestClient
public interface BookService {

    @GET
    @Path("/{id}")
    public Book getBookById(@PathParam("id") Long id);

    @GET
    public List<Book> getAllBooks();
}
```

BookService インタフェースを**リスト 21-3-1** の BookResourece クラスと比べてみてください。インタフェースなので、メソッドの内容はありませんが、それ以外は同じです！

唯一の違いは、**@RegisterRestClient** アノテーションが付いていることですが、これは、このインタフェースを実装したインスタンスを CDI という仕組みで取得できることを示します（CDI は後述）。

CDI により、このインタフェースを実装したクラスのインスタンスは、フレームワークが生成したものを受け取るだけで使えます。では、その使い方を見てみましょう。次は、Book サービスを呼び出す **BookClient** クラスです。

リスト：22-5-2：Book サービスのメソッドを呼び出すクライアントサービス

```
package jp.kwebs;
import java.util.List;
import javax.inject.Inject;
import javax.ws.rs.Consumes;
import javax.ws.rs.GET;
import javax.ws.rs.Path;
import javax.ws.rs.PathParam;
import javax.ws.rs.Produces;
import javax.ws.rs.core.MediaType;
import org.eclipse.microprofile.rest.client.inject.RestClient;
```

```
@Path("/api")
@Produces(MediaType.APPLICATION_JSON)
public class BookClient {

    @Inject
    @RestClient
    BookService bookService;      ❶

    @GET
    public List<Book> searchAll(){
       return bookService.getAllBooks();      ❷
    }

    @GET
    @Path("/{id}")
    public Book searchById(@PathParam("id") Long id){
       return bookService.getBookById(id);   ❸
    }
}
```

❶は、2つのアノテーションを除くと、BookService型の変数の宣言にしか見えませんが、実際にはそれ以上のものです。2つのアノテーションのおかげで、変数には宣言と同時にBookService型のインスタンスが代入されているのです。

これは**コンテキストと依存性注入**（CDI:Context and Dependency Injection）と呼ばれる機能です。QuarkusのベースとなっているRESTfulウェブサービスはCDIと統合されているので、Quarkus全体で使用できます。

CDIと@Inject

普通、インスタンスはnew演算子とコンストラクタで生成しますが、フレームワーク側からインスタンスを受け取るだけなら簡単です。そこで、必要なインスタンスはフレームワークに依頼して作ってもらい、受け取るだけにしようというのが、DI（依存性注入）です。

それにC（Context）が付いていますが、これは受け取るインスタンスが独立した寿命を持つことを意味します。アプリケーションが起動して終了するまでとか、クライアントからの呼び出しに応答し終わるまでのように、インスタンスの寿命が決まっています。インスタンスの寿命はクラス宣言に、@ApplicationScoped、@RequestScoped、@Dependentなどのアノテーションを付けて決めます。アノテーションを付けていない場合は、@RequestScopedとみなされます。

CDIでインスタンスを受け取るには、@Injectを変数宣言に付けるだけです。これだけでフレームワークが、生成したインスタンスを変数に入れてくれるのです。

@RestClient

@Injectで注入されるインスタンスが、クライアントとしてサーバーのメソッドを呼び出すためのものであることを示すアノテーションです。

CDIにより変数bookServiceにセットされるインスタンスの内容は、Bookサービスのメソッドを呼び出せるように作られているので、後は、それを使ってサービスを呼び出すだけです。

❷❸がBookサービスのメソッドを呼び出す書き方ですが、リモート呼び出しなのに、単純なメソッド呼び出しのように書けるのが、この方法のすばらしいところです。

22

サービスURLの登録

ところで、呼び出すサービス（Bookサービス）のURLはどうするのでしょうか？

実は、例によって、**application.properties**に登録しておくのです。

リスト22-5-3：BookサービスURL

```
%prod.jp.kwebs.BookService/mp-rest/url=http://book-service:80
          A                             B
```

呼び出し先のBookサービスのアドレスをこのように登録しておきます。下線部Aは、定義したインタフェース名をパッケージ名から記述します。また、/mp-rest/urlは定型句でいつもこのように書かなくてはいけません。そして、下線部BがURLです。

- **下線部Aの簡略化**

下線部Aを簡略な名前に置き換えることができます。それには、@RegisterRestClientの引数に、使いたい名前を指定します。短い名前が使えるので便利です。

次は、"book-service"という名前を指定した例です。

リスト22-5-4：完全修飾名の代替名の登録

```
@Path("/books")
@Produces(MediaType.APPLICATION_JSON)
@RegisterRestClient(configKey = "book-service")    ❶
public interface BookService {
     // idで検索する
     @GET
     @Path("/{id}")
     public Book getBookById(@PathParam("id") Long id);
     // 全てのエンティティを得る
     @GET
     public List<Book> getAllBooks();
}
```

❶のように"configkey="に続けて、使う名前を指定します。ここでは、"book-service"と指定しているので、サーバーURLは次のように簡単になります。

リスト22-5-5：Book サービスのURL

```
%prod.book-service/mp-rest/url=http://book-service:80
```

クラウドで実行する

ひとまず、クライアントAPIがうまく稼働することを確認しておきましょう。

最初に**application.properties**に、サービス名などの登録を追加しておきます。

リスト22-5-6：サービス名の登録

```
#service name
quarkus.container-image.group=quarkus-mp
quarkus.container-image.name=book-client
quarkus.kubernetes.name=book-client
#
#book-service URL
%prod.book-service/mp-rest/url=http://book-service:80
```

接続URLに代替名を使ったので、**リスト22-5-4**のように、BookServiceインタフェースも変更してください

次に、minikubeにbook-clientプロジェクトをデプロイして実行します。

※もしもminikubeを停止していた場合は、P.493の手順でminikubeを起動し、さらに環境変数のコピーを行ってから始めてください。secretは残っているので再作成は不要です。

book-clientのデプロイとサービスの公開

```
>cd book-client
>mvn clean package -Dquarkus.kubernetes.deploy=true ↵ ❶
  ...
>minikube service list ↵ ❷

|----------------------|---------------------------|---------------|---------------------------|
|      NAMESPACE       |           NAME            |  TARGET PORT  |            URL            |
|----------------------|---------------------------|---------------|---------------------------|
| default              | book-client               | http/80       | http://192.168.49.2:30594 |
| default              | book-service              | http/80       | http://192.168.49.2:30945 |
| default              | kubernetes                | No node port  |
| default              | postgres                  | http/5432     | http://192.168.49.2:31080 |
| kube-system          | kube-dns                  | No node port  |
| kubernetes-dashboard | dashboard-metrics-scraper | No node port  |
| kubernetes-dashboard | kubernetes-dashboard      | No node port  |
|----------------------|---------------------------|---------------|---------------------------|

>kubectl get pods ↵ ❸
NAME                            READY   STATUS    RESTARTS        AGE
book-client-5945f875fc-lfft4    1/1     Running   1 (41h ago)     47h
book-service-5c64d75498-9fkz9   1/1     Running   2 (3h16m ago)   2d5h
postgres-fb65b7544-hncxx        1/1     Running   1 (41h ago)     2d6h

>kubectl port-forward service/book-client 8080:80 ↵ ❹
Forwarding from 127.0.0.1:8080 -> 8080
Forwarding from [::1]:8080 -> 8080
```

※ Ctrl + C を押すと❹のポートフォワードを終了できます

❶は、book-client のデプロイです。❷、❸で、サービスのリストと実行状況を見ます。最後に❹で、ポートフォワードによりローカルからアクセスできるようにします。

例えば、ブラウザで `localhost:8080/api/10` を実行して ID が 10 のレコードが表示されれば、book-client サービスが正しく動作していることになります。

```
localhost:8080/api/10
{
    "author": "田中宏",
    "genre": "SCIENCE",
    "id": 10,
    "price": 3200,
    "stock": true,
    "title": "鋳物の化学"
}
```

Chapter 23

Quteによるウェブの作成

前章では、クライアントサービスが正しく動作することは確認できましたが、Bookサービスを呼び出して取得したデータを、JSON形式で表示するだけでした。この最終章では、これをウェブとして表示できるようにしましょう。

ウェブサービスはテキストやJSON形式のデータだけでなく、HTML形式（つまりウェブ）を返すこともできます。ただし、HTMLデータを応答の度に作成して返すのはあまりにも大変なので、テンプレート（ひな形）を作っておいて、それに表示したいデータを埋め込んで返すことにします。

Quteは、準備されたテンプレートを選択し、それに値を埋め込んでHTMLデータを作成するテンプレートエンジンです。単純な埋め込みだけでなく、繰り返しや条件判定などを使うことができるので、表の作成はもとより、複雑なHTML要素の表示まで、簡単に実行できます。

23.1 Quteとは

以前は、Quarkusにはウェブページを生成するためのテンプレート拡張機能がなく、ウェブページの生成は、Vue、React、Angularといった JavaScript フレームワークに頼っていました。そんな中で、Quteは Quarkus のために作成された待望のテンプレートエンジンです。

Quteの仕組み

Quteの仕組みはシンプルです。

1冊の本の内容をウェブに表示する **bookTemplate.html** という HTML ファイルを使う場合を考えてみましょう。HTML ファイルの要点だけを示すと次のようです。

bookTemplate.html（テンプレートファイル）

```
<p>書名：{ book.title   }</p>
<p>著者：{ book.author}</p>
```

bookTemplate.html は**テンプレート**なので、値を埋め込む箇所は`{book.title}`のように書いておきます。bookはBookクラスのインスタンスで、titleやauthorはそのメンバです。後から、bookインスタンスを受け取った時、Quteがこの部分を具体的な値に置き換えます。

プログラムでこのテンプレートを使うには、内部クラスを作成し、中に、テンプレートと同じ名前の **bookTemplate()** メソッドを宣言するだけです。これは、**テンプレートに値を埋め込んで返すメソッド**で、宣言を書くだけで、中身はQuteが自動作成します。ただ、宣言はやや特殊な書き方をします。

内部クラス、クラス名は任意

```
public static class Templates {

    public static native TemplateInstance bookTemplate (Book book);

}
```

※クラス名は任意です。

これを使うと、本を検索して返す場合でも、インスタンスではなく、結果を表示するHTMLデータを返すようにできます。そのためには、検索したbookインスタンスを引数にしてbookTemplate( )を呼び出します。値を埋め込んだHTMLデータを返すので、それをそのまま、戻り値として返せばよいのです。

```
@Path("/{id}")
public ･･･  oneBookById(･･･) {

    Book book = bookService.getBookById(id);
    return  Templates.bookTemplate(book);

}
```

oneBookById( )メソッドは、検索で取得したbookをbookTemplate( )メソッドの引数に指定しています。

bookTemplate( )は、メソッド名と同じ名前の**bookTemplate**.htmlを探し、引数の**book**を使って、{book.title}、{book.author}を具体的な値に置き換えます。そして、完成したHTMLファイルを返します。

Quteテンプレートファイルの作成

仕組みが分かったところで、テンプレートファイルを用意しましょう。

※以下では初歩的なHTMLの知識があることを前提としています。

まず、次は、1冊の本の内容を表示するテンプレートファイルです。

リスト23-1-1：bookTemplate.html

```
<!DOCTYPE html>
<html lang="jp">
<head><meta charset="utf-8"></head>
<body>
<h2>Vintage Book Search</h2>
<p>番号：{book.id}</p>      ❶
<p>書名：{book.title}</p>
<p>分野：{book.genre}</p>
<p>著者：{book.author}</p>
<p>価格：{book.price}</p>
<p>在庫：{book.stock}</p>
<a href="http://localhost:8080/view">一覧へ戻る</a>
</body>
</html>
```

localhost:8080/view/10

Vintage Book Search

番号：10
書名：鋳物の化学
分野：SCIENCE
著者：田中宏
価格：3200
在庫：true
一覧へ戻る

❶の{book.id}は、Book型のインスタンスbookを受け取った時に、具体的な値に書き換えられます。後の項目も同じです。

右側の図は、クライアントサービスでの実際の表示です。仕組みがわかるようにCSS※を使わず、HTMLのタグだけで作成しているので、見栄えは今一つですが、CSSを使うバージョンも後で解説します。CSSを適用すると美しい見栄えになりますが、プログラムの変更は一切ありません。

※ CSSはCascading Style Sheetsといい、ウェブの見栄えを制御する言語です。

次はすべての本を一覧表示するテンプレートです。

リスト23-1-2：booksTemplate.html

```
<!DOCTYPE html>
<html lang="jp">
<head><meta charset="utf-8"></head>
<body>
<h2>
  Vintage Book Search
</h2>
<table >
  <thead>
  <tr>
    <th></th>
    <th>書名</th>
    <th>分野</th>
    <th>著者</th>
    <th>価格</th>
    <th>在庫</th>
  </tr>
  </thead>
  <tbody>
  {#for book in books}  ❶
  </tr>
    <th><a href="http://localhost:8080/view/{book.id}">{book.id}</a></th>
    <td>{book.title}</td>
    <td>{book.genre}</td>
    <td>{book.author}</td>
    <td>{book.price}</td>
    <td>{book.stock}</td>
  </tr>
  {/for}           ❷
  </tbody>
</table>
</body>
</html>
```

localhost:8080/view

Vintage Book Search

	書名	分野	著者	価格	在庫
1	情報倫理	OTHER	小川洋子	1250	true
2	テンプル騎士団	HISTORY	水野昭二	1600	true
3	材料工学	SCIENCE	田中宏	3000	true
4	スポーツ統計	SCIENCE	新森明子	2100	true
5	太平記縁起	NOVEL	佐藤秀夫	1500	true
6	データ分析	SCIENCE	千田正樹	1800	true
7	社会保障政策	OTHER	浦中恵子	2200	false
8	社会経済史	HISTORY	木村花子	2200	true
9	イスラム建国史	HISTORY	吉村敬	1800	true
10	鋳物の化学	SCIENCE	田中宏	3200	true
11	健康科学のはなし	SCIENCE	角田圭吾	1200	true
12	世界の鉱山	OTHER	田中宏	2300	true
13	日本史	HISTORY	木村花子	2000	true
14	正覚寺	NOVEL	田中一郎	1000	false
15	粉末冶金科学	SCIENCE	田中宏	2800	false

#forによる反復処理

HTMLのTableタグを使って、5列の表を作成しています。<thead>～</thead>は表の1行目（表頭）です。そして、<tbody>～</tbody>が表の本体です。

<tbody>の中に、青点線で囲った<tr>～</tr>があります。これは表の1行分の表示内容ですが、全体が❶と❷で示すように、{#for …} ～ {/for}で囲まれています。これは繰り返しの制御構造です。

{#for book in books}のbooksは、本のリストで、List<Book>型です。そして、#forは拡張for文と同じ働きです。booksから毎回1つの要素を取り出して変数bookに入れます。そのため、book.titleやbook.genreなど、{#for …}～{/for}の範囲にある、1行分のパラメータが、具体的な値に置き換わります。

#forによりこの操作がリストの最後まで繰り返されるので、<tr>～</tr>がリストの要素数だけ作成されます。その結果、コードの右に示すような表ができます。

その他の制御構造

Quteでは、if文、switch文に似た制御構造の他、多数の演算子や式の書き方が定義されています。リファレンスガイド（https://quarkus.io/guides/qute-reference）で詳細を参照してください（日本語に対応しています）。

リソースクラスの作成

次は、検索結果をHTMLデータで返す新しいリソースクラスを作成します。リソースクラスの名前は、bookViewClientとします。すでに、JSONを返すbookClientクラスがありますが、Pathを変えるので問題なく共存できます。

ところで、作成した**テンプレートファイルの保存場所**は、src/main/resource/templateフォルダと決まっています。その中に、リソースクラスと同じ名前のサブフォルダを作って保存します。

したがって、左図のように、

src/main/resource/template/bookViewClient

フォルダに保存してください。

リソースクラスであるbookViewClientは、次のように作成します。

リスト23-1-3：HTMLを返すリソースクラス

```
package jp.kwebs;
import java.util.List;
import javax.inject.Inject;
import javax.ws.rs.GET;
import javax.ws.rs.Path;
import javax.ws.rs.PathParam;
import javax.ws.rs.Produces;
import javax.ws.rs.core.MediaType;
import org.eclipse.microprofile.rest.client.inject.RestClient;
import io.quarkus.qute.CheckedTemplate;
import io.quarkus.qute.TemplateInstance;
@Path("/view")   ❶
public class BookViewClient {
                                                  ❷
    @CheckedTemplate
    public static class Templates {
        public static native TemplateInstance bookTemplate(Book book);
        public static native TemplateInstance booksTemplate(List<Book> books);
    }

    @Inject
    @RestClient
    BookService bookService; ❸

    @GET
    @Produces(MediaType.TEXT_HTML)
    @Path("/{id}")
    public TemplateInstance oneBookById(@PathParam("id") Long id) {
        Book book = bookService.getBookById(id);
        return Templates.bookTemplate(book); ❹
    }

    @GET
    @Produces(MediaType.TEXT_HTML)
    public TemplateInstance allBooks() {
        List<Book> books = bookService.getAllBooks();
        return Templates.booksTemplate(books);  ❺
    }
}
```

❶のPath("/view")によって、サービスのベースパスを/viewとします。これにより、JSONをそのまま返すBookClientクラスと区別されます。

1. テンプレートクラス（内部クラス）の宣言

❷は、テンプレートクラスの宣言です。

静的な内部クラス（⇒7章）として宣言します。クラス名は自由に決めて構いませんが、必ず @CheckedTemplate アノテーションを付けてください。このアノテーションにより、このクラスのメソッドがテンプレートと紐付けられます。

bookTemplate.html と booksTemplete.html の2つのテンプレートを作成したので、クラスには、同じ名前の bookTemplate( ) メソッドと、booksTemplate( ) メソッドを宣言しています。

それぞれの引数は、テンプレートに埋め込むデータにより決まります。1件の本のデータを表示するだけの bookTemplate( ) では、Book 型のインスタンス、一方、多数の本のリストを表示する booksTemplate( ) では、Book のリストを指定しています。

テンプレートクラスのメソッド

戻り値型の TemplateInstance は、HTML データを表す型です。また、native は、Java 言語以外の言語で作成されるメソッドを意味し、メソッドの内容は書けません。内容は Qute が自動的に構成します。

2. クライアントの動作

❸は、Book サービスを使うためのクライアントで、**リスト 22-5-2** で解説しました。

❹の oneBookById( ) メソッドは、1冊の本を検索して返します。検索した Book データをそのまま返す代わりに、`return Templates.bookTemplate(book);` によって、本の内容を表示する HTML データを返します。

❺の allBooks( ) は、すべての本のリストを取得します。これも本のリストを返すのではなく、`return Templates.booksTemplate(books);` によって、本のリストを表示する HTML データを返しています。

book-clientサービスの再実行

P.507と同じ手順で、book-clientサービスを再デプロイします。今回は、すでにデプロイされているサービスを削除した上で、再デプロイします。

※もしもminikubeを停止していた場合は、P.493の手順でminikubeを起動し、さらに環境変数のコピーを行ってから始めてください。secretは残っているので再作成は不要です。

book-clientサービスの再実行

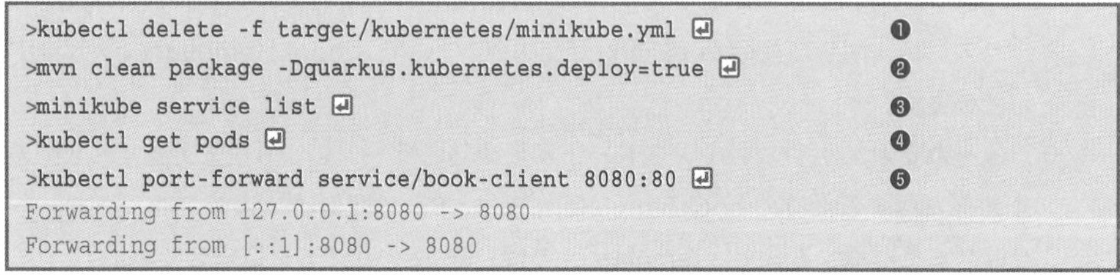

```
>kubectl delete -f target/kubernetes/minikube.yml ↵          ❶
>mvn clean package -Dquarkus.kubernetes.deploy=true ↵        ❷
>minikube service list ↵                                     ❸
>kubectl get pods ↵                                          ❹
>kubectl port-forward service/book-client 8080:80 ↵          ❺
Forwarding from 127.0.0.1:8080 -> 8080
Forwarding from [::1]:8080 -> 8080
```

カレントフォルダをbook-clientプロジェクトフォルダに切り替えてから、これらのコマンドを実行します。

❶は、デプロイ済みのbook-clientサービスを削除し、❷で再デプロイします。❸❹は、サービスと実行状態の確認です。正常に動作していることを確認できたら、❺でサービスをローカルに公開します。

次にブラウザで、`localhost:8080/view`をアクセスします。前回とPathが違うので、注意してください。実行すると、下記のようにリストが表示されます。リスト左端のIDにはリンクが付けてあるので、番号をクリックすると、個別の本の表示が呼び出されます。

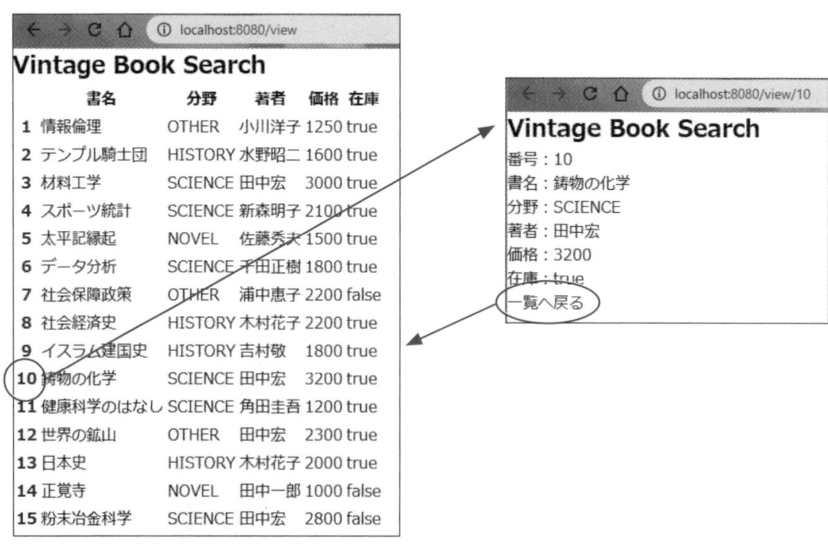

23.2 Quteの応用と実践

よりスマートなウェブへ — Bootstrapの利用

Quteでウェブの見栄えを改善するためには、**Bootstrap**を利用するのが近道です。HTMLだけのテンプレートに、Bootstrapが定義しているCSSクラスを適用するだけで、見栄えを変えることができます。例えば、前出のテンプレートをBootstrapで加工すると、次のようにスマートなウェブに変えることができます。

localhost:8080/view

Vintage Book Search

	書名	分野	著者	価格	在庫
1	情報倫理	OTHER	小川洋子	1250	true
2	テンプル騎士団	HISTORY	水野昭二	1600	true
3	材料工学	SCIENCE	田中宏	3000	true
4	スポーツ統計	SCIENCE	新森明子	2100	true
5	太平記縁起	NOVEL	佐藤秀夫	1500	true
6	データ分析	SCIENCE	千田正樹		
7	社会保障政策	OTHER	浦中惠子		
8	社会経済史	HISTORY	木村花子		
9	イスラム建国史	HISTORY	吉村敬		
10	鋳物の化学	SCIENCE	田中宏		
11	健康科学のはなし	SCIENCE	角田圭吾		
12	世界の鉱山	OTHER	田中宏		
13	日本史	HISTORY	木村花子		
14	正覚寺	NOVEL	田中一郎		
15	粉末冶金科学	SCIENCE	田中宏		

localhost:8080/view/1

Vintage Book Search

番号	1
書名	情報倫理
分野	OTHER
著者	小川洋子
価格	1250
在庫	true

一覧へ戻る

Bootstrapは、2011年頃からTwitter社で開発されているOSSのフレームワークです。本書の範囲を超えるので、Bootstrapの解説は割愛しますが、HTMLファイルに簡単な設定をコピーするだけで使用でき、習得も極めて容易です。

Bootstrapを適用したテンプレートファイルは、サポートウェブからダウンロードできます。見栄えを変えるだけなので、プログラムの変更は一切ありません。既存のテンプレートと入れ替えるだけで使用できます。

サポートウェブには、このほかに、Bootstrapのウェブページ、学習用サイトへのリンクなども掲載しています。

 開発モードの利用方法

book-clientサービスにさらに機能を追加する場合、少し修正するたびにクラウドにアップロードし直すのは面倒ですから、開発モードで作成できれば便利です。

そのためには、book-clientがアクセスするbook-serviceを、適当なポート番号でローカルに公開します。ローカルで8080を使うので、例えば8081ポートで公開する場合、book-client プロジェクトの**application.properties**ファイルに、book-serviceの接続URLを次のように追記しておきます。

リスト23-2-1：book-serviceの接続URLを追記

```
#
# book-service URL for local
%dev.book-service/mp-rest/url=http://localhost:8081
```

開発モード時に有効にするので、先頭に**%dev.**を付けなくてはいけません。

このように重複しないポートを使えば、クラウドのサービスをいくつでもローカルからアクセスできるように設定できます。

次に、book-serviceを8081のポートにポートフォワードします。

```
>kubectl port-forward service/book-service 8081:80 ↵
Forwarding from 127.0.0.1:8081 -> 8080
Forwarding from [::1]:8081 -> 8080
```

ポートフォワードしたコマンドプロンプト（ターミナル）はそのままにしておきます。ボートフォーワードを中止する時にだけ Ctrl + C を押します。

最後に、別のコマンドプロンプト（ターミナル）を起動し、カレントフォルダをbook-clientプロジェクトのフォルダに切り替えてから、book-clientサービスをDEVモードで起動します。

```
>quarkus dev ↵
```

以上で、ブラウザから`localhost:8080/view`などにアクセスし、開発できます。クラウドにアクセスしながら、何度でも修正を繰り返し、結果を確認しながら作成できるのでとても便利です。

UTF-8問題

文字コードは、近い将来**application.properties**ファイルで指定できるようになると思われますが、現状では未対応です。現在、Quteで作成したウェブで日本語文字を入力すると、ISO-8859-1（ASCII）という英語圏ネイティブな文字コードで受け取られてしまいます（つまり、文字化けします）。

Quarkusコミュニティで提案されているリクエスト・フィルタークラスを追加すると、この問題を解消できます。次のような簡単なクラスで、ウェブからの送信に割り込んで、文字コードを設定します。当面の間、このクラスをプロジェクトに追加してください。

※参照：MultiPart/RestEasyでのUTF-8エンコーディングの問題
https://github.com/quarkusio/quarkus/issues/10323#issuecomment-678643495

リスト23-2-2：文字コードをUTF-8にする

```
package jp.kwebs;
import javax.ws.rs.container.ContainerRequestContext;
import javax.ws.rs.container.ContainerRequestFilter;
import javax.ws.rs.ext.Provider;
import org.jboss.resteasy.plugins.providers.multipart.InputPart;

// サービスに送信するデータの文字コードをUTF-8にする
@Provider
public class CharsetInterceptorFilter implements ContainerRequestFilter {
    @Override
    public void filter(ContainerRequestContext context) {
        context.setProperty(InputPart.DEFAULT_CHARSET_PROPERTY, "UTF-8");
    }
}
```

POST データの送信

1. フォームデータを送信するテンプレート

新規に Book インスタンスを作成するには、ウェブに入力フォームを作っておいて、そこに記入したデータを、登録サービスに送信します。入力フォームは、全体を form タグで囲い、form タグに、送信方法、送信先の URL を書いておく必要があります。

例として、次の Book データを入力するウェブ画面の HTML ファイルを見てください。

リスト 23-2-3：newBookTemplate.html（新規登録用）

```
<!DOCTYPE html>
<html lang="jp">
<head>
  <meta charset="utf-8">
</head>
<body>
<h2>
  Vintage Book Shop
</h2>
<form action="/view/new" method="POST">   ❶
<p>番号：<input type="text" required name="id"></p>
<p>書名：<input type="text" required name="title"></p>
<p>分野：<select name="genre">
         <option disabled selected value="">分野</option>
          {#for item in items}   ❷
          <option value="{item}">{item}</option>
          {/for}
</select>
</p>
<p>著者：<input type="text" required name="author"></p>
<p>価格：<input type="text" required name="price"></p>
<p>在庫：<input type="radio" name="stock" checked value="on">有り
        <input type="radio" name="stock" value="off">なし</p>
<button type="submit" >作成</button>   ❸
</form>      ❹
<hr>
<a href="/view">一覧へ戻る</a>
</body>
</html>
```

青枠で囲った部分が、入力フォームの HTML です。❶、❹のように、全体を form タグで囲み、囲まれた領域には、テキストフィールド、プルダウンメニュー、ラジオボタンなどの入力フォームを表示する HTML が並んでいます。

formタグには2つの属性（action、method）を記述します。actionに指定した/view/newは、データを受け取るBookクライアントサービスのURL（パス）です。また、methodに指定したPOSTは、フォームデータを送信することを意味します。

属性	意味	指定した値
action	送信先のURL	/view/new
method	送信方法	POST

フォームに入力されたデータは、❸の「作成」ボタンをクリックした時、/view/newへ送信されます。

2．#forによる選択肢の記述

newBookTemplate.htmlは、分野を入力するために、プルダウンメニューを使います。そのため、次のように定義したメニューの選択肢データを受け取ることにしています。

```
public static List<String> items
        = List.of("文芸","歴史","科学","教育","その他");
```

❷の#forは、このitemsから文字列を1つずつ取り出し、< option >タグを生成します。これによりプルダウンメニューの選択肢を表示できるようになります。

POSTデータの受信

POSTで送信されたデータを受け取るメソッドは、@POSTアノテーションを付け、さらに、メソッドの引数に@FormParamを付けます。

```
@POST
@Path("/new")
public Response newBook(
            @FormParam("id") long id,
            @FormParam("title") String title,
            ....
        ) {
```

これは、Bookインスタンスを新規に作成するnewBook( )メソッドの一部です。メソッドに@POSTが付いています。そして、@FormParam("id") long idは、POSTで受信したデー

タのうち "id" という名前のデータを long id に受け取る、という意味です。

@FormParam("title") String title も同様に、"title" という名前のデータを String title に受け取ります。受け取るデータがいくつあっても書き方は同じです。必要なだけ @FormParam と引数を並べることができます。では、実際のプログラムを見てみましょう。

リスト 23-2-4：Book インスタンスの追加登録

```
@POST
@Path("/new")                                          ❶
public Response newBook(
        @FormParam("id")     long id,
        @FormParam("title")  String title,
        @FormParam("genre")  String genre,
        @FormParam("author") String author,
        @FormParam("price")  int price,
        @FormParam("stock")  String stock ) {

    Book book = new Book(); // 空のインスタンスを生成
    book.id = id;           // フィールドに値を代入
    book.title = title;
    book.genre = genre;
    book.author = author;
    book.price = price;
    book.stock = "on".equals(stock); // "on"/"off" をtrue/falseに変換
    try {
        bookService.create(book);  ❷
        return Response.status(301)
            .location(URI.create("/view/newform"))  ❸
            .build();
    }
    catch(Exception e) {
        String message="★id= "+id+" は登録できません。";
        return Response.
            accepted(Templates.messageTemplate(message)).build();  ❹
    }
}
```

青枠で囲った❶の部分が、POST で送信されてきたデータの受け取りです。

後は、空のインスタンスを作って、受け取ったデータをセットし、❷で、データベースに登録します。

リダイレクトによる応答

リターン文では、❸のように /view/newform という URL（パス）を返していますが、これを受け取ったブラウザは、"/view/newform" にアクセスする動作を起こします。値を返す代わりに、指定した URL（パス）に強制的にアクセスさせるわけです。

このような手法を**リダイレクト**といいます。リダイレクトするようにレスポンスを返すとブラウザでの送信ボタンの連打による多重アクセスなどの、トラブルを避ける効果があり、POST に対する応答として使われます。

なお、"/view/newform" は、**リスト 23-2-3** に示した newBookTemplate.html を表示する URL（パス）で、クライアントサービスでは、次のように作成しています。

リスト 23-2-5：入力フォームを表示する処理

```
    public static List<String> items
            = List.of("文芸","歴史","科学","教育","その他");
...
    @GET
    @Produces(MediaType.TEXT_HTML)
    @Path("/newform")
    public TemplateInstance newBookForm() {
        return Templates.newBookTemplate(items);
    }
```

詳細は、サポートウェブから全体のソースコードをダウンロードして確認してください。

エラー対策

データベースへの登録処理を try-catch 文の中に書いているのは、重複する id を持つデータが送信されてきた場合、新規登録できずに例外が発生するからです。人が操作しているので、このような場合はメッセージを表示して注意を促す必要があります。

例外発生時の、❹のレスポンスに注目してください。

```
  return Response.
          accepted(Templates.messageTemplate(message)).build();
```

これは、accepted( ) メソッドにより、メッセージを埋め込んだテンプレートを返しているのです。messageTemplate( ) メソッドは、messageTemplate.html を返すので、それがウェブとして表示されます。messageTemplate.html は次のように、{message} に、エラーメッセージなどを埋め込んで表示するためのテンプレートです。

リスト 23-2-6：メッセージを表示するテンプレート

```
<!DOCTYPE html>
<html lang="jp">
<head>
  <meta charsct="utf-8">
</head>
<body>
<h2>
  Vintage Book Shop Error Page
</h2>
<p>{message}</p>
<hr>
<p><a href="/view">[一覧へ戻る]</a></p>
</body>
</html>
```

更新と削除

ここまでの知識があれば、Bookデータの更新（修正）、削除の処理は、比較的簡単に作成できます。例として作成したBookクライアントサービスの画面を示します。

図の❶［作成］ボタンから、新規追加の画面へ移動します。また、❷で示す番号をクリックすると、そのデータの更新画面に移動します。削除は、❸で示す［削］ボタンを押すと、そのデータを削除し、一覧表示画面を再表示します。なお、図中のQRコードから、全体の動作を示す動画を見ることができます。

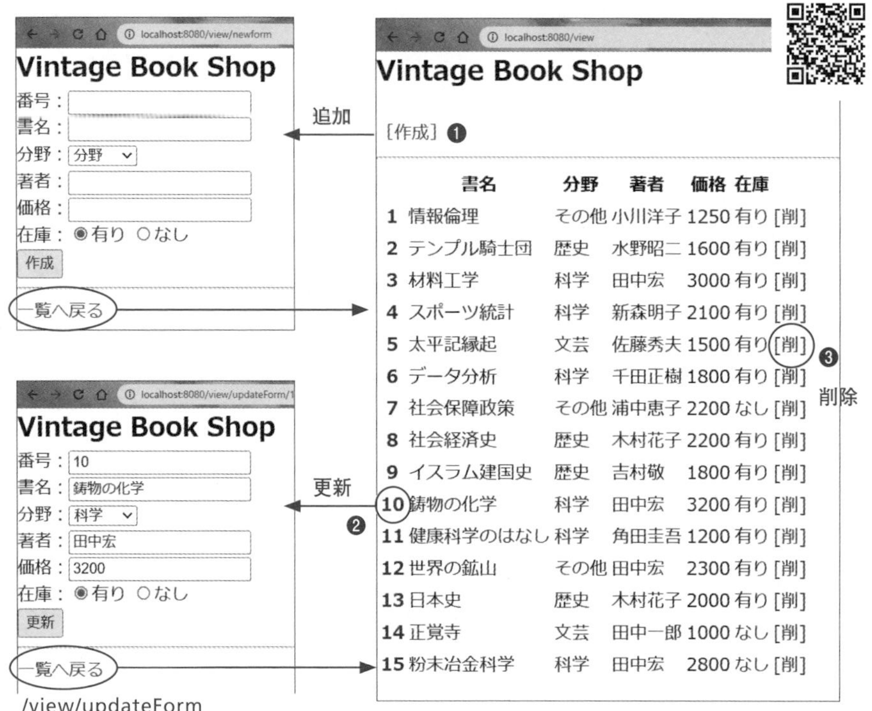

Bookサービスの全ソースコードは、サポートウェブ（https://kwebs.jp/java03）からダウンロードできます。

23.3 終わりに

クラウドネイティブなJava言語の世界は、どうでしたか？

意外に簡単だったのではないでしょうか。それはQuarkusの力によるところが大きいのです。Kubernetesの構成ファイルを自動生成してくれるので、簡単なオペレーションだけで、クラウドやコンテナを操作できました。

Quarkusは公式サイトに充実したドキュメントがあり、機械翻訳とはいえ日本語で読むことができます。今回は割愛しましたが、高速起動を可能にするネイティブビルドに関する解説もあります。マイクロサービスやQuarkusに関する日本語の書籍は少ないのが実情ですが、これからは、これらのドキュメントにより学習を進めることができるでしょう。

Quteによるウェブ作成も体験しましたが、Renardというモノリスなウェブシステム（MVCスタイル）の開発が可能な拡張機能も開発されています。また、全体で60に及ぶ拡張機能の集積は他のフレームワークには見られないことで、Quarkusに対する関心と期待の表れと言えます。次世代の開発フレームワークとしてQuarkusは、これから最も注視し続けるべきフレームワークです。

ところで、マイクロサービスは、小さなサービスを組み合わせて、大きなシステムを構築する手法です。しかし、1つずつのサービスは小さくても、数が増えるとこれまでになかったような問題がでてきます。

たくさんのクライアントが効率よく通信するためのリアクティブな呼び出し方法や、障害が発生しても全体として健全な状態を維持していく方法、あるいは、サービスにアクセスする認証の方法など、今回の解説に含まれていない多くの課題があることも知っておきましょう。

また、マイクロサービスを構成するRESTfulウェブサービスは、Jakarta EEという大きなフレームワークからのスピンオフです。当然、解説していない多くの機能があり、開発に当たってはそれらを熟知していることも必要です。

Jakarta EEのようなアプリケーションの構築法はレガシーな知識になりつつありますが、その中に含まれるCDI、JPA、RESTfulウェブサービスなどは、マイクロサービスの世界でも重要な課題です。その技術を理解するには、「わかりやすいJakarta EE」が参考になるでしょう。資料として、是非、座右に置かれることをお勧めします。

補足資料

演算子一覧表

【演算子一覧表】

<table>
<tr><th>演算子</th><th>意　味</th><th>優先順位</th><th>結合規則</th></tr>
<tr><td>new
()
[]
.</td><td>オブジェクトの生成
メソッド呼び出し
配列要素の参照
オブジェクトのメンバ参照</td><td>1</td><td>左 →</td></tr>
<tr><td>++
--</td><td>後置インクリメント
後置デクリメント</td><td>2</td><td>← 右</td></tr>
<tr><td>++
--
+
-
~
!</td><td>前置インクリメント
前置デクリメント
単項プラス（符号）
単項マイナス（符号）
ビット反転
論理否定</td><td>3</td><td>← 右</td></tr>
<tr><td>(型)</td><td>キャスト（型変換）</td><td>4</td><td>左 →</td></tr>
<tr><td>*
/
%</td><td>乗算
除算
剰余（割った余り）</td><td>5</td><td>左 →</td></tr>
<tr><td>+
-
+</td><td>加算
減算
文字列の連結</td><td>6</td><td>左 →</td></tr>
<tr><td><<
>>　>>></td><td>ビットシフト（左へ）
ビットシフト（右へ）</td><td>7</td><td>左 →</td></tr>
<tr><td><　<=
>　>=
instanceof</td><td>関係演算子（小、以下）
関係演算子（大、以上）
継承関係の判定</td><td>8</td><td>左 →</td></tr>
<tr><td>==
!=</td><td>関係演算子（等しい）
関係演算子（等しくない）</td><td>9</td><td>左 →</td></tr>
<tr><td>&　&</td><td>論理積「かつ」　ビットごとのand</td><td>10</td><td>左 →</td></tr>
<tr><td>^　^</td><td>排他的論理和　ビットごとのxor</td><td>11</td><td>左 →</td></tr>
<tr><td>|　|</td><td>論理和「または」　ビットごとのor</td><td>12</td><td>左 →</td></tr>
<tr><td>&&</td><td>論理積「かつ」（短絡）</td><td>13</td><td>左 →</td></tr>
<tr><td>||</td><td>論理和「または」（短絡）</td><td>14</td><td>← 右</td></tr>
<tr><td>?:</td><td>条件演算子</td><td>15</td><td></td></tr>
<tr><td>=
*=　/=　%=
+=　-=
<<=　>>=　>>>=
&=　|=　^=</td><td>代入演算子
複合代入演算子

複合代入演算子
（ビット演算）</td><td>16</td><td>← 右</td></tr>
<tr><td>-></td><td>アロー演算子</td><td>17</td><td>← 右</td></tr>
</table>

高 ↑ 優先順位 ↓ 低

※ビット演算子は本書では使用していません。

※結合規則は、演算子が式の中に複数含まれる時、右左どちらから先に演算を始めるかを意味します。

例）　右結合　a = b = d = 0; では最初に d=0、次に b=d、最後に a=b を計算します

左結合　a = b + c + d; では最初に b+c を計算し、次に、その結果に d を足します。

PanacheEntityBaseのメソッド

PanacheEntityBaseのすべてのメソッドを表に示します。☆印だけがインスタンスメソッドで、残りはすべてクラスメソッドです。

PanacheEntityBaseのメソッド	機能
count()	データベース内のエンティティの件数を返す
count(query [,params])	検索した結果の件数を返す
☆ delete()	エンティティを削除する
delete(query [,params])	検索したエンティティを削除する
deleteAll	すべてのエンティティを削除する
deleteById(id)	id（主キー）で検索して削除する
find(query [,params])	検索条件を実行するクエリオブジェクトを返す
find(query, sort [,params])	検索条件と並び変えを実行するクエリを返す
findAll()	全部のエンティティを取得するクエリを返す
findAll(sort)	全部のエンティティを取得して並び替えるクエリを返す
findById(id)	idで検索するクエリを返す
findByIdOptional(id)	idで検索し結果をOptional型で返すクエリを返す
flush()	永続性コンテキストを即時にデータベースと同期する
getEntityManager()	エンティティマネージャーを得る
☆ isPersistent()	エンティティがデータベース内にあればtrueを返す
list(query [,params])	検索結果のリストを返す
list(query, sort [,params])	検索結果を並び替えたリストを返す
listAll()	全てのエンティティを入れたリストを返す
listAll(sort)	全てのエンティティを並び替えたリストを返す
☆ persist()	データベースに保存する
persist(entities)	エンティティの入った配列、リストなどを一括保存する
persist(entity...)	複数のエンティティを保存する
persist(stream)	ストリームが返すエンティティを保存する
☆ persistAndFlush()	データベースに即時保存する
stream(query [,params])	検索結果のストリームを返す
stream(query, sort [,params])	検索結果の並び替えられたストリームを返す
streamAll()	全エンティティのストリームを返す
streamAll(sort)	全エンティティの並び替えられたストリームを返す
update(query [,params])	検索されたエンティティを更新する

メソッドの詳細はhttps://javadoc.io/doc/io.quarkusからAPIドキュメントを参照できます。次の項目からリンクをたどるといいでしょう。

Artifact（分類項目名）	Package（パッケージ名）
quarkus-hibernate-orm-panache	io.quarkus.hibernate.orm.panache
quarkus-panache-common	io.quarkus.panache.common

Panacheの検索で使える演算子

演算子	機 能	例	説 明
+ - * /	加減乗除	e.salary + 10000	
=	等しい	e.type = 'Cell'	
<>	等しくない	e.salary <> 50000	
> >= < <=	大小比較	e.salary >= 45000	
AND OR NOT	論理演算子	e.qa_rating>4 and e.name=' QA'	
[NOT] BETWEEN a AND b	aとbの間	e.price between 4000 and 5000	4000以上5000以下
[NOT] LIKE	文字列のパターンマッチ	e.name like '%CNT_'	%は任意の文字列 _は任意の1文字
[NOT] IN(…)	()内のどれかと同じ	e.code in(' JP' , ' US')	e.codeは'JP'か'US'
IS [NOT] NULL	NULLである	e.address is not null	
IS [NOT] EMPTY	List(Set)の要素数が0	e.phones IS empty	
e [NOT] MEMBER OF c	eはC(List、Set)の要素	e1 MEMBER OF e2.dircets	

Javaの予約語一覧表

abstract	do	implements	private	this
boolean	double	import	protected	throw
break	else	instanceof	public	throws
byte	enum	int	return	transient
case	extends	interface	short	try
catch	final	long	static	void
char	finally	native	strictfp	volatile
class	float	new	super	while
continue	for	null	switch	
default	if	package	synchronized	

Unicode 表（アスキー文字のみ）

	00	01	02	03	04	05	06	07	08	09	0A	0B	0C	0D	0E	0F
0000									¥b	¥t	¥n		¥f	¥r		
0010																
0020	SP	!	"	#	$	%	&	'	(	)	*	+	,	-	.	/
0030	0	1	2	3	4	5	6	7	8	9	:	;	<	=	>	?
0040	@	A	B	C	D	E	F	G	H	I	J	K	L	M	N	O
0050	P	Q	R	S	T	U	V	W	X	Y	Z	[	¥	]	^	_
0060	`	a	b	c	d	e	f	g	h	i	j	k	l	m	n	o
0070	p	q	r	s	t	u	v	w	x	y	z	{	|	}	~	

半角文字部分の文字コード（Unicode）表を示します。

この表の見方は次のようです。

例えば、文字 'a' は、横 0060 と縦 01 の交点に書かれているので、0060 + 0001 = 0061 が文字コードです。これは 16 進数で書かれていることに注意してください。同じようにして、文字 'b' は 0062 が文字コードです。

半角英字は a, b, c・・・の順に並べられているので、文字コードも 'a' よりも 'b' が大きいというように自然な順序になります。英小文字の方が英大文字よりも値が大きいことに注意してください。

ユニコード全体を見たい場合は以下をご覧ください。

ウィキペディア「Unicode 一覧」

URL

Java API　　　: https://docs.oracle.com/javase/jp/17/docs/api/index.html
Quarkus API　: https://javadoc.io/doc/io.quarkus
サポートウェブ : https://k-webs.jp/java03

索 引

記号

数字

A

B

E

F

G

H

I

J

K

L

M

N

R

S

X

Y

Z

あ行

か行

さ行

た行

な行

は行

ま行

や行

ら行

わ行

本書サポートページ

●著者のサポートウェブ
https://k-webs.jp/

●秀和システムウェブサイト
https://www.shuwasystem.co.jp/

●秀和システムサポートページ
https://www.shuwasystem.co.jp/support/7980html/6775.html

新わかりやすいJava入門編 第3版

発行日 2022年 12月 24日 第1版第1刷
2024年 6月 12日 第1版第2刷

著 者 川場 隆

発行者 斉藤 和邦
発行所 株式会社 秀和システム
〒135-0016
東京都江東区東陽2-4-2 新宮ビル2F
Tel 03-6264-3105（販売）Fax 03-6264-3094
印刷所 三松堂印刷株式会社

ISBN978-4-7980-6775-9 C3055

定価はカバーに表示してあります。
乱丁本・落丁本はお取りかえいたします。
本書に関するご質問については、ご質問の内容と住所、氏名、電話番号を明記のうえ、当社編集部宛FAXまたは書面にてお送りください。お電話によるご質問は受け付けておりませんのであらかじめご了承ください。